中华泰山文库·著述书系

泰山风景名胜区管理委员会　编

樊守金 编著

泰山木本植物图志

山东人民出版社·济南

图书在版编目（CIP）数据

泰山木本植物图志/樊守金编著.－－济南：山东人民出版社，2018.12

（中华泰山文库·著述书系）

ISBN 978-7-209-11359-5

Ⅰ．①泰… Ⅱ．①樊… Ⅲ．①泰山－木本植物－植物志－图集 Ⅳ．①S717.252.3－64

中国版本图书馆CIP数据核字(2018)第041902号

项目统筹　胡长青
责任编辑　刘　晨
装帧设计　武　斌　王园园
项目完成　文化艺术编辑室

泰山木本植物图志
TAISHAN MUBEN ZHIWU TUZHI

樊守金　编著

主管部门　山东出版传媒股份有限公司
出版发行　山东人民出版社
出 版 人　胡长青
社　　址　济南市英雄山路165号
邮　　编　250002
电　　话　总编室（0531）82098914
　　　　　市场部（0531）82098027
网　　址　http://www.sd-book.com.cn
印　　装　北京图文天地制版印刷有限公司
经　　销　新华书店

规　　格　16开（210mm×285mm）
印　　张　42.5
字　　数　600千字
版　　次　2018年12月第1版
印　　次　2018年12月第1次
印　　数　1-1000
ISBN 978-7-209-11359-5
定　　价　680.00元
如有印装质量问题，请与出版社总编室联系调换。

立岱宗之弘毅

——序《中华泰山文库》

一生中能与泰山结缘，是我的幸福。

泰山在中国人民生活中有着广泛而深远的影响，人们常说"重于泰山""泰山北斗""有眼不识泰山"……在中国人心目中，泰山几乎是"伟大""崇高"的同义语。秉持泰山文化，传承泰山文化，简而言之，主要就是学做人，以德树人，以仁化人，归于"天人合德"的崇高境界。

自1979年到现在，我先后登临岱顶46次，涵盖自己中年到老年的生命进程。在这漫长岁月里，纵情山水之间，求索天人之际，以泰山为师，仰之弥高，探之弥深。从泰山文化的博大精深中，感悟到"生有涯，学泰山无涯"。

我学习泰山文化，经历了一个由美学考察到哲学探索的过程。美学考察是其开端。记得在20世纪80年代，为给泰山申报世界文化与自然遗产做准备，许多专家学者对泰山的文化与自然价值进行了考察评价。当时，北京大学有部分专家教授包括我在内参加了这一工作。按分工，我研究泰山的美学价值，撰写了《泰山美学考察》一文，对泰山的壮美——阳刚之美的自然特征、精神内涵以及对审美主体的重要作用，有了较深的体悟。除了理论上的探索，我还创作了三十多首有关泰山的诗作，如《泰山颂》：

高而可登，雄而可亲。

松石为骨，清泉为心。

呼吸宇宙，吐纳风云。

海天之怀，华夏之魂。

这是我对泰山的基本感受和认识。这首诗先后刻在了泰山的朝阳洞与天外村。

我认为泰山的最大魅力在于激发人的生命活力。我对泰山文化的学习，开端于美学，深化在哲学。两者往往交融在一起。在攀登泰山时，既有审美的享受，又有哲学的启迪（泰山自然景观和人文景观的结合，体现了一种天人合一的艺术境界）。对泰山的审美离不开形象、直觉，哲学的探索则比较抽象。哲学关乎世界观，在文化体系中处于核心地位，对人的精神影响更为深沉而持久。有朋友问我：能否用一个词来概括泰山对自己的最深刻的影响？我回答：这个词应该是生命的"生"。可以说，泰山文化是以生命为中心的天人之学，其内涵非常丰富，可谓中国文化史的一个缩影。泰山文化包容儒释道，但起主导作用的是儒家文化，与孔子思想有千丝万缕的联系。《周易·系辞下》中讲"天地之大德曰生"，天地生育万物，既不图回报，也不居功，广大无私，包容万物，这是一种大德。天生人，人就应当秉承这种德行，对于人的生命来说，德是其灵魂。品德体现了如何做人。品德可以决定一个人的人生方向、道路乃至生命质量。人的价值和意义离开德便无从谈起。蔡元培先生讲："德育实为完全人格之本，若无德，则虽体魄智力发达，适足助其为恶，无益也。"

"天行健，君子以自强不息；地势坤，君子以厚德载物。"这两句话深刻地体现了"天人合德"的思想。学习泰山文化要与时代精神相结合。泰山文化中"生"的精神对我影响很大，近四十年，我好像上了一次人生大学，感到生生不已，日新又新，这种精神感召自己奋斗、攀登，为人民事业做奉献。虽然我已经97岁，但生活仍然过得充实愉快，是泰山给了我新的生命。

泰山文化是中华民族优秀传统文化的主要象征之一，是我们民族文化的瑰宝。在这方面，历史为我们留下了浩瀚的资料，亟待整理。挖掘、整理泰山文化，是推动中华优秀文化遗产的创造性转化、创新性发展的迫切需要。

日前，泰山风景名胜区管理委员会的同志来舍下，告知他们正在编纂《中华泰山文库》。丛书分为古籍、著述、外文及口述影像四大书系，拟定120卷本，洋洋五千万言，计划三到五年完成。我听了非常振奋！这是关乎泰山文化的一件大事，惠及当今，功在后世，是一项了不起的文化工程。我对泰山风景名胜区管理委员会领导同志的文化眼光、文化自觉、文化胆识和文化担当，表示由衷钦佩；对丛书的编纂，表示赞成。我认为，编纂《中华泰山文库》丛书，将其作为一个新的文化平台，重要意义在于：

首先，对于泰山文化的集成，善莫大焉。关于泰山的文献，正所谓"经典沉深，载籍浩瀚"（刘勰《文心雕龙》）。从大汶口文化时期的象形符号，到文字记载的《诗经》，再到二十五史，直至今天，在各个历史阶段都不曾缺项。一座山留下如此完整、系统、海量的资料，这是任何山岳都无法与其比肩的，在世界范围内也具有唯一性。《中华泰山文库》的编纂，进一步开拓了泰山文化的深度和广度，对于古今中外泰山文化资料及研究成果的发掘、整理、集成、保存，都具有无与伦比的综合性、优越性和权威性，可谓集之大成；同时，作为文化平台，其建设有利于文化资源和遗产共享。

其次，对于泰山文化的研究，善莫大焉。文献资料是知识的积累，是前人智慧的结晶，是文化、文明的成果。任何研究离开资料，都是无米之炊。任何研究成果都是建立在资料的基础上。同时，每当新的资料出现，都会给研究带来质的变化。《中华泰山文库》囊括了典籍志书、学术著述、外文译著、口述影像多个门类，一方面为学术研究提供了所必需的文献资料，大大方便了研究者的工作；另一方面，宏富的文献资料便于研究者海选、检索、取舍、勘校，将其应用于研究，以利于更好地去伪存真、去粗取精，提高研究效率和研究质量。

再次，对于泰山文化的创新，善莫大焉。文化唯有创新，才会具有更强大的生命力。所以说，文化创新工作永远在路上。新时代泰山文化的创新，质言之，泰山文化如何引领新时代的精神文明，服务于新时代的精神文明建设，是一个重大课题。就其创新而言，《中华泰山文库》丛书的编纂本身就是一种立意高远的文化创新。它有目的、有计划、有系统地广泛征集、融汇泰山文献资料，集腋成裘，聚沙成塔，夯实了泰山文化的基础，成为泰山文化创新的里程碑。另外，外文书籍的编纂，开阔了泰山走向世界、世界了解泰山的窗口，对于泰山更好地走向世界、融入世界，具有重要的现实意义。而口述泰山的编纂，则是首开先河，把音频、影像等鲜活的泰山文化资料呈现给世人。《中华泰山文库》的富藏，为深入研究泰山的文化自然遗产，提供了坚实的物质保障。

最后，对于泰山文化的传承，善莫大焉。从文化的视角着眼，随着经济社会的发展变革，亟须深化对优秀传统文化重要性的认识，以进一步增强文化自觉和文化自信；通过深入挖掘优秀传统文化价值内涵，进一步激发其生机与活力；着力构建优秀传统文化传承发展体系，使人民群众得到深厚的文化滋养，不断提高文化素养，以增强文化软实力。毋庸讳言，《中华泰山文库》负载的正是这样一个优秀传统文化传承发展体系。如上所述，集成、研究、创新的最终目的，就是为了增强泰山文化的生命力，祖祖辈辈传承下去，延续、共享这一人类文明的文化成果。这是一个民族兴旺发达的源泉所在。《中华泰山文库》定会秉承本初，薪火相传，继往开来。

更为可喜的是，泰山自然学科资料的整理和研究，也是《中华泰山文库》的重要组成部分，无论是地质的还是动植物的，同样是珍贵的世界遗产。

中国共产党第十九次全国代表大会报告中指出："文化自信是一个国家、一个民族发展中更基本、更深沉、更持久的力量。必须坚持马克思主义，牢固树立共产主义远大理想和中国特色社会主义共同理想，培育和践行社会主义核心价值观，不断增强意识形态领域主导权和话语权，推动中华优秀传统文化创造性转化、创新性发展，继承革命文化，发展社会主义先进文化，不忘本来、吸收外来、面向未来，更好构筑中国精神、中国价值、中国力量，为人民提供精神指引。"这是我们编纂《中华泰山文库》丛书工作的指南。

编纂《中华泰山文库》丛书是一项浩繁的文化系统工程，要充分考虑到它的难度、强度和长度。既要有气魄，又要有毅力；既要正视困难，又要增强信心。行百里者半于九十，知难而进，迎难而上，才能善始善终地完成这项工作。这也是我的一点要求和希望。

值此《中华泰山文库》即将付梓之际，泰山风景名胜区管理委员会的同志嘱我为之作序，却之不恭，写下了以上文字。我晚年的座右铭是："品日月之光辉，悟天地之美德，立岱宗之弘毅，得荷花之尚洁。"所谓"弘毅"，曾子有曰："士不可以不弘毅，任重而道远。仁以为己任，不亦重乎？死而后已，不亦远乎？"故而，名序为：立岱宗之弘毅。

杨萍

2018年7月

前　言

　　《泰山木本植物图志》收录范围为在泰山及其附近自然分布以及从国内外引种露天栽培能越冬、生长良好的乔木、灌木和半灌木。对于《山东植物志》和《泰山植物志》等志书记载在泰山有分布的个别种类，由于没有采集到，也没有照片和图，就没有收录，如小叶山毛柳等。

　　全书共收录木本植物81科211属480种，9亚种，139变种，22变型（不含栽培变种及品种），其中，裸子植物5科17属38种11变种；被子植物76科194属442种9亚种，128变种，22变型，含双子叶植物74科187属425种，9亚种，124变种，24变型，单子叶植物2科7属17种，4变种。

　　书中种的编排参照《中国植物志》、*Flora of China*和《山东木本植物志》中科的顺序排列。由于本书为图志，没有编制分科、分属、分种检索表，为便于查找树种方便，只是对科有主要特征简介。

　　依据《中国植物志》和*Flora of China*对植物进行了鉴定和拉丁文学名修订，拉丁文用正体；植物中文名也依《中国植物志》和*Flora of China*的中文名为准，但也加注了其他常用中文别名。

　　有些种的变种、变型在*Flora of China*中作了异名处理，但某些变种、变型、栽培变种在园林绿化、果树栽培等方面却被广泛应用，为便于应用，书中作了适当说明。

　　为了便于鉴定识别，对每一种植物除有文字描述外，还配有显示植物特征的墨线图和彩色照片，达到了文图并茂。墨线图除一部分使用了《山东植物志》《山东木本植物志》《泰山植物志》的原图外，还仿绘了《中国高等植物图鉴》《中国植物志》和其他已出版的志书和期刊上的一些图；彩色照片是由作者们拍照提供。

　　本书是作者们多年调查、采集、研究工作的积累，并在前人工作的基础上编著而成的；在成书之际，对他们的贡献和在工作中给予的支持表示衷心感谢。

　　本书的编著出版标志着摸清了泰山木本植物资源种类及分布情况，将为泰山木本植物种质资源、生物多样性保护及泰山林业生产、引种驯化、园林绿化等方面提供翔实、可靠资料，同时为农林、园林、医药、环保等院校的教学、科研提供参考资料和工具书。

　　由于水平和能力所限，遗漏在所难免，敬请读者给予批评、指正。

作　者

2017年10月

目　录

泰山的自然概况

（一）地理位置

泰山位于我国华北大平原东侧，山东省中部，横亘于泰安、济南两市之间，地理坐标为 36°05′～36°15′N 、117°05′～117°24′E，总面积 426km^2；主峰玉皇顶海拔 1545m，望府山海拔 1463m，东遥观顶海拔 1481m，西遥观顶海拔 1435m，是山东省境内的最高峰，雄耸于华北平原，山势巍峨雄壮。泰山的主体部分属于泰山风景名胜区管理委员会的泰山林场，辖红门、竹林寺、中天门、南天门、樱桃园、桃花源、桃花峪、巴山、玉泉寺、天烛峰、灵岩寺、长城岭景区。

（二）地质地貌

泰山经历了漫长的地质演变过程，形成了复杂的地层，大体上可分为两部分，其基底为"泰山杂岩"，形成于太古代，其年龄为 20 亿年左右，具有时代老、变质深、成因复杂、类型多、岩性多变的特点，是我国最古老的地层之一，主要岩石类型有黑云斜长片麻岩、黑云角闪斜长片麻岩、斜长角闪岩及少量变粒岩；其盖层主要是寒武—奥陶系灰岩。

泰山地势差异显著，地貌分界明显，可分为四大类型：

1.中西部侵蚀构造中低山地形

强烈切割的中山地形，集中分布在泰山中部主峰玉皇顶周围以及老平台、黄石崖和黄崖山一带，海拔高度在 1000～1545m，特点是峰高谷深、地形陡峭。谷深达 500～800m，尖顶山头，锯齿状山脊，阶梯式瀑布和大小冲沟到处可见。

中浅切割的低山地形，分布在傲徕峰、中天门、摩天岭及西北北部的歪头山、尖顶山、蒋山顶一带，海拔高度在 700～900m，地形也十分陡峭。深壑绝壁随处可见，如天胜寨、扇子崖等。

2. 东北部构造剥蚀和堆积低山丘陵地形

构造剥蚀浅切割的低山地形，分布在鸡冠山至青山一带及滑石山，海拔高度为500～800m。侵蚀切割强度不大，形成孤立分散的圆顶缓脊的山峦，沟谷多宽敞而短小，地形相对平缓。

构造剥蚀微切割的丘陵地形，主要分布在陈家沟、焦家峪一带，海拔高度在300～400m，侵蚀切割微弱，地形低矮平缓，沟谷不发育。

3. 剥蚀堆积的丘陵地形

该地形分布在杏园村、大小兰窝及黄前等地，海拔高度在200m左右，山顶和山脊没有明显界限，风化剥蚀显著，沟谷不发育，地势平缓，逐渐向平原过渡，与山前洪积扇相连。

4. 南部山前倾斜平原堆积地形

该地形集中分布在谢过城、虎山、大众桥、樱桃园一带，海拔高度在100～160m，各谷口的洪积物彼此连成一片，形成宽敞的扇形谷地。

（三）气候

泰山处于暖温带气候区，由于受到地形和海拔高度的影响，山顶与山脚下的气候相差甚大。山顶属半高山型湿润气候，没有明显的四季划分，只有冬半年和夏半年之分，年平均气温为5.3℃，比泰安市区平均气温低7.5℃，气温平均递减率约0.88℃/100m。山脚下的泰安市区为暖温带大陆性季风性气候，一年四季分明。泰山的降水量从1月份起逐月增多，至7月份达最大值，然后逐月减少，6～9月份的降水量可达全年的70%以上，其中7～8月份的降水量约占50%，具有雨热同季的特点。山顶的降水量平均达1124.6 mm，比泰安市区多409mm。泰山多风，山顶平均风速为6.5m/s，比泰安市区的风大1～2个量级，其风向除1～2月为偏北风外，其余各月以西南风为主，与泰安市区的主导风向明显不同。泰山云雾较多，相对湿度较大，年均湿度达63%，7、8月份相对湿度最大，均在80%以上，最大值可达100%。

（四）土壤

泰山从山麓平原到山顶的地貌、岩性、气候、植物群落的分异，形成了泰山比较复杂的土壤类型。泰山的土壤主要有棕壤、普通酸性棕壤、山地暗棕壤、山地灌丛草甸土四类，其中棕壤又包括普通棕壤、粘淀棕壤、漂白棕壤、草甸棕壤、棕壤性土五个亚类。

泰山的各类土壤的分布由山麓到山顶呈明显的垂直分布规律。草甸棕壤分布在海拔200m以下的山前洪积平原和山间沿河阶地上。普通棕壤和粘淀棕壤分布在海拔200～400m的近山阶地上。普通酸性棕壤是泰山的主要土壤类型，分布面广，从大众桥到朝阳洞海拔200～1000m随处可见。漂白棕壤在海拔200～800m有零星分布，镶嵌在普通酸性棕壤之间。山地暗棕壤主要分布在海拔1000～1400m。海拔1400m以上为山地灌丛草甸土。棕壤性土没有明显的垂直分布规律，从山麓到山顶均可见到。泰山北坡土体湿润度大，一般土层较厚，同类土壤分布明显低于南坡，如山地暗棕壤上限约为海拔1300m，以上即为山地灌丛草甸土。

泰山的植物概况

（一）泰山植物区系的基本特征

泰山植物区系属于泛北极植物区，中亚—日本森林植物亚区，华北植物地区，辽东、山东丘陵植物亚地区，鲁中南低山丘陵植物小区。其主要特征：

1.种类比较丰富多样

泰山植物种类相当丰富，据调查有高等植物1614种及亚种、变种、变型，隶属于191科775属，其中苔藓植物38科105属，211种及亚种、变种；蕨类植物14科21属，40种及变种；裸子植物8科18属，42种及变种；被子植物131科631属，1321种及亚种、变种、变型。属于自然分布的苔藓植物有105属，211种及亚种、变种；蕨类植物有20属，39种及变种；裸子植物有2属，2种；被子植物有398属，801种（含亚种、变种、变型）。

从以上资料可以看出，泰山植物区系中是以被子植物为主，含20种以上的科有9个，依次为禾本科、菊科、豆科、莎草科、蔷薇科、唇形科、百合科、蓼科、石竹科。这些科占泰山被子植物总科数的8.2%，所含的属和种数分别占总属数和总种数的46.48%和49.19%，是泰山植物区系的主要组成者。从属的大小来看，含6种及变种以上的属有13个，依次为蓼属、薹草属、蒿属、堇菜属、莎草属、胡枝子属、栎属、委陵菜属、鹅绒藤属、葱属、苋属、柳属、鼠李属。这些属只占泰山被子植物总属数的3.27%，但所含种数占总种数的13.11%。可以看出泰山植物区系中优势科、属明显。（以上资料分析不含引种栽培科、属、种的数目。）

2.植物区系主要是温带性质和具有明显的过渡性

泰山种子植物属的自然分布类型中各类温带成分占69.6%（不包括世界分布属数，下同），占全国属数的25.7%；各类型热带成分占26.9%，占全国属数的6.2%；古地中海和泛地中海成分占2.3%，中国特有成分占1.2%。这说明泰山种子植物区系主要是温带性质，同时表明其热带—亚热带区系的过渡非常明显，各类热带分布属占1/4强。

3.泰山植物区系的古老性

在泰山植物区系中，有侧柏、雪柳、刺楸、桔梗等单种属11个，占泰山总属数的2.7%；有蝙蝠葛、木通、构树、醴肠等少种属32个，占泰山总属数的7.86%。在泰山的阔叶树中，还分布有一些古老的成分，如五味子属、猕猴桃属、南蛇藤属、鹅耳枥属、胡桃属、栎属、构属、柳属、榆属、桑属、葡萄属等一些种类。上述植物多为第三纪古热带植物区系的残遗，并为原始或古老的木本种类，说明了泰山植物区系的古老性。

4.泰山植物的特有性

中国种子植物3116属中有257个为中国特有，占全部总属数的8.25%（不包括世界分布属），而泰山只有4个中国特有属分布，即青檀属、地构叶属、假贝母属和知母属，占全国特有属数的1.2%和泰山总属数的1.6%，远低于全国特有性水平；而且没有泰山特有属，仅有一些中国特有种在泰山有分布，如山东山楂、山东白鳞莎草、山东瓦松、山东鞭叶耳蕨、大花瓦松、矮齿韭、白花米口袋、蒙山附地菜、青檀、地构叶、假贝母、知母等，也有一些以泰山命名的泰山特有种，如泰山柳、泰山花楸、泰山椴、泰山盐肤木、泰山前胡、泰山母草、泰山韭、泰山谷精草等。

（二）泰山的植被类型及分布

泰山植被区划属暖温带落叶阔叶林带——鲁中南泰山丘陵栽培作物、油松、麻栎、栓皮栎林区。由于泰山海拔较高，峰峻谷深，地形复杂，植物种类繁多，加之人工引种栽培，形成了多样的植被类型。

泰山植被可分为针叶林、阔叶林、竹林、灌丛、灌草丛、草甸及栽培作物植被。

1.针叶林

构成泰山针叶林的主要有油松林、侧柏林、华山松林、落叶松林、赤松林、黑松林、红松林、樟子松林。

（1）油松林

除灵岩寺外，分布在泰山的上、中、下部各林区，多系五十年代营造的人工纯林，总面积约4415hm²。但在海拔1000～1400m处的对松山和后石坞一带有天然油松林，面积约46hm²，树龄在100～300年，最高达500年。灌木层主要有胡枝子、黄芦木、华北绣线菊等，草木层主要有低矮薹草、披针叶薹草、东亚唐松草等。

（2）侧柏林

主要分布在灵岩寺、红门、竹林寺、桃花峪、樱桃园、红门至中天门盘路两侧及玉泉寺林区，总面积约1068hm²。盘路两侧侧柏林树龄多在200年以上，林相不齐，郁闭度在0.5以下。从东西桥至壶天阁最为集中和茂盛，有柏洞之称。在回马岭以上至朝阳洞海拔800～1000m的侧柏长势渐弱。在山下海拔较低的蒿里山、科学山、金山、经石峪、傲徕峰东坡、灵岩寺等地的侧柏林多为新中国成立后栽植，树龄在50年左右，林相整齐，郁闭度在0.5以上。林下灌木层主要有荆条、胡枝子、扁担杆子等，草本层主要有菅草、低矮薹草、披针叶薹草、结缕草、中华卷柏等。

（3）落叶松林

落叶松林主要由人工引种的华北落叶松和日本落叶松组成，面积约33hm²，主要分布在桃花源和南天门林区，林相整齐，郁闭度在0.6～0.8。灌木层有胡枝子、连翘、山楂叶悬钩子、三裂绣线菊、华北绣线菊、照山白等；草本层有乌苏里风毛菊、三脉叶马兰、低矮薹草、披针叶薹草等。

（4）华山松林

华山松林系引种的人工纯林，主要集中分布在天烛峰、桃花源、玉泉寺、桃花峪、竹林寺、红门林区，面积达88.6hm²，郁闭度在0.65左右。灌木层有胡枝子、三裂绣线菊、连翘、小叶鼠李等；草本层有东亚唐松草、乌苏里风毛菊、拳参、三脉叶马兰、大丁草、低矮薹草、披针叶薹草等。

（5）赤松林

赤松林系引种的人工林，主要集中分布在天烛峰、巴山、桃花峪、玉泉寺等林区，此外桃花源、樱桃园、红门等林区有少量分布，面积约 478.5hm^2，郁闭度在0.7。除赤松纯林外，常与油松、黑松、麻栎、栓皮栎、元宝槭等树种混交。灌木层主要有荆条、胡枝子；草本层主要有蒿类、野古草、大油芒、低矮薹草等。

（6）黑松林

黑松林系引种栽植的人工林，集中分布在桃花峪、樱桃园和长城岭林区，面积 188hm^2。除少量纯林外，多与油松、赤松、栎类树种混交，郁闭度0.6。灌木层主要有荆条、三裂绣线菊、胡枝子、酸枣等；草本层主要有菅草、结缕草、中华卷柏、低矮薹草等。

（7）红松林和樟子松林

红松林系引种的人工林，主要分布在竹林寺和桃花源林区，面积约4.3hm^2，树龄30年左右。

樟子松林也是引种栽植的人工林，主要分布在樱桃园林区，桃花源林区也有少量引种，面积约1.32hm^2，树龄25年左右。

2.阔叶林

泰山的阔叶林由温带落叶阔叶树种组成，主要有麻栎、栓皮栎、刺槐、元宝槭、毛白杨、枫杨、辽东栎木、日本栎木等。

（1）麻栎林

麻栎林为天然次生林和人工林，除灵岩寺以外的其他林区均有分布，主要分布在潘黄岭、玉泉寺、竹林寺、药乡等地，除纯林外，常与松类、侧柏、刺槐、山槐、栓皮栎等混交，面积约1116hm^2。灌木层主要有荆条、胡枝子；草本层主要有菅草、野古草、鹅观草、鬼针草、荩草、苦荬菜、低矮薹草等。

（2）栓皮栎林

栓皮栎林多为天然次生林，主要分布在巴山、竹林寺、桃花源、桃花峪和樱桃园林区，在三阳观、烈士祠、小罗汉崖处较多，面积351hm²，郁闭度在0.5。灌木层主要有细梗胡枝子、达胡里胡枝子、多花胡枝子、荆条、酸枣、扁担杆子等。草本层主要有橘草、菅草、委陵菜、结缕草、柳叶沙参、低矮薹草等。

（3）刺槐林

刺槐林是引种栽植的人工林，分布甚广，多为纯林，郁闭度在0.6～0.8，面积760hm²。林下灌木极少，阴坡的草本层多为一些喜湿性植物，如水杨梅、半夏、鸭跖草、丛枝蓼、求米草、牛繁缕等；阳坡林下常见草本植物主要有大花臭草、菅草、野青茅、鹅观草、低矮薹草等。

（4）元宝槭林

元宝槭又称五角枫、华北五角枫，主要分布在巴山、桃花峪、天烛峰、玉泉寺、红门和樱桃园林区，面积207hm²。在天烛峰700～900m的元宝槭林，灌木层主要有三裂绣线菊、李叶溲疏；草本层主要有野古草、低矮苔草、中华卷柏。在巴山600～700m的元宝槭林下灌木层主要有荆条、三裂绣线菊等；草本层主要有低矮薹草、中华卷柏等。

（5）杨树林

杨树林主要由毛白杨组成，主要分布在桃花峪、竹林寺和红门林区，面积约15.2hm²。

（6）枫杨林

枫杨又称枰柳，泰山各林区的山沟有小片枫杨林零星分布，面积约6.6hm²。林下多生耐水湿植物，如鸭跖草、水蓼、水杨梅、牛繁缕、翼果薹草等。

（7）日本桤木林

泰山的日本桤木林系由引种栽植的日本桤木和辽东桤木组成，主要分布在桃花源和南天门林区，面积约6.6hm²，郁闭度在0.6～0.8。灌木层主要有胡枝子、黄芦木、山楂叶悬钩子等；草本层主要有东亚唐松草、歪头菜、宽叶缬草、拳参、地榆、乌苏里风毛菊、低矮薹草等。

3.竹林

泰山的竹林主要由淡竹和毛竹组成。

（1）淡竹林

主要分布在竹林寺、桃花源、罗汉崖、普照寺、大津口、藕池等地，均为小片生长。竹林下无灌木，草本植物稀疏，有少量白英、龙葵、酸模叶蓼、鸭跖草等。

（2）毛竹林

20世纪60年代泰山大量引种毛竹，现只在竹林寺附近有小片生长，长势良好。

4.灌丛

在海拔1000m以上的峭壁深谷，如沐龟沟、井筒峪、东天牢狱、铜器行、卖饭棚及山顶、山脊处，分布着连翘、巧铃花、三裂绣线菊、华北绣线菊、土庄绣线菊、黄芦木、山楂叶悬钩子、南蛇藤、山葡萄、大花溲疏、花木蓝、照山白、胡枝子、鸡树条等，构成了泰山上部灌丛。在岱顶有人工栽培形成的小面积湖北海棠灌丛。

在海拔1000m以下的山脊、山坡上分布着酸枣、小叶鼠李、荆条、扁担杆子、葎叶蛇葡萄、卫矛、欧李、胡枝子等，构成了泰山中、下部的灌丛。

5.灌草丛

在1000m以上，建群层片为草本层，主要种类有薹草属植物，伴生一些耐寒喜湿植物，如乌苏里风毛菊、拳参、歪头菜、草本威灵仙、林阴千里光、东亚唐松草、远东芨芨草等，中间散生的灌木有绣线菊类、连翘，间有胡枝子、黄芦木等，构成了泰山上部灌草丛。

在1000m以下，建群层片为草本层，主要种类有菅草、白羊草、委陵菜、大油芒、荩草等，中间散生的灌木有荆条、酸枣，间有花木蓝、小叶鼠李、胡枝子等，构成了泰山下部灌草丛。

6.草甸

草甸呈零星小片分布在一些山沟或山坡潮湿地段上及岱顶。构成草甸的植物种类主要有禾本科、菊科、豆科、莎草科。岱顶草甸主要有乌苏里风毛菊、地榆、低矮薹草、拳参、沼生繁缕、香青、草本威灵仙等。山中部草甸主要有结缕草、山扁豆等。山下部草甸主要有山扁豆、白茅、狼尾草、鸡眼草、细叶旋覆花、二歧飘拂草、水蜈蚣等。

7.栽培作物植被

（1）果林

板栗、山楂、胡桃、柿、杏、桃、梨是泰山的传统果树种类。1934年，冯玉祥从烟台引种国光苹果树。中华人民共和国成立后果树种植业有很大发展，种植面积约403hm²。

（2）草本作物

在海拔700m以下的山坡、沟谷中，土层较厚的梯田上，种植的作物主要有小麦、玉米、谷子、大豆、高粱、马铃薯、甘薯、花生、芝麻等，面积不大。

（三）泰山的资源植物

凡对人类有用的植物都可称为资源植物，是人类赖以生存的物质基础，无论在工农业、医药生产还是人们的日常生活中，资源植物都发挥着直接或间接的作用，它是大自然赋予人类的宝贵财富，合理的开发利用和保护各种资源植物是实现社会经济可持续发展的重要内容。

泰山植物种类繁多，资源植物比较丰富，据调查研究显示泰山有高等植物1614种。按其经济用途，泰山的资源植物可划分为以下十个主要类型：

1.林木资源树种

泰山的森林覆盖率达79.9%，基本达到了全面绿化的要求，对泰山的自然景观起到了重大的作用，构成森林的主要用材树种有油松、侧柏、华北落叶松、华山松、赤松、红松、樟子松、麻栎、栓皮栎、刺槐、毛白杨、辽东栎木、黄连木、枫杨、元宝槭、花楸树、山槐、淡竹等。

2.果树资源树种

泰山的水、干果品闻名省内外，山东省果树研究所就设在泰山脚下，栽培的果树品种，水果类主要有苹果、山楂、柿、杏、桃、梨、葡萄、樱桃等，干果类主要有板栗、胡桃等。野生果树资源有酸枣、胡桃楸、欧李、桑、蒙桑、杜梨、君迁子、狗枣猕猴桃、葛枣猕猴桃、茅莓、山楂叶悬钩子、蛇莓等。

3.药用植物

泰山的药用植物资源非常丰富，有900余种，主要有葫芦藓、尖叶提灯藓、中华卷柏、节节草、银粉背蕨、华北石韦、银杏、侧柏、桑、北马兜铃、萹蓄、拳参、虎杖、何首乌、牛膝、商陆、石竹、孩儿参、展毛乌头、大叶铁线莲、木防己、蝙蝠葛、土元胡、播娘蒿、瓦松、土三七、落新妇、龙牙草、委陵菜、地榆、野百合、米口袋、槐、苦参、牻牛儿苗、老鹳草、蒺藜、臭椿、远志、铁苋菜、猫眼草、地构叶、卫矛、南蛇藤、酸枣、赶山鞭、紫花地丁、千屈菜、拐芹当归、辽藁本、北柴胡、狭叶柴胡、防风、峨参、泰山前胡、连翘、黄檗、照山白、白薇、白首乌、徐长卿、萝藦、杠柳、圆叶牵牛、牵牛、菟丝子、海州常山、筋骨草、藿香、薄荷、风轮菜、香薷、益母草、紫苏、内折香茶菜、蓝萼香茶菜、丹参、荔枝草、黄芩、地椒、龙葵、枸杞、曼陀罗、白英、地黄、阴行草、列当、透骨草、车前、茜草、金银花、墓头回、缬草、紫草、栝楼、荠苨、羊乳、石沙参、桔梗、牛蒡、野艾蒿、婆婆针、小花鬼针草、苍术、刺儿菜、石胡荽、大蓟、甘菊、委陵菊、鳢肠、线叶旋覆花、烟管头草、祁州漏芦、豨莶、蒲公英、山苦荬、香蒲、掌叶半夏、半夏、东北天南星、白茅、橘草、香附、鸭跖草、薤白、黄花菜、有斑百合、玉竹、黄精、穿龙薯蓣、射干鸢尾、绶草等。其中以泰山产的紫草、黄精、白首乌、羊乳最为著名，被称为泰山四大名药。

4.野生观赏植物

泰山有丰富的野生观赏植物资源，具有较高观赏价值的计有331种及变种，将为泰山的绿化美化提供非常有用的材料。适于用作绿化风景的树种计有60余种，如山荆子、湖北海棠、百华花楸、水榆花楸、稠李、元宝槭、臭椿、山桃等。适于用作庭院花卉的植物有200余种，如大花溲疏、华北绣线菊、三裂绣线菊、华北珍珠梅、野蔷薇、花木蓝、西北栒子、连翘、金银木、锦带花、鸡树条、照山白、尖叶杜鹃、白檀、团羽铁线蕨、石竹、诸葛菜、长药八宝、垂盆草、千屈菜、柳兰、水金凤、圆叶牵牛、牵牛、山萝花、角蒿、黄芩、丹参、桔梗、委陵菜、卷丹、有斑百合、细叶百合、禾叶土麦冬、绥草等。适于垂直绿化的植物材料约30种，主要有葛、南蛇藤、爬山虎、络石、木通、山葡萄、毛果扬子铁线莲等，这些植物是绿化泰山峭壁裸岩的好材料。

5.野生蔬菜植物

泰山的野生蔬菜资源也很丰富，有100余种，主要有地肤、猪毛菜、反枝苋、绿穗苋、皱果苋、麦瓶草、王不留行、长蕊石头花、荠菜、歪头菜、瓦松、榆、辽东楤木、水芹、藿香、薄荷、地笋、荠苨、牛蒡、刺儿菜、乌苏里风毛菊、蒲公英、中华小苦荬、黄花菜、玉竹、野韭、矮齿韭、黄花葱、有斑百合、薯蓣等。

6.蜜源植物

泰山的蜜源植物亦十分丰富，有40余种，主要有刺槐、荆条、地椒、板栗、麻栎、柳、泡桐、山槐、紫穗槐、紫椴、酸枣、枣、柿、梓树、楸树、藿香、香薷、薄荷、益母草等。特别是刺槐、荆条、板栗、地椒是重要的蜜源植物，每年招引外地蜜农来泰山放蜂，据统计，泰山地区每年放养蜜蜂达8000箱。

7.芳香油类植物

据调查统计泰山野生芳香油类植物有80余种，主要有地椒、薄荷、香薷、野艾蒿、茵陈蒿、黄蒿、青蒿、藿香、荆芥、甘野菊、委陵菜、辽藁本、墓头回、缬草、侧柏、白檀、荆条等。

8.鞣料植物

鞣料又称单宁或栲胶，是从一些植物的树皮、根、枝、叶和果实提取出来的。

泰山质量较好的鞣料植物有10余种，主要有麻栎、栓皮栎、辽东栎木、盐肤木、拳参、枫杨、巴天酸模、齿果酸模、土三七、鳢肠、茜草、委陵菜、地榆等。

9.纤维植物

据调查统计，可用作纤维的植物泰山有80余种，有的可用来编制筐、篮、篓、箱、席子、草帽、帘子等，如桑、柳、紫穗槐、荆条、荻、芦苇、狭叶香蒲等；有的茎皮可用作纺织原料，如悬铃木叶苎麻；有的可作造纸原料，如芦苇、拂子茅、野青茅、狼尾草、野古草、萱草等。

10.淀粉和糖类植物

据调查统计，泰山有野生淀粉糖类植物资源植物60余种，主要有麻栎、栓皮栎、绵枣儿、葛、野黍、稗等，如麻栎、栓皮栎的果实含有高达50.4%的淀粉，提取的淀粉可用于浆纱、酿酒。

（四）泰山珍稀濒危植物及其保护

植物资源是自然界最重要的资源之一，是自然生态系统中的生产者。植物的存在为人类及其他生物的生存提供了重要的物质基础。但随着人口的急剧增长和社会经济不断发展，人类向自然界索取植物资源愈来愈多，无节制地开发和掠夺性砍伐、采挖使植物资源受到了严重破坏。据最近统计，全世界25万～30万种高等植物中，10%～15%的种类受到威胁；中国的情况也相当严重，据统计高达15%～20%，濒危物种数达4000～5000种。一旦一个物种灭绝，就不可能复得，人类将永远失去利用它的可能性。因此，加强对植物资源的保护，特别是对珍稀濒危植物的研究和保护工作，应当引起人们的高度重视。

1.国家级珍稀濒危保护植物

1984年8月4日国务院正式批准公布的"国家正式保护野生植物名录（第一批）"中，在泰山自然分布的有中华结缕草（Zoysia sinica Hance）、野大豆

（Glycine soja Sieb. et Zucc.）、紫椴（Tilia amurensis Rupr.），均属国家二级重点保护植物。1984年国家环境保护委员会公布的"中国珍稀濒危保护植物名录"中，在泰山自然分布的珍稀濒危植物除上述几种外尚有核桃楸（Juglans mandshurica Maxim）、青檀（Pteroceltis tatarinowii Maxim.），均为三级珍稀濒危重点保护植物。国务院1999年8月4日批准的"国家重点保护野生植物名录（第一批）"中，泰山自然分布的珍稀濒危植物包括中华结缕草、野大豆、紫椴、花曲柳（Fraxinus rhynchophylla Hance）四种，均为二级重点保护植物。

2.濒危的泰山特有植物

泰山有许多泰山特有植物，如泰山花楸（Sorbus taishanensis F. Z. Li et X. D. Chen）、泰山椴（Tilia taishanensis S. B. Liang）、泰山盐肤木（Rhus taishanensis S. B. Liang）、泰山母草（Lindernia taishanensis F. Z. Li）、泰山谷精草（Eriocaulon taishanensius F. Z. Li）、泰山柳（Salix taishanensis C. Wang et C. F. Fang）、响毛杨（Populus pseudo-tomentosa C. Wang et Tung）、矮齿韭（Allium brevidentatum F. Z. Li）、单叶黄荆（Vitex simplicifolia B. N. Lin et S.W. Wang）。这些植物有的仅有1～2株，如泰山花楸、响毛杨；有的在泰山分布范围相当狭小，如泰山柳、泰山椴、泰山谷精草、泰山母草。一旦它们的生存环境受到破坏就有可能导致灭绝，对这些濒危的泰山植物应当采取迁地保护或就地保护的措施加以保护。

3.泰山四大名药

泰山盛产中草药，其中黄精（Polygonatum sibiricum Delar. ex Redoute）、紫草（Lithospermum erythrorhizon Sieb. et Zucc.）、泰山何首乌（白首乌，Cynanchum bungei Decne）、羊乳［Codonopsis lanceolata（Sieb. et Zucc.）Trautv.］被称为泰山四大名药，各有其美丽的神话传说。由于长期乱采乱挖，过度采挖，有的已灭绝，有的已很稀少，很难找到，如羊乳（又称四叶参）已在泰山灭绝，近年来在天烛峰有人工引种栽培，长势良好。紫草、黄精、泰山何首乌现存数量极少。因此对泰山的四大名药应认真保护，禁止乱采、乱挖，以免在泰山灭绝。

（五）泰山的古树名木

泰山的古树名木是泰山植物资源的一个重要组成部分，它历尽沧桑，是泰山发展历史的见证，也是泰山自然文化遗产。泰山计有古树名木34种，万余株。

1. 银杏 Ginkgo biloba L.

泰山的银杏古树胸径1米以上者有31株，在灵岩寺有10株，普照寺5株，玉泉寺4株，岱庙3株，斗母宫2株，灵应堂2株，扇子崖、三阳观、王母池、老君堂、遥参亭各1株。其中最大的一株位于玉泉寺，高达38m，胸围7.4m，其树龄约在1000～1300年。

2. 油松 Pinus tabuliformis Carr.

油松属在泰山自然分布的树种，百年以上的古树多集中于山的上部，红门景区有25株，岱顶景区有1400余株。其中最著名的油松有：望人松，位于中天门以上的拦住山东侧海拔920m处。五大夫松，位于御帐坪西的五松亭。据《史记》记载，秦始皇28年（前219年）东巡泰山，遇暴风雨，在此树下避雨，因护驾有功，遂封为"五大夫"爵位，后人称为五大夫松。其后经历了自然灾害，五大夫松于1602年已不存在，于雍正八年（1730年）奉旨钦差大人丁皂保补植松树5株，现仅存2株。六朝松，位于普照寺后院"摩松楼"，相传为六朝时所植，树龄达1500～1600年。一亩松，位于玉泉寺北山坡，其树冠遮阴面积达897.8m²，折合1.3亩，故名"一亩松"，树龄800余年。姊妹松，位于后石坞鹤山上，两松并立，犹如姊妹，树龄300余年。一品大夫松，位于普照寺的菊林院中，相传为清代寺僧理修入寺时与师傅一起栽植的，称"师弟松"。清光绪二十二年（1896年），楚士何焕章游岱至此，遂书"一品大夫"，并刻字立石于树下。卧虎松，位于后石坞黄花栈中段，其树干斜卧坡壁，其势雄伟，犹如卧虎。

3. 侧柏 Platycladus orientalis（L.）Franco

侧柏在泰山海拔1000米以下普遍分布，树龄100年以上的有4500余株。其中最著名的侧柏有：汉柏，位于岱庙的汉柏院内，是汉武帝刘彻登泰山所植的五株侧柏树。摩顶松，实为侧柏，位于灵岩寺，树龄约1000余年。三义柏，是位于泰山中路万仙楼东侧的三株柏树，树龄300余年。柏洞，是由泰山中路的东西桥至壶天阁下盘路两侧的342株古柏树构成，为清嘉庆二年（1797年）种植的。

4. 圆柏Sabina chinensis（L.）Ant.

圆柏在泰山多栽植在寺庙庭院内，著名的有：汉柏第一，位于红门附近的关帝庙内，树龄500余年；被誉为"云列三台"的圆柏位于岱庙后花园内，树龄500余年；被称之为"凤落"的圆柏位于岱庙天贶殿前的右侧，树龄500余年。

5. 胡桃Juglans regia L.

一棵树龄达150多年的核桃位于玉泉寺山谷中，树高11.6m，胸围2.1m，树冠伞形。

6. 板栗Castanea mollissima Blume

位于玉泉寺的一株板栗树，树龄800余年，树高11.2m，胸围5.61m。

7. 栓皮栎Quercus variabilis Blume

位于潘黄岭的一株栓皮栎，树龄100余年，树高21m，胸围2.22m。

8. 榆Ulmus pumila L.

位于潘黄岭的一株榆树，树龄100余年，树高17m，胸围1.72m。

9. 榔榆Ulmus parvifolia Jacq.

位于黑龙潭疗养院内的一株榔榆，树高7m，胸围45.8cm。

10. 黑弹树　小叶朴Celtis bungeana Bl.

最大的一株位于桃花峪，树高16.1m，胸径57.3cm。

11. 青檀Pteroceltis tatarinowii Maxim

位于灵岩寺南有青檀双株并列，名曰"鸳鸯檀"，传说树龄在千年以上，又名"千岁檀"，树高7.5m，胸围1.84m。

12. 柘树 Cudrania tricuspidata（Carr.）Bur.

位于潘黄岭的一株，相传树龄300余年，树高1.3m，冠幅1.5m²。

13. 牡丹 Paeonia suffruticosa Andr.

栽植于红门宫东院殿前的一株相传300余年，高达1.3m，冠幅1.5m²。

14. 玉兰 Magnolia denudata Desr.

栽植于樱桃园景区内鲁品方先生庭院前的两株玉兰树龄已近130年。

15. 二乔木兰 Magnolia soulangeana Soul.–Bod.

位于岱庙院内的一株树龄80余年，树高4.1m，基围1.2m。

16. 蜡梅 Chimonanthus praecox（L.）Link.

王母池院内的一株蜡梅相传已栽植300余年，高6.2m，冠幅150m²。

17. 水榆花楸 Sorbus alnifolia（Sieb. et Zucc.）K. Koch

位于岱顶碧霞祠大殿后的一株水榆花楸，高达5m，胸径20cm，冠幅20m²，树龄100余年。

18. 木瓜 Chaenomeles sinensis（Thouin.）Koehne

最大的木瓜树位于普照寺院内，树高11m，冠幅30m²，基围1.46m，据记载是康熙初年栽植的。

19. 湖北海棠 Malus hupehensis（Pamp.）Rehd.

湖北海棠零星分布于泰山海拔1000m以上的山坡上，在岱顶尚存有7株数百年生大树。

20. 皂荚 Gleditsia sinensis Lam.

位于泰安市政府院内的一株树高13.5m，胸径达76cm。

21. 槐 Sophora japonica L.

在泰山各景区有30余株古槐，最著名的有：唐槐抱子，位于岱庙配天门西院，经考证系唐朝栽植，后古槐死亡，在其树干中心又植一小槐树，现已高达5m，胸径35cm，被称为唐槐抱子。卧龙槐，位于斗母宫门口，树干平卧山坡，侧枝平卧生根，系明朝嘉靖年间所植，约300余年。四槐树，位于壶天阁下，柏洞盘路两侧有古槐4株，相传为唐代鲁国公程咬金所植，树龄约1240余年。

22. 紫藤 Wisteria sinensis（Sims.）Sweet.

树龄在百年以上的在岱庙、普照寺、泰山疗养院、孔子登临处等地有8株，其中最大的是疗养院的一株，胸径20cm，树龄在200年以上。

23. 黄杨 Buxus sinica（Rehd. et Wils.）Cheng

位于斗母宫内有13株，高达5m以上，呈乔木状。

24. 冬青卫矛 Euonymus japonicus Thunb.

位于红门宫东院的一株，高达6.1m，冠幅达8m²，呈乔木状。

25. 南蛇藤 Celastrus orbiculatus Thunb.

位于斗母宫内的一株古老的南蛇藤，基径达13.8cm，苍劲盘曲，总长达13m。

26. 色木槭 Acer mono Maxim.

位于岱顶碧霞祠院内的一株树龄百年以上，高达7m，胸径44cm。

27. 爬山虎 Parthenocissus tricuspidata（Sieb. et Zucc.）Planch

红门宫外东墙有一株古老的植株。

28. 紫椴 Tilia amurensis Rupr.

位于潘黄岭上的一株紫椴树龄百年以上，树高达13.7m，胸围1.59m。

29. 紫薇 Lagerstroemia indica L.

紫薇被定为泰安市市花，在红门一户居民院内的一株紫薇树龄达120余年，高达5.6m，基围49cm。

30. 石榴 Punica granatum L.

位于冯玉祥将军墓北的一户居民院内有一株树龄达140余年的石榴树，高达5.8m，胸围57cm。

31. 花曲柳　大叶白蜡 Fraxinus rhynchophylla Hance.

位于岱顶碧霞祠院内的一株树龄在百余年，树高5.1m，胸径44cm。

32. **凌霄** Campsis grandiflora（Thunb.）Sehum.

位于岱宗坊关帝庙院内的一株，径粗6cm，长达5m。

33. **绣球荚蒾** Viburnum macrocephalum Fort

位于罗汉崖的一株，高达4.5m，基围1.7m。

34. **淡竹** Phyllostachys glauca McClure

在竹林寺、普照寺、罗汉崖栽植的淡竹已达200余年。

古树是不可再生的资源，应当加以保护，对每一株古树建立档案资料，加强对其病虫害防治，做好古树复壮的研究、管理工作，使古树永葆青春。

泰山木本植物

裸子植物门

GYMNOSPERMAE

银杏科

GINKGOACEAE

　　落叶乔木。有明显的长枝和短枝。单叶，在长枝上互生，在短枝上簇生；叶片扇形；叶脉叉状分枝；有长柄。雌雄异株；雄球花成葇荑花序状，每雄蕊有花药2，花丝短，精子有纤毛，能游动；雌球花有长梗，2歧分叉，叉顶各生1直立胚珠。种子核果状，有长柄；种皮3层：外种皮肉质，中种皮骨质，内种皮膜质；胚乳肉质；子叶2，萌发时不出土。

　　1属，1种，为中生代孑遗植物，称活化石，我国特有。泰山有1属，1种。

银　杏　白果　公孙树
Ginkgo biloba L.

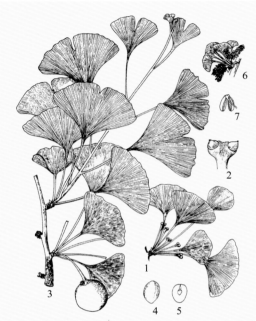

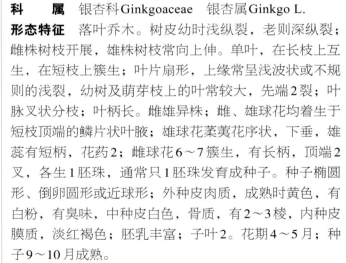

1.雌球花枝　2.雌球花上端　3.长短枝及种子　4.去外种皮的
种子　5.去外、中种皮的种子纵切面　6.雄球花枝　7.雄蕊

银杏

银杏雌球花枝

银杏雄球花枝

银杏种子枝

科　　属　银杏科Ginkgoaceae　银杏属Ginkgo L.

形态特征　落叶乔木。树皮幼时浅纵裂，老则深纵裂；雌株树枝开展，雄株树枝常向上伸。单叶，在长枝上互生，在短枝上簇生；叶片扇形，上缘常呈浅波状或不规则的浅裂，幼树及萌芽枝上的叶常较大，先端2裂；叶脉叉状分枝；叶柄长。雌雄异株；雌、雄球花均着生于短枝顶端的鳞片状叶腋；雄球花柔荑花序状，下垂，雄蕊有短柄，花药2；雌球花6～7簇生，有长柄，顶端2叉，各生1胚珠，通常只1胚珠发育成种子。种子椭圆形、倒卵圆形或近球形；外种皮肉质，成熟时黄色，有白粉，有臭味，中种皮白色，骨质，有2～3棱，内种皮膜质，淡红褐色；胚乳丰富；子叶2。花期4～5月；种子9～10月成熟。

生境分布　泰山各管理区及公园、庭院、苗圃多有引种栽培。全国各地有引种栽培，浙江天目山尚有野生状态的树木。

经济用途　木材优良，可供建筑、家具、雕刻及绘彩照板等用；种子名白果可食用亦可入药，有温肺益气、镇咳祛痰的功效；叶片可提取银杏叶黄酮，用于心脑血管病的治疗；可供绿化观赏。

松科
PINACEAE

　　常绿或落叶乔木，稀为灌木；有树脂。枝有长枝与短枝之分。叶条形或针形，叶在长枝上常螺旋状着生，在短枝上为簇生；针形叶2～5针一束，稀为1针或多至8针成一束，着生于极度退化的短枝上，基部有膜质叶鞘。球花单性，雌雄同株；雄球花腋生或单生枝顶，雄蕊多数，螺旋状着生，每雄蕊有2花药，花粉粒有气囊或无；雌球花由多数螺旋状排列的珠鳞和苞鳞组成，珠鳞上面生有2倒生胚珠，苞鳞与珠鳞离生（或仅基部合生），花后珠鳞增大发育成种鳞。球果直立或下垂，当年或第二年稀为第三年种子成熟，熟时种鳞张开，稀不张开；种鳞木质或革质，宿存或成熟后脱落，每种鳞有2种子。种子有翅或无翅；子叶2～16，出土或不出土。

　　10～11属，约235种。我国有10属，108种，其中引种24种；绝大多数都是森林树种及用材树种。山东有1属，2种；引种7属，36种，5变种。泰山有6属，23种，1变种。

日本冷杉
Abies firma Sieb. et Zucc.

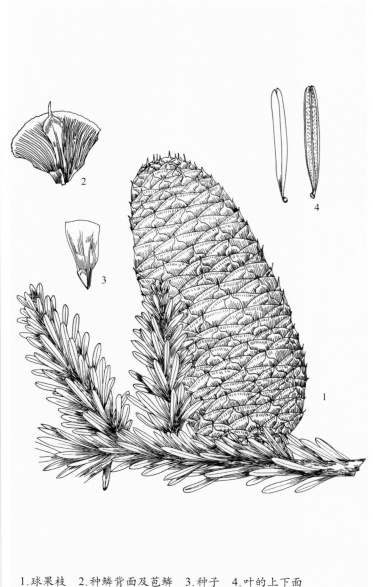

1.球果枝　2.种鳞背面及苞鳞　3.种子　4.叶的上下面

日本冷杉

日本冷杉球果枝

日本冷杉雄球花枝

科　　属　松科Pinaceae　冷杉属Abies Mill.

形态特征　常绿乔木。树皮暗灰色，鳞片状脱落；小枝淡黄灰色，凹槽密生细毛。叶螺旋状着生，基部常扭转，排成2列；叶片条形，扁平，长1.5～3.5cm，宽3～4mm，先端钝或微凹或2叉分裂，上面中脉凹下，下面中脉隆起，有2条灰白色气孔带；树脂道通常4，2中生，2边生。球果圆柱形或圆柱状卵形，长10～15cm，熟时黄褐色或灰褐色；种鳞扇状四方形，长1.2～2.2cm；苞鳞长于种鳞。种子有楔状长方形的翅；子叶3～5。花期4～5月；球果10月成熟。

生境分布　原产日本。岱庙、山东农业大学树木园有引种栽培。

经济用途　木材优良，可供建筑、家具等用材；可供绿化观赏。

杉　松　辽宁冷杉

Abies holophylla Maxim.

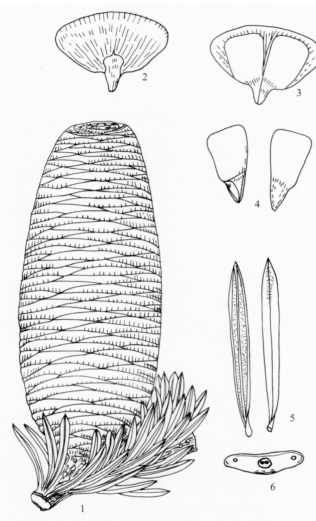

1. 球果枝　2. 种鳞背面及苞鳞　3. 种鳞腹面　4. 种子背腹面
5. 叶的上下面　6. 叶的横切面

杉松

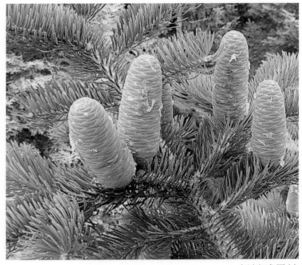

杉松球果枝

杉松雄球花枝

科　　属　松科 Pinaceae　冷杉属 Abies Mill.

形态特征　常绿乔木。幼树皮淡褐色，不开裂，老树皮纵裂成条片状；一年生小枝黄灰色或黄褐色，无毛，有光泽。叶在枝上螺旋状着生，基部常扭转，常成2列；叶片条形，扁平，长2~4cm，宽1.5~2.5mm，先端急尖或渐尖，上面中脉凹下，下面中脉隆起，沿中脉两侧各有1条气孔带；树脂道2，中生。雌、雄球花均为腋生，下垂。球果圆柱形，长6~14cm，直径3.5~4cm，近无柄；种鳞扇状长椭圆形；苞鳞长不及种鳞之半，先端有急尖。种子倒三角形，长8~9mm，种翅宽大，膜质。花期4~5月；球果10月成熟。

生境分布　桃花源管理区有少量引种栽培。性耐阴，喜生土层厚、排水好的湿润棕壤上。国内分布于黑龙江、吉林、辽宁省。

经济用途　材质轻软，耐腐力强，可供建筑、电杆、枕木、板材、家具及木纤维工业等用材；树皮可提栲胶；种子含油30%，可供工业用；可供绿化观赏。

红皮云杉

Picea koraiensis Nakai

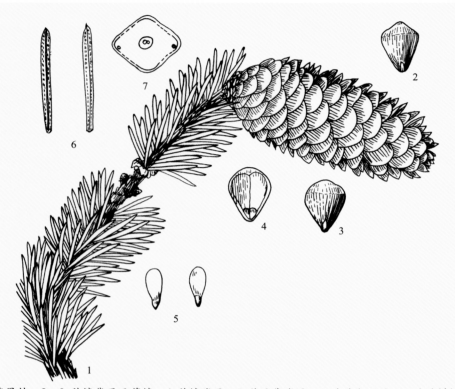

1.球果枝　2～3.种鳞背面及苞鳞　4.种鳞腹面　5.种子背腹面　6.叶的上下面　7.叶的横切面

红皮云杉

科　　属　松科Pinaceae　云杉属Picea Dietr.

形态特征　常绿乔木。树皮灰褐色或淡红褐色，裂成不规则薄条片脱落；一年生枝黄褐色或淡橘红色，有毛或近无毛，或有较密的短柔毛，基部宿存芽鳞略反曲或反曲；冬芽圆锥形，上部芽鳞多少反曲。叶螺旋状着生；叶片条状四棱形，长1.2～2.2cm，宽1～1.5mm，先端急尖，四面有气孔线，横切面四棱形。雄球花单生叶腋，下垂。球果单生枝顶，下垂，卵状长柱形或长卵状圆柱形，长5～8cm，径2.5～3.5cm，熟前绿色，熟时绿黄褐色或褐色；中部种鳞倒卵形，上部圆形或钝三角形，背面露出部分无明显条纹；苞鳞长约5mm，边缘有极细的小缺齿。种子倒卵圆形，连翅长1.3～1.6cm。花期5～6月；球果9～10月成熟。

生境分布　桃花源管理区有引种栽培。国内分布于东北地区及内蒙古。

经济用途　木材可供电杆、建筑、造船、家具、木纤维工业、细木加工等用材；树干可提树脂；树皮及球果可提栲胶；可供绿化观赏。

红皮云杉球果枝

白 扦

Picea meyeri Rehd. et Wils.

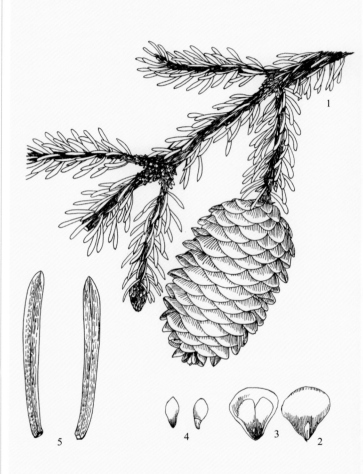

白扦球果枝

白扦雄球花枝

1.球果枝　2.种鳞背面及苞鳞　3.种鳞腹面　4.种子背腹面　5.叶
的上下面

白扦

科　　属　松科Pinaceae　云杉属Picea Dietr.

形态特征　常绿乔木。树皮灰褐色，裂成不规则薄块片脱落；一年生枝淡黄色或黄褐色，有密生短毛或无毛或
有疏毛，基部宿存芽鳞反曲；冬芽圆锥形，上部芽鳞微反曲。叶螺旋状着生；叶片条状四棱形，先端钝尖或微
钝，长1.3～3cm，宽约2mm，四面有气孔线，横切面四棱形。雌雄同株；雄球花单生叶腋，下垂。球果长圆
柱形，长6～9cm，径2.5～3.5cm，成熟前绿色，熟时褐黄色；种鳞倒卵形，先端圆或钝三角形，背面露出部
分有条纹。种子倒卵圆形，连翅长约1.3cm。花期4～5月；球果9～10月成熟。

生境分布　岱庙、桃花源管理区有引种栽培。我国特有树种，分布于内蒙古、河北、山西、陕西、甘肃等省
（自治区）。

经济用途　材质较轻软，结构细，可供建筑、电杆、桥梁、家具及木纤维工业用材；可供绿化观赏。

青扦
Picea wilsonii Mast.

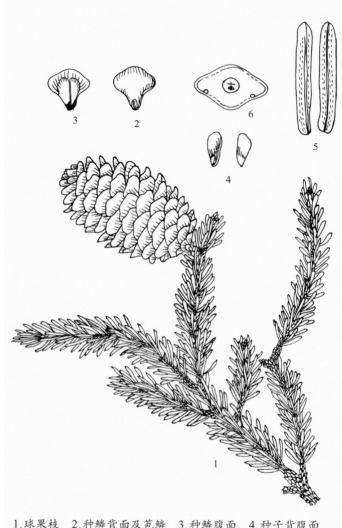

1.球果枝　2.种鳞背面及苞鳞　3.种鳞腹面　4.种子背腹面
5.叶的上下面　6.叶的横切面

青扦

青扦球果

青扦枝条

科　　属　松科 Pinaceae　云杉属 Picea Dietr.

形态特征　常绿乔木。树皮灰色或暗灰色，裂成不规则鳞状块片脱落；一年生小枝纤细，径2～3mm，淡黄色或淡黄灰色，无毛，二、三年生枝条淡灰色、灰色；小枝基部宿存芽鳞紧贴小枝，不反卷；冬芽卵圆形，长不到5mm。叶螺旋状着生；叶片条状四棱形，长0.8～1.8cm，宽1.2～1.7mm，先端尖，四面有气孔线，横切面菱形或扁菱形。球果卵状圆柱形或圆柱状长卵形，长5～8cm，径2.5～4cm；种鳞倒卵形，先端宽圆而常有突尖，长1.4～1.7cm，背面露出部分无明显条纹；苞鳞匙状长圆形，长约4mm。种子倒卵圆形，连翅长1.2～1.5cm；子叶6～9。花期4月；球果10月成熟。

生境分布　岱庙、桃花源管理区有引种栽培。我国特有树种，分布于内蒙古、河北、山西、陕西、甘肃、青海、湖北、四川等省（自治区）。

经济用途　材质较轻软，结构细，可供建筑、电杆、桥梁、家具及木纤维工业用材；可供绿化观赏。

落叶松

Larix gmelinii (Rupr.) Kuzen. var. *gmelinii*

1.球果枝　2～3.球果　4.种鳞背面及苞鳞　5.种鳞腹面　6.种子背腹面

落叶松

落叶松球果枝

落叶松球果枝

科　　属　松科 Pinaceae　落叶松属 Larix Mill.

形态特征　落叶乔木。老树树皮灰暗色，裂成鳞片状脱落，脱落后的内皮呈紫红色；一年生枝淡黄色至淡褐色，有毛，径约1mm；短枝径2～3mm，顶端叶枕间有黄白色柔毛。叶在长枝上螺旋状着生，在短枝上簇生；叶片倒披针状条形，长1.5～3cm，宽0.7～1mm，先端尖或钝尖，背面有气孔线。球果长圆状卵形或卵形，长1.2～3cm，径1～2cm；种鳞五角状卵形，14～30，熟时上端种鳞张开，背面光滑无毛；苞鳞较短，长为种鳞的1/3～1/2，先端中肋延伸成急尖头。种子斜卵形，灰白色，连翅长约1cm。花期5～6月；球果9月成熟。

生境分布　桃花源、南天门管理区有引种。国内分布于黑龙江、吉林、内蒙古等省（自治区）。

经济用途　木材耐久用，可供房屋建筑、工程、电杆、车船及木纤维工业原料等用，树皮可提栲胶。

华北落叶松（变种）Larix gmelinii（Rupr.）Kuzen. var. principis-rupprechtii（Mayr）Pilger

本变种的主要特点是：一年生长枝较粗，径1.5～2.5mm；短枝径3～4mm；球果熟时上端种鳞微张开或不张开，有种鳞30以上。

桃花源、南天门管理区有引种。我国特有树种，主要分布于河北、山西、河南等省，是华北地区高山针叶林的主要树种。

木材坚韧，可供建筑、桥梁、电杆、车船等用；树皮可提栲胶。

黄花落叶松
Larix olgensis Henry

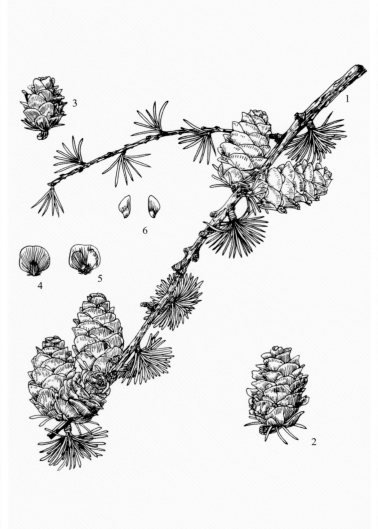

1.球果枝   2～3.球果   4.种鳞背面及苞鳞   5.种鳞腹面   6.种子背腹面

黄花落叶松

黄花落叶松球果枝

科　　属　松科Pinaceae　落叶松属Larix Mill.

形态特征　落叶乔木。树皮灰褐色，纵裂成鳞片状，易剥落，内皮呈酱紫红色；一年生枝淡红褐色或淡褐色，径约1mm，有毛或无毛；短枝径2～3mm，顶端叶枕间有密生淡褐色柔毛。叶在长枝上螺旋状着生，在短枝上簇生；叶片倒披针状条形，长1.5～2.5cm，宽约1mm，先端钝尖或微尖，下面中脉隆起，两侧有气孔线。球果长卵圆形，种鳞微张开或不张开，长1.5～2.6cm，稀为3.2～4.6cm；种鳞16～40，宽卵形，背面有腺状短柔毛；苞鳞长为种鳞之半。种子淡黄白色，有不规则紫色斑纹，连种翅长约9mm。花期5月；球果9～10月成熟。

生境分布　南天门管理区有引种。国内分布于吉林、辽宁。

经济用途　木材耐用，可供建筑、造舰、电杆、车辆、矿柱等用；树干可提树脂，树皮可提栲胶。

日本落叶松

Larix kaempferi (Lamb.) Carr.

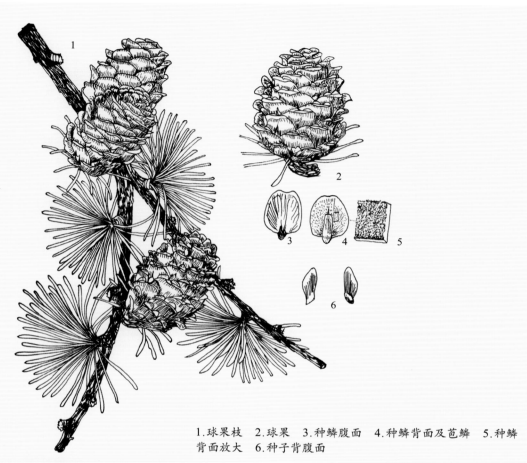

1.球果枝　2.球果　3.种鳞腹面　4.种鳞背面及苞鳞　5.种鳞背面放大　6.种子背腹面

日本落叶松

科　　属　松科Pinaceae　落叶松属Larix Mill.

形态特征　落叶乔木。树皮暗褐色，呈片状脱落；一年生枝淡黄褐色，有白粉，幼时有褐色毛；短枝径2～5mm，历年叶枕形成的环痕特别明显；顶芽紫褐色。叶在长枝上螺旋状着生，在短枝上簇生；叶片倒披针状条形，长1.5～3.5cm，宽1～2mm，两面有气孔线。球果卵形或椭圆状卵形，长2～3.5cm，径1.8～2.8cm；种鳞46～65，方卵形或卵状长圆形，上部边缘波状，显著地向外反曲，背部常有褐色瘤状突起或短粗毛；苞鳞紫红色，先端3裂，中肋延长成长尾尖，不露出。种子倒卵圆形，连种翅长1.1～1.4cm。花期4～5月；球果10月成熟。

生境分布　原产日本。南天门管理区、药乡有引种。

经济用途　木材可供房屋建筑、工程、电杆、车船及木纤维工业原料等用，树皮可提栲胶。

日本落叶松球果枝

金钱松

Pseudolarix amabilis (Nelson) Rehd.

1. 长、短枝及叶 2. 雄球花枝 3. 雌球花枝 4. 雄蕊 5. 球果枝
6. 种鳞背面及苞鳞 7. 种鳞腹面 8. 种子

金钱松球果枝

金钱松   金钱松雄球花枝

科　　属　松科 Pinaceae　金钱松属 Pseudolarix Gord.

形态特征　落叶乔木。树干挺直，树皮灰褐色，粗糙；短枝生长缓慢，叶枕密集呈环节状。叶在长枝上螺旋状散生，在短枝上 15～30 叶簇生，辐射平展呈圆盘状；叶片条形，柔软，长 2～5.5cm，宽 1.5～4mm，先端锐尖或尖，上面中脉不明显，下面中脉明显，两侧各有 5～14 条气孔带。雌雄同株；雄球花黄色，下垂，圆柱状；雌球花紫红色，直立，椭圆形。球果卵圆形或倒卵形，长 6～7.5cm，径 4～5cm；种鳞卵状披针形，两侧有耳，先端钝，有凹缺；苞鳞长为种鳞的 1/4～1/3。种子卵圆形，白色，长约 6mm，有三角状披针形种翅。花期 4 月；球果 10 月成熟。

生境分布　药乡、岱庙、桃花源、山东农业大学树木园有引种栽培。国内分布于安徽、江苏、浙江、福建、江西、湖北、湖南、四川等省。

经济用途　木材可供建筑、家具、板材等用。树皮可提栲胶；入药（称为土槿皮）可治食积和顽癣等症；根皮亦可药用，也可作造纸原料；种子可榨油。树姿优美，秋后叶变金黄色，是理想的公园、庭院绿化观赏树种。

雪 松

Cedrus deodara (Roxb.) G. Don

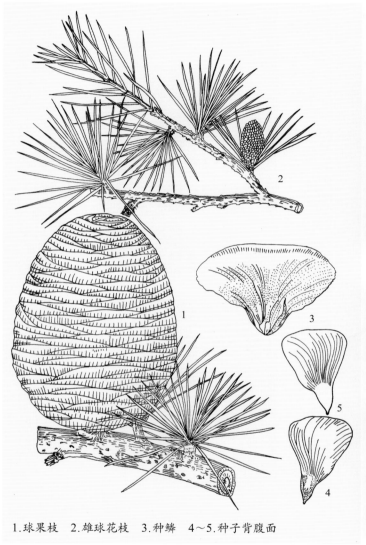

1.球果枝　2.雄球花枝　3.种鳞　4～5.种子背腹面

雪松球果枝

雪松　　　　　　　　　　　　　　　　雪松雄球花枝

科　　属　松科Pinaceae　雪松属Cedrus Trew

形态特征　常绿乔木。树皮深灰色，裂成不规则鳞状块片；枝平展，或微下垂，小枝常下垂；一年生枝淡灰黄色，密被短柔毛，微有白粉。叶在长枝上螺旋状着生，在短枝上簇生；叶针形，坚硬，常呈三棱形，长2.5～5cm，宽1～1.5mm，幼时有白粉，每面均有气孔线。雌雄异株；雄球花长圆柱形，长2～3cm，径1cm，比雌球花早开放；雌球花长卵圆形，长约8mm，径约5mm。球果卵圆形至椭圆状卵圆形，长7～12cm，径5～9cm；种鳞木质，扇状倒三角形，长2.5～4cm，宽4～6cm，成熟时与种子一同脱落；苞鳞短小。种子近三角形，具宽大种翅，连同种子长2.2～3.7cm。花期10～11月；球果第二年10月下旬成熟。

生境分布　各管理区景点及泰城的机关、公园多有栽培。原产于阿富汗至印度。国内分布于西藏西南部。全国多数省份，尤其是大城市广泛种植为公园绿化树。

经济用途　著名的公园绿化、观赏树种；材质优良，可供建筑、家具、桥梁、造船等用；雪松对大气中的氟化氢及二氧化硫有较强的敏感性，抗烟害能力差。

红 松 海松

Pinus koraiensis Sieb. et Zucc.

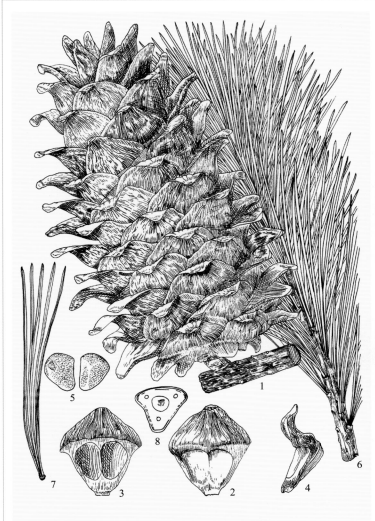

1. 球果　2～4. 种鳞背腹面及侧面　5. 种子　6. 枝叶　7. 一束针叶
8. 针叶的横切面

红松

红松球果枝

红松雄球花枝

科　　属　松科Pinaceae　松属Pinus L.

形态特征　常绿乔木。树皮纵裂，呈不规则鳞片状脱落，脱落后内皮红褐色；一年生枝有黄褐色或红褐色毛；冬芽矩圆状卵形，淡红褐色，微有树脂。针叶5针一束，长6～12cm，横切面三角形；叶内具1条维管束，树脂道3，中生；叶鞘早落。球果圆锥状卵圆形，长9～14cm，径6～8cm，成熟时种鳞不张开或稍张开；种鳞上部渐窄，向外反曲，鳞盾三角形，鳞脐不明显，顶生；种子不脱落。种子大，长1.2～1.6cm，径7～10mm，无翅。花期5～6月；球果第二年9～10月成熟。

生境分布　桃花源、竹林寺等管理区有引种。国内分布于黑龙江、吉林。

经济用途　木材优良，可供建筑、桥梁、车船、枕木、电杆、家具用；木材及树根可提松节油；树皮可提栲胶；种子大，含脂肪油及蛋白质，可榨油供食用，亦可做干果"松子"食用，入药称为"海松子"，有滋补强壮的功效；可供绿化观赏。

华山松

Pinus armandii Franch.

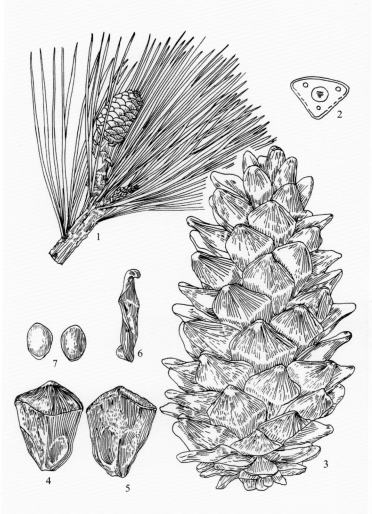

1.雌球花枝　2.针叶的横切面　3.球果　4～5.种鳞背腹面　6.种鳞侧面　7.种子背腹面

华山松

华山松球果枝

华山松雄球花枝

科　　属　松科Pinaceae　松属Pinus L.

形态特征　常绿乔木。幼树树皮灰绿色，平滑，老则呈龟甲状剥落；小枝绿色或灰绿色，无毛；冬芽圆柱形，褐色，微有树脂。针叶5针一束，长8～15cm，径1～1.5mm，横切面三角形；叶内具1条维管束，树脂道3，中生或背面2边生，腹面1中生；叶鞘早落。球果圆锥状长卵圆形，长10～20cm，径5～8cm，成熟时种鳞张开；种鳞近斜方状倒卵形，鳞盾近斜方形，无纵脊，先端不反曲或微反曲，鳞脐不明显，顶生；种子脱落。种子倒卵圆形，无翅，或有棱脊；子叶10～15。花期4～5月；球果第二年9～10月成熟。

生境分布　桃花源、桃花峪等管理区有引种。国内分布于山西、陕西、甘肃、河南、湖北、海南、四川、云南、贵州、西藏等省（自治区）。

经济用途　材质优良，可供建筑、枕木、纤维工业原料等用；树干可提取树脂；树皮可提栲胶；针叶可提芳香油；种子可食，含油40%，可作为食用油；可供绿化观赏。

日本五针松

Pinus parviflora Sieb. et Zucc.

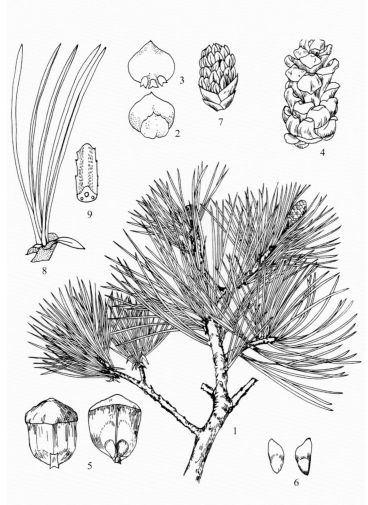

日本五针松球果枝

1.雌球花枝 2.珠鳞背面及苞鳞 3.珠鳞腹面及胚珠 4.球果 5.种鳞背腹面 6.种子背腹面 7.雄球花 8.一束针叶 9.针叶中段的腹面

日本五针松

日本五针松雄球花枝

科　　属　松科Pinaceae　松属Pinus L.

形态特征　常绿乔木。幼树皮平滑，老树皮裂成块片状脱落，暗灰色；一年生枝有淡黄色柔毛；冬芽卵圆形，无树脂。针叶5针一束，长3.5～5.5cm，径不及1mm；横切面三角形；叶内具1条维管束，树脂道常2，边生；叶鞘早落。球果卵圆形或卵状椭圆形，长4～7.5cm，径3.5～4.5cm，无梗，熟时种鳞张开；种鳞长圆状倒卵形，鳞脐顶生，凹下。种子不规则倒卵形，有翅，翅长1.8～2cm。

生境分布　原产日本。岱庙有引种栽培。

经济用途　可供绿化观赏。

白皮松　虎皮松

Pinus bungeana Zucc. ex Endl.

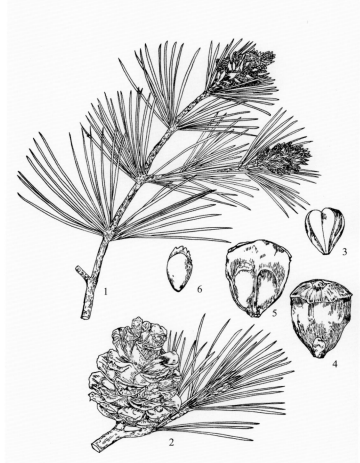

1. 雌球花枝　2. 球果枝　3. 雌球花枝之苞片　4. 种鳞背面及苞鳞
5. 种鳞腹面示种子　6. 种子

白皮松

白皮松球果枝

白皮松雄球花枝

科　　属　松科 Pinaceae　松属 Pinus L.

形态特征　常绿乔木。树皮灰绿色，片状脱落，内皮灰白色；一年生小枝无毛；冬芽卵圆形，红褐色，无树脂。针叶3针一束，粗硬，长5～10cm，径1.5～2mm；横切面扇状三角形或宽纺锤形；叶内具1条维管束，树脂道6～7，边生或1～2中生；叶鞘早落。球果常单生，初直立而后下垂；种鳞先端厚，鳞盾近菱形，有横脊，鳞脐背生于鳞盾中央，有外弯的刺。种子近倒卵圆形，长约1cm，有翅，翅短，有关节，易脱落。花期4～5月；球果第二年10～11月成熟。

生境分布　岱庙、桃花源管理区有引种。我国特有树种，分布于山西、陕西、甘肃、河南、湖北、四川等省。

经济用途　树姿优美，树皮别致，比其他松树能耐盐碱，是理想的绿化树种；木材可供建筑、家具、文具等用材；种子可食；可供绿化观赏。

马尾松

Pinus massoniana Lamb.

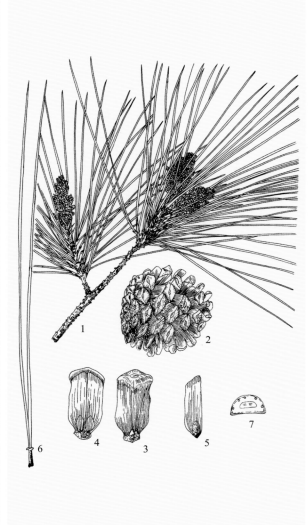

1.雌球花枝　2.球果　3～4.种鳞背腹面　5.种子　6.一束针叶　7.针叶的横切面

马尾松　　　　　　　　　　　　　　　　　　　　马尾松球果枝

科　　属　松科Pinaceae　松属Pinus L.

形态特征　常绿乔木。树皮褐色，呈不规则裂片剥落；一年生枝黄褐色，无毛；冬芽卵状圆柱形或圆柱形，褐色，顶端尖，芽鳞边缘丝状。针叶2针一束，稀3针一束，长12～20cm，径约1mm，细柔，微扭曲；叶内维管束2条，树脂道4～8，边生；叶鞘宿存。球果卵圆形或圆锥形，长4～7cm，径2.5～4cm；种鳞近倒卵形，或近方形，鳞盾微隆起，扁菱形，鳞脐微凹，无刺。种子连翅长2～2.7cm。花期4～5月；球果第二年10月成熟。

生境分布　药乡林场有引种。国内分布于陕西、河南、安徽、江苏、浙江、福建、台湾、江西、湖北、湖南、广东、广西、四川、云南、贵州等省（自治区）。

经济用途　木材可供建筑、矿柱、枕木、家具、木纤维工业原料等用；树干可割取松脂，提炼松香和松节油；种子含油约30%，可食用；松花粉药用。

赤 松 日本赤松

Pinus densiflora Sieb. et. Zucc.

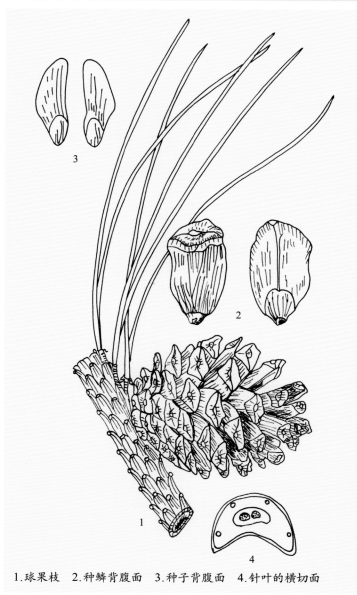

1.球果枝　2.种鳞背腹面　3.种子背腹面　4.针叶的横切面

赤松

赤松球果枝

赤松雄球花枝

科　　属　松科Pinaceae　松属Pinus L.

形态特征　常绿乔木。树皮红褐色，呈片状脱落；一年生枝淡红黄色，无毛，微有白粉；冬芽矩圆状卵圆形，红褐色。针叶2针一束，长5～12cm，径约1mm，两面有气孔线；横切面半圆形；叶内维管束2条，有4～6边生树脂道；叶鞘宿存。球果卵状圆锥形，长3～5.5cm，宽2.5～4.5cm；种鳞较薄，张开，鳞盾扁菱形，鳞脐有直立短刺。种子倒卵形或长圆形，连翅长1.5～2cm。花期4月；球果第二年9～10月成熟。

生境分布　桃花峪、竹林、红门、中天门、天烛峰、玉泉寺、樱桃园、南天门等管理区有引种。赤松为山东乡土树种，可以自然更新。国内分布于黑龙江、吉林、辽宁、江苏等省。

经济用途　木材可供建筑、电杆、枕木、矿柱、家具等用；树干可割取松脂；树皮可提栲胶；松节、松针及花粉可以药用；种子含油30%～40%，供食用及工业用；可供绿化观赏。

油 松

Pinus tabuliformis Carr.

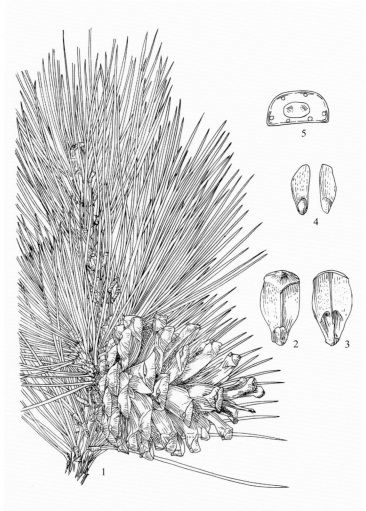

1.球果枝　2～3.种鳞背腹面　4.种子背腹面　5.针叶的横切面

油松球果枝

油松　　　　　　　　　　　　　　　　　　　　油松雄球花枝

科　　属　松科Pinaceae　松属Pinus L.

形态特征　常绿乔木。树皮灰褐色，不规则鳞片状开裂；小枝粗壮，淡橙色或灰黄色，无毛；冬芽矩圆形，红褐色，微有树脂。针叶2针一束，稍粗硬，长10～15cm，径约1.5mm，横切面半圆形；叶内维管束2条，有5～8边生树脂道；叶鞘宿存。球果卵圆形，长4～9cm，向下弯垂，常宿存树上数年之久；种鳞有肥厚的鳞盾，扁菱形或菱状多角形，横脊显著，鳞脐突起有刺。种子卵形或长卵形，连翅长1.5～1.8cm。花期4～5月；球果第二年10月成熟。

生境分布　产于各管理区。对松山、后石坞等处有数百年生的纯林。我国特有树种，分布于吉林、辽宁、内蒙古、河北、山西、陕西、甘肃、宁夏、青海、河南、四川等省（自治区）。

经济用途　木材可供建筑、电杆、枕木、矿柱、家具及木纤维工业等用；树干可割取松脂；树皮可提栲胶；松节、松针及花粉可以药用；种子含油30%～40%，供食用及工业用。油松适应性广，是鲁中南山地丘陵区主要荒山造林树种；可供绿化观赏。

樟子松

Pinus sylvestris L. var. mongolica Litv.

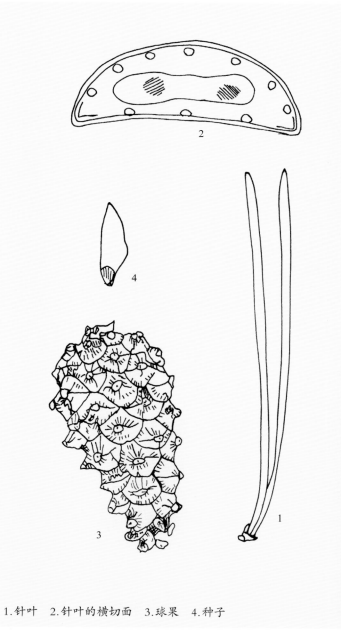

樟子松球果枝

1.针叶 2.针叶的横切面 3.球果 4.种子

樟子松

樟子松雄球花枝

科　　属　松科Pinaceae　松属Pinus L.

形态特征　常绿乔木。树皮红褐色，裂成薄片脱落；小枝暗灰褐色，无毛；冬芽长卵圆形，褐色或淡黄褐色，有树脂。针叶2针一束，粗硬，通常扭曲，长4～12 cm，径0.5～2 mm；横切面半圆形；叶内维管束2条，树脂道6～11，边生；叶鞘宿存。球果圆锥状卵圆形，成熟时暗黄褐色，长3～6cm；种鳞的鳞盾扁平或三角状隆起，鳞脐小，常有尖刺。花期5～6月；球果第二年9～10月成熟。

生境分布　桃花源管理区有引种栽培。国内分布于黑龙江、内蒙古。

经济用途　木材可供建筑、舟车、枕木等用；可提树脂、松香和松节油；树皮可提取栲胶。

台湾松　黄山松

Pinus taiwanensis Hayata

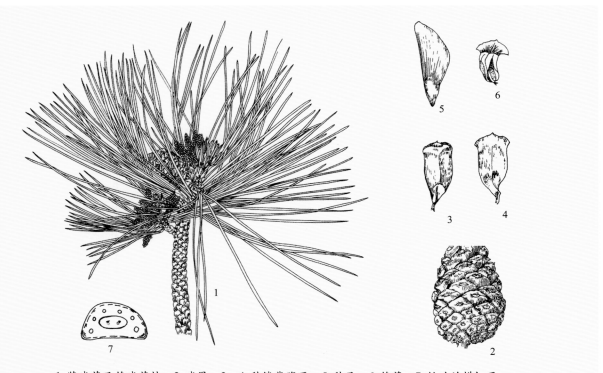

1.雌球花及雄球花枝　2.球果　3~4.种鳞背腹面　5.种子　6.雄蕊　7.针叶的横切面

台湾松

科　　属　松科Pinaceae　松属Pinus L.

形态特征　常绿乔木。树皮灰褐色，呈不规则鳞片剥落；一年生枝黄褐色或红褐色，无毛；冬芽卵圆形至长卵圆形，深褐色，微有树脂。针叶2针一束，长5~18cm，稍粗硬；横切面半圆形；叶内维管束2条，树脂道3~9，中生；叶鞘宿存。球果卵圆形，长3~5cm，常在枝上宿存6~7年；种鳞近长圆形，鳞盾稍肥厚隆起，横脊显著，鳞脐有短刺。种子倒卵状椭圆形，连翅长1.4~1.8cm。花期4~5月；球果第二年10月成熟。

生境分布　药乡、山东农业大学树木园有少量引种栽培。我国特有树种，分布于河南、安徽、江苏、浙江、福建、台湾、江西、湖北、湖南、广西、云南、贵州等省（自治区）。

经济用途　木材坚实，可供建筑等用；可供绿化观赏。

台湾松球果枝

北美短叶松 斑克松

Pinus banksiana Lamb.

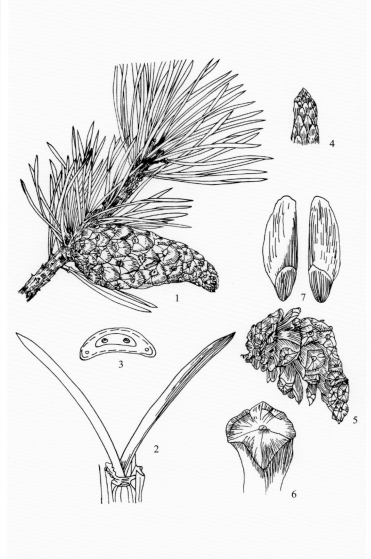

北美短叶松球果枝

1.球果枝 2.针叶与叶鞘 3.针叶的横切面 4.冬芽 5.球果 6.种鳞示鳞盾 7.种子背腹面

北美短叶松

北美短叶松雄球花枝

科　　属　松科Pinaceae　松属Pinus L.

形态特征　常绿乔木，有时呈灌木状。树皮鳞片状脱落；小枝紫褐色；冬芽矩圆状卵形，褐色，有树脂。针叶2针一束，粗短，长2～4cm，径约2mm，横切面扁半圆形；叶内维管束2条，树脂道2，中生；叶鞘宿存2～3年后脱落，或与叶同时脱落。球果窄圆锥状椭圆形，不对称，通常向内弯曲，长3～5cm，径2～3cm；种鳞薄，张开缓慢，鳞盾平或微隆起，鳞脐平或微凹，无刺。种子长3～4mm，种翅长约为种子的3倍。

生境分布　原产北美东北部。巴山管理区及山东农业大学树木园等地有引种栽培。

经济用途　木材可供建筑等用。

黑 松　日本黑松

Pinus thunbergii Parl.

1.球果枝　2～3.种鳞背腹面　4.种子　5.针叶的横切面

黑松

黑松冬芽

黑松雄球花枝

科　　属　松科Pinaceae　松属Pinus L.

形态特征　常绿乔木。树皮灰黑色，片状脱落；一年生枝淡黄褐色，无毛；冬芽圆柱形，银白色。针叶2针一束，长6～12cm，径1.5～2mm，粗硬；叶内维管束2条，树脂道6～11，中生；叶鞘宿存。球果卵圆形或卵形，长4～6cm，成熟时褐色；种鳞卵状椭圆形，鳞盾稍肥厚，横脊明显，鳞脐微凹，有短刺。种子倒卵状椭圆形，连翅长1.5～1.8cm。花期4～5月；球果第二年10月成熟。

生境分布　原产日本及朝鲜南部海岸地区。各管理区有引种。

经济用途　木材可作为建筑、矿柱、器具、板料及薪炭等用材；可提取树脂；可供绿化观赏。

黑松球果枝

火炬松

Pinus taeda L.

1.球果　2～3.种鳞背腹面　4～5.种子背腹面　6.一束针叶　7.针叶的横切面

火炬松

火炬松球果枝

科　　属　松科Pinaceae　松属Pinus L.

形态特征　常绿乔木。树皮近黑色，鳞片状脱落；枝条每年生长数轮；小枝黄褐色或红褐色，有时有白粉；冬芽矩圆状卵圆形或短圆柱形，褐色，顶端尖，无树脂。针叶常3针一束，稀2针一束，长12～20cm，径1.5mm，硬直；横切面三角形；叶内维管束2条，树脂道通常2，中生；叶鞘宿存。球果卵状圆锥形，长6～15cm，无柄；种鳞的鳞盾横脊显著隆起，鳞脐延长成尖刺。种子卵圆形，长6～7mm，种翅长2cm。花期4月上旬；球果第二年10月成熟。

生境分布　原产美国东南沿海及亚热带地区。山东农业大学树木园有引种。

经济用途　木材可供建筑、纸浆及木纤维工业用；树脂优良，可制松香；可供绿化观赏。

湿地松

Pinus elliottii Engelm.

1.球果枝　2~3.种鳞背腹面　4.种子背腹面　5.一束针叶　6.针叶的横切面

湿地松

湿地松球果

科　　属　松科Pinaceae　松属Pinus L.

形态特征　常绿乔木。树皮常纵裂呈鳞片状脱落，内皮红褐色；枝条每年可长3~4轮；小枝粗壮，橙褐色，后变为褐色至灰褐色；鳞叶上部披针形，边缘有睫毛，常干枯数年不脱落，故小枝粗糙；冬芽圆柱形，淡灰色，无树脂。针叶3针或2针一束，并存，长18~30cm，径约2mm，刚硬，深绿色，边缘有锯齿；横切面半圆形；叶内维管束2条，树脂道2~9稀达11，多内生；叶鞘长约1.2cm，宿存。球果圆锥形，长6.5~13cm，有柄，下垂，熟后易脱落；种鳞的鳞盾近斜方形，肥厚，鳞脐瘤状，先端急尖。种子卵圆形，黑色，有灰色斑点，种翅长2~3cm，易脱落。

生境分布　原产美国东南部。山东农业大学树木园有引种。

经济用途　木材供建筑、枕木、坑木以及木纤维、造纸工业原料用。

杉科

TAXODIACEAE

　　常绿或落叶乔木。树干直立，树皮裂成长条状脱落。叶螺旋状互生，稀为对生；披针形、钻形、条形或鳞片状；同一枝上常有二型叶存在。雌雄同株；雄球花顶生或腋生，单生或簇生，雄蕊有2～9，常3～4花药，花粉粒无气囊；雌球花顶生，珠鳞螺旋排列或交互对生，上面有2～9胚珠，苞鳞与珠鳞半合生或完全合生，或珠鳞甚小，或苞鳞退化。球果当年成熟，稀二年成熟，熟时种鳞张开；种鳞扁平或盾形，宿存或脱落。种子扁平或三棱形，周围或两侧有窄翅，或下部有长翅；子叶2～9。

　　9属，12种。我国有8属，9种。山东引种5属，5种，2变种。泰山有4属，4种，1变种。

杉 木 沙木

Cunninghamia lanceolata (Lamb.) Hook.

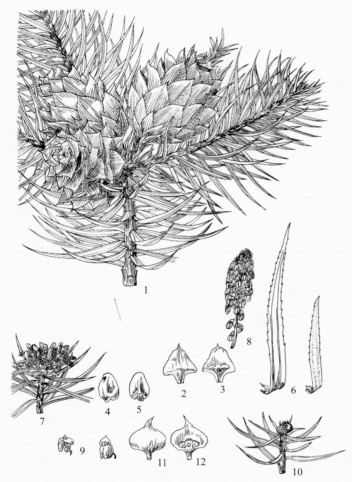

1. 球果枝 2. 苞鳞背面 3. 苞鳞腹面及种鳞 4~5. 种子背腹面 6. 叶 7. 雄球花枝 8. 雄球花的一段 9. 雄蕊 10. 雌球花枝 11. 苞鳞背面 12. 苞鳞腹面示珠鳞及胚珠

杉木球果枝

杉木 杉木雄球花枝

科　　属　杉科Taxodiaceae　杉木属Cunninghamia R. Br.

形态特征　常绿乔木。树皮灰褐色，裂成长条片脱落。叶螺旋状着生，在侧枝上基部扭转排成2列；叶披针形或条状披针形，长3～6cm，宽3～5mm，先端锐尖，坚硬，革质，边缘有锯齿，下面中脉两侧各有1条白粉气孔带。雌雄同株；雄球花圆锥状，常40余簇生枝顶；雌球花单生或2～3集生。球果卵圆形，长2.5～5cm；成熟苞鳞革质，棕黄色，三角状卵形，长约1.7cm，先端有坚硬的刺尖头，边缘有不规则的锯齿，向外反曲或不反曲；种鳞很小，先端3裂，上面着生3种子。种子扁平，遮盖住短小的种鳞，长卵形或长圆形，两边有窄翅。花期4月；球果10月下旬成熟。

生境分布　泰前、竹林、桃花峪、桃花源管理区及山东农业大学树木园有引种栽培。长江流域、秦岭以南地区广泛栽培，由于广泛栽培，原产地难以确定。

经济用途　木材优良，可供建筑、桥梁、电杆、车、船、矿柱等用；树皮含单宁；根、叶可入药。种子含油率20%；可供绿化观赏。

日本柳杉

Cryptomeria japonica (L. f.) D. Don var. japonica

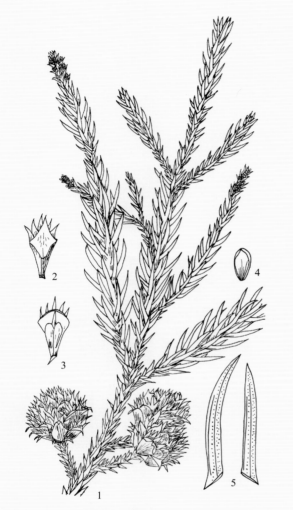

日本柳杉球果枝

日本柳杉雄球花枝

1.球果枝　2.种鳞背面及苞鳞上部　3.种鳞腹面　4.种子　5.叶

日本柳杉

柳杉球果枝

科　　属　杉科 Taxodiaceae　柳杉属 Cryptomeria D. Don

形态特征　乔木。树皮红褐色纤维状，裂成条片状脱落；小枝下垂。叶钻形，先端直伸，不内弯或微内弯，长0.4～2cm。球果近球形，径1.5～2.5cm，稀可达3.5cm；种鳞木质，盾形，宿存，20～30，上部常4～5稀7深裂，裂齿长6～7mm，背面有1三角形的苞鳞尖头，长2～3.5mm，先端常反曲；能育种鳞有种子2～5。种子椭圆形或不规则多角形，长5～6mm，边缘有窄翅。花期4月；球果10月成熟。

生境分布　原产日本。岱庙、泰前及山东农业大学树木园有引种。

经济用途　木材可供建筑、桥梁、家具等用；可供绿化观赏。

柳杉　Cryptomeria japonica（L. f.）D. Don var. sinensis Miq.（变种）

本变种的主要特点是：叶先端内弯；种鳞约20；种鳞先端5～6裂，裂齿长2～4mm；苞鳞的尖头长1～2mm；能育的种鳞有种子2；种子近椭圆形，扁平。花期4月；球果10～11月成熟。

泰前、竹林、玉泉寺等管理区及山东农业大学树木园有引种栽培。我国特有树种；分布于浙江、福建、江西等省。

木材可供建筑、桥梁、造船、电杆及家具等用；枝叶和木材加工时的碎料可蒸馏提取芳香油；可供绿化观赏。

落羽杉　落羽松

Taxodium distichum (L.) Rich.

1.球果枝　2.种鳞顶部　3.种鳞腹面

落羽杉

落羽杉球果枝

落羽杉雄球花枝

科　　属　杉科Taxodiaceae　落羽杉属Taxodium Rich.

形态特征　落叶乔木。树干基部常膨大，有呼吸根，在旱地生长则呼吸根不明显；枝条水平开展，侧生小枝排成2列。钻形叶着生在主枝上，伸展，宿存；条形叶螺旋状着生在侧生小枝上，基部扭转，排成2列，长1～1.5cm，宽约1mm，扁平，背面中脉隆起，每边有4～8条气孔线，在冬季和无芽的侧生小枝一同脱落。球果球形或卵圆形，有短梗，向下斜垂；种鳞木质，盾形。种子不规则三角形，有锐棱，长1.2～1.8cm。花期春季；球果10月成熟。

生境分布　原产北美东南部。山东农业大学树木园有引种栽培。

经济用途　木材可供建筑、电杆、枕木、造船等用；可供绿化观赏。

水 杉

Metasequoia glyptostroboides Hu et Cheng

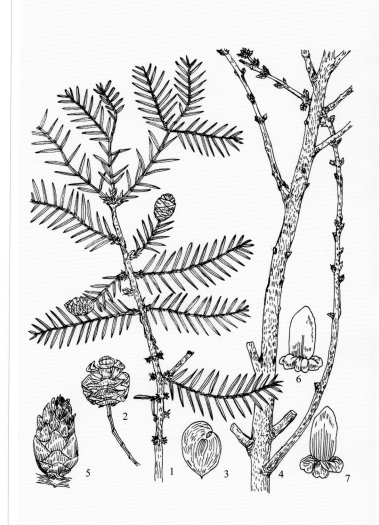

1.球果枝　2.球果　3.种子　4.雄球花枝　5.雄球花　6～7.雄蕊
背腹面

水杉

水杉球果枝

水杉雄球花枝

科　　属　杉科Taxodiaceae　水杉属Metasequoia Miki ex Hu et Cheng

形态特征　落叶乔木。大枝斜伸，小枝下垂，侧生小枝排成羽状，冬季脱落。叶在侧生小枝上排成羽状2列，条形，长0.8～3.5cm，通常1.3～2cm，宽1.5～2.5mm，沿中脉有2条淡黄色气孔带，每带有4～8条气孔线，冬季与小枝一同脱落。球果下垂，近四棱状圆球形，或长圆状球形；种鳞木质，盾形，顶端扁棱形，中央有1横槽；每能育种鳞有种子5～9。种子扁平，倒卵形，种子周围有窄翅。花期2月下旬，球果11月成熟。

生境分布　各管理区多有引种。水杉为我国特产的珍贵树种，仅分布于湖北、湖南、四川等省。

经济用途　木材可供建筑、板材、电杆、家具及木纤维工业原料；可供绿化观赏。

柏科

CUPRESSACEAE

常绿乔木或灌木。叶鳞形或刺形，或同一株树上兼有二型叶：鳞叶交互对生，基部下延与小枝紧密贴生；刺形叶交互对生或3～4片轮生。雌雄同株或异株；球花单生枝顶或叶腋；雄球花有雄蕊2～16，每雄蕊有花药2～6；雌球花有3～12枚交叉对生或3～4枚轮生的珠鳞，珠鳞与苞鳞合生，仅苞鳞尖头分离。球果圆形、卵形或圆柱形；种鳞扁平或盾形，木质或近革质，成熟时张开，或肉质合生呈浆果状，成熟时不裂或仅顶端微开裂；发育种鳞有1至多数种子。种子有翅或无翅。

19属，约125种。我国有8属，46种，其中引种1属，13种。山东有1属，1种；引种6属，19种。泰山有5属，9种，8变种。

柏　木

Cupressus funebris Endl.

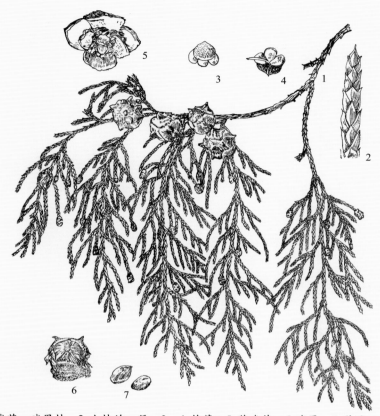

1.球花、球果枝　2.小枝的一段　3～4.雄蕊　5.雌球花　6.球果　7.种子

柏木

柏木球果枝

科　　属　柏科Cupressaceae　柏木属Cupressus L.

形态特征　常绿乔木。树皮淡灰褐色，裂成长条片状脱落；小枝细长下垂，生鳞叶的小枝扁平，排成一平面，两面同型，较老的小枝圆柱形。鳞叶长1～1.5mm，中央的鳞叶背面有条状腺体，两侧的叶背部有棱脊。雌雄同株；球花单生枝顶；雄球花长2.5～3mm，雄蕊6对；雌球花长3～6mm。球果圆球形，直径1～1.2cm；种鳞4对，盾形，顶端为不规则的五角形或方形，中央有尖头或无；能育种鳞有种子5～6。种子宽倒卵状菱形或近圆形，边缘有狭翅。花期3～5月；球果第二年5～6月成熟。

生境分布　山东农业大学树木园有引种栽培。为我国特有树种，分布于浙江、福建、江西、湖北、湖南、广东、广西、四川、云南、贵州。

经济用途　木材耐水湿，可供建筑、造船等用；枝叶可提芳香油；可供绿化观赏。

侧 柏 柏树

Platycladus orientalis (L.) Franco

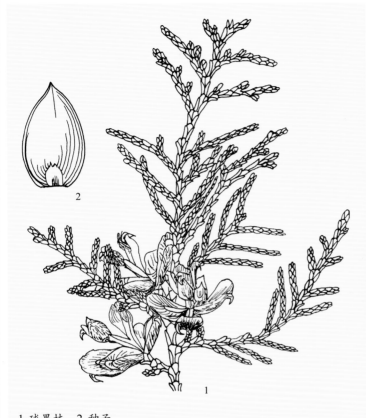

1. 球果枝　2. 种子

千头柏

侧柏　　　　　　　　　　　　　　　　　金黄球柏

科　　属　柏科Cupressaceae　侧柏属Platycladus Spach

形态特征　常绿乔木。树皮薄，裂成纵条片，浅灰色；生鳞叶的小枝直立向上直展或斜展，排成一平面。鳞叶紧贴小枝上，长1～3mm，交互对生；小枝中央鳞叶的露出部分呈倒卵状菱形或斜方形，背面中间有条状腺槽，两侧的鳞叶船形，先端微内曲，背部有钝脊，尖头的下方有腺点。雌雄同株；球花单生小枝顶端；雄球花黄色，卵圆形，长约2mm；雌球花近球形，径约2mm，蓝绿色，被白粉。球果近卵圆形，长1.5～2cm，成熟前近肉质，蓝绿色，有白粉，成熟后木质，开裂；红褐色种鳞4对，顶部1对及基部1对无种子，中部2对各有种子1～2。种子长卵形或近椭圆形，长约4mm，无翅。花期3～4月；球果10月成熟。

生境分布　产于各管理区，以灵岩和泰山前部管理区分布数量最多。本树种为石灰岩山地的重要造林树种。几遍布全国各省（自治区）。

经济用途　木材坚实耐用，有多种用途；种子及生鳞叶的小枝药用，种子药用称为"柏子仁"，有滋补强壮的功效；小枝药用有健胃的功效；可供绿化观赏。

常见的栽培变种有：

千头柏　扫帚柏（栽培变种）Platycladus orientalis 'Sieboldii'
本栽培变种的特征是：①丛生灌木，无主干。枝密斜伸；树冠长卵圆形或球形。②各管理区景点多有栽培。③供绿化观赏。

金黄球柏（栽培变种）Platycladus orientalis 'Semperaurescens'
本栽培变种的特征是：①矮灌木；树冠圆形；鳞叶全年呈金黄色。②各管理区景点多有栽培。③供绿化观赏。

金塔柏（栽培变种）Platycladus orientalis 'Beverleyensis'
本栽培变种的特征是：①树冠呈塔形；鳞叶金黄色。②各管理区景点多有栽培。③供绿化观赏。

侧柏雄球花枝

侧柏球果枝

侧柏雌球花枝

日本花柏　花柏

Chamaecyparis pisifera (Sieb. et Zucc.) Endl.

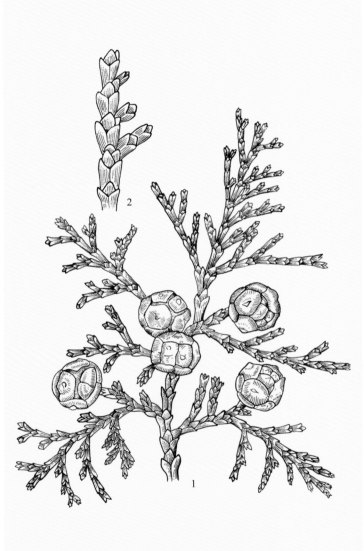

日本花柏球果枝

1.果枝　2.小枝的一段

日本花柏　　　　　　　　　　　日本花柏雄球花枝

科　　属　柏科Cupressaceae　扁柏属Chamaecyparis Spach

形态特征　常绿乔木。树皮红褐色，裂成薄片状脱落；生鳞叶的小枝扁平，排成一平面。鳞叶先端锐尖，两侧的鳞叶较中央的叶稍长，下面的中央鳞叶有明显的白粉。球果圆球形，径约6mm；种鳞5～6对，盾形；能育的种鳞有种子1～2。种子三角状卵形，有棱脊，两侧有宽翅。

生境分布　原产日本。山东农业大学树木园有引种栽培。

经济用途　可供绿化观赏。

日本扁柏

Chamaecyparis obtusa (Sieb. et Zucc.) Endl.

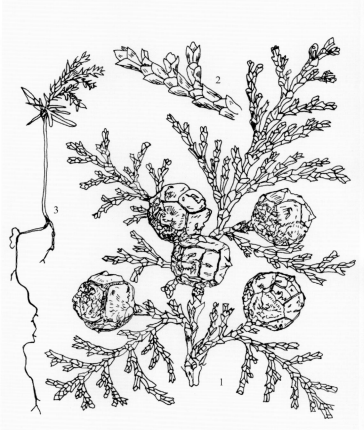

日本扁柏球果枝

1.球果枝　2.枝（放大）　3.幼苗

日本扁柏

日本扁柏雄球花枝

科　　属　柏科 Cupressaceae　扁柏属 Chamaecyparis Spach

形态特征　常绿乔木。树皮红褐色，裂成薄片脱落；生鳞叶小枝扁平。鳞叶肥厚，先端钝，小枝上面的中央鳞叶长 1～1.5mm，背部有纵脊，通常无腺点，小枝下面的中央鳞叶微有白粉，侧面之叶对折呈倒卵状菱形，长约 3mm。球果圆球形，径 8～10mm；种鳞 4 对，顶端五角形，平或中间凹，有短尖头。种子近圆形，两侧有窄翅。花期 4 月；球果 10～11 月成熟。

生境分布　原产日本。桃花源管理区、山东农业大学树木园有引种栽培。

经济用途　供庭院绿化观赏。

粉　柏　翠蓝柏　翠柏

Juniperus squamata Buch.-Ham. ex D. Don 'Meyeri'

粉柏

科　　属　柏科Cupressaceae　刺柏属Juniperus L.

形态特征　常绿直立灌木；高1～3m。树皮暗褐色或微带紫色或黄色，裂成不规则薄片脱落。小枝密，倾斜向上。3刺叶轮生，叶条状披针形，基部下延生长，先端渐尖，长6～10mm，排列紧密，上面稍凹，绿色中脉不明显，或有时较明显，上下面均有白粉。雄球花卵圆形，长3～4mm，雄蕊8～14。球果卵圆形，无白粉，成熟后蓝黑色，有1种子。种子卵圆形，有棱。

生境分布　岱庙、山东农业大学树木园有少量引种栽培。国内分布于陕西、甘肃、安徽、福建、台湾、湖北、四川、云南、贵州、西藏等省（自治区）。

经济用途　供绿化观赏或作盆景。

铺地柏　偃柏

Juniperus procumbens (Sieb. ex Endl.) Miq.

1.叶枝　2.叶枝部分放大　3.叶背面观　4.叶腹面观

铺地柏

铺地柏球果和雄球花枝

铺地柏枝条

科　　属　柏科Cupressaceae　刺柏属Juniperus L.

形态特征　常绿匍匐灌木。枝条沿地面扩展，稍斜升。刺叶3片交互轮生，先端有锐尖头，长6～8mm，上面凹，有2条白色气孔带，绿色中脉仅下部明显，不达叶先端，下面突起，沿中脉有细纵槽。球果近圆形，长约6mm，有白粉，成熟时蓝黑色，有种子2～3。种子长约4mm，有棱脊，两端钝或先端尖，基部圆。

生境分布　原产日本。岱庙、山东农业大学树木园有引种栽培。

经济用途　供绿化观赏。

圆　柏　桧　刺柏

Juniperus chinensis L.

圆柏

圆柏雄球花枝

科　　属　柏科Cupressaceae　刺柏属Juniperus L.

形态特征　常绿乔木。树皮呈狭条片脱落；生鳞叶的小枝近圆柱形或微四棱形。有刺叶和鳞叶二型；幼树上生有刺叶，老龄树全为鳞叶，壮龄树则有刺叶和鳞叶；鳞叶近披针形，先端微渐尖，背面近中部有一椭圆形腺体；刺叶3片轮生，排列紧密，长6～12mm，上面微凹，有2条白粉带。雌雄异株，稀为同株；雄球花有5～7对雄蕊，常有3～4花药。球果2年成熟，暗褐色，有白粉或白粉脱落，有种子2～4。种子卵圆形。花期3～4月；球果第二年10～11月成熟。

生境分布　景区多有栽培。岱庙、红门有古树。国内分布于内蒙古、河北、山西、陕西、甘肃、河南、安徽、江苏、浙江、福建、江西、湖北、湖南、广东、广西、四川、云南、贵州等省（自治区）。

经济用途　供绿化观赏；木材可供建筑、工艺用品等用材；枝叶药用，有祛风散寒、活血消肿、利尿的功效。

常见的栽培变种有下列4种：

龙柏（栽培变种）Juniperus chinensis 'Kaizuca'

本栽培变种的特征是：①树冠圆柱状；枝条向上直展，常有扭转上升之势；小枝密。鳞叶排列紧密。球果蓝色，微被白粉。②岱庙、山东农业大学树木园及景区、公园、庭院有栽培。③供绿化观赏。

塔柏　蜀桧（栽培变种）Juniperus chinensis 'Pyramidalis'

本栽培变种的特征是：①树冠圆柱状塔形；枝向上直展，密生。叶多为刺叶，稀兼有鳞叶。②岱庙、山东农业大学树木园及景区、公园、庭院有栽培。③供绿化观赏。

金球桧（栽培变种）Sabina chinensis 'Aureoglobosa'

本栽培变种的特征是：①丛生矮灌木；树冠近圆球形；枝密生。绿色幼枝叶中有金黄色枝叶。②岱庙、山东农业大学树木园及景区、公园、庭院有栽培。③供绿化观赏。

鹿角桧（栽培变种）Juniperus chinensis 'Pfitzeriana'

本栽培变种的特征是：①丛生灌木；主干不发育，枝自地面向四周斜上伸展。②岱庙、山东农业大学树木园及景区、公园、庭院有栽培。③供绿化观赏。

圆柏球果枝　　　　　　　　　　龙柏

塔柏　　　　　　　　　　金球桧

北美圆柏　铅笔柏

Juniperus virginiana L.

1.球果枝　2.鳞叶（放大）　3.刺叶（放大）　4.球果

北美圆柏

北美圆柏球果枝

北美圆柏雄球花枝

科　　属　柏科Cupressaceae　刺柏属Juniperus L.

形态特征　常绿乔木。树皮红褐色，裂成长条片脱落；生鳞叶的小枝细，呈四棱形。鳞叶菱状卵形，先端急尖或渐尖，长约1.5mm，且排列疏松，背面近中部有下凹的腺体；刺叶交互对生，不等长，先端有硬尖头，上面凹，有白粉。通常雌雄异株。球果当年成熟，球形或卵形，蓝绿色，有白粉，有种子1～2。种子褐色，卵圆形，长约3mm。花期2～3月；球果9～10月成熟。

生境分布　原产北美。岱庙、山东农业大学树木园有引种栽培。

经济用途　供绿化观赏；木材可提炼高倍显微镜用油；是制铅笔杆及细木工的优良用材。

垂枝铅笔柏（栽培变种）Juniperus virginiana 'Pendula'

本栽培变种的特征是：①枝条下垂。②泰安林业科学研究所庭院有栽培。③用途同北美圆柏。

叉子圆柏 砂地柏

Juniperus sabina L.

叉子圆柏枝条

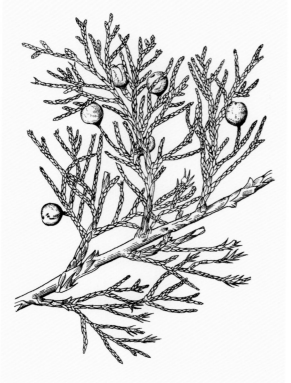

科　　属　柏科Cupressaceae　刺柏属Juniperus L.

形态特征　常绿匍匐灌木，稀直立灌木或小乔木状。枝密，斜上伸展，枝皮灰褐色，裂成薄片脱落；一年生枝的分枝皆为圆柱形，径约1mm。叶二型：刺叶常生于幼树上，稀在壮龄树上与鳞叶并存，常交互对生或兼有三叶交叉轮生，排列较密，向上斜展，长3～7mm，先端刺尖，上面凹，下面拱圆，中部有长椭圆形或条形腺体；鳞叶交互对生，排列紧密或稍疏，斜方形或菱状卵形，长1～2.5mm，先端微钝或急尖，背面中部有明显的椭圆形或卵形腺体。雌雄异株，稀同株；雄球花椭圆形或矩圆形，长2～3mm，雄蕊5～7对，各具2～4花药。球果生于向下弯曲的小枝顶端，熟前蓝绿色，熟时褐色至紫蓝色或黑色，多少有白粉，多为倒三角状球形，长5～8mm，有种子1～4（～5），多为2～3。种子常为卵圆形，微扁，长4～5mm，顶端钝或微尖，有纵脊与树脂槽。

生境分布　岱庙、山东农业大学树木园及公园有栽培。国内分布于内蒙古、陕西、甘肃、宁夏、青海、新疆等省（自治区）。

叉子圆柏

经济用途　耐旱性强，可作为水土保持及固沙造林树种。

红豆杉科

TAXACEAE

常绿乔木或灌木。叶螺旋状互生或交互对生，基部扭转，排成2列；叶条形或披针形，直立或弯曲，下面中脉两侧各有1条气孔带；叶内无树脂道。雌雄异株，稀同株；雄球花单生叶腋或苞腋，或成穗状花序生于枝顶，雄蕊6~14，各有3~9花药；雌球花单生叶腋或苞腋，基部有多数覆瓦状排列或交互对生的苞片，仅花轴顶端的苞片腋部着生1胚珠，胚珠基部有盘状或漏斗状的珠托。种子核果状，全部或部分包被在由珠托发育来的肉质假种皮中。

有5属，21种。我国有4属，11种。山东引种2属，2种，2变种。泰山有1属，1种，1杂交种。

东北红豆杉　紫杉

Taxus cuspidata Sieb. et Zucc. var. cuspidata

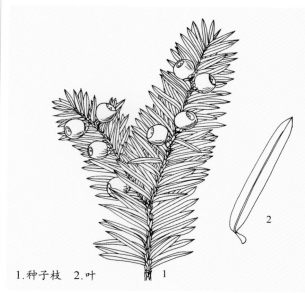

1.种子枝　2.叶

东北红豆杉

东北红豆杉雄球花枝

曼地亚红豆杉种子枝

科　　属　红豆杉科Taxaceae　红豆杉属Taxus L.

形态特征　常绿乔木。树皮红褐色，有浅裂纹；枝条平展或斜上直立，密生；小枝基部有宿存芽鳞，一年生枝绿色，秋后呈淡红褐色，二、三年生枝呈红褐色或黄褐色；冬芽淡黄褐色，芽鳞先端渐尖，背面有纵脊。叶排成不规则的2列，斜上伸展，约呈45°角；叶条形，通常直，稀微弯，长1～2.5cm，宽2.5～3mm，稀长达4cm，基部窄，有短柄，先端通常突尖，上面深绿色，有光泽，下面有2条灰绿色气孔带，气孔带较绿色边带宽2倍，中脉带上无角质乳头状突起点；内无树脂道。雄球花有雄蕊9～14，各有花药5～8。种子紫红色，有光泽，卵圆形，着生于杯状或坛状肉质红色假种皮中，长约6mm，上部具3～4钝脊，顶端有小钝尖头，种脐通常三角形或四方形，稀矩圆形。花期5～6月；种子9～10月成熟。

生境分布　山东农业大学树木园及各地苗圃有引种栽培。国内分布于吉林。

经济用途　可供绿化观赏；可提取紫杉醇。

曼地亚红豆杉　杂交紫杉
Taxus × media
曼地亚红豆杉（Taxus × madia）是东北红豆杉（Taxus cuspidata）与欧洲红豆杉（Taxus baccata）的杂交种选育出来的。为常绿灌木。
泰安各苗圃、公园有引种栽培。
可供绿化观赏；亦可提取紫杉醇。

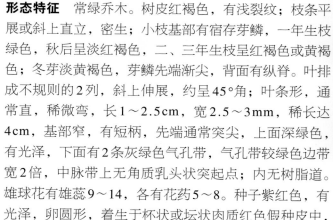

东北红豆杉种子枝

被子植物门

ANGIOSPERMAE

SALICACEAE

杨柳科

　　落叶乔木或灌木。有顶芽或无顶芽，具芽鳞1至多数。单叶，互生，稀对生；有托叶。葇荑花序；花无花被，花着生于苞片腋内，基部有杯状花盘或腺体；花单性，雌雄异株；雄花具雄蕊2至多数，花药2室，纵裂，花丝离生或合生；雌花的雌蕊1，子房上位，由2～4心皮合生，1室，侧膜胎座，胚珠多数，柱头2～4裂。蒴果2～4瓣裂，稀5瓣裂，具多数种子。种子基部围有多数丝状长毛。

　　3属，约620种。我国3属，347种。山东有2属，20种，2变种，2变型；引种7种，3变种，3变型。泰山有2属，14种，3变种，4变型，1杂交种。

银白杨

Populus alba L.

1.叶枝　2.雄花序　3.雄花

银白杨

银白扬枝条

银白杨雄花序

科　　属　杨柳科Salicaceae　杨属Populus L.

形态特征　乔木。树干不直，树冠阔；树皮白色至灰白色，平滑，下部粗糙；小枝圆筒形，初有白色绒毛，萌枝密被白色绒毛；芽卵圆形，先端渐尖，密被白色绒毛，后局部或全部脱落，棕褐色，有光泽。单叶，互生；萌枝和长枝叶片卵圆形，长4～10cm，宽3～8cm，掌状3～5浅裂，裂片先端钝尖，边缘呈不规则的缺刻，基部圆形、平截或近心形，初时两面有白色绒毛，后上面脱落；短枝叶小，长4～8cm，宽2～5cm，卵圆形或卵状椭圆形，先端钝尖，基部阔楔形至平截，边缘有不规则的钝齿牙，上面光滑，下面密被白色绒毛；叶柄略侧扁，有白色绒毛。雄花序长3～7cm，花序轴有毛，苞片边缘有不规则尖裂和长缘毛，每花有雄蕊8～10，花药紫红色；雌花序长6～10cm，花序轴有毛，苞片尖裂，边缘有长缘毛，雌蕊1，子房有短柄，柱头2裂，淡黄色。蒴果细圆锥形，长约5mm，2瓣裂，无毛。花期4～5月；果熟期5月。

生境分布　泰山前部各管理区、山东农业大学树木园有零星栽培。国内分布于新疆。

经济用途　木材可供建筑、造纸等用。

毛白杨

Populus tomentosa Carr.

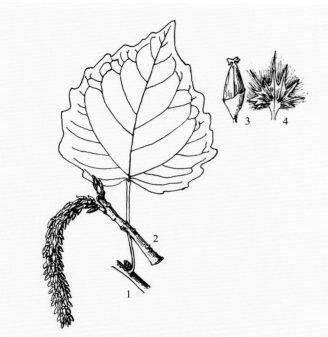

1.叶枝　2.果序枝　3.雌花　4.雌花苞片

毛白杨果枝

毛白杨

毛白杨树干与枝条

毛白杨雄花序

科　　属　杨柳科Salicaceae　杨属Populus L.

形态特征　乔木。树干端直，树皮灰绿色至灰白色，光滑，老树干下部灰黑色，纵裂；树冠卵圆形；幼枝及萌枝密生灰色绒毛，后渐脱落，老枝无毛；枝芽卵形；花芽卵圆形或近球形，鳞片褐色，微有绒毛。单叶，互生；长枝叶片阔卵形或三角状卵形，长10～15cm，宽8～14cm，先端短渐尖，基部心形或截形，边缘有深波状牙齿或波状牙齿，下面密生灰白色绒毛，后渐脱落，叶柄仅上部侧扁，长4～7cm，先端通常有2腺体；短枝叶较小，卵形或三角状卵形，先端渐尖，下面无毛，边缘有深波状齿牙，叶柄侧扁，先端无腺体。雄花序长10～15cm，苞片尖裂，边缘密生长缘毛，每花有雄蕊6～12，花药红色；雌花序长4～7cm，苞片褐色，尖裂，边缘有长缘毛，雌蕊1，子房上位，长椭圆形，柱头2裂，红色。果序长达15cm；蒴果长圆锥形，2瓣裂。花期3月；果期4月。

生境分布　产于各管理区。国内分布于辽宁、河北、山西、陕西、甘肃、河南、安徽、江苏、浙江等省，以黄河中下游为分布中心。

经济用途　木材白色，质轻致密，可供建筑、造船、家具等用材；为平原用材林、防护林、庭院绿化及行道绿化树种。

山　杨

Populus davidiana Dode

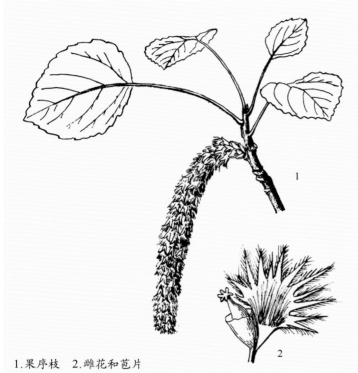

1.果序枝　2.雌花和苞片

山杨

山杨叶

山杨果枝

科　　属　杨柳科Salicaceae　杨属Populus L.

形态特征　乔木。树皮灰绿色或灰白色，老树干基部黑色，粗糙；树冠阔卵形；小枝圆柱形，赤褐色，萌枝有柔毛；芽卵形或卵圆形，无毛，微有黏质。单叶，互生；叶片三角状卵圆形或近圆形，长宽近相等，长3～6cm，先端钝尖、急尖至短渐尖，基部圆形、截形或浅心形，边缘有密波状浅齿，叶初放显红色，萌枝叶较大，三角状卵圆形，下面有柔毛；叶柄长3～6cm，侧扁，短枝叶柄先端有时有腺体。花序轴有毛；苞片棕褐色，条裂，边缘有长缘毛；雄花序长6～9cm，每花有雄蕊5～12，花药紫红色；雌花序长5～8cm，雌蕊1，子房上位，圆锥形，柱头2深裂，带红色。果序长达12cm；蒴果卵状圆锥形，长约5mm，有短柄，2瓣裂。花期4月；果期5月。

生境分布　产于泰山前部、玉泉寺等管理区。零星生长于山坡及山沟。国内分布于黑龙江、吉林、辽宁、内蒙古、河北、山西、陕西、甘肃、宁夏、青海、河南、安徽、江西、湖北、湖南、广西、四川、云南、贵州、西藏等省（自治区）。

经济用途　木材可供家具、造纸等用。

山杨枝条

响毛杨

Populus×pseudo-tomentosa C. Wang et S. L. Tung

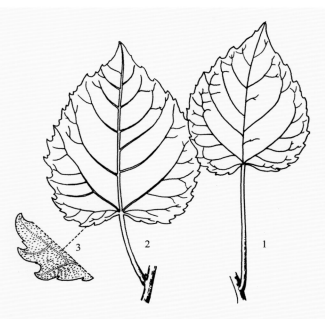

1.叶　2.萌枝上叶　3.萌枝叶下面部分放大示毛及叶缘

响毛杨

响毛杨果序

响毛杨枝条

科　　属　杨柳科Salicaceae　杨属Populus L.

形态特征　乔木。树皮灰白色，平滑，老干基部开裂；小枝紫褐色，光滑；芽卵形，先端急尖，富含树脂，黄褐色，有毛或仅有缘毛。单叶，互生；长枝叶片卵形至长卵形，下面及叶柄均密被白绒毛；短枝叶片卵圆形，长达9cm，光滑，边缘有整齐的波状粗齿和浅细锯齿，先端急尖，基部心形；叶柄先端通常有2明显腺体。

生境分布　产于山东农业大学树木园。国内分布于山西、河南。

经济用途　木材可供建筑、家具等用。

小叶杨

Populus simonii Carr.

小叶杨枝条

科　　属　杨柳科Salicaceae　杨属Populus L.

形态特征　乔木。树皮幼时灰绿色，老时暗灰色，下部纵裂；萌枝有明显棱脊，红褐色，老树小枝圆柱形，无毛；芽细长，先端长渐尖，褐色，有黏质。单叶，互生；叶片菱状卵形、菱状椭圆形或菱状倒卵形，长3～12cm，宽2～8cm，常中部以上较宽，先端突尖，基部楔形或阔楔形，边缘有细锯齿，下面灰绿色或微白，无毛；叶柄圆柱形，长0.5～4cm。雄花序长3～7cm，花序轴无毛，苞片细裂，边缘无缘毛，每花有雄蕊8～9，稀达25；雌花序长2.5～6cm，苞片淡绿色，裂片褐色，无毛，雌蕊1，子房上位，柱头2裂。果序长达15cm；蒴果2～3瓣裂，无毛。花期4月；果期5月。

生境分布　产于除灵岩以外的各管理区。生于山谷两旁。国内分布于黑龙江、吉林、辽宁、内蒙古、河北、山西、陕西、江苏、四川、云南等省（自治区）。

经济用途　木材可供建筑、家具、造纸等用。

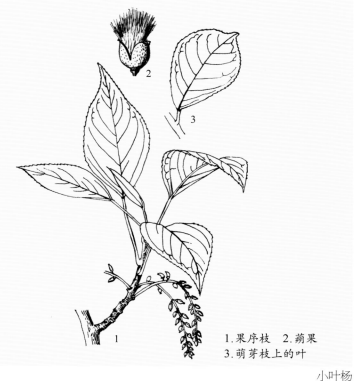

1.果序枝　2.蒴果
3.萌芽枝上的叶

小叶杨

小钻杨

Populus×xiaozhuanica W. Y. Hsu et Liang

小钻杨枝与树干

科　　属　杨柳科Salicaceae　杨属Populus L.

形态特征　乔木。树皮灰绿色，老树干基部浅裂，灰褐色；树冠圆锥形；侧枝斜上生长；幼枝圆柱形，微有棱，灰黄色，有毛；芽长椭圆状圆锥形，长8～14mm，赤褐色，有黏质，腋芽较顶芽细小。单叶，互生；萌枝及长枝叶片较大，菱状三角形，先端突尖，基部阔楔形至圆形；短枝叶形多变化，菱状三角形、菱状椭圆形至阔菱状卵圆形，长5～9cm，宽3～6cm，先端渐尖，基部楔形，边缘锯齿有腺体，近基部全缘，有的有半透明窄边，上面沿脉有毛，近基部较密，下面淡绿色，无毛；叶柄长1.5～4cm，圆柱形，上端扁，略有疏毛或光滑。雄花序长5～6cm，苞片边缘无缘毛，花70～80朵，每花有雄蕊8～15；雌花序长4～6cm，有花50～100朵，雌蕊1，子房上位，柱头2裂。果序长10～16cm；蒴果卵圆形，2～3瓣裂。花期4月；果期5月。

生境分布　各管理区均有栽培。国内分布于辽宁、吉林、内蒙古、河南、江苏。

经济用途　木材可供建筑、造纸等用；可作行道绿化树种。

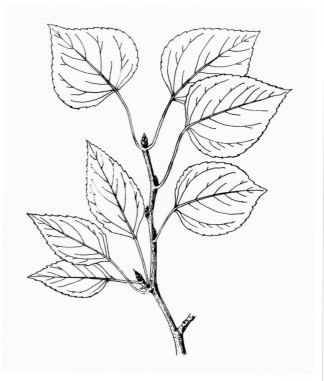

小钻杨

黑　杨

Populus nigra L.

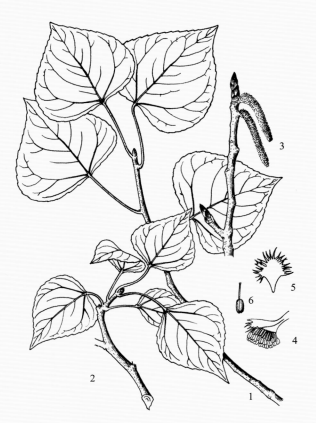

钻天杨果枝

钻天杨　　　　　　　　　　　　　　钻天杨雄花序

1.长枝及叶　2.短枝及叶　3.雄花序　4.雄花（带苞片）　5.苞片　6.雄蕊

科　　属　杨柳科Salicaceae　杨属Populus L.

形态特征　乔木。树皮暗灰色，老时沟裂；树冠阔椭圆形；小枝圆形，淡黄色，无毛；芽长卵形，富黏质，赤褐色，花芽先端向外弯曲。叶在长短枝上同型，薄革质，菱形、菱状卵圆形或三角形，长5～10cm，宽4～8cm，先端长渐尖，基部楔形或阔楔形，稀截形，边缘具圆锯齿，有半透明边，无缘毛，上面绿色，下面淡绿色；叶柄略等于或长于叶片，侧扁，无毛。雄花序长5～6cm，花序轴无毛，苞片膜质，淡褐色，长3～4mm，顶端有线条状的尖锐裂片，无缘毛，每花有雄蕊15～30，花药紫红色；雌蕊子房卵圆形，有柄，无毛，柱头2。果序长5～10cm，果序轴无毛；蒴果卵圆形，有柄，长5～7mm，宽3～4mm，2瓣裂。花期4～5月；果期6月。

生境分布　国内分布于新疆。

经济用途　木材供建筑、造纸等用。

泰山常见引种栽培有2变种：

钻天杨（变种）Populus nigra L. var. italica（Moench.）Koehne.

本变种的主要特点：长短枝叶异型，长枝叶片扁三角形，通常宽大于长，长约7.5cm，先端短渐尖，基部截形或阔楔形，边缘有钝圆锯齿，两面无毛；短枝叶片菱状三角形，或菱状卵圆形，长5～10cm，宽4～9cm，基部阔楔形或近圆形；叶柄长2～4.5cm，上部微扁；果柄细长。花期4月。

红门管理区、山东农业大学树木园有栽培。起源不明，长江及黄河流域广为栽培。

箭杆杨（变种）Populus nigra L. var. thevestina（Dode）Bean

本变种与钻天杨的区别在于：树皮灰白色，较光滑；叶片较小；长枝叶片长宽近相等；短枝叶片基部楔形。

红门管理区、山东农业大学树木园有栽培。西北、华北地区广为栽培。

用途同钻天杨。

1.果枝　2.果实

箭杆杨

箭杆杨果枝

箭杆杨枝条

加拿大杨　加杨

Populus×canadensis Moench.

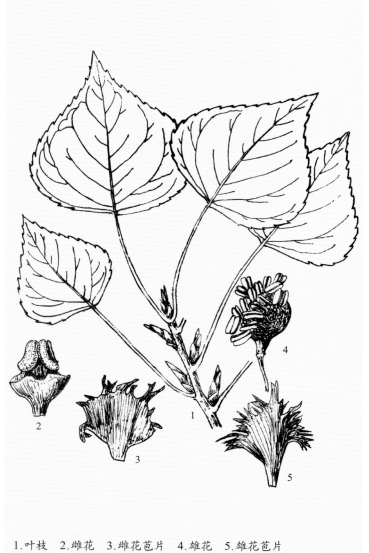

1.叶枝　2.雌花　3.雌花苞片　4.雄花　5.雄花苞片

加拿大杨

加拿大杨枝条

加拿大杨雄花序

科　　属　杨柳科Salicaceae　杨属Populus L.

形态特征　乔木。树干下部暗灰色，上部褐灰色，深纵裂；树冠卵形；萌枝及苗茎棱角明显；小枝圆柱形，微有棱角，无毛；芽先端外曲，富黏质。单叶，互生；长枝及萌枝的叶较大，叶片三角形或三角状卵形，长7～12cm，一般长大于宽，先端渐尖，基部截形，通常有1～2腺体，边缘具半透明窄边，具圆锯齿，有短缘毛，两面无毛；叶柄侧扁，带红色（苗期特别明显）。雄花序长6～15cm，花序轴光滑，苞片淡绿褐色，丝状深裂，无缘毛，每花有雄蕊15～25，稀达40，花盘淡黄绿色，全缘，花丝细长，超出花盘；雌花序有花45～50，雌蕊1，子房上位，柱头4裂。果序长达27cm；蒴果卵圆形，长约8mm，2～3瓣裂。多雄株，雌株少见。花期4月；果期5月。

生境分布　原产北美。各管理区多有引种。能耐瘠薄及微碱性土壤，速生，扦插易成活。

经济用途　木材可供箱板、家具、火柴杆、造纸等用；可作为行道绿化树种。

旱 柳

Salix matsudana Koidz.

1.叶枝 2.叶 3.雄花序
枝 4.雄花 5.雌花

旱柳

龙爪柳果枝

旱柳枝条和雄花序

科　　属　杨柳科 Salicaceae　柳属 Salix L.

形态特征　乔木。树皮暗灰黑色，纵裂；枝直立或斜展，幼枝有毛，褐黄绿色，后变褐色，无毛；芽褐色，微有毛。单叶，互生；叶片披针形，长5～10cm，宽1～1.5cm，先端长渐尖，基部窄圆形或楔形，叶缘有细锯齿，齿端有腺体，上面绿色，无毛，下面苍白色，幼时有丝状柔毛；叶柄长5～8mm，上面有长柔毛；托叶披针形或无，缘有细腺齿。花序与叶同时开放；雄花序圆柱形，长1.5～2.5cm，稀3cm，粗6～8mm，稍具短梗，花序轴有长毛，苞片卵形，黄绿色，先端钝，基部多少被短柔毛，雄花具2雄蕊，花丝基部有长毛，花药黄色，腺体2，腹生和背生各1；雌花序长达2cm，粗4～5mm，3～5小叶生于短花序梗上，花序轴有长毛，苞片同雄花，雌花具1雌蕊，子房上位，长椭圆形，无毛，近无柄，花柱很短或无，柱头卵形，近圆裂，腺体2，背生和腹生各1。果序长达2.5cm。花期4月；果期4～5月。

生境分布　产于各管理区。耐寒冷、干旱及水湿，为平原地区常见树种。国内分布于辽宁、内蒙古、河北、陕西、甘肃、青海、河南、安徽、江苏、浙江、福建、四川等省（自治区）。

经济用途　木材白色，轻软，供建筑、器具、造纸等用；细枝可编筐篮；早春蜜源植物；可作为四旁绿化树种。

绦柳　垂旱柳（变型）Salix matsudana Koidz. f. pendula Schneid.
本变型的主要特点是：枝细长而下垂；与垂柳的区别为本变型雌花有2腺体，垂柳只有1腺体；小枝黄色，叶片披针形，下面苍白色，而垂柳的小枝褐色，叶片狭披针形或条状披针形，下面带绿色。
景区有栽培。
可供公园、庭院绿化。
龙爪柳（变型）Salix matsudana Koidz. f. tortuosa（Vilm.）Rehd.
本变型的主要特点是：枝卷曲。
景区有栽培。
供绿化观赏。

旱柳果枝

垂　柳
Salix babylonica L. f. babylonica

1. 果序枝　2. 叶及托叶
3. 蒴果、苞片及腺体

垂柳

垂柳枝条和雄花序

垂柳枝条和雌花序

科　　属　杨柳科Salicaceae　柳属Salix L.

形态特征　乔木。树皮灰黑色，不规则纵裂；树冠开展而疏散；枝细长而下垂，淡褐黄色，无毛；芽条形，先端急尖。单叶，互生；叶片狭披针形或条状披针形，长8～15cm，宽0.5～1.5cm，先端长渐尖，基部楔形，边缘有锯齿，两面无毛或微有毛，上面绿色，下面色较淡；叶柄长5～10mm，有短柔毛；萌枝有托叶，斜披针形或卵圆形，缘有锯齿。花序先叶开放或同时开放；雄花序长1.5～3cm，有短梗，花序轴有毛，苞片披针形，外面有毛，雄花具2雄蕊，花丝与苞片等长或较长，基部多少有长毛，花药红黄色，腺体2，腹生和背生各1；雌花序长2～3cm，有梗，基部有3～4小叶，花序轴有毛，苞片披针形，长约2mm，外面有毛，雌花具1雌蕊，子房上位，椭圆形，无毛或下部稍有毛，无柄，花柱短，柱头2～4深裂，具1腹生腺体。蒴果长3～4mm。花期3～4月；果期4～5月。

生境分布　产于各管理区。多生于河流、水塘及湖水边；各地均有栽植。国内分布于各省（自治区）。

经济用途　木材供制家具；枝条可编筐篮；可作为公园、庭院绿化观赏树。

曲枝垂柳（变型）Salix babylonica L. f. tortuosa Y. L. Chou

本变型的主要特点是：枝卷曲。

景区有引种栽培。

供绿化观赏。

金丝垂柳　金枝柳　黄金柳　金丝柳 Salix alba 'Tristis'

该植物是垂柳与白柳S. alba L.人工杂交后选出的无性系，其枝条金黄色，细长下垂。由于它们都是雄性，花后无柳絮污染，宜于城市绿化。

各公园、绿地有引种栽培。

供绿化观赏。

泰山柳

Salix taishanensis C. Wang et C. F. Fang

泰山柳果枝

1.雌花序枝　2.雌花

泰山柳

科　　属　杨柳科 Salicaceae　柳属 Salix L.

形态特征　灌木；高 1～3m。枝红褐色，无毛。单叶，互生；叶片卵形或卵状椭圆形，长约 3.5cm，宽约 2cm，先端渐尖，基部圆形或微心形，全缘，上面暗绿色，下面灰绿色，幼叶下面密生绢状毛，老叶无毛；叶柄长 5～10mm，无毛。花与叶同时开放；花序无梗；雄花序长 2.5～3cm，粗约 1 cm，苞片椭圆形，密被白色柔毛，雄花具 2 雄蕊，花丝分离，基部被柔毛，花药红色，具 1 腹生腺体；雌花序长 2～4cm，粗约 5mm，苞片椭圆形，长 1mm，紫褐色，两面被白色长柔毛，雌花具 1 雌蕊，子房上位，卵状圆锥形，长约 2mm，密被灰色柔毛，子房柄长 0.4mm，花柱明显，长约 0.5mm，柱头 2 深裂，具 1 圆柱形腹生腺体，与子房柄几等长。花期 5 月；果期 6 月。

生境分布　产于南天门、天烛峰、桃花源管理区。生于海拔 1400m 的山坡灌丛中。国内分布于河北等省。

经济用途　枝条可供编织筐篓；可作为河堤护岸树种。

中国黄花柳

Salix sinica (Hao) C. Wang et C. F. Fang

中国黄花柳雄花序

1.叶枝　2.雌花　3.雄花

中国黄花柳

科　属　杨柳科Salicaceae　柳属Salix L.

形态特征　灌木或小乔木。小枝红褐色，初有毛，后无毛。单叶，互生；叶片形态多变化，一般为长椭圆形、椭圆披针形，长3～7cm，宽1.5～2.5cm，先端短渐尖或急尖，基部楔形或阔楔形，全缘，幼叶有毛，老叶下面被短柔毛，上面暗绿色，下面灰白色；萌枝及小枝上部叶较大，常有皱纹，下面常被绒毛，边缘有不整齐的疏齿；托叶半卵形至近肾形；叶柄有毛。花先叶开放；花序无梗；雄花序长2～2.5cm，粗1.8～2cm，苞片椭圆状卵形，长约3mm，深褐色，两面有白色长毛，雄花具2雄蕊，花丝长约6mm，基部有极疏柔毛，花药黄色，腹生腺体1，近方形；雌花序短圆柱形，长2.5～3.5cm，粗7～10mm，基部有2片有绒毛的鳞片，苞片椭圆状披针形，长约2.5mm，深褐色，两面有白色长毛，雌花具1雌蕊，子房上位，圆锥形，长约3.5mm，子房柄长1.2mm，有毛，花柱短，柱头2裂，具1腹生腺体。蒴果线状圆锥形，长达6mm，果柄与苞片几等长。花期4月；果期5月。

生境分布　产于南天门管理区。生于海拔800m的山沟溪边。国内分布于河北、内蒙古、甘肃、青海。

经济用途　枝条可供编织筐篓；可作为河堤护岸树种。

腺 柳　河柳

Salix chaenomeloides Kimura

1. 叶枝　2. 雌花　3. 雄花

腺柳

腺柳果枝

腺柳枝条和雄花序

科　　属　杨柳科Salicaceae　柳属Salix L.

形态特征　小乔木；枝红褐色，有光泽。单叶，互生；叶片椭圆形、卵圆形至椭圆状披针形，长5～9cm，宽1.8～4cm，先端急尖，基部楔形或近圆形，边缘有腺锯齿，两面无毛，上面绿色，下面苍白色；叶柄长5～12mm，初有短绒毛，后脱落，先端有腺体；托叶半圆形，边缘有腺齿。雄花序长4～6cm，粗约1cm，花序梗和花序轴有柔毛，苞片卵形，雄花具5雄蕊，花丝长为苞片的2倍，基部有毛，花药黄色，球形，腺体2；雌花序长4～5cm，粗约1cm，花序梗长2cm，花序轴有绒毛，苞片椭圆状倒卵形，雌花具1雌蕊，子房上位，狭卵形，有长柄，与苞片近等长，无毛，无花柱，柱头头状，具2腺体，基部联结成假花盘状，背腺小。蒴果卵状椭圆形，长3～7mm。花期4月；果期5月。

生境分布　产于桃花峪、竹林等管理区。生于沟边、河滩及路旁。国内分布于辽宁、河北、陕西、江苏、四川等省。

经济用途　树形美观，色彩亮丽，可作为绿化树种供观赏。

胡桃科

JUGLANDACEAE

　　落叶乔木，稀灌木。具裸芽或鳞芽。羽状复叶，互生；无托叶。花单性，雌雄同株；雄花序为荑荑花序，生于叶腋或芽鳞腋内，雄花生于1片不分裂或3裂的苞片内，小苞片2，花被片1～4，贴生于苞片内方的扁平花托周围，或无小苞片及花被片，雄蕊3～40，花丝短或无，花药2室，纵裂，药隔不发达；雌花序穗状，顶生，直立或下垂，雌花生于1枚不分裂或3裂的苞片腋内，苞片与子房离生或与2小苞片愈合贴生于子房下端，或与2小苞片各自分离而贴生于子房下端，或与花托及小苞片形成1壶状总苞贴生于子房，花被片2～4，贴生于子房，有2片时位于两侧，有4片时位于正中线上者在外，位于两侧者在内，雌蕊由2心皮合成，子房下位，初时1室，后来发生1或2不完全隔膜而成不完全2室或4室。假核果、坚果或翅果。

　　9属，60余种。我国有7属，20种。山东有3属，5种；引种1属，3种。泰山有4属，7种。

胡 桃 核桃

Juglans regia L.

胡桃果枝

科　　属　胡桃科 Juglandaceae　胡桃属 Juglans L.

形态特征　乔木。树皮幼时淡灰色，平滑，老时纵裂；枝无毛。奇数羽状复叶，互生，长25～30cm，具小叶5～9；小叶片椭圆形或椭圆状倒卵形，长4.5～15cm，宽3～6cm，先端钝尖，基部楔形或近圆形，偏斜，全缘，幼树及萌枝上的叶缘有疏齿，上面无毛，下面脉腋有簇毛，羽状脉，侧脉11～15对；叶柄及叶轴幼时被短腺毛及腺体；顶生小叶具3～6cm的小叶柄，侧生小叶近无柄。雄柔荑花序下垂，长12～16cm，雄花的苞片、小苞片及花被片均被腺毛，雄蕊6～30，花药黄色，无毛；雌花序有1～3花，雌花具1雌蕊，子房下位，柱头面淡黄绿色。假核果球形，径3～5cm，无毛；果核径3～4cm，两端平或钝，有2纵脊及不规则浅刻纹。花期4～5月；果期9～10月。

生境分布　各管理区均有栽培。国内分布于华北、西北、西南、华中、华南和华东地区。

经济用途　木材不翘裂，纹理美丽，耐冲击，供军工、航空、家具、体育器材等用；核仁营养价值高，供食用，可榨油，作高级食用油及工业用油。

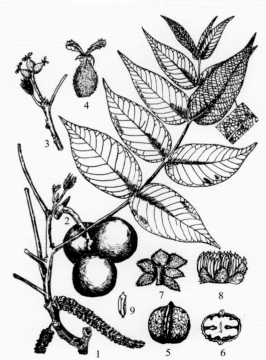

1.雄花枝　2.果穗　3.雌花枝　4.雌花　5.核　6.核横切面　7.雄花背面观　8.雄花侧面观　9.雄蕊

胡桃

胡桃楸　核桃楸　野核桃

Juglans mandshurica Maxim.

胡桃楸果枝

胡桃楸雄花序

胡桃楸枝条和雌花序

1.果枝　2.雄花序　3~4.果实（去假果皮）

胡桃楸

科　　属　胡桃科Juglandaceae　胡桃属Juglans L.

形态特征　乔木。树皮灰色，浅纵裂；幼枝有短绒毛。奇数羽状复叶，互生，具小叶9~23；小叶片椭圆形、长椭圆形、卵状椭圆形至长椭圆状披针形，长6~17cm，宽2~7.5cm，边缘有细锯齿，上面深绿色，初有毛，后沿中脉有毛，余无毛，下面淡绿色，有贴伏短柔毛及星状毛，羽状脉；侧生小叶无柄，先端渐尖，基部歪斜截形至近心形，顶生小叶有柄，基部楔形；叶柄及叶轴被短柔毛或星状毛。雄柔荑花序长10~20cm，花序轴有短柔毛，雄蕊12，稀14，花药黄色，药隔急尖或微凹，有灰黑色细毛；雌花序穗状，有花4~10，花序轴有绒毛，雌花花被片披针形，有柔毛，具1雌蕊，子房下位，柱头红色，背面有柔毛。果序长10~15cm，下垂，有4~10果实。假核果球形、卵形或椭圆形，顶端尖，密被腺质短柔毛，长3.5~7.5cm，径3~5cm；果核有6~8条纵棱，各棱间有不规则的深皱纹及凹穴，顶端有尖头。花期5月；果期8~9月。

生境分布　产于南天门、玉泉寺、桃花源、中天门、天烛峰、玉泉寺管理区。山东农业大学树木园有栽培。生于土质肥厚、湿润的山沟或山坡。国内分布于黑龙江、吉林、辽宁、山西、陕西、甘肃、河南、安徽、江苏、浙江、福建、台湾、江西、湖北、湖南、广西、四川、云南、贵州等省（自治区）。

经济用途　木材不翘裂，可作为枪托、车轮、建筑等用材；种仁可食，可榨油，供食用；树皮、叶及外果皮含鞣质，可提取栲胶。

美国黑核桃

Juglans nigra L.

1.果枝　2.核

美国黑核桃

美国黑核桃果枝

美国黑核桃果枝

科　　属　胡桃科Juglandaceae　胡桃属Juglans L.

形态特征　落叶乔木。一年生枝条皮呈灰褐、红褐或褐绿色，有灰白色柔毛，皮孔浅褐色，稀疏而明显。一回奇数羽状复叶，互生，长20～26cm，具小叶11～23；小叶片披针形，长4～11cm，宽1～4cm，先端渐尖，基部宽楔形至近圆形，偏斜，叶缘有锯齿，上面无毛或沿叶脉具稀疏的绒毛和腺毛，下面和沿脉被柔毛及腺毛，羽状脉；叶柄及叶轴密被柔毛。雌雄同株；雄蓁荑花序长5～12cm，着生于侧芽处；雌花序顶生，小花2～5一簇。果序短，具果实1～3；假核果圆形，当年成熟，直径3～4cm，密被黄色腺体及稀疏的腺毛；果核表面无明显的纵棱，有不规则刻状条纹。

生境分布　原产美国。山东农业大学树木园及八里庄苗圃有引种。

经济用途　果材兼用树种。

美国黑胡桃雄花枝

枫 杨　枰柳　燕子柳

Pterocarya stenoptera C. DC.

1.花枝　2.果穗　3.冬态小枝　4.翅果　5.雄花　6.雌花　7.雌花和苞片

枫杨

枫杨果枝

枫杨花枝

科　属　胡桃科Juglandaceae　枫杨属Pterocarya Kunth

形态特征　乔木。树皮暗灰色，老时深纵裂；裸芽，密被锈褐色腺鳞，常有多个叠生于叶腋上部。多为偶数羽状复叶，互生，长6～16cm，叶轴有窄翅，具小叶10～20；小叶片长圆形或长圆状披针形，长8～12cm，宽2～3cm，先端短尖，基部偏斜，有细锯齿，两面有小腺鳞，下面脉腋有簇生毛，羽状脉；叶柄长2～5cm，小叶无柄。花单性，雌雄同株；雄葇荑花序长6～10cm，生于去年生枝条上，花序轴有稀疏星状毛，雄花常具1发育的花被片，雄蕊5～12；雌葇荑花序顶生，长10～15cm，花序轴密生星状毛及单毛，雌花几无梗，苞片及小苞片基部常有星状毛，具1雌蕊，子房下位。果序长达40cm，果序轴有毛；坚果有狭翅，长10～20mm，宽3～6mm。花期4月；果期8～9月。

生境分布　产于各管理区。生于山沟、溪边、河岸。国内分布于陕西、河南、安徽、江苏、浙江、福建、台湾、江西、四川、云南等省。

经济用途　木材可供作农具、家具等用；可作为山沟、河岸的造林树种。

美国山核桃　薄壳山核桃

Carya illinoinensis (Wangenh.) K. Koch

1.花枝　2.雌花　3.果枝　4.雄花

美国山核桃

美国山核桃果枝

美国山核桃雄花序

科　　属　胡桃科Juglandaceae　山核桃属Carya Nutt.

形态特征　乔木。树皮暗灰色；浅纵裂；具鳞芽，芽黄褐色，被柔毛；小枝初有毛，后变无毛。奇数羽状复叶，互生，长25～35cm，具小叶9～17；小叶片长圆状披针形或近镰形，长5～20cm，宽2.5～4cm，先端长渐尖，基部偏斜，单锯齿或重锯齿，不整齐，下面疏生毛或有腺鳞，羽状脉；小叶有极短的柄。花单性，雌雄同株；雄葇荑花序下垂，生于去年生枝条顶芽鳞腋或叶痕腋内生出，常3条成一束，簇生于总花序梗上，雄花有短花梗，花药有毛；雌花序直立，穗状，顶生，具3～10雌花。假核果长圆形，长3.5～5.7cm，有4条纵棱，外果皮革质，4瓣裂；果核长卵形或长圆形，平滑，淡褐色，有黑褐色斑纹，壳较薄。花期5月；果期10月。

生境分布　原产北美。山东农业大学树木园有引种栽培。

经济用途　木材坚韧致密，富弹性，不翘裂，为建筑、军工优良用材；种仁供食用，制糕点或榨油；可作为行道树及观赏树种。

山核桃　小核桃

Carya cathayensis Sarg.

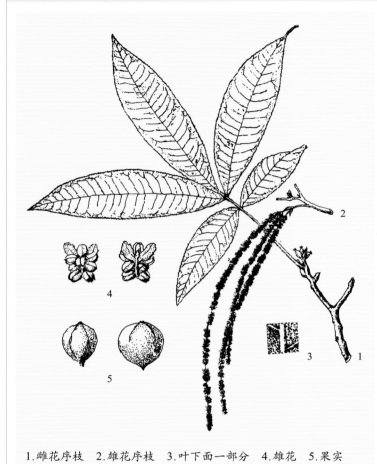

1. 雌花序枝　2. 雄花序枝　3. 叶下面一部分　4. 雄花　5. 果实

山核桃

山核桃果枝

山核桃雄花序

科　　属　胡桃科 Juglandaceae　山核桃属 Carya Nutt.

形态特征　乔木。树皮平滑灰白色，光滑；新枝被盾状着生的橙黄色腺体；一年生枝紫灰色，常被有稀疏的短柔毛；裸芽，锈褐色。羽状复叶长 16～30cm，小叶 5～7，边缘有细锯齿，下面脉上具宿存或脱落的毛并满布橙黄色腺体，侧生小叶具短的小叶柄或几乎无柄，对生，披针形或倒卵状披针形，基部楔形或略呈圆形，顶端渐尖，长 16～18cm，顶生小叶具长 5～10mm 的小叶柄，叶轴被较密的毛。雄花序自当年生枝的叶腋内或苞腋内生出，花序 3 条成 1 束，花序轴被有柔毛及腺体，长 10～15cm，总柄长 1～2cm，雄花具短柄，苞片及小苞片均被有毛和腺体，雄蕊 2～7，着生于狭长的花托上，花药具毛；雌花序直立，花序轴密被腺体，具 1～3 雌花，雌花卵形或阔椭圆形，密被橙黄色腺体，长 5～6mm，总苞的裂片被有毛及腺体，外侧 1 片（苞片）显著较长，钻状线形。果实倒卵形，幼时具 4 狭翅状的纵棱，密被橙黄色腺体，成熟时纵棱变成不显著，外果皮干燥后革质，沿纵棱裂开成 4 瓣；果核倒卵形或椭圆状卵形，具极不显著的 4 纵棱，顶端急尖而具 1 短突尖，长 20～25mm，直径 15～20mm；内果皮硬，淡灰黄褐色，隔膜内及壁内无空隙。子叶 2 深裂。4～5 月开花，9 月果成熟。

生境分布　山东农业大学树木园有引种栽培。国内分布于安徽、浙江。

经济用途　山核桃仁松脆味甘，香气逼人，可榨油、炒食，也可作为制糖果及糕点的佐料。外果皮和根皮可供药用，治脚痔、皮肤癣症。

化香树

Platycarya strobilacea Sieb. et Zucc.

化香树花序

化香树

化香树果枝

科　　属　胡桃科 Juglandaceae　化香属 Platycarya Sieb. et Zucc.

形态特征　落叶小乔木。树皮暗灰色，老时纵裂；幼枝有褐色柔毛，后脱落。奇数羽状复叶，互生，具小叶7～19；小叶片卵状披针形至长椭圆状披针形，长4～11cm，宽1.5～3.5cm，先端长渐尖，基部偏斜，边缘有重锯齿，下面初被毛，后仅沿脉及脉腋有毛。花单性，雌雄同株；两性花序和雄花序在小枝顶端排列成伞房状花序束，直立；两性花序通常1条，着生于中央，长5～10cm；雄花序位于上部，排在两性花序周围，长4～10cm，雄花苞片阔卵形，内面上部及边缘有短柔毛，长2～3mm，雄蕊6～8，花丝短，花药黄色；有时无雄花序仅有雌花序，雌花序位于下部，长1～3cm，雌花苞片卵状披针形，长2.5～3mm，小苞片2，位于子房两侧并贴生于子房，先端与子房分离，背部有翅状纵脊，随子房增大，具1雌蕊，子房下位，1室，无花柱，柱头2裂。果序球果状，卵状椭圆形，长2.5～5cm，径2～3cm，宿存苞片木质，长7～10mm；坚果，压扁，两侧有窄翅，长4～6mm，宽3～6mm。花期5～6月；果期9～10月。

生境分布　山东农业大学树木园有引种。国内分布于陕西、甘肃、河南、安徽、江苏、浙江、福建、台湾、江西、湖南、湖北、广东、广西、四川、云南、贵州等省（自治区）。

经济用途　树皮、根皮、叶及果序均含鞣质，可提取栲胶；木材粗松，可做火柴杆。

桦木科

BETULACEAE

　　落叶乔木或灌木。单叶，互生；羽状脉，侧脉直达叶缘或在近缘处网结；托叶早落。荑葇花序常圆柱形；花单性，雌雄同株；雄花生于苞鳞腋，有苞片，有花被片或无花被片，雄蕊2～20，花药2室，纵裂；雌花2～3生于苞鳞腋；每雌花下部又有1片苞片和1～2片小苞片，无花被片或有花被片，具1雌蕊，子房上位或下位，2室或不完全2室，每室有1倒生胚珠，花柱2，分离，宿存。果序球果状、穗状或头状；果苞由雌花下部的苞片及小苞片连合而成。果为小坚果或坚果。

　　6属，150～200种。我国有6属，89种。山东有4属，9种，2变种；引种5种。泰山有4属，7种。

日本桤木　赤杨

Alnus japonica (Thunb.) Steud.

1.果枝　2.小坚果　3.果苞背面　4.果苞腹面

日本桤木

日本桤木果枝

科　　属　桦木科Betulaceae　桤木属Alnus Mill.

形态特征　乔木。树皮灰褐色，平滑；枝灰褐色，无毛，有棱；芽有柄，芽鳞2，无毛。单叶，互生；短枝叶片窄倒卵形，长4～6cm，宽2.5～3cm，先端骤尖，基部楔形，边缘有细锯齿，长枝叶片椭圆状披针形，长达15cm，两面无毛，或下面脉腋有簇毛，羽状脉，侧脉7～11对；叶柄长1～3cm，疏生腺点，幼时有毛。花单性，雌雄同株；2～5雄花序排成总状，下垂，先叶开放。果序长圆形，球果状，长约2cm，径1.5cm，2～8排列成总状或圆锥状；果序梗粗壮，长3～4mm；果苞木质，长3～5cm，基部楔形，先端圆，5裂。小坚果倒卵形或卵形，长3～4mm，宽2～3mm，有狭翅。

生境分布　桃花源等管理区有引种。国内分布于辽宁、吉林、河北、河南、安徽、江苏等省。

经济用途　木材供建筑、家具、火柴杆等用；可作为护岸、固堤、涵养水源树种。

日本桤木果枝

辽东桤木　水冬瓜

Alnus hirsuta Turcz. ex Rupr.

1.果序枝　2.坚果　3.果苞

辽东桤木

辽东桤木雄花序和果枝

辽东桤木果枝

科　　属　桦木科Betulaceae　桤木属Alnus Mill.

形态特征　乔木。树皮灰褐色，平滑；小枝褐色，密生短柔毛；芽有柄，芽鳞2，有长柔毛。单叶，互生；叶片近圆形，长4～10cm，宽2.5～9cm，先端圆钝，基部圆形或阔楔形，边缘有不整齐的重锯齿，中上部有浅裂，上面暗绿色，疏生长柔毛，下面粉绿色，密被褐色短粗毛或近无毛，羽状脉，侧脉5～10对；叶柄长1.5～5cm，密被短柔毛。花单性，雌雄同株。果序长圆形，球果状，长约2cm，2～8排列成总状或圆锥状；果序梗极短或近无；果苞木质，长3～4mm，先端圆，5浅裂。小坚果阔卵形，长约3mm，有极窄的翅。

生境分布　南天门、桃花源等管理区有引种。喜湿润、肥沃及土层深厚的环境。国内分布于黑龙江、吉林、辽宁、内蒙古等省（自治区）。

经济用途　木材供建筑、家具、火柴杆等用；为速生用材及护岸保土树种。

白　桦

Betula platyphylla Suk.

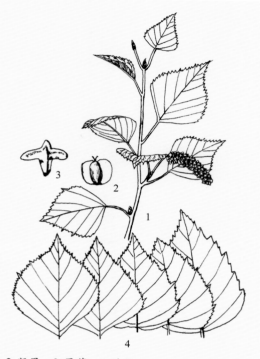

1.果枝　2.坚果　3.果苞　4.叶形

白桦

白桦果枝

白桦雄花序和雌花序

科　　属　桦木科Betulaceae　桦木属Betula L.

形态特征　落叶乔木。树皮粉白色，纸片状分层剥落；小枝红褐色，有白色皮孔，无毛，有树脂腺体。单叶，互生；叶片三角状卵形，长3～9cm，宽2～7.5cm，先端锐尖或尾状渐尖，基部截形或阔楔形，边缘有重锯齿，上面幼时有疏毛和腺点，下面无毛，密生腺点，羽状脉，侧脉5～7对；叶柄长1～3cm，无毛。花单性，雌雄同株。果序单生，圆柱形，下垂，长3～6cm，径8～1.2cm；果序梗长1～2.5cm，初密被短柔毛，后近无毛；果苞长5～7mm，背面初有短柔毛，后渐脱落，边缘有短纤毛，上部3裂，中裂片三角状卵形，先端钝尖，侧裂片卵形，直立，斜展至下弯。小坚果长圆形，长1.5～3mm，背面疏被短毛，翅与坚果等宽或稍宽。

生境分布　桃花源管理区、山东农业大学树木园有引种栽植。国内分布于黑龙江、吉林、辽宁、内蒙古、河北、山西、陕西、甘肃、宁夏、青海、河南、江苏、四川、云南、西藏等省（自治区）。

经济用途　木材可供建筑、矿柱、胶合板、造纸等用；树皮可提取桦油；树皮和芽可作为解热药。

白桦树干

坚 桦

Betula chinensis Maxim.

坚桦果枝

1.果枝　2.坚果　3.果苞

坚桦　　　　　　　坚桦雄花序和雌花序

科　　属　桦木科Betulaceae　桦木属Betula L.

形态特征　小乔木或灌木。树皮灰色，纵裂或不裂；枝灰褐色，幼时密被长毛，后脱落。单叶，<u>互生</u>；叶片卵形，稀长圆形，长1.5～6cm，宽1～5cm，先端锐尖或钝，基部圆形，稀阔楔形，边缘有不规则齿牙状锯齿，上面深绿色，初密被长柔毛，后无毛，下面灰绿色，沿脉有长柔毛，脉腋有簇毛，羽状脉，侧脉8～9对；叶柄长2～10mm，密被长柔毛。花单性，雌雄同株。果序单生，直立，通常近球形，稀长圆形，长1～2cm，径1～1.5cm，有时基部着生1～2片叶状苞片；果序梗近无；果苞长5～9mm，背面疏被短柔毛，上部3裂，裂片通常反折，中裂片披针形至条形，先端尖，侧裂片卵形至披针形，斜展，长仅及中裂片的1/3～1/2，稀与中裂片近等长。小坚果阔倒卵形，长2～3mm，疏被短柔毛，有极窄的翅。

生境分布　产于南天门管理区；垂直分布可达海拔1400m。生于沟谷或山坡林中。国内分布于黑龙江、辽宁、内蒙古、河北、山西、陕西、甘肃、河南等省（自治区）。

经济用途　木材坚重，供制车轴及杵槌等用。

鹅耳枥

Carpinus turczaninowii Hance

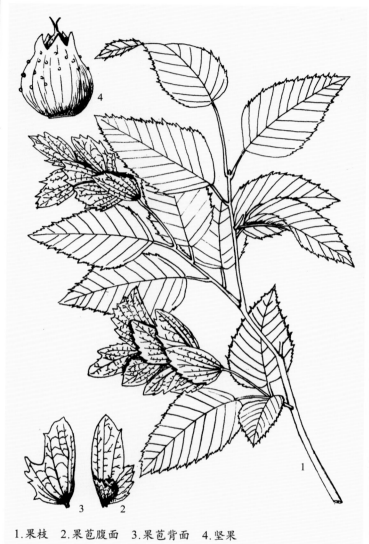

1.果枝　2.果苞腹面　3.果苞背面　4.坚果

鹅耳枥

鹅耳枥果枝

鹅耳枥雄花序

科　　属　桦木科Betulaceae　鹅耳枥属Carpinus L.

形态特征　小乔木。树灰褐色，平滑，老时浅裂；枝细，棕褐色，幼时有柔毛，后脱落。单叶，互生；叶片卵形、卵状椭圆形，长2～5cm，宽1.5～3.5cm，先端渐尖，基部圆形、阔楔形或微心形，边缘有重锯齿，上面无毛，下面沿脉疏被长柔毛，脉腋有簇毛，羽状脉，侧脉8～12对；叶柄长5～10mm，有短柔毛。花单性，雌雄同株。果序长3～5cm，果序梗长10～15mm，果序梗、果序轴均有短柔毛；果苞半阔卵形、半卵形、半长圆形至卵形，长6～20mm，宽5～10mm，先端钝尖或渐尖，疏被短柔毛，内侧基部有1内折的卵形小裂片，外侧无裂片，中裂片内侧边缘全缘或疏生浅齿，外侧边缘有不规则粗齿。小坚果阔卵形，长约3mm，无毛，有时顶端疏生长柔毛，或上部有时疏生腺体。

生境分布　产于各管理区。生于山坡或杂木林中。国内分布于辽宁、河北、山西、陕西、甘肃、河南、江苏等省。

经济用途　木材坚韧，可制农具及小器具等。

榛

Corylus heterophylla Fisch. ex Trautv.

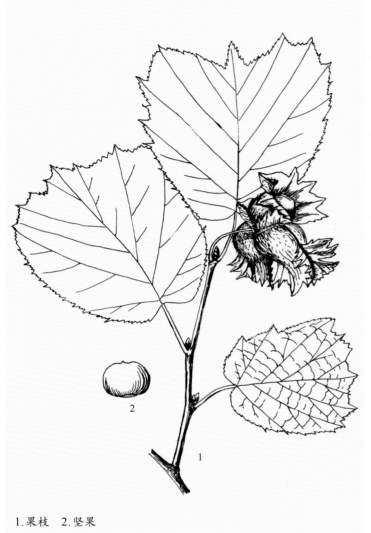

1.果枝　2.坚果

榛果枝

榛

榛雄花序

科　　属　桦木科Betulaceae　榛属Corylus L.

形态特征　落叶灌木。树皮灰褐色；小枝有短柔毛及腺毛；鳞芽近球形，鳞片有毛。单叶，互生；叶片阔卵形或阔倒卵形，长4～13cm，宽2.5～10cm，先端截形，中央有三角状突尖及不整齐小裂片，基部心形，边缘有不规则重锯齿，中部以上有浅裂，上面无毛，下面初有短柔毛，后仅沿脉有疏短毛，羽状脉，侧脉3～5对；叶柄长1～2cm，有短毛或近无毛。花单性，雌雄同株；雄花序单生，长3～4cm。果单生或2～6簇生呈头状；果苞钟状，外面有细条棱，密被短柔毛及刺状腺毛，果苞较坚果长不到1倍，很少较果短，上端浅裂，裂片三角形，边缘全缘，稀有疏齿；果序梗长1.5cm，密被短柔毛。坚果近球形，长7～15mm，无毛或顶部有长柔毛。

生境分布　产于红门、樱桃园管理区。生于山阴坡灌丛。国内分布于黑龙江、吉林、辽宁、河北、山西、陕西等省。

经济用途　种子可食，为优质干果；种子含淀粉，可制糕点，含油51.6%，可榨油；树皮、叶、果苞含鞣质，可提取栲胶；嫩叶可作为猪饲料。

欧　榛
Corylus avellana L.

1.枝条　2.雄花枝　3.雄花　4.雄蕊　5.雌花　6.果苞　7.坚果

欧榛

欧榛果枝

欧榛雄花序

科　　属　桦木科Betulaceae　榛属Corylus L.

形态特征　落叶灌木或小乔木。一年生枝黄褐色，密被腺毛和长毛，老枝无毛；鳞芽细长，先端尖，绿色。单叶，互生；叶片近圆形、椭圆形或矩圆形，长10～14cm，宽8～12cm，先端渐尖，基部心形，边缘有不规则重锯齿，中部以上有缺刻，上面被短柔毛，下面密被短绒毛，羽状脉，侧脉7～9对；叶柄粗短，密被绒毛。花单性，雌雄同株；1～5雄花序排成总状，着生在一年生枝的中上部；雌花序头状，着生在一年生枝的上部和顶部。果苞钟状，张开，长于坚果或短于坚果，上部有不规则裂片。坚果形状多样：圆形、椭圆形、卵形、扁圆形、圆锥形。

生境分布　原产欧洲地中海沿岸、中亚及西亚。山东省农业科学院果树研究所有引种栽培。

经济用途　种子可食，是优质干果；种子含油量为54.1%～70%，可以供榨油；也可供绿化观赏。

壳斗科

FAGACEAE

落叶或常绿乔木，稀灌木。小枝有顶芽或无顶芽，芽鳞少数至多数。单叶，互生；羽状脉；托叶早落。花单性，雌雄同株，稀异株；花萼裂片4～6，干膜质；花无花瓣；雄花序为荑葇花序，直立或下垂，每苞片有1雄花，雄蕊常与萼片同数或为其倍数；雌花单生或成穗状，直立，具1雌蕊，子房下位，3～6室，每室胚珠1～2，常1枚发育成种子。坚果全部包藏于球形总苞（果熟时称壳斗）内，或部分包于杯状、碗状、碟形总苞（壳斗）内；总苞外壁的苞片成刺状、条形、鳞形或愈合成同心环。种子无胚乳。

7～12属，900～1000种。我国7属，294种。山东有2属，10种，3变种；引种15种。泰山有2属，10种，3变种。

板 栗 栗

Castanea mollissima Bl.

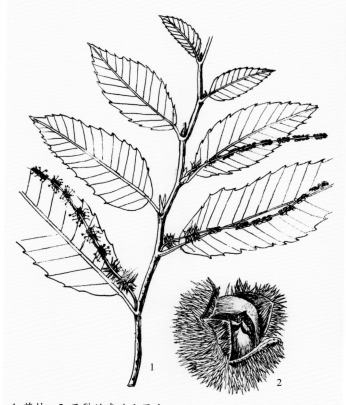

1. 花枝　2. 开裂的壳斗和果实

板栗

板栗果枝

板栗雄花序和雌花序

科　属　壳斗科Fagaceae　栗属Castanea Mill.

形态特征　落叶乔木。树皮灰色，不规则纵裂；小枝密被绒毛。单叶，互生；叶片长圆形或长圆状披针形，长9～18cm，宽4～7cm，先端渐尖或短尖，基部圆形或阔楔形，常一侧偏斜，边缘有粗壮锯齿，齿端芒状，下面密被灰白色星状毛，老叶有时近无毛，羽状脉。花单性，雌雄同株；雄柔荑花序直立，长10～20cm，雄花3～5簇生，花萼片6，雄蕊10～12；雌花序生于雄花序基部，总苞外皮密生分枝长刺，刺上密被短柔毛，每总苞内有2～3雌花。果熟时壳斗连刺直径4～8cm，4裂；每壳斗内有1～3坚果。坚果高1.5～3cm，宽1.8～3.5cm。花期5～6月；果期8～10月。

生境分布　景区均有栽培。国内分布于辽宁、内蒙古、河北、山西、陕西、甘肃、青海、河南、安徽、江苏、浙江、福建、台湾、江西、湖北、湖南、广东、广西、四川、云南、贵州、西藏等省（自治区）。

经济用途　木材坚硬、耐水湿，供建筑、地板、车辆、家具等用材；果实甜美可食，营养丰富。

麻　栎　橡子树

Quercus acutissima Carr. var. acutissima

麻栎果枝

麻栎　　　　　　　　　　　麻栎雄花枝

科　　属　壳斗科Fagaceae　栎属Quercus L.

形态特征　落叶乔木。树皮暗灰黑色，不规则深纵裂；幼枝有黄褐色绒毛，后渐脱落。单叶，互生；叶片长椭圆状披针形，长8～18cm，宽2～6cm，先端渐尖，基部圆形或阔楔形，叶缘有芒状锯齿，幼叶有短柔毛，老叶下面无毛或仅脉腋有毛，羽状脉，侧脉12～18对，达齿端，萌芽枝及幼树的叶多为倒卵状椭圆形及鞋底形；叶柄长2～3cm，幼时有毛，后脱落无毛。壳斗杯状，包围坚果约1/2；苞片钻形，向外反曲，被灰白色绒毛。坚果2年成熟，卵状短圆柱形。花期5月；果期翌年9～10月成熟。

生境分布　产于各管理区。生于山坡杂木林中；或有人工栽培的纯林。国内分布于辽宁、河北、山西、陕西、河南、安徽、江苏、浙江、福建、江西、湖北、湖南、广东、广西、海南、四川、云南、贵州、西藏等省（自治区）。

经济用途　木材坚硬，供建筑、枕木、车船、体育器材等用；也可作为薪炭材；枯朽木可培养香菇、木耳、银耳等；叶可饲柞蚕；壳斗为栲胶原料。

大果麻栎（变种）Quercus acutissima Carr. var. macrocarpa X. W. Li et Y. Q. Zhu
本变种的主要特点是：果实较大，高2.5～3cm，径2.8～3.3cm。
产于竹林管理区长寿桥。生于山坡杂木林。山东特有树种。
用途同原变种。

小叶栎

Quercus chenii Nakai

1.叶枝　2.壳斗和坚果

小叶栎

科　　属　壳斗科Fagaceae　栎属Quercus L.
形态特征　落叶乔木。小枝栗褐色，幼时密被黄褐色柔毛，后无毛。单叶，互生；叶片披针形或椭圆状披针形，长7～15cm，宽2～3.5cm，先端长渐尖，基部阔楔形或近圆形，边缘有芒状锯齿，两面无毛，羽状脉，侧脉11～16对；叶柄长1～1.5cm。壳斗杯状，包围坚果1/4～1/3；下部苞片三角形，上部苞片条形，直伸，被细柔毛；坚果2年成熟，椭圆形，长约2cm。花期3～4月；果期翌年9～10月成熟。

生境分布　红门、竹林管理区有引种栽培。国内分布于安徽、江苏、浙江、福建、江西、湖北、四川等省。

经济用途　木材坚实，供建筑、枕木、家具等用材。

小叶栎枝条

栓皮栎

Quercus variabilis Bl.

栓皮栎果枝

1.果枝　2.部分叶背面示毛

栓皮栎　　　　　　　　　栓皮栎雄花枝

科　　属　壳斗科Fagaceae　栎属Quercus L.

形态特征　落叶乔木。树皮暗灰色，深纵裂，栓皮层发达，厚达12cm；小枝黄褐色，幼时有疏柔毛，后变无毛。单叶，互生；叶片长椭圆状披针形或长椭圆形，长8～16cm，宽3～6cm，先端渐尖，基部圆形或阔楔形，边缘有芒状锯齿，上面无毛，下面密被灰白色星状毛，羽状脉，侧脉14～18对；叶柄长1～3cm，无毛。壳斗杯状，包围坚果约2/3；苞片为略有棱的粗条形，反曲，被短柔毛；坚果2年成熟，椭圆形或圆柱状，长1.5～2cm，先端平。花期3～4月；果期翌年9～10月成熟。

生境分布　产于红门、竹林、桃花源、南天门、玉泉寺管理区。生于山坡杂木林；或人工栽培；适应性强，较麻栎耐旱，寿命长达数百年。国内分布于辽宁、河北、山西、陕西、甘肃、河南、安徽、江苏、浙江、福建、台湾、江西、湖北、湖南、广东、广西、四川、云南、贵州等省（自治区）。

经济用途　木材用途同麻栎；栓皮可制软木，有不导电、不传热、隔音、不透水、防震、耐酸碱等特性，为国防、轻工及建筑业重要材料。

槲 树
Quercus dentata Thunb.

1.雄花序枝 2.果枝

槲树

槲树雄花花枝

槲树果枝

科　　属　壳斗科Fagaceae　栎属Quercus L.

形态特征　落叶乔木。树皮暗灰色，宽纵裂；小枝粗壮，有沟槽，密生黄灰色星状绒毛。单叶，互生；叶片倒卵形到长倒卵形，长10～30cm，宽6～20cm，先端钝圆，基部耳形，边缘有波状裂片或粗齿，幼时两面有毛，后仅下面有灰黄色星状毛和柔毛，羽状脉，侧脉5～10对；叶柄长2～5mm，密被绒毛。壳斗杯状，包围坚果1/2～2/3；苞片狭披针形，棕红色，长约10mm，反曲，被褐色丝状毛；坚果当年成熟，卵形至椭圆形，长1.5～2.5cm。花期4～5月；果期9～10月。

生境分布　产于红门、南天门、玉泉寺管理区。生于山坡杂木林；或有人工栽培。国内分布于黑龙江、吉林、辽宁、河北、山西、陕西、甘肃、河南、安徽、江苏、浙江、江西、湖北、湖南、四川、云南、贵州等省（自治区）。

经济用途　木材坚硬耐久，可供枕木、建筑、车、船等用材；抗烟尘能力较强。

槲栎

Quercus aliena Bl. var. aliena

槲栎　　　　　　　　　　　　　　　　　　　锐齿槲栎果枝

科　　属　壳斗科Fagaceae　栎属Quercus L.

形态特征　落叶乔木。树皮深灰色，平滑，老干纵裂；小枝褐绿色，无毛。单叶，互生；叶片长椭圆状倒卵形至倒卵形，长10～20cm，宽5～14cm，先端钝，基部阔楔形或圆形，边缘有波状钝齿，下面密被灰白色星状毛，羽状脉，侧脉10～15对；叶柄长1～3cm，无毛。壳斗杯状，径1.3～2cm，包围坚果约1/2；苞片鳞片状，排列紧密，被灰白色短毛；坚果当年成熟，椭圆状卵形至卵形，长1.7～2.5cm。花期4～5月；果期9～10月。

生境分布　产于红门、中天门、竹林、桃花源等管理区。生于山坡、山谷旁。国内分布于辽宁、河北、陕西、河南、安徽、江苏、浙江、江西、湖北、湖南、广东、广西、四川、云南、贵州等省（自治区）。

经济用途　林材坚实；可供建筑、枕木、家具、薪炭等用材；朽木可培养香菇、木耳。

锐齿槲栎（变种）Quercus aliena Bl. var. acuteserrata Maxim. ex Wenz.

本变种的主要特点是：叶缘有锐锯齿，齿端内曲。

产于鲁中南及胶东山区丘陵。生于山坡、山谷。国内分布于辽宁、河北、山西、陕西、甘肃、河南、安徽、江苏、浙江、江西、湖北、湖南、广东、广西、四川、云南、贵州等省（自治区）。

木材供建筑、家具、薪炭等用。

北京槲栎（变种）Quercus aliena Bl. var. pekingensis Schott.

本变种的主要特点是：叶下面无毛或近无毛；壳斗较大。

产于全省各山区。国内分布于辽宁、河北、山西、陕西、河南等省。

用途同槲栎。

槲栎果枝

槲栎枝条

锐齿槲栎雄花枝

北京槲栎果枝

白　栎
Quercus fabri Hance

白栎果枝

白栎

白栎枝条

科　　属　壳斗科Fagaceae　栎属Quercus L.

形态特征　落叶乔木或灌木状。小枝密生灰褐色绒毛。单叶，互生；叶片椭圆状倒卵形或倒卵形，长7～15cm，宽3～8cm，先端钝尖或短尖，基部窄圆形或阔楔形，边缘有波钝圆锯齿，幼时两面有灰黄色星状毛，老叶上面无毛或疏生毛，下面密被灰褐色星状毛，羽状脉，侧脉8～12对；叶柄长3～5mm，有灰黄色绒毛。壳斗杯状，包围坚果约1/3；苞片鳞片状，排列紧密，被短柔毛；坚果当年成熟，长椭圆形或卵状椭圆形，长1.7～2cm。花期4～5月；果期10月。

生境分布　红门、竹林管理区有引种栽培。国内分布于陕西、河南、安徽、江苏、浙江、福建、江西、湖北、湖南、广东、广西、四川、云南、贵州等省（自治区）。

经济用途　木材坚硬，供建筑、家具等用材；带皮树干可培养香菇。

蒙古栎 辽东栎

Quercus mongolica Fisch. ex Ledeb.

蒙古栎果枝

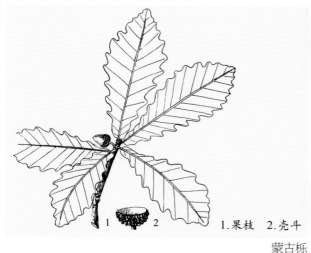

1.果枝 2.壳斗

蒙古栎

蒙古栎果枝

科　　属　壳斗科Fagaceae　栎属Quercus L.

形态特征　落叶乔木。小枝灰绿色，无毛。单叶，互生；叶片倒卵形或倒卵状椭圆形，长7～20cm，宽3～11cm，先端钝尖或突尖，基部耳形或圆形，叶缘有波状圆裂齿至粗锯齿，下面无毛或中脉疏生长毛，羽状脉，侧脉9～15对；叶柄长2～8mm或近无柄，无毛。壳斗杯状，径1.5～2cm，包围坚果约1/3；苞片鳞片状，背部有或无疣状突起，密被灰白色短柔毛；坚果当年成熟，卵形至长卵形，长1.8～2.5cm，径1.2～1.8cm，果脐微突起。花期4～5月；果期9～10月。

生境分布　产于南天门、桃花源等管理区。生于山坡、山沟杂木林；或有人工栽培。国内分布于黑龙江、吉林、辽宁、内蒙古、河北、山西、陕西、宁夏、甘肃、青海、河南、四川等省(自治区)。

经济用途　木材坚重，供建筑、造船、枕木、车辆等用材；叶可饲养柞蚕。

北美红栎　红槲栎　美国红栎　北方红栎　红栎

Quercus rubra L.

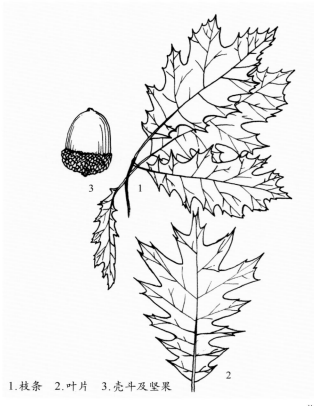

1.枝条　2.叶片　3.壳斗及坚果

北美红栎

北美红栎果枝

北美红栎枝条

科　　属　壳斗科Fagaceae　栎属Quercus L.

形态特征　落叶乔木。树皮灰色或深灰色，有光泽，浅裂，内层树皮粉红色；小枝红褐色，无毛；顶芽暗红褐色，卵球形到椭圆形，长4～7mm，无毛或先端具红色簇毛。单叶，互生；叶片宽卵形至椭圆形或倒卵形，长12～20cm，宽6～1.2cm，先端锐尖，基部宽楔形到近截形，羽状浅裂，具7～11裂片，裂片矩圆形，裂片有时上部扩展，每裂片有1～4小裂片，先端具芒尖，边缘具12～50芒，上面暗绿色，无毛，下面苍绿色，通常有白霜，除了脉腋生簇状绒毛外，其余无毛，侧脉两面突起；叶柄长2.5～5cm，通常淡红色，无毛。壳斗碟状，高5～12mm，径18～30mm，包坚果的1/4～1/3，外面被微柔毛，内面淡棕色到红棕色，无毛或在基部果脐痕的周围有短柔毛环；苞片鳞片状，长小于4mm，通常具暗红色的边缘，紧贴伏，先端钝；坚果2年成熟，卵球形到长圆形，长1.5～3cm，径1～2.1mm，无毛，果脐径6.5～12.5mm。

生境分布　原产美洲。山东农业大学树木园有引种栽培。

经济用途　供绿化观赏。

北美红栎雄花枝

沼生栎

Quercus palustris Muench.

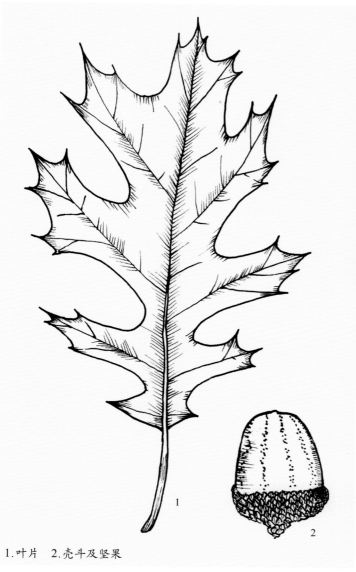

1.叶片 2.壳斗及坚果

沼生栎

沼生栎顶芽

沼生栎枝条

科　　属　壳斗科 Fagaceae　栎属 Quercus L.

形态特征　落叶乔木。树皮暗灰褐色，不裂，略平滑；小枝红褐色，初有毛，后很快无毛；冬芽长卵形，长3～5mm，无毛，或仅顶端有疏毛，芽鳞红褐色。单叶，互生；叶片椭圆形至矩圆形，长5～16cm，宽5～12cm，基部楔形、阔楔形至截形，边缘羽状深裂，有5～7裂片，裂片上部扩大，每裂片有1～4小裂片，裂片先端尖至渐尖，具芒，有10～30芒，两面无毛或下面脉腋有簇毛，羽状脉，脉在下面突起；叶柄长2.5～5cm，无毛。壳斗碟状，高3～6mm，径9.5～12mm，外面无毛或有短柔毛，内面无毛或在果脐痕周围有毛环，包围坚果的1/4；苞片鳞片状，三角形，紧贴；坚果两年成熟，球形或卵形，长1～1.6cm，径0.9～1.5cm，无毛，通常有显著纵条纹，果脐径5.5～9mm。花期4～5月；果实翌年9月成熟。

生境分布　原产美洲。桃花源管理区有引种栽培。

经济用途　可作公园、庭院绿化观赏树种。

榆科

落叶乔木或灌木，稀常绿。单叶，互生；叶片通常基部偏斜，三出脉或羽状脉，边缘有锯齿，稀全缘；托叶早落。花单生或簇生，或成聚伞花序；花两性、单性或杂性；花单被，花萼裂片4～8，裂片覆瓦状排列，宿存；雄蕊与花萼裂片同数或为其2倍，且对生，花丝直立，花药2室，纵裂；雌蕊1，由2心皮合成，子房上位，1室，稀2室，每室1胚珠，花柱2裂，裂端内面为柱头面。果实为翅果、小坚果有翅或无翅，或为核果。种子无胚乳，子叶扁平或卷曲。

约16属，230种。我国有8属，46种。山东有4属，12种，2变种，1变型；引种2属，8种。泰山有4属，15种，5变种，1变型。

大果榆 黄榆 山榆

Ulmus macrocarpa Hance var. macrocarpa

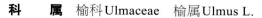

1.果枝 2.枝的一部分示木栓翅

大果榆

大果榆果枝

大果榆花枝

大果榆枝

科　属 榆科Ulmaceae 榆属Ulmus L.

形态特征 落叶乔木或灌木状。树皮黑褐色,纵裂;小枝灰褐色,幼时有毛,两侧常有扁平木栓翅。单叶,互生;叶片倒卵形或椭圆状倒卵形,质较厚,长3~9cm,宽3.5~5cm,先端突尖,基部偏斜,边缘有重锯齿,上面有硬毛,粗糙,下面有粗毛,羽状脉,侧脉6~16对;叶柄长3~6mm,有柔毛。花5~9簇生于去年生枝上或稀散生于当年生枝的基部;花萼裂片4~5,有缘毛;雄蕊4;雌蕊1,子房上位,花柱2裂。翅果宽倒卵形、近圆形或宽椭圆形,长2~3.5cm,宽2~3cm,两面及边缘有毛;种子位于翅果中部;果梗短,长2~4mm,被短毛。花期4月;果期4~5月。

生境分布 产于桃花峪、竹林等管理区,山东农业大学树木园有栽培。生于山坡、山谷、杂木林中;耐干瘠,根系发达,萌蘖力强。国内分布于黑龙江、吉林、辽宁、内蒙古、河北、山西、陕西、甘肃、青海、河南、安徽、江苏、湖北等省(自治区)。

经济用途 木材坚韧,光亮耐久,可制车辆、农具;树皮纤维可制绳、造纸等。

光秃大果榆　光叶黄榆(变种)Ulmus macrocarpa Hance var. glabra S. Q. Nie & K. Q. Huang

本变种的主要特征是:叶倒卵形或椭圆状倒卵形,上面无毛,平滑,下面仅脉腋具丛生的毛,基部偏斜,先端渐尖到狭渐尖;翅果无毛,光滑,翅薄。

产于泰山。生于山坡杂木林。国内分布于黑龙江。

用途同原变种。

115

榆　白榆
Ulmus pumila L.

榆果枝

科　　属　榆科Ulmaceae　榆属Ulmus L.

形态特征　落叶乔木。树皮暗灰色，纵裂；小枝灰白色，细柔，初有毛；冬芽卵圆形，暗棕色，有毛。单叶，互生；叶片卵形或卵状椭圆形，长2～8cm，宽1.2～3.5cm，先端渐尖，基部阔楔形或近圆形，近对称，边缘有不规则的重锯齿或单锯齿，上面无毛，下面脉腋有簇生毛，羽状脉，侧脉9～14对，直达叶缘；叶柄长2～5mm，有短柔毛。花簇生于去年生枝上；花萼裂片4，有缘毛；雄蕊4，与花萼裂片对生；雌蕊1，子房上位，扁平，花柱2裂。翅果近圆形，长1～1.5cm，顶端有凹缺，熟时黄白色，除柱头外，其余部分无毛；种子位于翅果中部；果梗短，长2～4mm，密被短毛。花期3月；果期4～5月。

生境分布　产于各管理区。生于村旁、路边、河岸、山坡；对土壤要求不严，抗盐碱能力较强，在土壤含盐量0.3%以下的环境中能正常生长。国内分布于黑龙江、吉林、辽宁、内蒙古、河北、山西、陕西、甘肃、宁夏、青海、新疆、河南、四川、西藏等省（自治区）。

经济用途　木材坚韧，可供建筑、桥梁、农具等用；嫩果实可食；可净化空气，为吸收二氧化硫能力极强的树种。

龙爪榆（栽培变种）Ulmus pumila 'Pendula'
本变种的主要特点是：枝条下垂并卷曲或扭曲。
各公园有引种栽培。
供绿化观赏。
垂枝榆（栽培变种）Ulmus pumila 'Tenue'
本栽培变种的主要特点是：树干上部的主干不明显，分枝较多，树冠伞形；树皮灰白色，较光滑；一至三年生枝下垂而不卷曲或扭曲。
各公园有引种栽培。
供绿化观赏。
金叶榆（栽培变种）Ulmus pumila 'Jinye'
各公园有引种栽培。
榆　供绿化观赏。

1.叶枝　2.果枝　3.花

榆花枝

垂枝榆

金叶榆

琅琊榆
Ulmus chenmoui Cheng

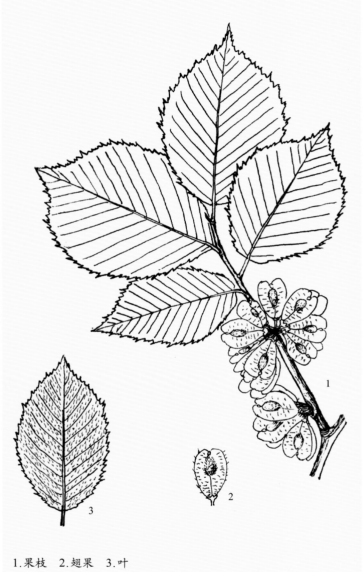

琅琊榆花枝

琅琊榆果枝

1.果枝 2.翅果 3.叶

琅琊榆

科　　属　榆科Ulmaceae　榆属Ulmus L.

形态特征　落叶乔木。树皮暗灰色，纵裂；小枝灰褐色，密被柔毛，后迟缓脱落，萌枝有时有膨大而不规则的瘤状木栓层；冬芽卵圆形，有毛。单叶，互生；叶片倒卵形、椭圆状倒卵形或长椭圆形，长4～18cm，宽3～10cm，先端突尖或渐尖，基部偏斜，阔楔形，圆形或近心形，边缘有重锯齿，上面密生硬毛，粗糙，下面密生柔毛，羽状脉，侧脉15～20对。花10余朵生于去年生枝上，排成簇状聚伞花序；花萼裂片4，有缘毛。翅果窄倒卵形、椭圆状倒卵形或宽倒卵状，长1.5～2.5cm，两面及边缘多少有毛；种子位于翅果中上部，接近缺口；果梗长1～2mm，被短毛。花期4月；果期5月。

生境分布　山东农业大学树木园有引种栽培。国内分布于安徽、江苏。

经济用途　木材坚实，可供车辆、农具等用。

黑　榆

Ulmus davidiana Planch. var. davidiana

1. 果枝　2. 翅果上部

黑榆

黑榆果枝

黑榆花枝

科　　属　榆科 Ulmaceae　榆属 Ulmus L.

形态特征　落叶乔木。树皮暗灰色，纵裂；小枝常有膨大而不规则纵裂的瘤状木栓层，幼时有毛。单叶，互生；叶片倒卵形或椭圆状倒卵形，长4～10cm，宽1.5～4cm，先端短尖或渐尖，基部圆形或阔楔形，边缘有重锯齿，上面暗绿色，有粗硬毛，后脱落近无毛，下面淡绿色，有柔毛，后仅下面脉腋有簇毛，羽状脉，侧脉10～20对；叶柄短，有柔毛。花生于去年生枝上，排成簇状聚伞花序；花萼裂片3～4；花梗较花萼为短。翅果倒卵形，或近倒卵状椭圆形，长1～1.9cm，通常无毛；种子位于翅果上部，接近缺口，仅此部分有稀疏毛；果梗长约2mm，被短毛。花期4月；果期5月。

生境分布　产于玉泉寺等管理区。生于山坡、山谷杂木林。国内分布于黑龙江、吉林、辽宁、内蒙古、河北、山西、陕西、甘肃、宁夏、青海、河南、安徽、浙江、湖北等省（自治区）。

经济用途　木材坚实，可供农具、车辆及建筑等用材。

春榆（变种）Ulmus davidiana Planch. var. japonica（Rehd.）Nakai

本变种的主要特点是：翅果无毛。

产于全省各山区丘陵。生于山坡、山谷杂木林。国内分布于黑龙江、吉林、辽宁、内蒙古、河北、山西、陕西、甘肃、宁夏、青海、河南、安徽、浙江、湖北等省（自治区）。

用途同原变种。

美国榆
Ulmus americana L.

1.叶枝 2.花 3.果序

美国榆

美国榆枝条

美国榆果枝

科　　属　榆科Ulmaceae　榆属Ulmus L.

形态特征　落叶乔木。树皮灰色，不规则纵裂；小枝初时密被柔毛，后脱落。单叶，互生；叶片卵状椭圆形，长4～15cm，中部或中下部较宽，先端渐尖，基部偏斜，边缘有重锯齿，上面初有毛，后脱落无毛，下面常有疏毛，脉腋有簇毛，羽状脉，侧脉12～22对；叶柄有毛；托叶膜质，早落。花常10余朵簇生，排成短聚伞花序；花萼漏斗状，7～9浅裂；花梗细，不等长，长4～10mm，下垂，无毛。翅果椭圆形或阔椭圆形，长13～16mm，两面无毛，边缘密生睫毛；种子位于翅果近中部；果梗长5～15mm。

生境分布　原产美国。山东农业大学树木园有引种栽培。

经济用途　木材可供建筑、农具等用材。

欧洲白榆
Ulmus laevis Pall.

1.果枝 2.花

欧洲白榆

欧洲白榆花枝

欧洲白榆果枝

科　　属　榆科Ulmaceae　榆属Ulmus L.

形态特征　落叶乔木。树皮灰色，纵裂；小枝灰褐色，初有毛，后脱落；冬芽纺锤形。单叶，互生；叶片倒卵状椭圆形，中上部较宽，长3～10cm，先端突尖，基部明显偏斜，叶缘有重齿，上面初有毛，后脱落无毛，下面有毛或近基部主侧脉上有疏毛，羽状脉；叶柄有毛；托叶膜质，早落。花20～30生于去年生枝上，排成短聚伞花序；花萼筒扁，浅裂；花梗细，不等长，长6～20mm。翅果卵形或卵状椭圆形，长约15mm，两面无毛，边缘有睫毛；种子位于翅果近中部；果梗长1～3cm，下垂。花期3月；果期4月。

生境分布　原产欧洲。山东农业大学树木园有引种栽培。

经济用途　可为城市公园、庭院绿化树种。

榔榆　小叶榆

Ulmus parvifolia Jacq.

1.果枝　2.翅果

榔榆

榔榆果枝

榔榆花枝

科　属　榆科Ulmaceae　榆属Ulmus L.

形态特征　落叶乔木。树皮灰色，片状剥落；小枝灰褐色，密生短柔毛；冬芽卵形，紫红色。单叶，互生；叶片椭圆形、卵形或倒卵形，长2～5cm，宽0.8～3cm，先端短渐尖，基部阔楔形或近圆形，不对称，边缘有单锯齿，上面无毛，下面脉腋有白色柔毛，羽状脉，侧脉10～15对。花簇生或排成簇状聚伞花序，生于新枝叶腋；秋季开花；花萼上部杯状，下部管状，4深裂。翅果较小，椭圆形，长约1cm，除顶端缺口柱头面有毛外，其余无毛；种子位于翅果中上部；果梗长1～3mm，疏生短毛。花期8月；果期9～10月。

生境分布　产于各管理区。生于山坡、山谷及岩石缝间；各公园有栽培。国内分布于河北、山西、陕西、河南、江苏、浙江、福建、台湾、江西、湖北、湖南、广东、广西、四川、贵州等省（自治区）。

经济用途　木材坚硬耐久，可作车辆、农具、榨油工具等用；茎皮纤维可作为造纸、人造棉原料；根皮作为线香原料；可供绿化观赏。

榔榆的花

裂叶榆

Ulmus laciniata (Trautv.) Mayr

裂叶榆果枝

裂叶榆

科　属　榆科 Ulmaceae　榆属 Ulmus L.

形态特征　落叶乔木。树皮灰褐色，浅纵裂；小枝暗灰色，幼时有毛。单叶，互生；叶片倒卵形，长 7～18cm，宽 4～14cm，先端通常 3～7 裂，基部楔形、微圆、半心形或耳状，偏斜，边缘有重锯齿，上面密被短硬毛，粗糙，下面密被柔毛，沿脉较密，羽状脉，侧脉 10～17 对；叶柄长 2～5mm，密被柔毛。花生于去年生枝上，排成簇状聚伞花序。翅果椭圆形或长圆状椭圆形，长 1.5～2cm，除顶端缺口柱头面有毛外，其余部分均无毛；种子位于翅果中部或稍下；果梗短，无毛。

生境分布　竹林、南天门管理区有栽培。国内分布于黑龙江、吉林、辽宁、内蒙古、河北、陕西、河南等省（自治区）。

经济用途　茎皮纤维可代麻制绳；木材供家具、农具等用。

123

榉 树 光叶榉

Zelkova serrata (Thunb.) Makino

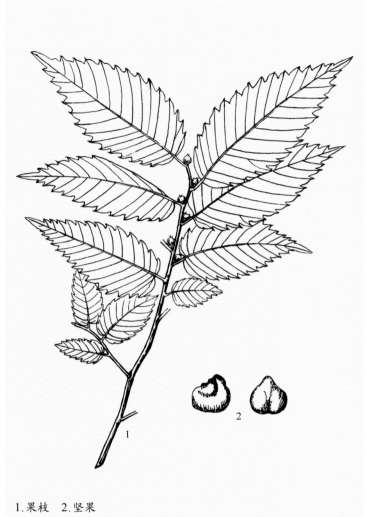

1.果枝　2.坚果

榉树果枝

榉树　　　　　　　　　　　　　　　　榉树花枝

科　　属　榆科Ulmaceae　榉属Zelkova Spach

形态特征　落叶乔木。树皮暗灰色，老时不规则片状剥落；小枝褐色，初有柔毛，后光滑无毛；冬芽阔卵形，紫褐色。单叶，互生；叶片卵状椭圆形或卵状披针形，长3～6cm，稀达12cm，宽1.5～5cm，先端渐尖，基部圆形或浅心形，边缘有圆齿状锯齿，上面绿色，下面淡绿色，初有毛，后变光滑，羽状脉，侧脉7～14对，直达齿端；叶柄长2～6mm，近无毛；托叶长椭圆形或披针形，早落。雄花1～3生于新枝基部，花梗短，微有毛，花萼裂片5～7，雄蕊4～5；雌花单生于新枝上部叶腋，几无梗，花萼裂片4～5，雌蕊1，子房上位，被细毛，无柄，花柱1，柱头2裂。核果，斜卵状圆锥形，径2.5～3.5mm，具背腹脊，网肋明显，被柔毛，具宿存的萼片。花期4月；果期9～10月。

生境分布　山东农业大学树木园有引种栽培。国内分布于辽宁、陕西、甘肃、河南、安徽、江苏、浙江、福建、台湾、江西、湖北、湖南、广东等省。

经济用途　木材坚实，富弹性，纹理美丽，耐水湿，可供家具、建筑、造船、桥板等用材；可作为公园、庭院绿化树和行道树种。

大叶榉树

Zelkova schneideriana Hand.- Mazz.

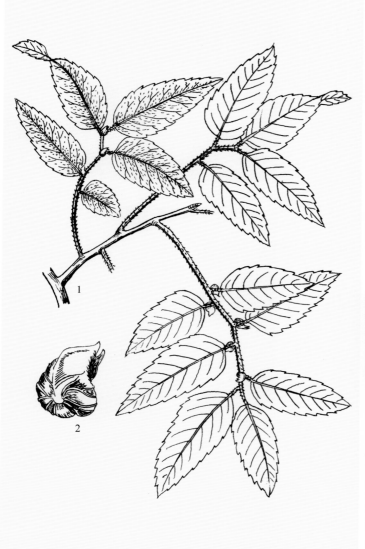

1.果枝　2.坚果

大叶榉树

大叶榉树果枝

大叶榉树花枝

科　　属　榆科Ulmaceae　榉属Zelkova Spach

形态特征　落叶乔木。树皮暗灰色，平滑，老树基部浅裂，小枝灰褐色，密生短柔毛。单叶，互生；叶片卵状长椭圆形或长卵形，长3～8cm，宽1.5～4cm，先端渐尖，基部偏斜，圆形或近心形，边缘有圆齿状锯齿，上面被糙毛，下面密生柔毛，脉上尤多，羽状脉，侧脉8～15对，直达齿端；叶柄长3～7mm，密被柔毛。核果与榉树相似。花期4月；果期9～10月。

生境分布　山东农业大学树木园有引种栽培。国内分布于陕西、甘肃、河南、安徽、江苏、浙江、福建、江西、湖北、湖南、广东、广西、四川、云南、贵州、西藏等省（自治区）。

经济用途　木材质坚，耐水湿，为优良家具、建筑、造船、桥梁用材；可作为绿化树种。

大叶朴

Celtis koraiensis Nakai

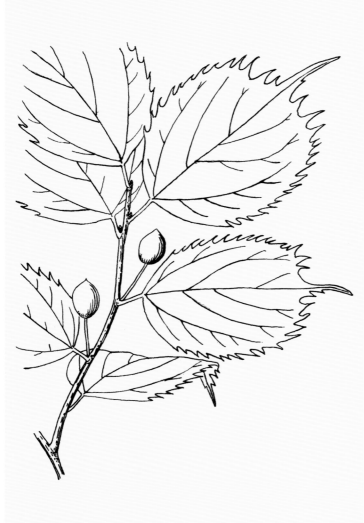

大叶朴

大叶朴　　　　　　　　　　　　　　　　　　　大叶朴花枝

科　　属　榆科Ulmaceae　朴属Celtis L.

形态特征　落叶乔木。树皮灰色或暗灰色；当年生小枝无毛或有毛；冬芽深褐色，卵形，内部鳞片有棕色微柔毛。单叶，互生；叶片倒卵形、阔倒卵形或卵圆形，长7～12cm，宽3.5～10cm，先端截形或圆形，中央伸出尾状长尖，两边各有数个长短不等的缺刻裂齿，基部稍偏斜，阔楔形至圆形或微心形，叶缘基部以上有疏锐尖锯齿，两面无毛，或仅下面沿脉疏生短毛，基出3脉，侧脉弧曲向上，不直伸齿端；叶柄长0.5～2cm，无毛或生短毛。核果单生叶腋，球形，径约1.2cm，熟时橙黄色至深褐色；果核球状椭圆形，径约8mm，灰褐色，有4条纵肋，表面有明显网孔状凹陷；果梗长1.5～2.5cm。花期4～5月；果期9～10月。

生境分布　产于桃花源、南天门、玉泉寺、天烛峰等管理区。生于山坡、山谷及岩缝间。国内分布于辽宁、河北、山西、陕西、甘肃、河南、安徽、江苏等省。

经济用途　木材可供建筑、家具及器具用材；茎皮纤维脱胶后，可代麻制绳，亦可作为造纸及人造棉原料。

小叶朴　黑弹树

Celtis bungeana Bl.

小叶朴果枝

1. 果枝　2. 果核

小叶朴

小叶朴花枝

科　　属　榆科Ulmaceae　朴属Celtis L.

形态特征　落叶乔木。树皮灰色至暗灰色，平滑；当年生小枝无毛，淡棕色；冬芽棕色至暗棕色，鳞片无毛。单叶，互生；叶片厚纸质，狭卵形、长圆形、卵形或卵状椭圆形，长3～8cm，宽2～4cm，先端尖至渐尖，基部宽楔形至近圆形，稍偏斜，边缘上半部有浅钝锯齿，有时近全缘，两面无毛，基出3脉，侧脉弧曲向上，不直伸齿端；叶柄长5～15mm，幼时沟槽有短毛，后变无毛；萌枝上叶形变异较大，先端尾尖且具糙毛。核果通常单生于叶腋，近球形，径5～8mm，蓝黑色；果核白色，近球形，肋不明显，表面近平滑或略具网孔状凹陷；果梗长1.2～3cm，长于叶柄2倍以上，无毛。花期3～4月；果期10月。

生境分布　产于各管理区。生于山坡、山谷、路边。国内分布于辽宁、内蒙古、河北、山西、陕西、甘肃、宁夏、青海、河南、安徽、江苏、浙江、江西、湖北、湖南、四川、云南、西藏等省（自治区）。

经济用途　木材可供家具、农具及建筑用材；茎皮纤维可代麻用；可供绿化观赏。

朴　树
Celtis sinensis Pers.

朴树果枝

科　属　榆科Ulmaceae　朴属Celtis L.

形态特征　落叶乔木。树皮灰色，平滑；一年生枝密生短毛，后渐脱落；冬芽棕色，鳞片无毛。单叶，互生；叶片厚纸质至近革质，长3～10cm，先端尖至渐尖，基部宽楔形至圆形，稍偏斜或不偏斜，边缘中部以上有浅锯齿，上面无毛，下面沿脉及脉腋疏生毛，网脉隆起，基出3脉，侧脉弧曲向上，不直伸齿端；叶柄长0.6～1cm。花1～3生于当年生新枝叶腋；花萼片4，有毛；雄蕊4；柱头2。核果单生或2并生，稀3，橙红色，近球形，径4～6mm，网孔状凹陷；果核微有突肋和网孔状凹陷；果梗与叶柄近等长。花期4月；果期9～10月。

生境分布　产于各管理区。生于山坡、山谷。国内分布于甘肃、河南、安徽、江苏、浙江、福建、台湾、江西、广东、四川、贵州等省。

经济用途　木材可供器具、家具、建筑等用材；茎皮纤维可代麻用；可供绿化观赏。

1.果枝　2.果核

朴树

垂枝朴

Celtis tetrandra Roxb. f. pendula Y. Q. Zhu

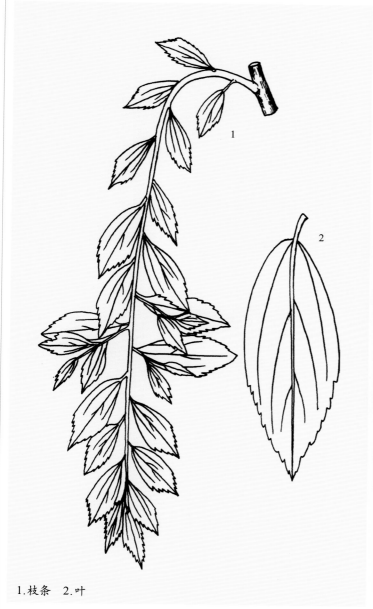

1.枝条　2.叶

垂枝朴

垂枝朴花枝

科　　属　榆科Ulmaceae　朴属Celtis L.

形态特征　落叶乔木。枝条细长，下垂，当年生小枝幼时密被黄褐色短柔毛，老后毛常脱落；冬芽棕色，鳞片无毛。单叶，互生；叶片厚纸质至近革质，通常卵形或卵状椭圆形，不呈菱形，基部几乎不偏斜或仅稍偏斜，先端尖至渐尖，边缘变异较大，近全缘至具钝齿，幼时叶背常和幼枝、叶柄一样密生黄褐色短柔毛，老时或脱净或残存，变异也较大，基出3脉。核果成熟时黄色至橙黄色，近球形，直径5～7mm。花期3～4月；果期9～10月。

生境分布　产于泰山海拔300m山坡处。

经济用途　可供绿化观赏。

珊瑚朴

Celtis julianae Schneid.

珊瑚朴

珊瑚朴果枝

珊瑚朴花枝

科　　属　榆科Ulmaceae　朴属Celtis L.

形态特征　落叶乔木。树皮灰色，平滑；一年生枝密生黄褐色绒毛；冬芽棕褐色，被柔毛，内部鳞片被红棕色柔毛。单叶，互生；叶片厚纸质，阔卵形至尖卵状椭圆形，长5～16cm，宽3.5～8cm，先端短渐尖或尾尖，基部近圆形或偏斜，一侧楔形，一侧近圆形，边缘中部以上有钝齿，有时近全缘，上面粗糙，下面黄绿色，密被黄褐色绒毛，基出3脉，侧脉弧曲向上，不直伸齿端；叶柄长0.7～1.5cm，密被黄褐色绒毛。核果单生叶腋，金黄色至橙黄色，椭圆形至近球形，径1～1.3cm，无毛；果核倒卵形至倒宽卵形，长7～9mm，上部有2条明显的肋，表面有不明显的网状凹点；果梗长1.5～2.5cm。花期4～5月；果熟期9月。

生境分布　山东农业大学树木园有引种栽培。国内分布于陕西、河南、安徽、浙江、福建、江西、湖北、湖南、广东、四川、贵州等省。

经济用途　茎皮纤维为造纸、人造棉及代麻原料；木材供建筑、家具等用；可供绿化观赏。

青 檀 翼朴

Pteroceltis tatarinowii Maxim.

青檀果枝

青檀　　　　　　　　　　　　　青檀果

科　　属　榆科Ulmaceae　青檀属Pteroceltis Maxim.

形态特征　落叶乔木。树皮淡灰色，片状剥落，内皮淡绿色；小枝褐色，初有毛，后光滑。单叶，互生；叶片卵形或椭圆状卵形，长3～12cm，宽2～5cm，先端渐尖或尾状渐尖，基部楔形、圆形或截形，偏斜，边缘有不整齐的锯齿，上面无毛或有短硬毛，下面脉腋有簇毛，基出3脉，侧脉不伸达齿端；叶柄长6～15mm，被短柔毛。坚果两侧有宽翅，近圆形，宽1～1.5cm，先端凹陷，无毛或多少被毛；果梗细，长1～2cm，被短柔毛。花期4月；果期7～8月。

生境分布　产于樱桃园、灵岩管理区。生于石灰岩山坡、路边；或人工种植。我国特有，分布于辽宁、河北、山西、陕西、甘肃、青海、河南、安徽、江苏、浙江、福建、江西、湖北、湖南、广东、广西、四川、贵州等省（自治区）。

经济用途　木材可供家具、工具、车辆、锤柄、绘彩照板等用材；茎皮纤维供造优质纸和人造棉原料；为富集二氧化硫的树种。

桑科

MORACEAE

　　乔木、灌木、藤本及草本；植物体常有乳汁。单叶，互生，稀对生；叶片全缘、有齿或分裂；羽状脉或掌状脉；有托叶或早落。花单生或组成穗状、总状、聚伞、头状及隐头花序；花单性，雌雄异株或同株；单被或无花被；通常雄花有花萼裂片4，稀2~6，雄蕊与花萼裂片同数而对生，稀多于花萼裂片数，花丝直立或弯曲，花药2室，纵裂；雌花花萼片2~4，离生或合生，常宿存，随花托、子房发育而增长，雌蕊1，子房上位、半下位或下位，心皮2枚，1室，稀2室，倒生胚珠1，花柱1或2，顶生或侧生。聚花果由瘦果或小坚果组成，瘦果常围以肉质的花萼或与花序轴及苞片组成头状果、葚果，或隐没于肉质凹陷的花序托内组成隐花果。种子形小，有胚乳或无胚乳。

　　37~43属，1100~1400种。我国有9属，144种。山东有3属，5种；引种1属，2种，1变种。泰山有4属，6种，1变种。

蒙　桑　崖桑山桑

Morus mongolica (Bur.) Schneid.

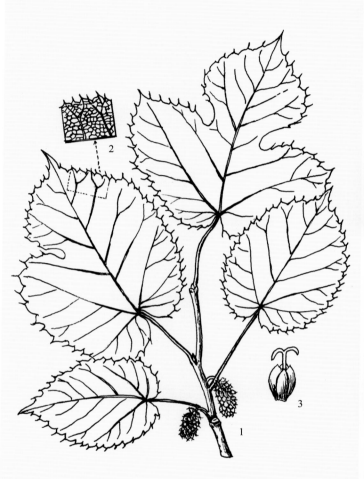

1.果枝　2.叶部分放大　3.雌花

蒙桑

蒙桑果枝

蒙桑雄花枝

科　　属　桑科Moraceae　桑属Morus L.

形态特征　小乔木或灌木。树皮灰褐色，老时不规则纵裂；小枝灰褐色至红褐色，光滑无毛，幼时有白粉；冬芽卵圆形，灰褐色。单叶，互生；叶片卵形、卵圆形至椭圆状卵形，长5～15cm，宽5～8cm，常3～5缺刻状裂，先端尾尖至长渐尖，基部心形，边缘有较整齐的粗锯齿，齿尖刺芒状，长可达3mm，上面光绿色，无毛，或幼时在叶上面有细毛，下面无毛或具柔毛，掌状脉3；叶柄长4～7cm。花单性，雌雄异株；花序有长梗；雄花序长可达3cm，花萼裂片4，呈暗黄绿色；雌花序长约1.5cm，雌花花萼裂片4，雌蕊1，子房上位，花柱长，柱头2裂，花萼及花柱表面有黄色细毛。聚花果卵形或圆柱形，成熟时红色或紫黑色。花期4～5月；果熟期5～6月。

生境分布　产于各管理区。常生于山崖、沟谷、地堰及荒坡。国内分布于黑龙江、辽宁、吉林、内蒙古、河北、山西、陕西、青海、新疆、河南、安徽、江西、湖北、湖南、广西、四川、云南、贵州、西藏等省（自治区）。

经济用途　木材可供制家具、器具等一般用材；其他用途同桑。

桑

Morus alba L. var. alba

1. 雌花枝　2. 雄花枝　3. 雌花　4. 雄花　5. 叶

桑

桑雌花枝

桑果枝

科　　属　桑科Moraceae　桑属Morus L.

形态特征　乔木或灌木。树皮黄褐色至灰褐色，不规则浅裂；小枝细长，黄色、灰白色或灰褐色，光滑或幼时有毛；冬芽多红褐色。单叶，互生；叶片卵形、卵状椭圆形至阔卵形，长6～15cm，宽5～12cm，先端尖或短渐尖，基部圆形或浅心形，边缘有不整齐的疏钝锯齿，无裂或偶有裂，上面绿色无毛，下面淡绿色，沿叶脉或脉腋有白色毛，掌状脉；叶柄长1.5～2.5cm，有柔毛。花单性，雌雄异株，稀同株；雄花序长1.5～3.5cm，下垂，花萼裂片4，边缘及花序轴有细绒毛；雌花序长1.2～2cm，直立或斜生，雌花花萼裂片4，阔卵形，果时变为肉质，雌蕊1，子房上位，卵圆形，无花柱或花柱极短，柱头2，外卷，内侧具乳头状突起。聚花果球形至长圆柱状，熟时白色、淡红色或紫黑色，其大小因品种不同而异，通常叶用桑直径在1cm左右，果用桑直径1.5～2cm。花期4～5月；果期5～7月。

生境分布　产于各管理区。生于山坡、沟边；也有栽培。国内分布于南北各省。

经济用途　叶可饲桑蚕；桑葚可生吃及酿酒，富营养，能滋补肝肾、养血补血；种子榨油，适用于油漆及涂料；木材坚实，有弹性，可作家具、器具、装饰及雕刻材用；干枝培养桑杈，细枝条用于编织筐篓；桑枝能祛风清热、通络；桑叶能祛风清热、清肝明目、止咳化痰。

龙爪桑　九曲桑（栽培变种）

Morus alba 'Tortusa'

本栽培变种的主要特点是：枝扭曲向上，叶不裂。

公园等地有栽培。

可供绿化观赏。

桑果枝

龙爪桑枝条

桑雄花枝

鸡 桑

Morus australis Poir.

鸡桑果枝

1. 果枝　2. 雄花　3. 雌花

鸡桑

科　属　桑科Moraceae　桑属Morus L.

形态特征　灌木或小乔木。枝灰褐色至黑褐色，光滑或幼时有疏毛；冬芽通常暗红色。单叶，互生；叶片卵形、卵圆形或倒卵形，长6～15cm，宽3.5～12cm，先端急尖或尾状渐尖，基部截形或浅心形，边缘有粗圆齿或重锯齿，有时3～5裂或深缺刻裂，上面粗糙，密生粗毛，下面在脉上有短柔毛，掌状脉；叶柄长1.5～4cm，有毛。花单性，雌雄异株；花序有长梗；雄花序长1～1.5cm，雄花花萼裂片4，淡绿色，雄蕊4，花药黄色；雌花序球形，径约1cm，雌花花萼裂片4，暗绿色，边缘有白绒毛，雌蕊1，子房上位，花柱长，柱头2裂。聚花果短椭圆形，长约1cm，成熟时红色至暗紫色。花期4～5月；果熟期5～6月。

生境分布　产于玉泉寺管理区。生于悬崖陡壁处。国内分布于辽宁、河北、陕西、甘肃、河南、安徽、浙江、福建、台湾、江西、湖北、湖南、广东、广西、四川、云南、贵州、西藏等省（自治区）。

经济用途　用途同桑。

构 树 楮树

Broussonetia papyrifera (L.) L 'Hert. ex Vent.

构树果枝

1.雌花枝 2.雄花枝 3.果枝 4.雄花 5.雌花序 6.雌花 7.带肉质子房柄的果实 8.瘦果

构树

科 属 桑科Moraceae 构属Broussonetia L'Hert. ex Vent.

形态特征 落叶乔木。树皮灰色至灰褐色，平滑或不规则浅纵裂；小枝灰褐色或红褐色，密被灰色长毛。单叶，互生；叶片卵形或阔卵形，长7～26cm，宽5～20cm，先端渐尖或锐尖，基部阔楔形、截形、圆形或心形，两侧偏斜，不裂或有2～5不规则的缺刻状裂，边缘有粗锯齿，上面绿色，被灰色粗毛，下面灰绿色，密被灰柔毛，掌状脉3；托叶膜质，卵状披针形，略带紫色；叶柄圆柱形，长2～12cm，有长柔毛。花单性，雌雄异株；雄花序为下垂的柔荑花序，长4～8cm，花序梗粗长，有毛；雌花序头状，直径约2cm，花序梗长1～1.5cm，具棒状的苞片，雌花花萼筒状，雌蕊1，子房上位，有柄，花柱细长，灰色或紫红色。聚花果球形，直径2～3cm；瘦果由肉质的子房柄挺出于宿存的花萼筒外，橘红色。种子扁球形，红褐色。花期4～5月；果熟期7～9月。

生境分布 产于各管理区。多生于荒坡及石灰岩风化的土壤地区，喜钙。国内分布于河北、山西、陕西、甘肃、河南、安徽、江苏、浙江、福建、台湾、江西、湖北、湖南、广东、广西、海南、四川、云南、贵州、西藏等省（自治区）。

经济用途 适应性强，抗干旱瘠薄及烟雾害，适宜作为城镇及工矿区的绿化用树；茎皮纤维长而柔韧，为优质的人造棉及纤维工业原料；根皮及果实药用，有利尿、补肾、明目、健胃的功效；叶及皮内乳汁可治疮癣等皮肤病。

构树雄花枝

柘 树 柘桑

Maclura tricuspidata Carr.

1.叶枝　2.果枝　3.雄花枝　4.雌花　5.雄花

柘树雌花枝

柘树果枝

柘树　　　　　　　　　　　　　　柘树雄花枝

科　　属　桑科Moraceae　柘属Maclura Nutt.

形态特征　落叶灌木或小乔木。树皮灰褐色，不规则片状剥落；小枝暗绿褐色，光滑无毛，或幼时有细毛；枝刺深紫色，圆锥形，锐尖，长可达3.5cm。单叶，互生；叶片近革质，卵形、倒卵形、椭圆状卵形或椭圆形，长3～17cm，宽2～5cm，先端圆钝或渐尖，基部近圆形或阔楔形，叶缘全缘或上部2～3裂，有时边缘呈浅波状，上面深绿色，下面浅绿色，嫩时两面被疏毛，老时仅下面沿主脉有细毛，羽状脉，侧脉4～6对；叶柄长约15mm，有毛。花单性，雌雄异株；雌、雄花序头状，均有短梗，单一或成对腋生；雄花序直径约5mm，雄花下有2苞片，花萼片4，长约2mm，肉质，内面有2黄色腺体，雄蕊4，花丝芽时直立，花药内向；雌花序直径1.3～1.5cm，开花时花萼片陷于花托内，花萼片4，内面有2黄色腺体，雌蕊1，子房埋藏于花萼下部，有1花柱。聚花果近球形，成熟时橙黄色或橘红色，直径可达2.5cm。花期5～6月；果熟期9～10月。

生境分布　产于各管理区。生于山坡、荒地、地堰及路旁。国内分布于河北、山西、陕西、甘肃、河南、安徽、江苏、浙江、福建、江西、湖北、湖南、广东、广西、四川、云南、贵州等省（自治区）。

经济用途　为良好的护坡及绿篱树种；木材可作为家具及细工用材；茎皮纤维强韧，可代麻供打绳、织麻袋及造纸；根皮药用，有清凉、活血、消炎的功效；葚果可酿酒及食用；叶可代桑叶养蚕。

无花果

Ficus carica L.

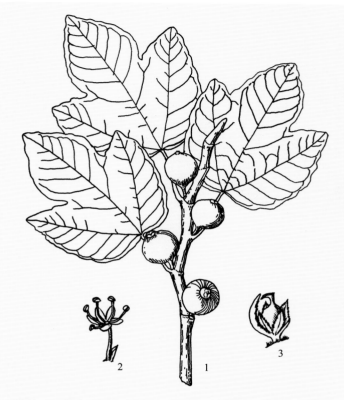

1.果枝　2.雄花　3.雌花

无花果

无花果果枝

无花果果枝

科　　属　桑科Moraceae　榕属（无花果属）Ficus L.

形态特征　落叶灌木或小乔木；植物体有乳汁。树皮灰褐色或暗褐色；枝直立，粗壮，节间明显。单叶，互生；叶片厚纸质，倒卵形或近圆形，长与宽均可达20cm，掌状3～5深裂，裂缘有波状粗齿或全缘，先端钝尖，基部心形或近截形，上面粗糙，深绿色，下面黄绿色，沿叶脉有白色硬毛和细小钟乳体，掌状脉3～5；托叶卵状披针形，长约1cm，初绿色，后带红色，脱落性；叶柄长2～13cm，较粗壮。花单性，雌雄异株；隐头花序单生叶腋；雄花和瘿花生在同一隐头花序内，雄花生于隐头花序内壁口部，有花梗，花萼片4～5，雄蕊3，有时1或5，瘿花花柱短，侧生；雌花萼片4～5，雌蕊1，子房卵圆形，花柱侧生，柱头2裂。隐花果扁球形或倒卵形、梨形，直径在3cm以上，长5～6cm，黄色、绿色或紫红色。种子卵状三角形，橙黄色或褐黄色。

生境分布　原产中亚古地中海一带。各管理区及岱庙有栽培。

经济用途　隐花果是营养丰富的水果，也可制干及加工成各种食品，并有药用价值；叶药用，治疗痔疾有效。

马兜铃科

ARISTOLOCHIACEAE

草本或灌木；常缠绕。单叶，互生；全缘或分裂，基部常心形；无托叶。花簇生或排列为穗状、总状；花两性，单被；花萼花瓣状，两侧对称或辐射对称，联合成筒状、钟形或上方稍扩大，檐部圆盘状、壶状或圆柱状，有整齐或不整齐的3裂，或向一侧延伸成舌片状，下部与子房合生；雄蕊6至多数，1或2轮，花丝短，离生或与花柱、药隔合生为合蕊柱，花药2室，外向纵裂；雌蕊子房下位，稀半下位，4～6室，胚珠多数，中轴胎座或侧膜胎座内侵，花柱4～6，有时愈合为1。果为蒴果或浆果状。

约8属，450～600种。我国有4属，86种。山东有1属，1种。泰山有1属，1种。

寻骨风　绵毛马兜铃

Aristolochia mollissima Hance

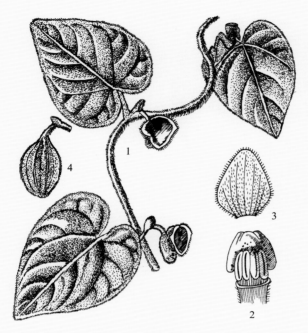

1.植株一部分　2.花药和合蕊柱　3.苞片　4.果实

寻骨风

寻骨风花枝

寻骨风花枝

寻骨风果

科　　属　马兜铃科 Aristolochiaceae　马兜铃属 Aristolochia L.

形态特征　落叶木质藤本；密被灰白色柔毛。茎有纵条纹。单叶，互生；叶片卵圆状心形，长3.5～10cm，宽2.5～8cm，先端钝圆或短尖，基部心形，全缘，上面绿色，疏被白色柔毛，下面灰白色，密被灰白色柔毛，基出掌状脉5～7；叶柄长1.5～3cm，密被白色柔毛。花单生于叶腋；花梗长1.5～3cm，中部以下有小苞片；花萼筒弯曲呈烟斗状，檐部3裂，外面密被白色长柔毛，内面黄色，檐部裂片呈褐紫色；雄蕊贴生于合蕊柱近基部；雌蕊1，子房下位，圆柱形，合蕊柱顶端3裂，裂片顶端钝圆，边缘向下延伸，有乳头状突起。蒴果椭圆状倒卵形，熟时6瓣裂。种子扁平。花期6～8月；果期9～10月。

生境分布　产于各管理区。生于山坡路旁草丛中。国内分布于山西、陕西、河南、安徽、江苏、浙江、江西、湖北、湖南、贵州等省。

经济用途　全株药用，有祛风湿、通经络的功效。

连香树科

CERCIDIPHYLLACEAE

落叶乔木。枝有长枝、短枝之分，长枝具稀疏对生或近对生叶，短枝有重叠环状芽鳞片痕，有1个叶及花序；芽生短枝叶腋，卵形，有2鳞片。单叶，对生；叶片纸质，边缘有钝锯齿，掌状脉；有叶柄；托叶早落。花单性，雌雄异株，先叶开放；每花有1苞片；无花被；雄花簇生，近无梗，雄蕊8～13，花丝细长，花药条形，红色，药隔延长成附属物；雌花4～8朵簇生，具短梗，雌蕊4～8，离生，子房上位，花柱红紫色，每子房有数胚珠。蓇葖果2～4个，具宿存花柱，果梗短，有几个种子。种子扁平，一端或两端有翅。

1属，2种。我国有1属，1种。山东引种1种。泰山有1属，1种。

连香树

Cercidiphyllum japonicum Sieb. et Zucc.

连香树枝条

1.果枝 2.花 3.果实

连香树

科　　属　连香树科Cercidiphyllaceae　连香树属Cercidiphyllum Sieb. et Zucc.

形态特征　落叶乔木。树皮灰色或棕灰色；小枝无毛，短枝在长枝上对生；芽鳞片褐色。生短枝上的叶近圆形、宽卵形或心形，生长枝上的叶椭圆形或三角形，对生或近对生叶，长4～7cm，宽3.5～6cm，先端圆钝或急尖，基部心形或截形，边缘有圆钝锯齿，齿端具腺体，两面无毛，下面灰绿色带粉霜，掌状脉7条直达边缘；叶柄长1～2.5cm，无毛。花单性，雌雄异株，先叶开放；无花被；雄花常4簇生，近无梗，苞片在花期红色，膜质，卵形，花丝长4～6mm，花药长3～4mm；雌花2～8簇生，雌蕊4～8，离生，子房上位，花柱长1～1.5cm，上端为柱头面。蓇葖果，长10～18mm，宽2～3mm，褐色或黑色，有宿存花柱；果梗长4～7mm。种子扁平四角形，长2～2.5mm（不连翅长），褐色，先端有透明翅。花期4月；果期8月。

生境分布　竹林管理区有引种栽培。国内分布于山西、陕西、甘肃、河南、安徽、浙江、江西、湖北、四川等省。

经济用途　可供绿化观赏；树皮及叶均含鞣质，可提制栲胶。

143

苕药科

PAEONIACEAE

落叶灌木或多年生草本。具纺锤形或圆柱形块根。二回三出复叶或羽状复叶，互生；小叶全缘、缺裂或具粗齿；无托叶。花单生枝顶，稀2至几朵顶生及腋生；花两性，大型，艳丽，辐射对称；苞片2～6；花下位（花被片位于雄蕊下方的花托上称花下位）；花萼片3～5，宿存；花瓣5～13，白、黄、红或暗紫红色，倒卵圆形；雄蕊多数，离心发育，花丝窄线形，花药黄色，基部着生，外向纵裂；花盘杯状或盘状，革质或肉质，完全包被或半包被子房或仅包子房基部；雌蕊先熟，2～6，离生，子房上位，花柱极短，柱头扁平，外卷，胚珠多数，沿腹缝线排成2列。聚合蓇葖果，蓇葖果腹缝开裂，具多数种子。种子近球形，深褐至黑色，无毛，有光泽；胚小形，胚乳丰富。

1属，约30种。我国有15种。山东引种3种。泰山有1属，1种。

牡　丹
Paeonia suffruticosa Andr.

1.植株一部分　2.心皮

牡丹

牡丹果枝

牡丹花枝

科　　属　芍药科Paeoniaceae　芍药属Paeonia L.

形态特征　落叶灌木。分枝短而粗。叶常为二回三出复叶，具9小叶，稀近枝顶的叶为3小叶；顶生小叶宽卵形，长7～8cm，宽5.5～7cm，上面绿色，无毛，下面淡绿色，有时有白粉，沿叶脉疏生短柔毛或近无毛，3裂至中部，裂片不裂或2～3浅裂，侧生小叶狭卵形或长圆状卵形，长4.5～6.5cm，宽2.5～4cm，不等2裂至3浅裂或不裂；叶柄长5～11cm，叶柄及叶轴均无毛；顶生小叶柄长1.2～3cm，侧生小叶近无柄。花单生或双生于枝顶，直径10～17cm；花梗长4～6cm；苞片5，长椭圆形，大小不等；花萼片5，绿色，宽卵形，大小不等；花瓣5，或为重瓣，玫瑰色、红紫色、粉红色至白色等多种颜色，倒卵形，长5～8cm，宽4～6cm，先端呈不规则的波状；雄蕊多数，长1～2cm，花丝紫红色、粉红色，上部白色，长约1.3cm，花药长圆形，长4mm；花盘革质，杯状，紫红色，顶端有数个钝齿或裂片，完全包围心皮，在果实成熟时开裂；雌蕊5，稀更多，离生，子房上位。密生柔毛。蓇葖果长圆形，密生黄褐色硬毛。花期5月；果期6月。

生境分布　岱庙及各管理区景点有引种栽培。栽培类型繁多。国内分布于黑龙江、吉林、辽宁、内蒙古、河北、山西、陕西、甘肃、宁夏等省（自治区）。

经济用途　根皮药用，称为"丹皮"，为镇痉药，能凉血散瘀。花大，美丽，为名贵观赏花卉。

RANUNCULACEAE

毛茛科

　　多年生或一年生草本，稀为灌木或木质藤本。叶通常互生或基生，稀对生；单叶或复叶，通常掌状分裂；叶脉掌状，稀为羽状，网状联结，少有开放的两叉状分枝；无托叶。花单生或组成各种聚伞花序或总状花序；花两性，稀单性，雌雄同株或异株；花辐射对称，稀为两侧对称；花下位（花被片位于雄蕊下方的花托上称花下位）；花萼片4～5，稀较多，或较少，绿色，或呈花瓣状，有颜色；花瓣存在或不存在，4～5片，或较多，常有蜜腺并常特化成分泌器官，常比萼片小得多，呈杯状、筒状、二唇形，基部常有囊状或筒状的距；雄蕊多数，有时少数，螺旋状排列，花药2室，纵裂，退化雄蕊有时存在；雌蕊多数、少数或1枚，离生，少有合生，在多少隆起的花托上螺旋状排列或轮生，子房上位，沿花柱腹面生柱头组织，柱头不明显或明显，胚珠多数，稀1枚。蓇葖果或瘦果，稀为蒴果或浆果。种子胚小，胚乳丰富。

　　约60属，2500余种。我国有38属，约921种。山东1属，6种，2变种；引种1变种。泰山有1属，4种，1变种。

大叶铁线莲　草本女萎　气死大夫
Clematis heracleifolia DC.

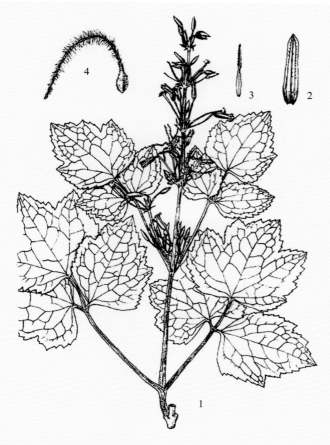

1.花枝　2.萼片（示内面）　3.雄蕊　4.瘦果

大叶铁线莲

大叶铁线莲花枝

大叶铁线莲果枝

科　属　毛茛科Ranunculaceae　铁线莲属Clematis L.

形态特征　落叶直立亚灌木。有粗大的主根。茎有明显的纵沟，被贴伏柔毛。三出复叶，对生；小叶片纸质，顶生小叶宽卵圆形、菱形或椭圆形，长6～16cm，宽4.5～13.5cm，先端急尖或渐尖，基部截形、圆形或宽楔形，边缘有不规则的齿或缺刻状齿，或具3裂，上面近光滑无毛，下面在脉被柔毛，侧生小叶较小，稍微不对称，主脉及侧脉在上面平坦，在下面有显著隆起；叶柄长6～16cm，有毛；顶生小叶柄长，侧生者短。圆锥花序，顶生或腋生；顶生的圆锥花序长9～30cm，具2～6节，在每节的苞片腋内簇生2～5花；腋生的圆锥花序长2.5～12cm，具1～2节；苞片三出或单一，卵形，小苞片线形，长2～6mm，密被柔毛；花两性，直径1.5～2cm；花梗较纤细，长1.2～4.5cm，密被柔毛；花萼片4，蓝紫色，狭倒卵状长椭圆形或条形，长1.6～3cm，宽2～6mm，近顶部稍变宽并稍外弯，内面无毛，外面密被贴伏柔毛，边缘具短绒毛，先端渐尖或急尖；雄蕊约16，长9～12.5mm，花丝长5～8mm，疏被柔毛或近顶端无毛，花药线形，长4～6.8mm，药隔疏生柔毛，花粉粒具3沟；雌蕊多数，离生，长约4mm，密被柔毛。瘦果侧扁，菱状椭圆形，长3～4.5mm，密被柔毛；宿存花柱长1.2～2.5cm，有白色长柔毛。花期7～9月；果期10月。

生境分布　产于除灵岩以外的各管理区。生于山坡沟谷、疏林及灌草丛中。国内分布于辽宁、内蒙古、河北、北京、天津、山西、河南等省（自治区、直辖市）。

经济用途　全草及根药用，有祛风除湿、解毒消肿的作用。由于该植物耐阴，在园林中可配置树下供观赏。

卷萼铁线莲 管花铁线莲

Clematis tubulosa Turcz.

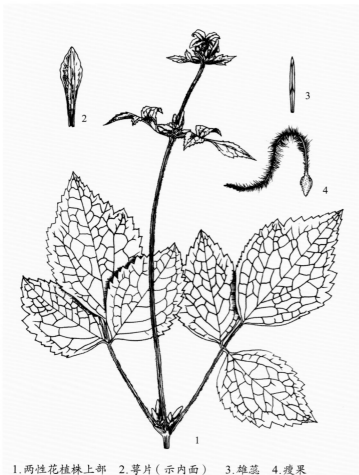

1.两性花植株上部 2.萼片（示内面） 3.雄蕊 4.瘦果

卷萼铁线莲

卷萼铁线莲花枝

卷萼铁线莲果枝

科　　属　毛茛科Ranunculaceae　铁线莲属Clematis L.

形态特征　落叶直立亚灌木；有粗大的主根。茎有明显的纵沟，密被柔毛。三出复叶，对生；叶片纸质，顶生小叶宽卵圆形、椭圆形或倒卵形，长6.5～19cm，先端急尖或渐尖，基部截形、圆形或宽楔形，边缘有不规则的齿或缺刻状齿，或具3裂，上面近光滑无毛，下面在脉上被柔毛，侧生小叶较小，稍微不对称，主脉及侧脉在上面平坦，在下面有显著隆起；叶柄长4.5～16cm，有毛；顶生小叶柄长，侧生者短。圆锥花序，顶生或腋生；顶生的圆锥花序长10～50cm，具1～4节，在每节的苞片腋内簇生2～7花；腋生的圆锥花序长1.5～18cm，具1～3节；苞片三出或单一，卵形，小苞片线形，长2～6mm，下面密被柔毛；花杂性；花梗粗壮，长0.3～2cm，密被短绒毛；花萼片4，蓝紫色，上部椭圆形或长椭圆形，长8～20mm，宽4～12mm，外弯，下部窄呈爪状，长8～12mm，宽2～3.5mm，内面无毛，外面密被贴伏柔毛，边缘具短绒毛；雄蕊12～20，长9～12mm，花丝长3～5mm，顶端疏被柔毛，花药线形，长5～8mm，先端具小细尖，药隔疏生柔毛，花粉粒具散孔；雌蕊20～30，离生，长5～7mm，密被柔毛。瘦果侧扁，椭圆形，长约3mm，密被柔毛；宿存花柱长1.4～2cm，有白色长柔毛。花期7～9月；果期10月。

生境分布　产于各管理区。生于山坡沟谷、林下及灌丛中。国内分布于辽宁、河北、北京、天津、江苏等省市。

经济用途　全草及根药用，有祛风除湿、解毒消肿的作用。由于该植物耐阴，在园林中可配置树下供观赏。

毛果扬子铁线莲

Clematis puberula Hook. & Thom. var. tenuisepala (Maxim.) W. T. Wang

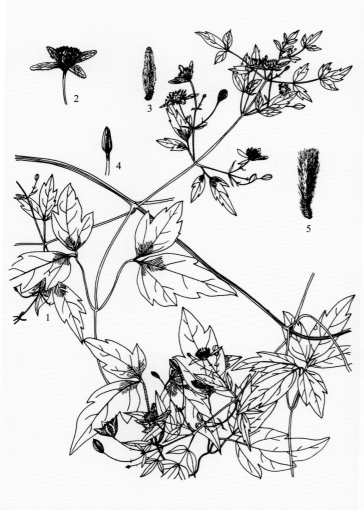

1.部分植株　2.花　3.萼片　4.雄蕊　5.心皮

毛果扬子铁线莲

毛果扬子铁线莲果枝

毛果扬子铁线莲花枝

科　　属　毛茛科Ranunculaceae　铁线莲属Clematis L.

形态特征　落叶木质攀缘藤本。枝有棱，小枝近无毛或稍有短柔毛。一至二回羽状复叶，或二回三出复叶，对生，通常具5～21小叶，基部2对常为3小叶或2～3裂，茎上部有时为三出叶；小叶片草质，长卵形、卵形或宽卵形，长1.5～10cm，宽0.8～5cm，先端锐尖、短渐尖至长渐尖，基部圆形、心形或宽楔形，边缘有粗锯齿、牙齿，两面近无毛或疏生短柔毛。圆锥状聚伞花序或单聚伞花序，腋生或顶生，多花或少至3花；花梗长1.5～6cm；花直径2～3.5cm；花萼片4，花瓣状，开展，白色，干时变褐色至黑色，长0.5～1.8cm，外面边缘密生短绒毛，内面无毛；雄蕊多数，无毛，花药长1～2mm；雌蕊多数，离生，子房上位，有毛。瘦果常为扁卵圆形，长约5mm，宽约3mm，有毛；宿存花柱长可达3cm，有开展的白色毛。花期7～9月；果期9～10月。

生境分布　产于各管理区。生于山坡林下或沟边、路旁草丛中。国内分布于山西、陕西、甘肃、河南、江苏、浙江、湖北等省。

太行铁线莲
Clematis kirilowii Maxim. var. kirilowii

1.部分茎叶　2.花
序　3.萼片（外面
和内面）　4.雌蕊

太行铁线莲

太行铁线莲花枝

科　　属　毛茛科Ranunculaceae　铁线莲属Clematis L.

形态特征　落叶木质藤本。枝叶干后常变黑褐色。茎、小枝有短柔毛，老枝近无毛。一至二回羽状复叶，对生，具5～11小叶或更多，基部一对或顶生小叶常2～3浅裂、全裂至3小叶，中间一对常2～3浅裂至深裂，茎基部一对为三出叶；小叶片或裂片革质，卵形至卵圆形，或长圆形，长1.5～7cm，宽0.5～4cm，先端钝、锐尖、突尖或微凹，基部圆形、截形或楔形，全缘，有时裂片或二回小叶再分裂，两面网脉凸出，沿叶脉疏生短柔毛或近无毛。总状、圆锥状聚伞花序，腋生或顶生，有花3至多数或花单生；花序梗、花梗有较密短柔毛；花直径1.5～2.5cm；花萼片4或5～6，花瓣状，开展，白色，倒卵状长圆形，长0.8～1.5cm，宽3～7mm，先端常呈截形而微凹，边缘密生绒毛，外面有短柔毛，内面无毛；雄蕊多数，无毛；雌蕊多数，离生，子房上位，有毛。瘦果卵形至椭圆形，扁，边缘凸出，长约5mm，有柔毛；宿存花柱长约2.5cm，有开展的白色毛。花期6～8月；果期8～9月。

生境分布　产于各管理区。生于低山坡草地、灌丛、路旁。国内分布于河北、山西、河南、安徽、江苏等省。

经济用途　根、叶药用，有祛湿、利尿、消肿解毒的功效。

太行铁线莲

狭裂太行铁线莲（变种）Clematis kirilowii Maxim. var. chanetii（Lévl.）Hand.–Mazz.

本变种的主要特点是：小叶片或裂片较狭长，条形、披针形至长椭圆形，基部常楔形。花期6～8月。

产地、分布、生境及花果期同原种。国内分布于河北、山西、河南。

狭裂太行铁线莲花枝

木通科

LARDIZABALACEAE

缠绕性藤本，稀灌木状。掌状复叶，稀羽状复叶，互生；通常无托叶。总状、伞房或圆锥花序，稀单生；花单性、杂性，稀两性，辐射对称；花萼片6或3，花瓣状，覆瓦状排列或镊合状排列；无花瓣或蜜腺状；雄花具雄蕊6，2轮，花丝离生或结合成管状，花药2室，纵裂，并常有退化雌蕊；雌花具雌蕊3至多数，离生，子房上位，胚珠多数或1。蓇葖果肉质或浆果状，熟时不开裂或沿腹缝一边开裂。种子卵形，富含胚乳，胚直立，形小。

9属，约50种。我国有7属，37种。山东有1属，2种。泰山有1属，1种。

五叶木通　木通　山黄瓜

Akebia quinata (Houtt.) Decne.

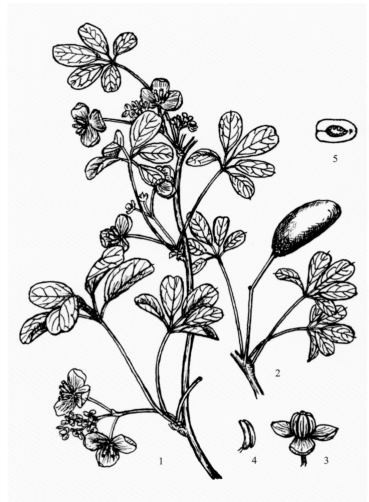

1.花枝　2.果枝　3.雄花　4.雄蕊　5.果实横切

五叶木通

五叶木通果枝

五叶木通花枝

科　　属　木通科Lardizabalaceae　木通属Akebia Decne.

形态特征　落叶木质藤本。茎枝无毛；幼茎灰绿色至棕色，有纵条纹。掌状复叶，具5小叶，常簇生于短枝；小叶片椭圆形或长圆状倒卵形，长3～6cm，宽1～3.5cm，先端圆或微凹，上有一细短尖，基部圆形或阔楔形，全缘或略向下卷曲，下面有白粉；叶柄长7～10cm。总状花序粗短；雄花直径6～7mm，花梗纤细，花萼片通常3，有时4或5，淡紫色，雄蕊6，稀7，花药紫色，有退化雌蕊；雌花直径约1.5cm，花梗细，长2～4cm，花萼片3，暗紫色，雌蕊3～6，离生，子房深紫色，圆柱状，中部略向外弓曲，有退化雄蕊。蓇葖果孪生或单生，圆柱形或略呈肾形，长6～8cm，径2～3cm，顶端圆，基部略狭缩，表面平滑，成熟时紫色，沿腹缝线开裂。种子卵状长圆形，稍扁，长5～6mm，黑褐色，光滑。花期5月；果期9月。

生境分布　产于南天门管理区岱顶后坡。生于海拔500～1000m土层肥厚的沟坡、林缘和灌丛。国内分布于河南、安徽、江苏、浙江、福建、江西、湖北、湖南、四川等省。

经济用途　茎藤药用，有解毒、利尿、通经、镇痛、催乳等功效；果味甜可制酊剂，亦可生吃。种子可榨油；茎皮纤维可供编织及制绳索。

防己科

MENISPERMACEAE

　　木质或草质藤本，稀为直立灌木或小乔木。单叶，互生；叶片全缘或掌状分裂，通常为掌状脉；有叶柄；无托叶。花单生，或由聚伞花序组成总状花序、圆锥花序、伞形花序；花单性，雌雄异株；花小，淡绿色，辐射对称；花萼片6，稀较少或较多，通常离生，最外1轮较小；花瓣6，通常小于萼片，排成2轮，有时无花瓣；雄花具雄蕊6，有时3或不定数，通常与花瓣对生，花丝及花药离生或合生，花药2或4室；雌花具雌蕊3~6，离生，稀为单生或多至12，子房上位，1室，内有2倒生胚珠，其中1枚退化，花柱短或无，柱头头状或盘状，有或无退化雄蕊。果实核果状，无柄或有短柄。种子通常马蹄形或肾形，有或无胚乳；胚通常弯曲。

　　约65属，350余种。我国约有19属，77种。山东有2属，2种。泰山有2属，2种。

蝙蝠葛　山豆根

Menispermum dauricum DC.

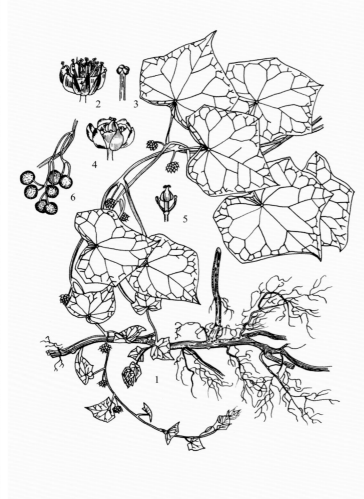

1. 植株　2. 雄花　3. 雄蕊　4. 雌花　5. 雌蕊及退化雄蕊　6. 果枝

蝙蝠葛

蝙蝠葛雌花枝

蝙蝠葛雄花枝

科　　属　防己科 Menispermaceae　蝙蝠葛属 Menispermum L.

形态特征　落叶缠绕藤本。根状茎细长，圆柱形，黄棕色或暗棕色。小枝有细纵条纹，光滑，幼枝先端稍有毛。单叶，互生；叶片盾状着生，阔卵圆形，长5～16cm，宽5～14cm，先端渐尖，边缘3～7浅裂或全缘，基部近心形或截形，上面绿色，下面灰绿色，无毛或沿叶脉有毛，掌状脉5～7，在叶片两面均稍隆起；无托叶。圆锥花序，腋生；花序梗较长；花梗基部有小苞片；花单性，雌雄异株；花黄绿色、淡黄绿色或白色；花萼片6，狭倒卵形，2轮；花瓣6～8，较萼片小，卵圆形，边缘内曲；雄花具雄蕊12或更多，花药球形，黄色，4室；雌花通常具雌蕊3，离生，花柱短，柱头弯曲，有退化雄蕊6～12。核果扁球形，径8～10mm，成熟时黑紫色；果核弯曲呈马蹄形，背部有3条突起的环状条棱；具1种子。花期5～6月；果期7～9月。

生境分布　产于各管理区。生于山坡、路旁、沟边灌草丛。国内分布于黑龙江、吉林、辽宁、内蒙古、河北、山西、陕西、宁夏、甘肃、安徽、江苏、浙江、江西、湖北、湖南、贵州等省（自治区）。

经济用途　根状茎入药，称为山豆根，能清热解毒、消肿止痛、利咽、利尿；根、茎、叶可制农药，防治蚜虫、蟥虫；种子可榨油，供工业用。

蝙蝠葛果枝

蝙蝠葛果

木防己
Cocculus orbiculatus (L.) DC.

木防己雌花枝

木防己果枝

木防己雄花枝

1. 根　2. 植株一部分　3. 雄花　4. 雄花背面观　5. 雌花　6. 花瓣和雄蕊　7. 雌蕊及退化雄蕊

木防己

科　　属　防己科Menispermaceae　木防己属Cocculus DC.

形态特征　落叶缠绕性木质藤本。根圆柱形，表面棕褐色或黑褐色，有弯曲纵沟及少数横皱纹。小枝纤细，表面密生柔毛，老枝近无毛，有条纹。单叶，互生；叶片阔卵形或卵状椭圆形，长3～8cm，宽2～4cm，先端锐尖至钝圆，顶部常有小突尖，基部略为心形，或近截形，全缘，有时微缺或2裂，或3浅裂，幼时两面密生灰白色柔毛，老时上面毛渐疏，下面较密，掌状脉3，稀5；叶柄长1～3cm，密生灰白色柔毛。花单性，雌雄异株；聚伞状圆锥花序，腋生；总轴和总花梗均被柔毛；花有短梗，黄色；小苞片2，卵形；雄花萼片6，排列成2轮，内轮3片较外轮3片大，长1～1.5mm，花瓣6，卵状披针形，长1.5～3.5mm，先端2裂，基部两侧有耳并内折，雄蕊6，离生，与花瓣对生，花药球形；雌花序较短，具少数花，花萼片和花瓣与雄花相似，有退化雄蕊6，雌蕊6，离生，子房上位，半球形，无毛，花柱短，向外弯曲。核果近球形，直径6～8mm，蓝黑色，表面有白粉；果核两侧压扁，马蹄形，背脊和两侧有横小肋；具1种子。花期5～7月；果期7～9月。

生境分布　产于各管理区。生于山坡、路旁、沟岸及灌木丛中。国内分布于陕西、河南、安徽、江苏、浙江、福建、台湾、江西、湖北、湖南、广东、广西、海南、四川、云南、贵州等省（自治区）。

经济用途　根状茎入药，有祛风除湿、通经活络、解毒、止痛、利尿、消肿、降血压的功效；根含淀粉可酿酒；茎含纤维，质坚韧，可作为纺织原料和造纸原料。

SCHISANDRACEAE

五味子科

　　木质藤本。单叶，互生；叶片具透明腺点；叶柄细长；无托叶。花通常单生叶腋，有时数朵集生叶腋或短枝上；花单性，雌雄异株或同株；花下位；花被片6至多数，排成2至多轮，大小相似，或外面和里面的较小，中间的最大；雄花具雄蕊多数，稀4或5，分离或部分至全部合生，花丝短或无，花药2室，纵裂；雌花具雌蕊多数，离生，子房上位，生于肉质花托上，胚珠2～5，稀11。聚合浆果穗状或球状。种子1～5，稀较多，胚乳丰富，油质，胚小。

　　2属，39种。我国2属，27种。山东有1属，1种。泰山有1属，1种。

五味子　北五味子

Schisandra chinensis (Turcz.) Baill.

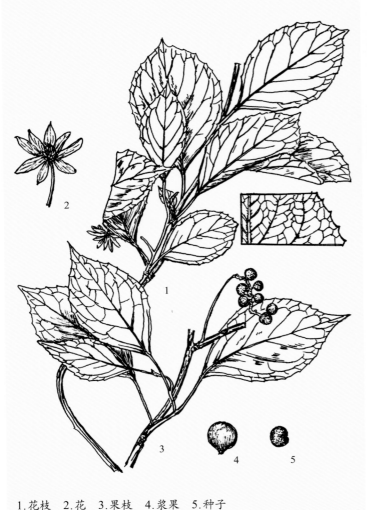

1.花枝　2.花　3.果枝　4.浆果　5.种子

五味子果枝

五味子　　　　　　　　　　　　　　五味子花枝

科　　属　五味子科Schisandraceae　五味子属Schisandra Michx.

形态特征　落叶缠绕性木质藤本。幼枝红褐色，略有棱，无毛，老枝灰褐色，常有皱纹。单叶，互生；叶片宽椭圆形、卵形或倒卵形，长5～10cm，宽2～5cm，先端急尖或渐尖，基部楔形，边缘疏生有腺的细尖齿，上面光绿色，下面淡绿色，幼叶在下面脉上有短毛，后脱落无毛，羽状脉，侧脉3～7对；叶柄长1～4cm，两侧略扁平。花单性，雌雄异株；花被片6～9，椭圆形，长6～11mm，白色或粉红色；雄花花梗长0.5～2.5cm，具雄蕊5或6，花药长1.5～2.5mm，雄蕊群下有1～2mm长的柄；雌花花梗长1.7～3.8cm，具雌蕊17～40，离生，覆瓦状排列在花托上，花后花托逐渐伸长。聚合浆果呈穗状；浆果球形，直径约5mm，熟时紫红色。花期5～6月；果期8～9月。

生境分布　产于南天门管理区。生于湿润肥厚土层的山坡灌丛中。国内分布于黑龙江、吉林、辽宁、内蒙古、河北、山西等省（自治区）。

经济用途　茎、叶及果实可提取芳香油；果实药用，治肺虚、喘咳、泻痢、盗汗等；种子榨油可作滑润用；藤可以代绳索；可作为公园、庭院垂直绿化材料。

MAGNOLIACEAE

木兰科

　　落叶或常绿乔木、灌木或藤本。茎、叶的薄壁组织中有油细胞。单叶，互生、簇生、螺旋排列或假轮生；叶片全缘，少有先端有凹缺或两侧有裂，羽状脉；托叶有或无。花单生或数花形成花序；花两性，稀单性，辐射对称；花下位（花被片位于雄蕊下方的花托上称花下位），花被片9～15，或更多，外轮3片有时呈萼片状；雄蕊多数，螺旋排列在延长花托的下半部，花药条形，2室，纵裂，花丝极短；雌蕊多数，离生，螺旋状排列在延长花托的上半部，雌蕊群有柄或无柄，心皮离生，稀合生，子房上位，1室，胚珠2～14。聚合蓇葖果，稀连合呈厚木质或肉质不规则开裂，稀聚合坚果（翅果）。种子有胚乳，珠柄常丝状。

　　17属，约300种。我国有13属，112种。山东引种8属，20种，1变种。泰山有4属，8种，2变种，1杂交种。

紫玉兰　辛夷　木笔

Yulania liliiflora (Desr.) D. L. Fu

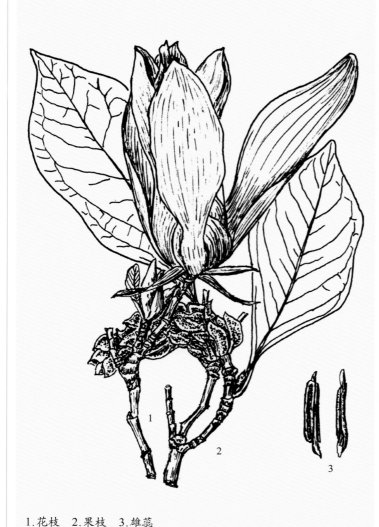

1. 花枝　2. 果枝　3. 雄蕊

紫玉兰

紫玉兰枝条

紫玉兰

紫玉兰花枝

科　　属　木兰科Magnoliaceae　玉兰属Yulania Spach

形态特征　落叶灌木或小乔木。小枝紫褐色，无毛或近枝梢处微有毛；芽长椭圆形，被淡黄色的细毛。单叶，螺旋状着生；叶片纸质，椭圆形或椭圆状倒卵形，长8～20cm，宽3～10cm，先端急尖或渐尖，基部楔形，下延，全缘，上面暗绿色，疏生柔毛，下面淡绿色，沿叶脉有短柔毛，羽状脉；叶柄较短，长1～2cm，托叶痕长约为叶柄的1/2。花叶同时开放或偶开放于叶后，单生在短枝的顶端；花大，直径10～15cm，杯状；花被片9～12，外轮花被片3，萼片状，披针形，绿色，长约为内轮长的1/3，早落；内轮花被片倒卵形或倒卵状长椭圆形，长8～10cm，外面紫色、紫红色，内面带白色；雄蕊多数，紫红色，花丝较长，花药淡黄色；雌蕊多数，淡紫色，无毛。聚合蓇葖果圆柱形，长7～10cm，微弯曲，熟时深紫褐色；蓇葖果近圆球形，具短喙。花期4～5月；果期9月。

生境分布　岱庙、山东农业大学树木园及公园有引种栽培。国内分布于福建、湖北、四川、云南等省。

经济用途　供绿化观赏；花蕾可药用，树皮含辛夷箭毒，有麻痹神经末梢解痛的作用。

望春玉兰　望春花　法氏木兰

Yulania biondii (Pamp.) D. L. Fu

望春玉兰果枝

1.果枝　2.花枝　3.去花被示雄蕊群及雌蕊群

望春玉兰

望春玉兰花枝

科　　属　木兰科Magnoliaceae　玉兰属Yulania Spach

形态特征　落叶乔木。树皮灰色；小枝暗绿色，无毛或梢部有毛；芽卵形，被淡黄色密柔毛。单叶，螺旋状着生；叶片纸质，长椭圆状披针形或卵状披针形，最宽处在中部或中部以下，长10～18cm，宽3.5～6.5cm，先端急尖，基部圆形或楔形，全缘，上面深绿色，无毛，下面淡绿色，初有绵绒毛，后脱落，羽状脉；叶柄长1～2cm，托叶痕长为叶柄的1/5～1/3。花先叶开放，单生在短枝的顶端；花梗顶端膨大，长约1cm；花冠直径6～8cm；外轮花被片3，萼片状，宽条形，淡绿色；内轮花被片6，匙形，先端钝圆，白色，基部略带紫斑；雄蕊多数，紫色；雌蕊多数，着生的轴细长。聚合蓇葖果圆柱形，长8～14cm，略扭曲；蓇葖果近圆形，浅褐色。种子假种皮深红色，肉质。花期4月；果期9月。

生境分布　多有引种栽培。生长良好。国内分布于陕西、甘肃、河南、湖北、湖南、四川等省。

经济用途　供绿化观赏；花蕾药用，为辛夷的代用品；木材可供做家具。

玉 兰 白玉兰

Yulania denudata (Desr.) D. L. Fu

1.叶枝带顶芽 2.花枝 3.花去花被示雄蕊群及雌蕊群

玉兰

玉兰果枝

科　　属　木兰科Magnoliaceae　玉兰属Yulania Spach

形态特征　落叶乔木。树皮灰色；小枝淡灰褐色，无毛或有稀疏绒毛；花芽大，长卵形，密被灰绿色或灰黄色的长绒毛。单叶，螺旋状着生；叶片纸质，倒卵形至倒卵状矩圆形，长8～18cm，宽5～11cm，先端宽圆，突尖，基部楔形或略呈圆形，全缘，上面光绿色，下面灰绿色，有细柔毛，多生于脉上，羽状脉；叶柄长2～2.5cm，托叶痕长为叶柄的1/4～1/3。花先叶开放，单生在短枝的顶端；花冠直径12～15cm；花被片9，近等长，长圆状倒卵形，白色，基部通常淡红色，有的花被片全为紫红色，有的花被片全为黄色；雄蕊多数；雌蕊多数，淡绿色，无毛。聚合蓇葖果圆柱形，长8～12cm，常多数雌蕊不发育或发育不全而弯曲；蓇葖果常顶端钝圆，成熟时沿背缝线裂开，外皮红色或淡红褐色。种子种皮鲜红色。花期3～4月；果期9月。

生境分布　岱庙、山东农业大学树木园、公园、庭院有引种栽培。国内分布于浙江、江西、湖南、贵州。

经济用途　供绿化观赏，花大而庄丽，味清香，是花木中的珍品；花瓣可制茶，可提制香精，也可糖渍制成食品；花蕾药用，称辛夷。

紫花玉兰（栽培变种）Yulania denudata 'Purprescens'
本栽培变种的主要特点是：花被片全为紫红色。
各公园、庭院有引种栽培。
供绿化观赏。
黄花玉兰（栽培变种）Yulania denudata 'Feihuang'
本栽培变种的主要特点是：花被片全为淡黄色。
各公园、庭院有引种栽培。
供绿化观赏。

玉兰花枝

紫花玉兰花枝

黄花玉兰花枝

二乔玉兰　苏郎玉兰　二乔木兰

Yulania×soulangeana (Soul.-Bod.) D. L. Fu

二乔玉兰花枝

科　　属　木兰科Magnoliaceae　玉兰属Yulania Spach

形态特征　落叶乔木或大灌木。小枝绿紫色，通常无毛。单叶，螺旋状着生；叶片纸质，倒卵形，长6～15cm，宽4～7.5cm，先端短急尖，基部楔形，全缘，上面中脉基部有毛，下面或多或少被有细毛，羽状脉，侧脉6～9对，网脉较明显；叶柄长1～1.5cm，托叶痕长约为叶柄的1/3。花先叶开放，单生在短枝的顶端；花冠直径约10cm；花被片6～9，浅红色至深红色，外轮3花被片常为内轮花被片长的2/3，上部边缘及内面白色；雄蕊多数；雌蕊多数。聚合蓇葖果圆柱形，长约8cm；蓇葖果卵圆形或倒卵圆形，熟时黑色，有白色皮孔。花期4月中、下旬。

生境分布　岱庙及公园、庭院有引种栽培。为紫玉兰和玉兰的杂交种。国内各地公园、庭院有栽培。

1.枝条　2.花

二乔玉兰　**经济用途**　供绿化观赏。

荷花玉兰　广玉兰　洋玉兰　大花木兰

Magnolia grandiflora L.

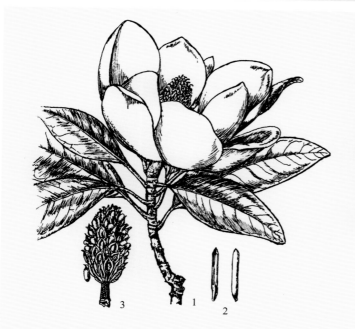

1.花枝　2.雄蕊　3.聚合蓇葖果

荷花玉兰

荷花玉兰花枝

科　　属　木兰科Magnoliaceae　木兰属 Magnolia L.

形态特征　常绿乔木。树皮淡褐色或灰褐色，薄鳞片状开裂；小枝及芽常被褐色短绒毛，枝上具托叶痕。单叶，螺旋状排列；叶片厚革质，长圆状椭圆形或倒卵状椭圆形，长10～20cm，宽4～10cm，先端钝及短钝尖，基部楔形，全缘，边缘略向下面反卷，上面深绿色，有光泽，下面黄绿色，被锈色、灰色柔毛或无毛，羽状脉，侧脉8～9对；叶柄粗壮，长1.5～4cm，无托叶痕。花单生于短枝枝顶，颇芳香；花冠直径15～25cm；花被片9～12，倒卵形，长7～9cm，粉白色或略带橙色，似荷花瓣状；雄蕊多数，长约2cm，花丝扁平，紫色；雌蕊多数，离生，密被长绒毛，花柱卷曲。聚合蓇葖果卵形，长7～10cm，径4～5cm，密被褐色或灰黄色绒毛；蓇葖果背面卵圆形，顶端有长喙状尖。种子椭圆形或卵形，侧面扁平，外种皮红色。花期5～6月；果期10月。

生境分布　原产北美洲东南部。岱庙、山东农业大学树木园、公园、庭院有引种栽培。

经济用途　供绿化观赏；花、叶、幼枝均可提芳香油；种子榨油，含油率高达42.5%；木材质地坚重，可供装饰材；对二氧化硫、氯气、氟化氢等有毒气体有较强的抗性，也耐烟尘。

荷花玉兰果枝

厚朴 川朴

Houpoëa officinalis (Rehd. & E. H. Wils.) N. H. Xia & C. Y. Wu

厚朴花枝

1.花序　2.花去花被示雄蕊群及雌蕊群　3.聚合蓇
葖果

厚朴

科　属 木兰科Magnoliaceae　厚朴属Houpoëa N. H. Xia & Wu

形态特征 落叶乔木。树皮厚，棕色；小枝粗壮，淡黄色或灰黄色，幼时有绢毛；芽狭卵状圆锥形，无毛。叶多集生于小枝枝顶呈假轮生状；叶片近革质，倒卵形或倒卵状椭圆形，长20～46cm，宽10～24cm，先端圆形或有凹缺，基部楔形，全缘或微波状，上面绿色，无毛，下面灰绿色，有白粉及细柔毛，羽状脉；叶柄粗壮，长2.5～4cm，托叶痕长为叶柄的2/3。花单生于新枝顶，与叶同时开放；花梗粗短，长2～3.5cm，密生长白毛；花冠直径10～15cm，杯状；花被片9～12，外轮3，通常红色，在花期反折，内轮的花被片倒卵状匙形，白色，基部具爪，在花期直立；雄蕊多数，花丝长2.5～4cm。聚合蓇葖果椭圆状卵形，长10～12cm，直径5～5.5cm；蓇葖果木质，顶部有弯尖头，呈紧密纵列。种子三角状倒卵形，种皮红色。花期5～6月；果期9～10月。

生境分布 山东农业大学树木园及校园有引种栽培。国内分布于陕西、甘肃、河南、安徽、浙江、福建、江西、湖北、湖南、广东、广西、四川、贵州等省（自治区）。

经济用途 可供绿化观赏；树皮为著名中药，有化湿导滞、行气平喘、祛风镇痛的功效；花芽、果实、根皮亦可药用；种子可榨油、制皂及提香精用；木材用于做乐器、制彩照版等。

鹅掌楸 马褂木

Liriodendron chinense (Hemsl.) Sargent.

鹅掌楸花

鹅掌楸花枝

1.果枝　2.叶背一部分放大示乳状突起　3.花　4.带翅的坚果

鹅掌楸

鹅掌楸枝条

科　　属　木兰科 Magnoliaceae　鹅掌楸属 Liriodendron L.

形态特征　乔木。树皮灰色；小枝灰色或灰褐色，略有白粉。单叶，互生；叶片马褂形，长4～18cm，宽略大于长，先端截形或微凹，基部圆形或微凹呈心形，两侧各有一宽凹裂，幼树及萌枝的叶常深陷至叶片中部，裂片全缘，上面光绿色，下面淡绿，密生乳头状的白粉点，羽状脉；叶柄长4～8cm，稀16cm。花单生于枝顶；花杯形，直径5～6cm；花被9，3轮排列，外轮3片，淡绿色，向外开展，内2轮6片，椭圆状倒卵形，绿白色，内有黄色纵条纹；雄蕊多数，长1.5～2.2cm，花丝短，长仅5～6mm；雌蕊多数，离生，黄绿色，开花时雌蕊群常伸出于杯形的花冠之外。聚合坚果穗长7～9cm，带翅的小坚果覆瓦状排列于果穗轴上；小坚果长约6mm，顶端有翅，翅长1.5～3mm，有种子1～2。花期5～6月；果期10月。

生境分布　岱庙、山东农业大学树木园及公园、庭院有引种栽培。国内分布于陕西、安徽、浙江、福建、江西、湖北、湖南、广西、四川、云南、贵州等省（自治区）。

经济用途　叶形奇特，花大美丽，供绿化观赏；树皮药用，能祛水湿风寒；木材纹理结构细致、干燥性能好，是良好的胶合板及细木工等用材。

北美鹅掌楸　百合木

Liriodendron tulipifera L.

北美鹅掌楸花枝

1. 花枝　2. 去花被示雄蕊群及雌蕊群

北美鹅掌楸

科　　属　木兰科Magnoliaceae　鹅掌楸属Liriodendron L.

形态特征　乔木。树皮深纵裂；小枝褐色或紫褐色，常有白粉。单叶，互生；叶片长7～12cm，宽与长近相等，先端截形或浅凹，基部平或浅心形，近基部每侧2裂片，裂片全缘，上面绿色，下面淡绿色，幼叶下面密生白色细毛，后渐脱落近光滑，羽状脉；叶柄细瘦，长5～10cm。花单生于枝顶；花杯状；花被片9，外轮3片，绿色，向外展，常早落，内2轮花被片卵形或椭圆状倒卵形，长4～6cm，直立，灰绿色，在内面基部有1橙黄色的宽带；雄蕊多数，花丝长1～1.5cm，花药长1.5～2.5cm；雌蕊多数，离生，黄绿色，开花时不伸出于花被片之上。聚合坚果穗长6～8cm；带翅的小坚果长约5mm，顶端尖，未成熟前紧密排列在果穗轴上，成熟后散落，或少数在基部宿存。花期5～6月；果期10月。

杂交鹅掌楸果枝

生境分布　原产北美洲的东南部。山东农业大学树木园有引种，公园庭院多有栽培。

经济用途　优美的公园、庭院绿化观赏树种；木材适宜作家具、建筑与造船用；叶及树皮可药用。

杂交鹅掌楸　亚美马褂木　亚美鹅掌楸

Liriodendron chinense × tulipifera

用鹅掌楸与北美鹅掌楸杂交培育的杂交种，其形态特征多介于两者之间，但生长速度明显优于父母本。

公园、庭院有引种栽培。

可供公园、庭院绿化观赏。

杂交鹅掌楸花枝

蜡梅科

CALYCANTHACEAE

落叶或常绿灌木。植物体含油细胞；鳞芽或裸芽。单叶，对生；叶片全缘；无托叶。花单生于叶腋或侧枝顶生；花两性，辐射对称；花被片多数，无萼片与花瓣之分，螺旋状着生于杯状花托的外围，最外轮的花被片呈苞片状；雄蕊5～30，着生于花托的顶部，2轮，内轮多为退化雄蕊，花丝短，花药外向；雌蕊多数，离生，着生于花托下部，子房上位，每心皮有胚珠2，花柱丝状，伸出于花托口外。聚合瘦果，被果托（花期称花托）包裹，呈蒴果状；瘦果有1种子。种子胚形大，无胚乳。

2属，9种。我国有2属，7种。山东引种2属，3种。泰山有2属，1种，2变种。

蜡 梅

Chimonanthus praecox (L.) Link.

1.花枝　2.果枝　3.去掉部分花被的花　4.去花被及雄蕊示雌蕊
5.雄蕊　6.花托纵切　7.带托的聚合瘦果　8.种子

蜡梅

蜡梅花枝

科　　属　蜡梅科Calycanthaceae　蜡梅属Chimonanthus Lindl.

形态特征　落叶灌木。枝灰色，有疣状皮孔及纵条纹；芽长椭圆形。单叶，对生；叶片厚纸质，椭圆状卵形至卵状披针形，长5～25cm，宽2～8cm，先端渐尖，基部圆形或宽楔形，全缘，上面光绿色，有突起的点状毛，粗糙，下面淡绿色，脉上有短硬毛，羽状脉，网脉明显；叶柄长约3mm。花生于短枝上的叶腋；花于初春先叶开放，蜡黄色，直径1～3cm；花被片2～3轮，覆瓦状排列，圆形、倒卵形、长圆形或匙形，内轮基部常带紫红色；能育雄蕊5～6；雌蕊多数，离生。果托壶状，半木质化，长2.5～3.5cm，常有1弯曲的梗，顶端开口处边缘有刺状附属物，有花被片脱落的痕迹，被黄褐色绢毛。瘦果圆柱形，微弯，长1～1.5cm，熟后栗褐色。花期1～2月；果期7～8月。

生境分布　各公园、庭院有引种栽培，王母池院内生长的一丛，全株高7m，遮阴面积达80m2，相传为公元1660年栽植。国内分布于陕西、河南、安徽、江苏、浙江、福建、江西、湖北、湖南、四川、云南、贵州等省。

经济用途　供绿化观赏，以冬春赏花著名。根、茎、叶、花均药用；花浸入生油中制成"蜡梅油"，能治烫伤。

素心蜡梅（栽培变种）Chimonanthus praecox 'Concolor'
本栽培变种的主要特点是：花被片基部无紫红色及紫色条纹，盛开时反卷，香气较浓。
山东农业大学树木园、各公园、庭院有引种栽培。
供绿化观赏。
馨口蜡梅（栽培变种）Chimonanthus praecox 'Grandiflorus'
本栽培变种的主要特点是：花被片有紫红色边缘及条纹。
各公园、庭院有引种栽培。
供绿化观赏。

蜡梅果枝

素心蜡梅花枝

蜡梅花枝

LAURACEAE

樟科

常绿或落叶，乔木或灌木。植物体含油细胞，有樟脑香气。单叶，互生，稀对生或簇生；叶片全缘，稀有缺裂；无托叶。伞形、总状或圆锥花序；花两性或单性，辐射对称；花被片4～6，排列成2轮；雄蕊9～12，排成3～4轮，第4轮雄蕊常退化为腺状，花药2～4室，瓣裂；雌蕊1，通常由3心皮合成（雄花中雌蕊不育），子房通常上位，1室，具1倒生胚珠。核果或浆果状，基部有花被筒形成的果托。种子无胚乳。

约45属，2000～2500种。我国有25属，445种。山东有2属，5种；引种3属，3种。泰山有3属，3种。

樟 树 香樟

Cinnamomum camphora (L.) Presl

1.果枝　2.去掉部分花被示雄蕊及雌蕊　3.果

樟树

樟树果枝

科　　属　樟科 Lauraceae　樟属 Cinnamomum Schaeff.

形态特征　常绿乔木。树皮灰褐色，纵裂；小枝黄绿色，无毛。单叶，互生；叶片薄革质，卵形或卵状椭圆形，长5～12cm，宽2.5～5.5cm，先端急尖，基部宽楔形或近圆形，全缘或微波状缘，上面光绿色，下面灰绿色，被白粉，无毛或幼时微有柔毛，掌状离基3脉，主脉显著，脉腋有腺点；叶柄长2～3cm，无毛。圆锥花序生于新枝叶腋；花序梗长2.5～4.5cm；各级花序轴无毛或被微柔毛；花梗长1～2mm，无毛；花被裂片6，绿白色或黄绿色；能育雄蕊9，退化雄蕊3；雌蕊1，子房球形，无毛，花柱长约1mm。果球形或卵球形，直径6～8mm，成熟时紫黑色；果托杯形，顶部平截，紧包果实基部。花期4～5月；果期8～11月。

生境分布　山东农业大学、山东科技大学校园等地有引种栽培。国内分布于长江流域以南及西南各省。

经济用途　珍贵用材树木，为高级家具、箱橱及工艺品用材；各部位均可提制樟脑及樟油，为医药、农药、香精等化学工业的重要材料；种子可榨油；叶含单宁，可提制栲胶；可供绿化观赏。

樟树花枝

檫 木　檫树

Sassafras tzumu (Hemsl.) Hemsl.

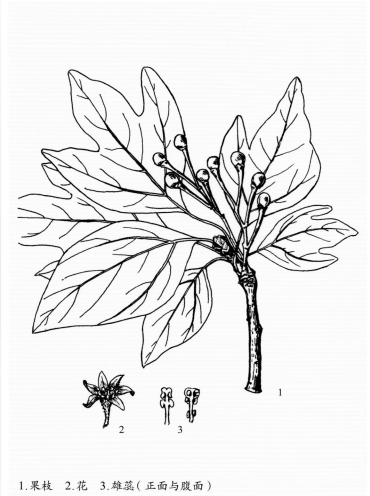

檫木果枝

1.果枝　2.花　3.雄蕊（正面与腹面）

檫木　　　　　　　　　　　檫木雄花枝

科　　属　樟科Lauraceae　檫木属Sassafras Presl

形态特征　落叶乔木。树皮灰褐色，不规则纵裂；小枝绿色，有角棱，初微带红色。单叶，互生，聚集在枝梢；叶片卵形或倒卵形，长9～18cm，宽6～10cm，先端渐尖，基部楔形，全缘或2～3浅裂，裂片先端钝，上面绿色，下面灰绿色，两面无毛或下面沿叶脉有疏生毛，羽状脉或离基三出脉，主脉及支脉向叶缘呈弧形网结；叶柄长2～7cm，无毛或微被毛。总状花序，顶生；花两性或单性异株，先叶开花；花梗长4.5～6mm，被棕褐色柔毛；雄花花被裂片6，裂片披针形，长约4mm，花被筒极短，能育雄蕊9，第3轮花丝有腺体，花药卵圆状长圆形，4室，上方2室较小，有明显退化雌蕊；雌花具退化雄蕊12，排成4轮，雌蕊1，子房上位，无毛，花柱长1.2mm。核果球形，直径达8mm，熟时蓝黑色，被白粉；果梗长3.5cm，果托浅碟状。花期3～4月；果期8月。

生境分布　桃花源有引种栽培。国内分布于江苏、安徽、浙江、福建、江西、湖北、湖南、广东、广西、四川、云南、贵州等省（自治区）。

经济用途　木材可用于建筑、造船、做家具；种子榨油，可用于制皂及油漆；根、树皮药用，能活血散瘀、祛风湿、利尿；叶、果及根皮可提取芳香油。

山胡椒　崂山棍　牛筋树

Lindera glauca (Sieb. et Zucc.) Bl.

1. 果枝　2. 雄蕊　3. 带腺体的雄蕊

山胡椒

山胡椒雌花枝

山胡椒果枝

科　　属　樟科Lauraceae　山胡椒属Lindera Thunb.

形态特征　落叶灌木或小乔木。树皮灰色；小枝灰白或黄白色，初有褐色毛；冬芽长圆锥形，芽鳞裸露部分红色，无纵脊。单叶，互生；叶片近革质，卵形、椭圆形、倒卵形或倒披针形，长4～9cm，宽2～4cm，先端尖或渐尖，基部楔形，全缘或微波状，上面深绿色，下面淡绿色，被灰白色柔毛，羽状脉，侧脉5～6对；叶柄长3～6mm。伞形花序腋生，花序梗短或不明显，长一般不超过3mm；每花序有3～8花生于总苞内；花梗长约1.2cm，密被白柔毛，花被片6，黄色；雄花有发育雄蕊9，第2和第3轮雄蕊花丝有腺体；雌花有退化雄蕊，雌蕊1，子房上位，椭圆形，长1.5mm，花柱0.3mm，柱头盘状。果实球形，径5～7mm，熟时黑色；果梗长1～1.5cm。花期4月；果期9～10月。

生境分布　产于竹林管理区扇子崖。生于山坡灌丛或混生在杂木林中。国内分布于山西、陕西、甘肃、河南、安徽、江苏、浙江、福建、台湾、江西、湖北、湖南、广东、广西、四川等省（自治区）。

经济用途　木材可做家具；种子榨油，可供制肥皂及机械润滑油；叶、果皮可提取芳香油精，是化妆品的原料；根、枝、叶、果药用，可清热解毒、破气、化滞、祛风消肿、镇痛等。

虎耳草科

SAXIFRAGACEAE

草本、灌木或小乔木。单叶，稀复叶，互生或对生；无托叶。总状、聚伞状或圆锥花序，稀为单生；花两性，稀为单性或边缘花呈中性，通常辐射对称，稀两侧对称；有花萼、花冠，稀无花冠；花萼筒通常存在；花萼片和花瓣通常4~5，镊合状或覆瓦状排列，有时萼片呈花瓣状；雄蕊与花瓣同数或为其2倍，稀多数，有时有退化雄蕊；雌蕊2~3，稀为5，离生，或雌蕊1（心皮合生而成），子房上位或下位、稀半下位，1~5室，中轴胎座或侧膜胎座，胚珠多数，成数行排列在隆起的胎座上。蒴果或浆果。种子小，有胚乳，子叶扁平。

约80属，1200余种。我国有29属，545种。山东有2属，6种，3变种；引种3属，10种，2变种。泰山有4属，9种，2变种。

钩齿溲疏　李叶溲疏

Deutzia baroniana Diels

1.花枝　2.叶上面示被毛　3.叶下面示被毛　4.花去花瓣示花萼和雌蕊　5.花瓣　6.外轮雄蕊　7.内轮雄蕊

钩齿溲疏

钩齿溲疏果枝

钩齿溲疏花枝

钩齿溲疏果实

科　　属　虎耳草科Saxifragaceae　溲疏属Deutzia Thunb.

形态特征　落叶灌木。小枝红褐色，无毛或散生星状毛。单叶，对生；叶片卵形、菱状卵形或椭圆状卵形，长3～8cm，宽1.5～3.5cm，先端渐尖或锐尖，基部阔楔形，边缘有不规则的细锯齿，齿端有毛尖，上面绿色，疏被4～6辐射枝的星状毛，下面淡绿色，初疏被有辐射枝5～7的星状毛，后渐脱落，沿中脉有平展单毛；叶柄长2～6mm。聚伞花序，通常1～3花，稀4～6花；花梗长1～1.5cm，密被星状毛；花径1.5～2.5cm；花萼筒长2～3mm，密被星状毛和白毛，裂片5，线状披针形，长5～9mm；花瓣5，白色；雄蕊10，花丝上部有2齿，齿平展或下弯呈钩状，排成2轮，内轮短；雌蕊1，子房下位，花柱3～4。蒴果半球形，径约4mm，密被星状毛；花萼宿存，反折。花期4～5月；果期8～9月。

生境分布　产于各管理区。生于山坡岩石缝中。国内分布于辽宁、河北、山西、陕西、河南、江苏等省。

经济用途　可栽培供绿化观赏。

齿叶溲疏　溲疏

Deutzia crenata Sieb. et Zucc.

1.花枝　2.雄蕊

齿叶溲疏

齿叶溲疏果枝

齿叶溲疏花枝

科　　属　虎耳草科Saxifragaceae　溲疏属Deutzia Thunb.

形态特征　落叶灌木。小枝红褐色，幼时疏被星状毛，老枝无毛。单叶，对生；叶片卵形、卵状披针形，或长椭圆形，长3～8cm，宽1.2～3cm，先端急尖或渐尖，基部阔楔形或圆形，边缘有细锯齿，两面均有星状毛，上面疏生有5辐射枝的星状毛，下面星状毛稍密，有9～12条辐射枝；叶柄长3～8mm，疏被星状毛。圆锥花序直立，长5～12cm，有星状毛和单毛；花梗长3～5mm，被黄褐色星状毛；花萼外面密被黄褐色星状毛，萼筒长约2.5mm，裂片5，短于萼筒，三角形，长约2mm，早落；花瓣5，白色，狭椭圆形，长8～15mm，外面疏生星状毛；雄蕊10，外轮雄蕊较花瓣稍短，花丝上部有2齿；雌蕊1，子房下位，花柱3～4，较雄蕊长。蒴果半球形，径约4mm，疏被星状毛。花期5月；果期7～8月。

生境分布　原产日本。岱庙、山东农业大学树木园及公园有引种栽培。

经济用途　供绿化观赏。

太平花　京山梅花

Philadelphus pekinensis Rupr.

1.花枝　2.花萼和雄蕊　3.果实及宿存花萼

太平花

太平花果枝

太平花花枝

科　　属　虎耳草科 Saxifragaceae　山梅花属 Philadelphus L.

形态特征　落叶灌木。幼枝光滑，带紫褐色，老枝皮灰褐色，2～3年生枝皮剥落。单叶，对生；叶片卵形至狭卵形，长3～8cm，宽2～5cm，先端渐尖，基部楔形或近圆形，边缘疏生乳头状小锯齿，通常两面无毛，或有时下面主脉腋内有簇生毛，离基三出脉；叶柄短，长2～10mm，与下面叶脉同带紫色。总状花序，有5～7花，稀9花；花序轴无毛；花梗长3～8mm，无毛；花乳白色，直径2～3cm；花萼筒无毛，裂片4；花瓣4，倒卵形；雄蕊多数，与花柱等长；雌蕊1，子房下位，花柱细长，长4～5mm，无毛，顶端4裂。蒴果，球形或倒圆锥形，径5～7mm，4瓣裂；有宿存萼片。花期5～6月；果期8～9月。

生境分布　山东农业大学树木园及各公园、庭院有引种栽培。国内分布于辽宁、河北、山西、陕西、甘肃、河南、江苏、浙江、四川等省。

经济用途　供绿化观赏。

西洋山梅花　欧洲山梅花

Philadelphus coronarius L.

西洋山梅花花枝

科　　属　虎耳草科Saxifragaceae　山梅花属
Philadelphus L.

形态特征　落叶灌木。树皮栗褐色，片状剥落；小枝
光滑无毛，或幼时微有毛。单叶，对生；叶片卵形
至卵状长椭圆形，长4～8cm，先端渐尖，基部阔楔
形或圆形，边缘疏生乳头状小锯齿，上面无毛，下面
仅在脉腋间有簇毛，或有时脉上有毛，离基三出脉。
5～7花组成总状花序；花梗常光滑无毛；花白色，径
2.5～3.5cm；花萼钟状，裂片4，卵状三角形，先端
尖，长约7mm，通常平滑无毛，里面沿边缘有短毛；
花瓣4，阔倒卵形，长1.5～1.7cm；雄蕊多数，长
1cm左右；雌蕊1，子房半下位，花柱自中部分离。蒴
果球状倒卵形，径5～6mm；萼片和花柱宿存。花期
5～6月；果期8～9月。

生境分布　原产南欧意大利至高加索。山东农业大学
树木园、庭院有引种栽培。

经济用途　供绿化观赏。

1.花枝　2.花纵切　3.果实及宿存花萼

西洋山梅花

山梅花

Philadelphus incanus Koehne

山梅花花枝

科　　属 虎耳草科Saxifragaceae 山梅花属
Philadelphus L.

形态特征 落叶灌木。树皮片状剥落；幼枝密生柔毛，二年生枝褐色。单叶，对生；叶片卵形至长圆卵形，长4～8cm，宽2～3cm，先端渐尖，基部阔楔形或圆形，边缘疏生锯齿，上面疏被直立刺毛，下面密被柔毛或平伏毛，灰绿色，有离基3～5脉；叶柄长5～10mm。总状花序，有5～11花；花序轴长3～7cm，被柔毛；花梗长5～10cm，密被柔毛；花白色，直径2.5～3cm；花萼外面密生灰白色贴伏的柔毛，裂片4，宿存；花冠近钟形，花瓣4，阔倒卵形，长约12mm，先端圆形，基部有短爪；雄蕊多数，不等长；雌蕊1，子房下位，4室，花柱无毛，上部4裂，柱头棒状。蒴果倒卵形，径4～7mm，密被长柔毛。花期5～6月；果期8～9月。

生境分布 山东农业大学树木园、公园、庭院有引种栽培。国内分布于山西、陕西、甘肃、河南、安徽、湖北、四川等省。

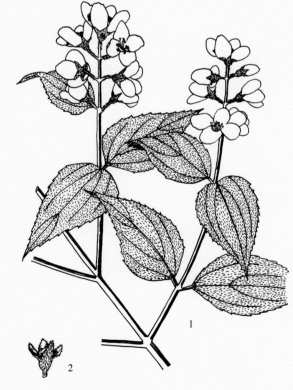

1.花枝　2.果实及宿存花萼

山梅花 **经济用途** 花期长，供绿化观赏。

绣　球　阴绣球

Hydrangea macrophylla (Thunb.) Ser.

绣球花枝

绣球

科　　属　虎耳草科Saxifragaceae　绣球属Hydrangea L.

形态特征　落叶灌木。小枝粗壮，平滑无毛，有明显皮孔，叶迹大。单叶，对生；叶片稍厚，倒卵形或椭圆形，长7～20cm，宽4～10cm，先端短渐尖，基部阔楔形，边缘除基部外有粗锯齿，两面无毛或下面脉上有毛，上面鲜绿色，下面黄绿色；叶柄长1～6cm。伞房状花序，顶生，球形，直径达20cm；花梗有柔毛；花白色、粉红色或变为蓝色，全部为不孕花；萼片4，阔卵形或圆形，长1～2cm。花期6～7月。

生境分布　原产日本。岱庙、红门、中天门等景点、公园、庭院有引种栽培。品种很多。国内广泛栽培。

经济用途　为著名观赏花木；花和根药用，有清热抗疟的功效；对二氧化硫等有毒气体抗性较强，可用于矿区绿化。

圆锥绣球　水桠木

Hydrangea paniculata Sieb.

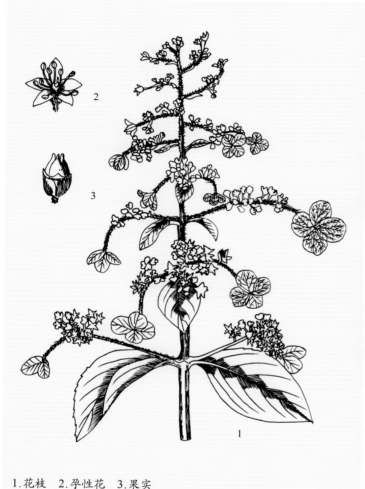

1.花枝　2.孕性花　3.果实

圆锥绣球

圆锥绣球花枝

大花水桠木花枝

科　　属　虎耳草科Saxifragaceae　绣球属Hydrangea L.

形态特征　落叶灌木或小乔木。小枝粗壮，有短柔毛。单叶，对生，有时在枝上部为3叶轮生；叶片椭圆形或卵形，长5～12cm，宽3～5cm，先端渐尖，基部圆或阔楔形，边缘有内弯的细锯齿，上面幼时有短柔毛，下面疏生短刺毛或仅脉上有毛；有短柄。圆锥花序，顶生，长15～20cm；花序轴与花梗有毛；花二型：周边为不孕花，通常萼片4，卵形或近圆形，全缘，初白色，后变为带紫色；孕性花（两性花）白色，芳香，花萼筒近无毛，通常有5三角形裂片，花瓣5，离生，早落，雄蕊10，不等长，雌蕊1，子房半下位，花柱2～3，柱头稍下延。蒴果近球形，长4mm，顶端孔裂。种子两端有翅。花期8～9个月。

生境分布　南外环路及公园有引种栽培。国内分布于甘肃、安徽、浙江、福建、江西、湖南、湖北、广东、广西、四川、云南、贵州等省（自治区）。

经济用途　根药用，称为"土常山"，有清热抗疟的功效；可供绿化观赏。

大花水桠木（栽培变种）Hydrangea paniculata 'Grandiflora'

本栽培变种的主要特点是：圆锥花序较大，多为不孕花。

南外环路及公园有引种栽培。

供绿化观赏。

华蔓茶藨子

Ribes fasciculatum Sieb. et Zucc. var. chinense Maxim.

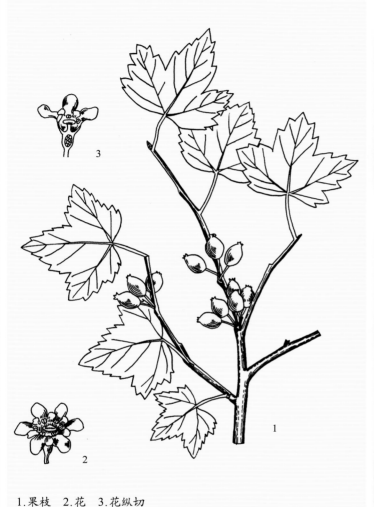

1.果枝　2.花　3.花纵切

华蔓茶藨子

华蔓茶藨子果枝

华蔓茶藨子雄花枝

科　　属　虎耳草科Saxifragaceae　茶藨子属Ribes L.

形态特征　落叶灌木。小枝灰褐色，片状剥裂，无刺，无毛或被疏毛，嫩枝、叶两面和花梗均被较密柔毛；芽具数枚棕色或褐色鳞片。单叶，互生或簇生于短枝上；叶片近圆形，长2.5～10cm，宽几与长相等，掌状3～5裂，裂片阔卵圆形，有粗钝单锯齿，先端稍钝或急尖，基部截形或微心形，两面有较密的柔毛，冬季常不凋落；叶柄长1～3cm，有柔毛。花伞状簇生于叶腋；花梗长6～9mm，有关节，有较密的毛；花单性，雌雄异株；花黄绿色，有香气；花萼筒杯状，萼裂片5，长圆状倒卵形，花瓣状，长3～4mm，先端钝圆，反折；花瓣5，极小，半圆形，先端圆或平截；雄花雄蕊5，花丝极短，花药扁宽，椭圆形，退化雌蕊细小，比雄蕊短，有盾形微2裂的柱头；雌花有退化雄蕊，雌蕊1，子房下位，无毛，柱头2裂。浆果近球形，径7～10mm，红褐色，顶端有宿存的花萼。花期4～5月；果期8～9月。

生境分布　山东农业大学校园有引种栽培。国内分布于辽宁、河北、山西、陕西、河南、江苏、浙江、湖北、四川等省。

经济用途　可供绿化观赏；果实可酿酒或做果酱。

香茶藨子 黄丁香

Ribes odoratum Wendl.

香茶藨子花枝

科　属 虎耳草科Saxifragaceae 茶藨子属 Ribes L.

形态特征 落叶灌木。小枝褐色，有毛或无毛。单叶，互生；叶片卵圆形至圆肾形，长2～5cm，宽3～6cm，基部楔形，稀近截形或圆形，掌状3～5深裂，裂片有粗齿，上面无毛，下面被短柔毛和稀疏棕褐色锈斑；叶柄长1～2cm，被短柔毛。总状花序有5～10花，花序轴有毛；花梗长2～5mm；苞片卵形或卵状披针形；花两性，有香气；花萼筒管状，萼裂片黄色，椭圆形，长5～7mm，先端圆，开展或向外折；花瓣5，小型，淡红色，长圆形，长约2mm；雄蕊5，花丝长约1.5mm，与花瓣互生；雌蕊子房下位，无毛，花柱1，长约1.5cm。浆果球形至椭圆形，长8～10mm，熟时黑色。花期4月；果期7～8月。

生境分布 原产于美国中部。公园有引种栽培。

经济用途 供绿化观赏；果可供食用。

1.花枝　2.花展开

香茶藨子

黑茶藨子　黑果茶藨子　黑加仑

Ribes nigrum L.

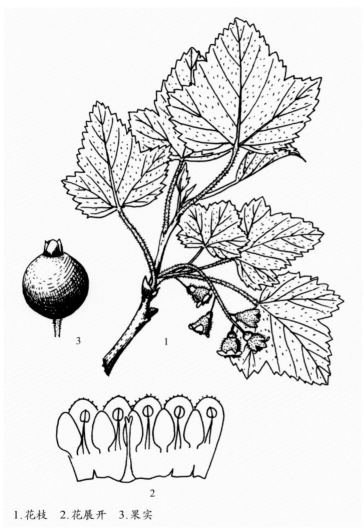

1.花枝　2.花展开　3.果实

黑茶藨子-果枝

黑茶藨子　　　　　　　　　　　　　　黑茶藨子花枝

科　　属　虎耳草科Saxifragaceae　茶藨子属Ribes L.

形态特征　落叶直立灌木。小枝暗灰色或灰褐色，幼枝具疏密不等的短柔毛，被黄色腺体，无刺；芽长卵圆形或椭圆形，先端急尖，具数枚黄褐色或棕色鳞片，被短柔毛和黄色腺体。单叶，互生；叶片近圆形，长4～9cm，基部心形，掌状3～5浅裂，裂片宽三角形，先端急尖，顶生裂片稍长于侧生裂片，边缘具不规则粗锐锯齿，上面幼时微具短柔毛，老时脱落，下面被短柔毛和黄色腺体；叶柄长1～4cm，具短柔毛。总状花序长3～5（～8）cm，下垂；花序轴和花梗具短柔毛，或混生稀疏黄色腺体；花梗长2～5mm；苞片小，披针形或卵圆形，具短柔毛；花两性；花萼筒近钟形，萼片舌形，先端圆钝，浅黄绿色或浅粉红色，具短柔毛和黄色腺体；花瓣卵圆形或卵状椭圆形，长2～3mm；雄蕊与花瓣近等长，花药卵圆形，具蜜腺；雌蕊1，子房下位，疏生短柔毛和腺体，花柱稍短于雄蕊，先端2浅裂。浆果近圆形，直径8～14mm，黑色，疏生腺体。花期5～6月；果期7～8月。

生境分布　桃花源管理区苗圃有引种栽培。国内分布于黑龙江、内蒙古、新疆。

经济用途　果实富含多种维生素、糖类和有机酸等，可制果酱、果酒及饮料等。

PITTOSPORACEAE

海桐花科

　　常绿乔木或灌木。茎皮有树脂道，枝稀有刺。单叶，互生或偶为对生；叶片全缘，稀有锯齿；无托叶。伞房、伞形或圆锥花序，偶单生；花各部辐射对称或两侧对称；花两性，稀单性或杂性；花萼片5，离生或基部合生；花瓣5，在芽中覆瓦状排列，离生或基部合生；雄蕊5，与花瓣互生，花药2室，内向，纵裂或孔裂；雌蕊1，由2～5心皮合生而成，子房上位，1～5室，通常具多数倒生胚珠，花柱短。蒴果或浆果，常有黏质或油质的果肉包在外面，有多数种子。种子胚小，胚乳发达。

　　9属，约250种。我国有1属，46种。山东引种1属，1种。泰山有1属，1种。

海　桐

Pittosporum tobira (Thunb.) Ait.

1.果枝　2.花　3.雄蕊　4.雌蕊

海桐果枝

海桐　　　　　　　　　　　　　　　　　海桐花枝

科　　属　海桐花科Pittosporaceae　海桐花属Pittosporum Banks ex Gaertn.

形态特征　常绿小乔木，栽培通常为灌木型。枝条近轮生，嫩枝上被褐色柔毛。叶多聚生于枝顶；叶片革质，倒卵形，或倒卵状披针形，长4～10cm，宽1.5～4cm，先端圆或微凹，基部楔形，全缘，周边略向下反卷，两面无毛或近叶柄处疏生短柔毛，羽状脉，侧脉6～8对，在近边缘处网结；叶柄长1～2cm。伞形花序或伞房状伞形花序，顶生或近顶生；花序梗及苞片上均被褐色毛；花萼片5，卵形，长3～4mm；花瓣5，白色，后变黄色，倒披针形，长1～1.2cm，离生，基部狭常呈爪状；雄蕊2型，退化雄蕊的花丝长2～3mm，花药不发育，正常雄蕊的花丝长5～6mm，花药黄色，长圆形；雌蕊1，子房上位，长卵形，密生短柔毛，子房有柄，花柱短，长约1mm。蒴果圆球形，长0.7～1.5cm，3瓣裂，果瓣木质，内侧有横格。种子多角形，暗红色，长约4mm。花期5月；果期10月。

生境分布　公园、庭院多有引种栽培。国内分布于江苏、福建、浙江、台湾、湖北、广东、广西、海南、四川、云南、贵州。

经济用途　供绿化观赏；叶可以代替明矾作媒染剂用；根、种子及叶药用，分别有散瘀、涩肠、解毒的功效。

金缕梅科

乔木或灌木，常绿或落叶。单叶，互生，稀对生；叶片全缘、有锯齿或掌状分裂，羽状脉或掌状脉；托叶早落，稀无托叶。头状、穗状或总状花序；花两性或单性，雌雄同株，稀雌雄异株；花辐射对称；花萼4～5裂；花瓣与花萼裂片同数或缺，镊合状或覆瓦状排列；雄蕊4～5，稀不定数，花药2室，纵裂或瓣裂；雌蕊子房下位、半下位，稀上位，2室，上半部常分离，胚珠多数，或为1垂生胚珠，花柱2。蒴果，果皮木质或革质。种子多角形、扁平或呈椭圆状卵形，有种脐，胚直生，胚乳肉质。

约30属，140种。我国有18属，74种。山东有1属，1种；引种6属，7种，1变种。泰山有5属，6种，1变种。

枫香树 枫树

Liquidambar formosana Hance

1.花枝 2.果枝 3.雌花 4.雄花 5.种子

枫香树花枝

枫香树

枫香树果枝

科　　属　金缕梅科Hamamelidaceae　枫香属Liquidambar L.

形态特征　落叶乔木。树皮灰褐色，浅裂；小枝灰色，略被柔毛。单叶，互生；叶片宽卵形，长6～12cm，基部近心形，掌状3裂，中间裂片前伸，侧裂片平展，裂片先端尾尖，边缘有腺状锯齿，上面绿色，下面灰绿色，脉腋间有短柔毛，基出3～5脉；叶柄长4～11cm；托叶条形，长1～1.4cm，与叶离生或与叶柄略合生，早落。花单性；雄花短穗状花序常多数排成总状，雄花有雄蕊多数，花丝不等长，花药比花丝略短；雌花序头状，由22～40花组成，有长柄，雌花的萼裂片4～7，针形，长4～8mm，雌蕊1，子房半下位，下半部藏在头状花序轴内，花柱长6～10mm，先端常卷曲。果序圆球形，直径2.5～4.5cm；蒴果萼齿及花柱宿存。种子多角形，熟时深褐色，有膜质翅。花期4～5月；果熟期10月。

生境分布　各管理区、山东农业大学树木园有引种栽培。国内分布于安徽、江苏、浙江、福建、台湾、江西、湖北、广东、海南、四川、贵州等省（自治区）。

经济用途　供绿化观赏；树脂药用，能解毒止痛、止血生肌；果序球药用，称为"路路通"，有祛风湿、通经、活络之效。

北美枫香

Liquidambar styraciflua L.

北美枫香

北美枫香果枝

科　　属　金缕梅科 Hamamelidaceae　枫香属 Liquidambar L.

形态特征　落叶乔木。单叶，互生；叶片掌状5～7裂，有时裂片有牙齿状浅裂，长7～19（～25）cm，宽4.4～16cm，基部近心形，裂片先端渐尖至尾尖，边缘具锯齿，除在幼叶脉上和基部主脉腋有红褐色单毛外，两面其余无毛，基出5～7脉；叶柄长4～15cm，近基部有托叶痕；托叶线状披针形，3～4mm，早落。雄花序穗状花序，长3～6cm，雄花无花被，每花有雄蕊4～8（～10），簇生在花序轴上，每簇有花150～176（～300）；雌花序头状，雌花无花被，每花有5～8退化雄蕊，雌蕊1，子房2室，稀1室，花柱2，柱头向内弯。果序球形，直径2.5～4cm，棕褐色；蒴果花柱宿存。种子顶端有翅，长8～10mm，具树脂道，败育种子带褐色，1～2mm，无翅，不规则。

生境分布　原产北美。山东农业大学树木园有引种栽培。

经济用途　可栽培供观赏或作为行道树。

檵　木

Loropetalum chinense (R. Br.) Oliv. var. chinense

1. 花枝　2. 果枝　3. 去掉花冠的花　4. 花瓣　5. 雄蕊　6. 果
实　7. 种子

檵木

檵木花枝

红花檵木花枝

红花檵木果枝

科　　属　金缕梅科Hamamelidaceae　檵木属Loropetalum R. Br.

形态特征　半常绿灌木。树皮灰色或灰褐色；嫩枝被褐锈色的星状毛。单叶，互生；叶片卵形或椭圆形，长2～5cm，宽1.5～2.5cm，先端锐尖，基部钝，不对称，全缘，上面被粗毛，下面密被褐色的星状毛，侧脉5对；叶柄长2～5mm，密被星状毛；托叶膜质，三角状披针形，早落。3～8花簇生于枝顶；花先叶或与叶同时开放；花梗短；苞片线形，长约3mm；花萼筒杯状，被褐色星状毛，萼裂片4，卵形，长约2mm；花瓣4，白色，条形，长1～2cm；能育雄蕊4，退化雄蕊4，鳞片状，与能育雄蕊互生；雌蕊1，子房半下位，被星状毛，2室，花柱2。蒴果卵圆形，长7～8mm，被星状毛，熟时上部2瓣裂开，每瓣又2浅裂，宿存萼筒长为蒴果的2/3。种子卵圆形，长4～5mm，黑色，有光泽。花期3～4月。

生境分布　各公园、庭院有引种栽培。国内分布于安徽、江苏、浙江、福建、江西、湖北、湖南、广东、广西、四川、云南、贵州。

经济用途　可供绿化观赏；根及叶药用，治跌打损伤，有去瘀活血的功效。

红花檵木（变种）Loropetalum chinense（R. Br.）Oliv. var. rubrum Yieh

本变种与原种主要的区别是：花瓣紫红色，长2cm；叶色暗紫，先端圆钝。

公园及绿地有引种栽培。国内分布于湖南、广西。供绿化观赏。

牛鼻栓　牛鼻栋

Fortunearia sinensis Rehd. et Wils.

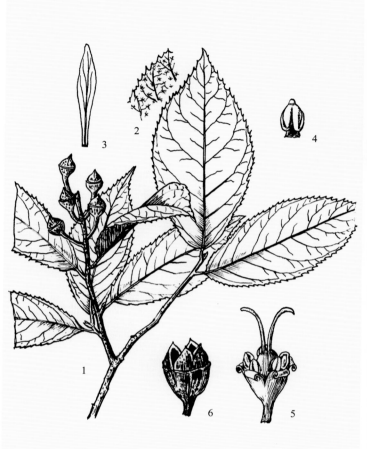

牛鼻栓果枝

1.果枝　2.叶背一部分（示锯齿及星状毛）　3.花瓣　4.雄蕊　5.花　6.蒴果

牛鼻栓

牛鼻栓花枝

科　　属　金缕梅科 Hamamelidaceae　牛鼻栓属 Fortunearia Rehd. et Wils.

形态特征　落叶灌木或小乔木。树皮褐色或灰褐色，有稀疏皮孔；嫩枝有柔毛；芽细小，被星状毛。单叶，互生；叶片倒卵形或倒卵状椭圆形，长7～16cm，宽4～10cm，先端锐尖，基部圆或钝，稍偏斜，边缘有粗锯齿，上面深绿色，下面浅绿色，在脉上有长毛，侧脉6～10对，最下第1对侧脉有分枝但不强烈；叶柄长4～10mm。总状花序长4～8cm，顶生，花序轴被绒毛；花序梗长1～1.5cm，有绒毛；花序下的苞片为披针形，长约2mm；两性花；花萼筒长约1mm，萼裂片5，长1.5mm；花瓣5，狭披针形，比萼齿短；雄蕊5，花丝极短，花药卵形；雌蕊1，子房半下位，2室，花柱2，反折。蒴果卵圆形，长1.5cm，无毛，有白色皮孔，成熟时沿室间2瓣裂开，每瓣又有2浅裂，果瓣先端尖；果梗长5～10mm。花期5月；果熟期10月。

生境分布　山东农业大学树木园及校园有引种栽培。国内分布于陕西、河南、安徽、江苏、浙江、江西、湖北、四川等省。

经济用途　可供绿化观赏；木材黏韧，常用来做牛鼻栓。

蚊母树

Distylium racemosum Sieb. et Zucc.

1.果枝　2.花

蚊母树

蚊母树果枝

蚊母树花枝

科　　属　金缕梅科Hamamelidaceae　蚊母树属Distylium Sieb. et Zucc.

形态特征　灌木或小乔木。树皮暗灰色；小枝和芽被星状鳞毛，老枝无毛。单叶，互生；叶片厚革质，椭圆形或倒卵状椭圆形，长3～7cm，宽1.5～3.5cm，先端钝或稍圆，基部宽楔形，全缘，侧脉5～6对，上面不显著，下面网脉明显。叶柄长5～10mm。穗状花序，长约2cm，腋生，花序轴及花序梗无毛；总苞片2～3，卵形，有星状鳞毛；苞片披针形，长2～3mm，有毛；花单性；雄花位于花序下部，雄蕊5～6，花丝长约2mm，花药红色；雌花位于花序上部，花萼筒短，花后脱落，无花瓣，雌蕊1，子房上位，被星状绒毛，花柱2，长6～7mm。蒴果卵圆形，长1～1.3cm，被褐色星状绒毛，先端尖，2裂；果梗长不到2mm。种子卵球形，长4～5mm。花期3～4月；果期8～10月。

生境分布　普照寺、山东农业大学树木园及公园、庭院有引种栽培。国内分布于浙江、福建、台湾、海南。

经济用途　供绿化观赏；树皮含鞣质，可提栲胶。

山白树

Sinowilsonia henryi Hemsl.

1.枝　2.星状毛　3.两性花

山白树

山白树枝条

山白树果枝

科　　属　金缕梅科Hamamelidaceae　山白树属Sinowilsonia Hemsl.

形态特征　落叶灌木或小乔木。嫩枝有灰黄色星状绒毛；裸芽，有星状绒毛。单叶，互生；叶片纸质或膜质，倒卵形，稀为椭圆形，长10～18cm，宽6～10cm，先端急尖，基部圆形或微心形，两侧稍不等，边缘密生细锯齿，上面绿色，脉上略有毛，下面有柔毛，侧脉7～9对，第1对侧脉有不强烈第2次分枝侧脉，网脉明显；叶柄长8～15mm，有星状毛；托叶线形，早落。雄花花序总状，下垂，花有梗，花萼筒极短，萼齿匙形，雄蕊5，花丝极短，花药长约1mm；雌花花序穗状，长6～8cm，基部有1～2片叶片，各部均具星状绒毛，花序梗长3cm，苞片披针形，长2mm，小苞片窄披针形，长1.5mm，花无梗，萼筒壶形，萼齿长1.5mm，退化雄蕊5，雌蕊1，子房近上位，2室，花柱2，长3～5mm，伸出萼筒外。果序长10～20cm，花序轴稍增厚，有不规则棱状突起，被星状绒毛。蒴果无柄，卵圆形，长1cm，先端尖，被灰黄色长丝毛；萼筒宿存，被褐色星状绒毛，与蒴果离生。种子长8mm，黑色，有光泽。

生境分布　山东农业大学校园有引种栽培。国内分布于陕西、甘肃、湖北、四川、河南等省。

经济用途　可栽培供观赏或作为行道树。

杜仲科

EUCOMMIACEAE

　　落叶乔木。单叶，互生；叶片边缘有锯齿，羽状脉；叶撕断时有胶状丝；无托叶。花单性，雌雄异株；无花被；雄花簇生于幼枝基部的苞腋内，有小苞片，有短梗，雄蕊5～10，花药条形，纵裂，花丝极短，药隔伸出成短尖头；雌花生于下部枝腋，单生或簇生，有苞片及短花梗，雌蕊1，由2心皮合成，子房上位，有子房柄，顶端2裂，柱头位于裂口内侧，1室，具2垂生胚珠。翅果，扁平椭圆形；具1种子。种子胚乳丰富，胚直立。

　　1属，1种；我国特有。山东有引种。泰山有1属，1种。

杜 仲 丝棉树

Eucommia ulmoides Oliv.

1.果枝 2.花枝 3.雄花 4.雌花

杜仲

杜仲雌花枝

杜仲果枝

杜仲果

杜仲雄花枝

科　　属　杜仲科Eucommiaceae　杜仲属Eucommia Oliv.

形态特征　落叶乔木。树皮暗灰色；枝灰褐色至黄褐色，光滑或幼时有毛，髓心白色或灰色，2年生以下的小枝常出现片隔状。单叶，互生；叶片长椭圆状卵形或椭圆形，长6～18cm，宽3～7.5cm，先端渐尖，基部圆形或宽楔形，边缘有内弯斜上的锯齿，上面暗绿色，老叶微皱，下面淡绿色，初有褐色毛，后仅在脉上有毛，侧脉6～9对，网脉明显，撕断时有胶状丝；叶柄长1～2cm，上面有沟槽。花单性，生于当年枝的基部，无花被；雄花梗长约9mm，苞片倒卵形或匙形，先端圆或平截，长6～8mm，雄蕊黄绿色，条形，长10mm，花丝长1mm；雌花梗长约8mm，雌蕊1，子房上位，狭长扁平，顶端2裂，柱头位于裂口内侧，顶端凸出向两侧伸展反曲，下有倒卵形的苞片。翅果长椭圆形，长3～4cm，翅狭长，位于两侧。种子狭长椭圆形，长1.2～1.5cm，宽3～4mm，两端钝圆，中部较宽厚。花期4月；果期10月。

生境分布　红门、灵岩寺、桃花峪、桃花源等管理区及山东农业大学树木园有引种栽培。国内分布于陕西、甘肃、河南、浙江、湖北、湖南、四川、云南、贵州等省。

经济用途　树皮药用，能治风湿性腰膝痛、高血压及习惯性流产等；可提橡胶，为海底电缆外皮及管道容器的防蚀涂料；木材供建筑、家具用材；可供绿化观赏，是绿化结合生产的优良树种。

悬铃木科
PLATANACEAE

　　落叶乔木。树皮平滑，老时呈薄片状剥落；枝叶被星状及树枝状绒毛；无顶芽，腋芽位于膨大的叶柄基部之内，外被一盔形的芽鳞所包围。单叶，互生；叶片掌状分裂；叶柄长；托叶大而明显，基部鞘状，边缘开张，早落。球状花序；花单性，雌雄同株；雄花序头状没有苞片，雄花形小，萼片、花瓣3～8或不明显，雄蕊3～8，花丝短，药隔顶端膨大呈盾片状；雌花序头状有苞片，雌花有雌蕊3～8，离生，子房上位，长卵形，1室，胚珠1～2，花柱细长，常伸出于球状花序之外，柱头在内面。聚花果，球形，由许多倒圆锥状带角棱的小坚果组成，基部围以长毛；小坚果具1种子。种子条形，有少量的薄胚乳。

　　1属，8～11种。我国引种1属，3种。山东引种1属，3种。泰山有1属，3种。

一球悬铃木 美桐

Platanus occidentalis L.

一球悬铃木果枝

一球悬铃木

科　属　悬铃木科Platanaceae　悬铃木属Platanus L.

形态特征　落叶乔木。树皮灰褐色，片状剥落，内皮呈乳白色；嫩枝被黄褐色毛。单叶，互生；叶片阔卵形或近五角形，长10～22cm，3～5浅裂，裂片缘常有粗齿，中央的裂片通常宽大于长，基部截形、阔楔形或浅心形，下面初时被灰黄色绒毛，后脱落仅在脉上有毛，离基三出脉；叶柄长4～7cm，密被绒毛；托叶长2～3cm，上部常扩大呈喇叭形，早落。花序球形；单性；雌花具雌蕊4～6，离生。果序球单生，稀2球一串，直径3cm或更大，宿存花柱短，不足1mm；小坚果顶端钝，基部的绒毛长约为坚果的一半，不伸出于球状果序之外。花期5月上旬；果期9～10月。

生境分布　原产北美洲。各管理区及泰城公园、庭院及街道绿化常见引种栽培。

经济用途　是优良的公园树、庭院及街道绿化树种。

二球悬铃木　英国梧桐

Platanus acerifolia (Ait.) Willd.

1.花枝　2.带果序球的枝　3.小坚果

二球悬铃木

二球悬铃木果枝

科　　属　悬铃木科Platanaceae　悬铃木属Platanus L.

形态特征　落叶乔木。树皮灰绿色、灰白色或黄褐色，不规则的片状剥落，剥落后呈粉绿色，光滑；小枝常密生褐色柔毛，老枝秃净，红褐色。单叶，互生；叶片阔卵形或三角状卵形，长15～25cm，基部截形或心形，3～5裂近中部，中间的裂片阔三角形，长与宽近相等，裂缘有1～2锐粗牙或无，上面灰绿色，下面淡绿色，有灰黄色绒毛或无，离基三出脉；叶柄长3～10cm，密生黄褐色毛；托叶中等大，长1～1.5cm。花通常4基数。果序球形，直径约2.5cm，通常每2果序球生于1较长的果序柄上，并生或成串，稀3或单生，宿存花柱长2～3mm，刺状，坚果间的绒毛不伸出于球状果序之外。花期5月初；果期9～10月。

生境分布　此种是栽培形成的杂交种，起源于英国伦敦。各管理区及泰城公园、庭院及街道有引种栽培。

经济用途　是优良的公园树、庭院及街道绿化树。

三球悬铃木 悬铃木 法桐

Platanus orientalis L.

三球悬铃木果枝

科　　属　悬铃木科Platanaceae　悬铃木属Platanus L.

形态特征　落叶乔木。树皮灰褐至灰绿色，薄片状剥落；嫩枝有黄褐色毛，老枝无毛。单叶，互生；叶片阔卵形，长8～16cm，基部宽楔形、心形或截形，掌状5～7深裂，稀3裂，中间裂片长7～9cm，长明显大于宽，边缘有少数大粗齿，上下两面初被灰黄色绒毛，后脱落或仅残留在叶下面的主脉上，基出3～5脉；叶柄长3～8cm，圆柱形，基部膨大；托叶小，短于1cm，鞘状。花多4基数；雄性球形花序多无柄；雌性球形花序常有柄。果序球多3～7，稀2，直径2～2.5cm，宿存花柱长3～4mm，刺状；小坚果之间有长于坚果的黄色绒毛，伸出于果序球之外。花期4月下旬；果期9～10月。

生境分布　原产欧洲东部及亚洲西部。泰城及各管理区有少量引种栽培。

三球悬铃木　**经济用途**　是优良的公园树、庭院及街道绿化树种。

ROSACEAE

蔷薇科

　　草本、灌木或乔木，落叶或常绿。枝有刺或无。单叶或复叶，互生，稀有对生；通常明显有托叶。花两性，稀有单性；花辐射对称，周位花或上位花，花轴上端发育成碟状、钟状、杯状、坛状或圆筒形的花托；花托边缘着生花萼片、花瓣和雄蕊；花萼片与花瓣同数，通常4～5，覆瓦状排列，稀无花瓣，花萼片外有时有副萼；雄蕊通常多数，有时5枚，稀为1～2，花丝分离，稀为合生；雌蕊1至多数，分离或结合，子房上位、下位或半下位，每子房有1至数枚直立或悬垂的胚珠，花柱与心皮同数，有时连合，顶生、侧生或基生。果实为蓇葖果、瘦果、梨果或核果，稀为蒴果。种子多无胚乳，子叶肉质，背部隆起，稀为对褶或成席卷状。

　　95～125属，3300余种。我国55属，950种。山东有15属，53种，19变种；引种14属，66种，14变种，11变型。泰山有23属，86种，41变种，10变型，引进10种。

绣线菊　柳叶绣线菊

Spiraea salicifolia L.

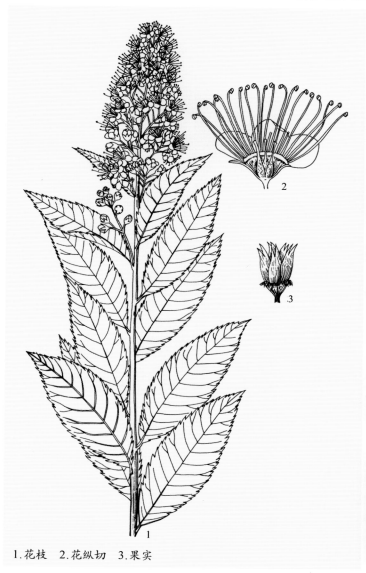

1.花枝　2.花纵切　3.果实

绣线菊　　　　　　　　　　　绣线菊花枝

科　　属　蔷薇科Rosaceae　绣线菊属Spiraea L.

形态特征　落叶灌木。小枝黄褐色，稍有棱角；冬芽卵形或长卵圆形，先端急尖，有数片褐色外露的鳞片。单叶，互生；叶片长圆状披针形至披针形，长4～8cm，宽1～2.5cm，先端急尖或渐尖，基部楔形，边缘密生锐锯齿，有时有重锯齿，两面无毛，羽状脉；叶柄无毛，长1～4mm。圆锥花序长圆形或金字塔形，顶生，长6～13cm，有细短柔毛；花梗长4～7mm；苞片披针形或条状披针形，微有细短柔毛；花萼钟状，萼片5，三角形，内面微被短柔毛；花瓣5，卵形，先端通常圆钝，长2～3mm，粉红色；雄蕊多数，长约为花瓣的2倍；花盘环形，有细圆齿状裂片；雌蕊5，离生，子房上位，有疏柔毛，花柱顶生，较雄蕊短。蓇葖果5，直立，有宿存花柱，宿存萼片反折。花期6～8月；果期8～9月。

生境分布　公园、庭院中有少量引种栽培。国内分布于黑龙江、吉林、辽宁、内蒙古等省（自治区）。

经济用途　花鲜艳美丽，供绿化观赏；蜜源植物。

粉花绣线菊　日本绣线菊

Spiraea japonica L. f. var. japonica

1.花枝　2.菁葖果　3.花纵剖

粉花绣线菊　　　　　　　　　　　　　　　　　　粉花绣线菊果枝

科　　属　蔷薇科Rosaceae　绣线菊属Spiraea L.

形态特征　落叶灌木。小枝近圆柱形，无毛或幼时有短柔毛；冬芽卵形，芽鳞数片。单叶，互生；叶片卵形至卵状椭圆形，长2～8cm，宽1～3cm，先端急尖至短渐尖，基部楔形，边缘有缺刻状重锯齿或单锯齿，上面暗绿色，无毛或沿叶脉有短柔毛，下面色浅或有白霜，沿叶脉常有短柔毛，羽状脉；叶柄长1～3mm，有短柔毛。复伞房花序，顶生，密生短柔毛；花梗长4～6mm；苞片披针形至条状披针形，下面有微毛；花直径4～7mm；花萼筒钟状，萼片5，三角形，先端急尖，外面有稀疏短柔毛，内面有短柔毛；花瓣5，卵形至圆形，先端通常圆钝，长2.5～3.5mm，粉红色；雄蕊多数，远长于花瓣；花盘环形，约有10片不整齐裂片；雌蕊5，离生，子房上位。菁葖果5，无毛或仅沿腹缝有稀疏柔毛。

生境分布　原产日本。山东农业大学树木园、山东农业大学校园及公园、庭院有引种栽培。

经济用途　供绿化观赏。

光叶粉花绣线菊（变种）Spiraea japonica L. f. var. fortunei（Planch.）Rehd.

本变种的主要特点是：植株较高大，叶片长圆状披针形，先端短渐尖，基部楔形，边缘有尖锐重锯齿，上面有皱纹，下面有白霜；花粉红色，花盘不发达。

各公园、庭院有引种栽培。国内分布于陕西、湖北、江苏、浙江、安徽、贵州、四川、云南等省。

供绿化观赏。

金山绣线菊（栽培变种）Spiraea japonica 'Gold Mound'

金焰绣线菊（栽培变种）Spiraea japonica 'Gold Flame'

此两类植物是由粉花绣线菊（S. japonica）与白花绣线菊（S. albiflora）杂交选育出的栽培变种，但其形态极相似于粉花绣线菊，唯叶片黄色，多为卵形，较小。

各公园、庭院有引种栽培。

供绿化观赏。

粉花绣线菊花枝

金山绣线菊花枝

光叶粉花绣线菊花枝

华北绣线菊　弗氏绣线菊　桦叶绣线菊

Spiraea fritschiana Schneid. var. fritschiana

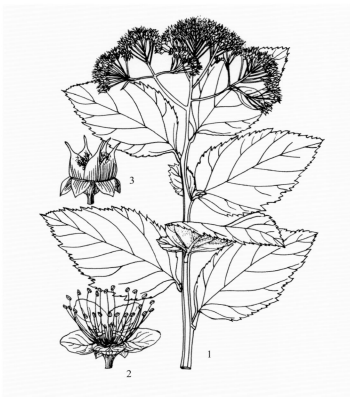

1.果枝　2.花　3.果实

华北绣线菊

华北绣线菊花枝

大叶华北绣线菊果枝

科　属　蔷薇科Rosaceae　绣线菊属Spiraea L.

形态特征　落叶灌木。嫩枝无毛或有疏短毛；冬芽卵形，鳞片褐色。单叶，互生；叶片卵形、椭圆卵形或椭圆状长圆形，长3～8cm，宽1.5～3.5cm，先端急尖或渐尖，基部宽楔形，边缘有不整齐重锯齿或单锯齿，上面深绿色，无毛，稀沿叶脉有稀疏短柔毛，下面浅绿色，有短柔毛，羽状脉；叶柄长2～5mm。复伞房花序，顶生；花梗长4～7mm；苞片披针形或条形；花萼筒钟状，萼片5，三角形，内面密被短柔毛；花瓣5，长2～3mm，白色，在芽中粉红色；雄蕊多数，长于花瓣；花盘环状，有8～10不等长的裂片；雌蕊5，离生，子房上位，有短柔毛，花柱顶生，短于雄蕊。蓇葖果5，张开，有宿存花柱，常有反折宿存萼片。花期6月；果期7～8月。

生境分布　产于各管理区。生于山谷丛林及岩石坡地。国内分布于河北、山西、陕西、甘肃、河南、江苏、浙江、湖北、四川等省。

经济用途　可栽培供绿化观赏。

大叶华北绣线菊（变种）Spiraea fritschiana Schneid. var. angulata（Schneid.）Rehd.

本变种的主要特点是：叶片长卵圆形，长2.5～8cm，宽1.5～3cm，两面无毛，基部圆形。

产地同原种。生于山坡杂木林和林缘多石地。国内分布于黑龙江、辽宁、河北、甘肃、安徽、江西、湖北等省。

用途同原变种。

小叶华北绣线菊（变种）Spiraea fritschiana Schneid. var. parvifolia Liou

本变种的主要特点是：叶片宽卵形、卵状椭圆形或近圆形，长1.5～3cm，宽1～2cm，两面无毛，基部圆形。

产地同原种。生于干燥山坡。国内分布于辽宁、河北等省。

用途同原变种。

麻叶绣线菊　麻叶绣球

Spiraea cantoniensis Lour.

麻叶绣线菊

麻叶绣线菊果枝

麻叶绣线菊花枝

科　属　蔷薇科Rosaceae　绣线菊属Spiraea L.
形态特征　落叶灌木。小枝细瘦，幼时暗红色；冬芽小，芽鳞数片。单叶，互生；叶片菱状披针形至菱状长圆形，长3～5cm，宽1.5～2cm，先端急尖，基部楔形，边缘自近中部以上有缺刻状锯齿，上面深绿色，下面灰蓝色，两面无毛，羽状叶脉；叶柄长4～7mm，无毛。伞形花序，有总梗，基部有数片叶；花梗长0.8～1.4cm；苞片条形；花萼筒钟状，萼片5，三角形或卵状三角形，外面无毛，内面微被短柔毛；花瓣5，近圆形或倒卵形，长与宽各2.5～4mm，白色；雄蕊多数，与花瓣等长或稍短；环形花盘有大小不等的圆形裂片；雌蕊5，离生，子房上位，近无毛，花柱短于雄蕊。蓇葖果5，直立开张，有花柱宿存，宿存的萼片直立开张。花期4～5月；果期7～9月。

生境分布　山东农业大学树木园、校园及各公园、庭院中常见引种栽培。国内分布于福建、浙江、江西、广东、广西等省（自治区）。

经济用途　供绿化观赏。

菱叶绣线菊　范氏绣线菊

Spiraea vanhouttei (Briot.) Carr.

菱叶绣线菊花枝

1.花枝　2.花纵切　3.果实

菱叶绣线菊

科　　属　蔷薇科Rosaceae　绣线菊属Spiraea L.

形态特征　落叶灌木。小枝红褐色；冬芽小，卵形，有数片芽鳞片。单叶，互生；叶片菱状卵形至菱状倒卵形，长1.5～3.5cm，宽0.9～1.8cm，先端急尖，基部楔形，常3～5裂，边缘有缺刻状重锯齿，两面无毛，上面暗绿色，下面浅蓝灰色，有不明显基出3脉；叶柄长3～5mm，无毛。伞形花序有总梗，基部有数片叶；花梗长0.7～1.2cm，无毛；苞片条形，无毛；花萼片5，萼筒及萼片外面无毛；花瓣5，近圆形，长与宽各3～4mm，白色；雄蕊多数，有不育雄蕊，长约为花瓣的1/2或1/3；花盘圆环形，有大小不等的裂片；雌蕊5，离生，子房上位，无毛。蓇葖果5，稍张开，宿存花柱近直立。花期5～6月。

生境分布　山东农业大学树木园及各公园、庭院有引种栽培。国内分布于江苏、广东、广西、四川等省（自治区）。

经济用途　供绿化观赏。

三裂绣线菊 三桠绣球

Spiraea trilobata L. var. *trilobata*

1.花枝　2.果枝　3.雄蕊　4.雌蕊　5.果实　6.叶

三裂绣线菊

三裂绣线菊果枝

三裂绣线菊花枝

科　　属　蔷薇科Rosaceae　绣线菊属Spiraea L.

形态特征　落叶灌木。小枝幼时褐黄色，老时暗灰褐色；冬芽小，芽鳞数片。单叶，互生；叶片近圆形，长1.7～3cm，宽1.5～3cm，先端钝，基部圆形、楔形或略呈心形，边缘自中部以上有少数圆钝锯齿，常3裂，明显的基出3～5脉。伞形花序有总梗，15～30花；花梗长0.8～1.3cm；苞片条形或倒披针形，上部细深裂；花直径6～8mm；萼筒钟状，萼片5，三角形，先端急尖，内面有疏短柔毛；花瓣5，宽倒卵形，先端常微凹，长宽均长为2.5～4mm；雄蕊多数，短于花瓣；花盘由大小不等约10裂片围成圆环；雌蕊5，离生，子房上位，花柱顶生稍斜，短于雄蕊。蓇葖果5，开张，有宿存花柱，宿存的萼片直立。花期5～6月；果期7～8月。

生境分布　产于各管理区。生于岩石缝、向阳坡地或灌木丛中。国内分布于黑龙江、辽宁、内蒙古、河北、山西、陕西、甘肃、河南、安徽等省（自治区）。

经济用途　可栽培为绿化观赏植物；根、茎含单宁，为鞣料植物。

毛叶三裂绣线菊（变种）Spiraea trilobata L. var. pubescens Yü

本变种的主要特点是：叶片下面、花梗及萼筒外面被短柔毛。产于泰山。生于山坡灌丛，林缘。国内分布于内蒙古、山西。用途同原变种。

绣球绣线菊　补氏绣线菊

Spiraea blumei G. Don

绣球绣线菊花枝

1.花枝　2.叶　3.花纵切　4.果实　5.雄蕊　6.雌蕊

绣球绣线菊

科　　属　蔷薇科Rosaceae　绣线菊属Spiraea L.

形态特征　落叶灌木。小枝深褐色或暗灰褐色，无毛；冬芽小，卵形，顶端急尖或圆钝，芽鳞数片。单叶，互生；叶片菱状卵形至倒卵形，长2～3.5cm，宽1～1.5cm，先端钝，基部楔形，边缘自近中部以上有少数圆钝缺刻状锯齿，上面绿色，下面浅蓝绿色，不明显的基出3脉或羽状脉。伞形花序有总梗，有20～25花；花梗长6～10mm；苞片披针形，无毛；花直径5～8mm；花萼筒钟状，萼片5，三角形或卵状三角形，内面有短柔毛；花瓣5，宽倒卵形，先端微凹，长2～3.5mm，宽几与长相等，白色；雄蕊18～20，短于花瓣；花盘有8～10较薄的裂片；雌蕊5，离生，子房上位，无毛，花柱短于雄蕊。蓇葖果5，较直立，宿存萼片直立。花期4～6月；果期8～10月。

生境分布　山东农业大学树木园有引种栽培。国内分布于辽宁、内蒙古、河北、山西、陕西、甘肃、河南、江苏、浙江、湖北等省（自治区）。

经济用途　供绿化观赏。

土庄绣线菊　柔毛绣线菊

Spiraea pubescens Turcz.

1.花枝　2.花纵切　3.果实　4.叶片下面

土庄绣线菊

土庄绣线菊果枝

土庄绣线菊花枝

科　　属　蔷薇科Rosaceae　绣线菊属Spiraea L.

形态特征　落叶灌木。小枝嫩时褐黄色，被短毛，老时灰褐色，无毛；冬芽卵形或近球形，芽鳞数片。单叶，互生；叶片菱状卵形至椭圆形，长2～4.5cm，宽1.3～2.5cm，先端急尖，基部宽楔形，边缘自中部以上有深刻锯齿，有时3裂，上面有疏柔毛，下面有灰色短柔毛，羽状脉；叶柄长2～4mm，有短柔毛。伞形花序有总梗，有多数花；花梗长0.7～1.2cm，无毛；苞片条形，有短柔毛；花直径5～7mm；花萼筒钟状，萼裂片5，三角形，外面无毛，内面有灰白色短柔毛；花瓣5，离生，卵形、宽倒卵形或近圆形，长与宽各2～3mm；雄蕊多数，与花瓣近等长；花盘由10裂片组成环形；雌蕊5，离生，子房上位，花柱顶生，短于雄蕊。蓇葖果5，除腹缝线外其余无毛，张开，有宿存花柱，宿存萼片直立。花期5～6月；果期7～8月。

生境分布　产于南天门管理区。生于干燥向阳山坡或半阴处、杂木林内。国内分布于黑龙江、吉林、辽宁、内蒙古、河北、山西、甘肃、安徽等省（自治区）。

经济用途　可栽培供绿化观赏。

直果绣线菊

Spiraea chinensis Maxim. var. erecticarpa Y. Q. Zhu et X. W. Li

直果绣线菊果枝

科　　属　蔷薇科Rosaceae　绣线菊属Spiraea L.

形态特征　落叶灌木。小枝呈拱形弯曲，红褐色，幼时被黄色绒毛，有时无毛；冬芽卵形，芽鳞数片，外被柔毛。单叶，互生；叶片菱状卵形至倒卵形，长2.5～6cm，宽1.5～3cm，先端急尖或圆钝，基部宽楔形或圆形，边缘有缺刻状粗锯齿，或具不明显3裂，上面暗绿色，被短柔毛，叶脉深陷，下面密被黄色绒毛，羽状脉；叶柄长4～10mm，被短绒毛。伞形花序具花16～25；花梗具短绒毛；苞片线形，被短柔毛；花直径3～4mm；花萼筒钟状，萼片5，卵状披针形，先端长渐尖，外面有稀疏柔毛，内面被短柔毛；花瓣5，近圆形，先端微凹或圆钝，长与宽2～3mm，白色；雄蕊22～25，短于花瓣或与花瓣等长；花盘波状圆环形或具不整齐的裂片；雌蕊5，离生，子房上位，有短柔毛，花柱顶生，短于雄蕊。蓇葖果5，直立或近直立，被短柔毛，几不开裂，有宿存花柱，宿存萼片直立，稀反折。花期3～6月；果期6～10月。

生境分布　产于泰山。生于海拔300m的山坡灌木丛。山东特有树种。

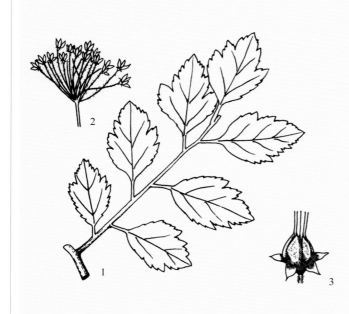

1.枝条　2.果枝　3.蓇葖果

直果绣线菊　**经济用途**　可栽培供绿化观赏。

金州绣线菊

Spiraea nishimurae Kitag.

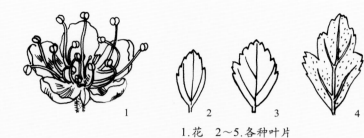

1.花　2~5.各种叶片

金州绣线菊

金州绣线菊果枝

科　　属　蔷薇科Rosaceae　绣线菊属Spiraea L.

形态特征　落叶灌木。枝细长，小枝呈"之"字形弯曲，灰褐色、深褐色或深紫褐色，嫩时被短柔毛；冬芽卵形，芽鳞数片，被柔毛。单叶，互生；叶片菱状卵形、椭圆形，稀倒卵形，长0.7~2.4cm，宽0.4~0.8cm，先端圆钝，基部楔形，边缘有粗钝锯齿，通常3裂，中间裂片较大，裂片上有钝锯齿，上面具稀疏短柔毛，下面具绢毛状短柔毛；叶柄长1~3mm，密生绢毛状短柔毛。伞形花序生于有叶的侧生小枝顶端；花梗长6~10mm，被柔毛；苞片线形，微被柔毛；花直径5~6mm；花萼筒钟状，萼片5，三角形，外面被柔毛，内面被柔毛；花瓣5，宽卵形或近圆形，先端圆钝或微凹，长2~3mm，宽几与长相等，白色；雄蕊20，短于花瓣或几与花瓣等长；花盘通常有10裂片；雌蕊5，离生，子房上位，腹部和基部有柔毛，花柱短于雄蕊。蓇葖果5，腹部和基部具柔毛，宿存萼片直立。花期6月；果期8月。

生境分布　产于南天门管理区。生于山坡、半阳处岩石上或疏林下。国内分布于辽宁、山西。

经济用途　可栽培为绿化观赏植物。

李叶绣线菊　笑靥花

Spiraea prunifolia Sieb. et Zucc.

李叶绣线菊

科　属　蔷薇科Rosaceae　绣线菊属Spiraea L.

形态特征　落叶灌木。小枝幼时被短柔毛，以后逐渐脱落；冬芽小，无毛，芽鳞数片。单叶，互生；叶片卵形至长圆状披针形，长1.5～3cm，宽0.7～1.4cm，先端急尖，基部楔形，边缘有细锐单锯齿，幼时上面有短柔毛，老时仅下面有短柔毛，羽状脉；叶柄有短柔毛，长2～4mm。伞形花序无总梗，有3～6花，基部有数小型叶片；花梗长6～10mm，有短柔毛；花直径1cm，白色、重瓣。花期4～5月。

生境分布　山东农业大学树木园及公园、庭院有引种栽培。国内分布于陕西、安徽、江苏、浙江、湖北、湖南、四川、贵州等省。

经济用途　花大多重瓣，为美丽的绿化观赏花木。

李叶绣线菊花枝

珍珠绣线菊　喷雪花

Spiraea thunbergii Sieb. et Bl.

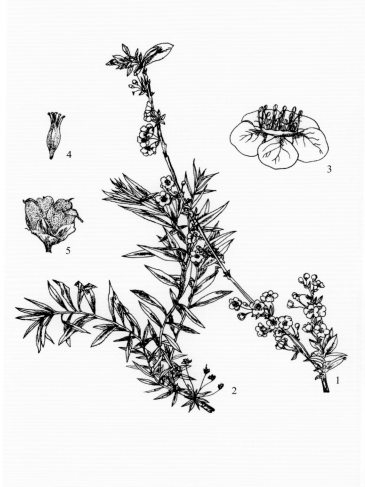

1.花枝　2.果枝　3.花　4.雌蕊　5.果实

珍珠绣线菊

珍珠绣线菊果枝

珍珠绣线菊花枝

科　　属　蔷薇科Rosaceae　绣线菊属Spiraea L.

形态特征　落叶灌木。枝条纤细而开展，呈弧形弯曲，小枝有棱角，幼时密被柔毛，褐色，老时红褐色，无毛；芽有芽鳞数片。单叶，互生；叶片条状披针形，长2～4cm，宽0.5～0.7cm，先端长渐尖，基部狭楔形，边缘有锐锯齿，两面无毛，羽状脉；叶柄极短或近无柄。伞形花序无总梗或有短梗，基部有数枚小叶片，每花序有3～7花；花梗长6～10mm；花直径5～7mm；花萼筒钟状，萼片5，三角形，内面有密短柔毛；花瓣5，宽倒卵形，长2～4mm，白色；雄蕊多数，长约为花瓣的1/3或更短；花盘环形，有10裂片；雌蕊5，离生，子房上位，花柱近顶生与雄蕊近等长。蓇葖果5，开张，有宿存花柱，宿存的萼片直立或反折。花期4～5月；果期7月。

生境分布　山东农业大学树木园、公园、庭院中有引种栽培。国内分布于华东地区。

经济用途　供绿化观赏。

无毛风箱果

Physocarpus opulifolius (L.) Maxim.

1. 植株上部　2. 花序　3. 花纵剖面

无毛风箱果

无毛风箱果花枝

无毛风箱果果枝

科　　属　蔷薇科Rosaceae　风箱果属Physocarpus（Cambessèdes）Rafinesque

形态特征　落叶灌木。树皮呈纵向剥裂；小枝圆柱形，稍弯曲，无毛或近无毛，幼时紫红色，老时灰褐色；冬芽卵形，先端尖，外被短柔毛。单叶，互生；叶片三角状卵形至宽卵形，长3～6cm，宽3～5cm，先端急尖或渐尖，基部楔形至宽楔形，常3裂，稀5裂，边缘有较钝的锯齿，基出3脉；叶柄长1～2.5cm，微有毛或近无毛；托叶条状披针形，边缘有不规则锐锯齿，早落。伞形总状花序；花序梗和花梗无毛或有稀疏柔毛；苞片早落；花萼无毛或有稀疏柔毛；花瓣椭圆形，白色；雄蕊多数，着生萼筒边缘，花药紫色；雌蕊2～4，仅基部合生，子房上位，无毛，花柱顶生。蓇葖果膨胀，无毛。花期6月；果期7～8月。

生境分布　原产北美。山东农业大学树木园及公园有引种栽培。

经济用途　供绿化观赏。

金叶风箱果（栽培变种）Physocarpus opulifolius 'Lutens'
本栽培变种的主要特点是：叶片金黄色。
公园有引种栽培。
供绿化观赏。
紫叶风箱果（栽培变种）Physocarpus opulifolius 'Summer Wine'
本栽培变种的主要特点是：叶片紫红色。
公园有引种栽培。

金叶风箱果果枝　　　　　　　　　　　　　　　　　　紫叶风箱果果枝

金叶风箱果花枝

华北珍珠梅

Sorbaria kirilowii (Regel) Maxim.

1.花枝　2.花纵切　3.果实　4.种子

华北珍珠梅

华北珍珠梅果枝

华北珍珠梅花枝

科　　属　蔷薇科Rosaceae　珍珠梅属Sorbaria（Ser. ex DC.）A. Br.

形态特征　落叶灌木。小枝幼时绿色，老时红褐色；冬芽卵形，红褐色。奇数羽状复叶，互生，连叶柄长21~25cm，具小叶13~21；小叶披针形至长圆披针形，长4~7cm，宽1.5~2cm，先端渐尖或长尖，基部圆形至宽楔形，边缘有尖锐重锯齿，两面无毛或仅脉间有毛，羽状网脉，侧脉多对，平行，小叶柄短或近无柄；托叶膜质，狭披针形。大型圆锥花序，顶生，直径7~11cm，长15~20cm；花直径5~7mm；花萼筒呈钟状，萼片5，与萼筒近等长，两面无毛；花瓣5，长4~5mm，白色；雄蕊20，与花瓣等长或稍短，着生于花盘边缘；雌蕊5，基部合生，子房上位，花柱稍侧生，稍短于雄蕊。蓇葖果5，无毛，宿存花柱稍侧生于蓇葖果背部，宿存萼片反折。花期6~7月；果期9~10月。

生境分布　中天门、桃花峪、南天门有引种。各公园、街道、庭院有引种栽培。国内分布于内蒙古、河北、山西、陕西、甘肃、青海、河南等省（自治区）。

经济用途　能耐阴，花期长，供绿化观赏。

珍珠梅　东北珍珠梅

Sorbaria sorbifolia (L.) A. Br.

珍珠梅花枝

科　　属　蔷薇科Rosaceae　珍珠梅属Sorbaria（Ser. ex DC.）A. Br.

形态特征　落叶灌木。小枝圆柱形，稍屈曲；冬芽卵形，顶端圆钝，紫褐色。奇数羽状复叶，互生，连叶柄长13～23cm，具小叶11～17；小叶对生，披针形至卵状披针形，长5～7cm，宽1.8～2.5cm，先端渐尖，稀尾尖，基部近圆形或宽楔形，稀偏斜，边缘有尖锐重锯齿，两面无毛或近无毛，羽状网脉，有侧脉12～16对，下面明显，小叶无柄或近无柄；托叶卵状披针形至三角状披针形，边缘有不规则锯齿或全缘，长0.8～1.3cm。大型密集圆锥花序，顶生，长10～20cm，直径5～12cm；花序梗和花梗有星状毛或短柔毛，果期逐渐脱落；苞片卵状披针形至条状披针形，长5～10mm，全缘或有浅齿，两面微有柔毛，果期逐渐脱落；花梗长5～8mm；花直径1～1.2cm；花萼筒钟状，外面基部微被短柔毛，萼片5，三角状卵形，约与萼筒等长；花瓣5，长圆形或倒卵形，长5～7mm，白色；雄蕊40～50，长于花瓣1.5～2倍，生于花盘边缘；雌蕊5，基部合生，子房上位，无毛或稍有柔毛，花柱顶生。蓇葖果5，长圆形，宿存花柱弯曲，宿存萼片反折，稀开展。花期7～8月；果期9月。

生境分布　各公园、街道、庭院有引种栽培。国内分布于黑龙江、吉林、辽宁、内蒙古等省（自治区）。

经济用途　供绿化观赏；枝条入药，治风湿性关节炎、骨折、跌打损伤。

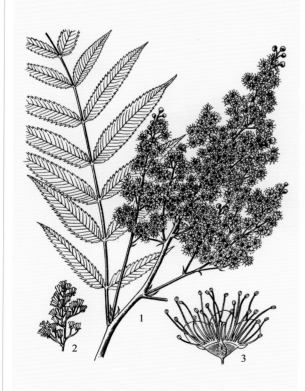

1.花枝　2.果序　3.花纵剖

珍珠梅

白鹃梅　金瓜果　茧子花

Exochorda racemosa (Lindl.) Rehd.

1. 花枝　2. 花纵切　3. 果枝

白鹃梅

白鹃梅花枝

白鹃梅果枝

科　属　蔷薇科Rosaceae　白鹃梅属Exochorda Lindl.

形态特征　落叶灌木。小枝微有棱，无毛。单叶，互生；叶片椭圆形、长椭圆形至长圆状倒卵形，长3.5～6.5cm，宽1.5～3.5cm，先端圆钝或急尖，稀有突尖，基部楔形或宽楔形，全缘，稀中部以上有钝锯齿，两面均无毛，羽状脉；叶柄短，长0.5～1.5cm，或近无柄；无托叶。总状花序，有6～10花，无毛；花梗长3～8mm，无毛；苞片小，宽披针形；花直径2.5～3.5cm；花萼筒浅钟状，无毛，萼片5，宽三角形，长约2mm，边缘有尖锐细锯齿，无毛，黄绿色；花瓣5，倒卵形，长约1.5cm，先端钝，基部有短爪，白色；雄蕊15～20，3～4成1束着生于花盘边缘，与花瓣对生；雌蕊1，由5心皮合生，子房上位，花柱5，分离。蒴果，倒圆锥形，无毛，有5脊；果梗长3～8mm。种子有翅。花期5月；果期6～8月。

生境分布　山东农业大学树木园有引种栽培。国内分布于河南、江苏、浙江、江西。

经济用途　春天开花，是公园及庭院美丽的绿化观赏花木；根皮、枝皮药用，治腰痛。

西北枸子

Cotoneaster zabelii Schneid.

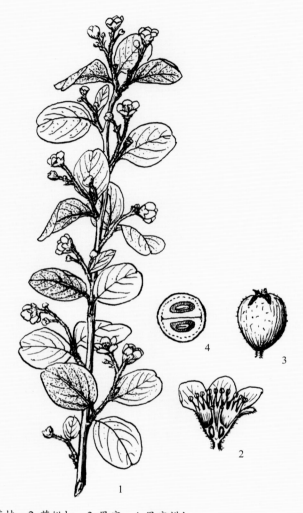

1.花枝　2.花纵切　3.果实　4.果实横切

西北枸子

西北枸子-果枝

西北枸子-花枝

科　　属　蔷薇科Rosaceae　枸子属Cotoneaster B. Ehrhart

形态特征　落叶直立灌木。枝条细瘦开展，直立性，深红褐色，幼时密生黄色柔毛。单叶，互生；叶片椭圆形至卵形，长1.2～3cm，宽1～2cm，先端钝圆，少数微尖或凹缺，基部圆形或宽楔形，全缘，上面有稀疏柔毛，下面密生黄色或灰色绒毛，羽状脉；叶柄长1～3mm，有柔毛；托叶披针形，初有毛，后脱落。聚伞花序由3～13花组成；花序梗比花梗略长，均有柔毛；花梗长2～4mm；花直径5～7mm；花萼筒钟状，外面有柔毛，萼片5，三角形，先端钝或尖，外面密被柔毛，内面无毛或在边缘有少数毛；花瓣5，倒卵形或近圆形，粉红色；雄蕊18～20，较花瓣短；雌蕊1，花柱2，离生，短于雄蕊。果实倒卵形至卵状球形，径7～8mm，鲜红色；萼片宿存；具2骨质核。花期5～6月；果期8～9月。

生境分布　产于桃花源、玉泉寺、天烛峰管理区。生于较高海拔的山坡、沟谷、悬崖等背阴处及林下，有时形成灌丛。国内分布于河北、山西、陕西、甘肃、宁夏、青海、河南、湖北、湖南等省（自治区）。

经济用途　是保土植物；枝条供编织；果含淀粉；种子可榨油；可供绿化观赏。

221

平枝栒子　爬地蜈蚣

Cotoneaster horizontalis Dcne.

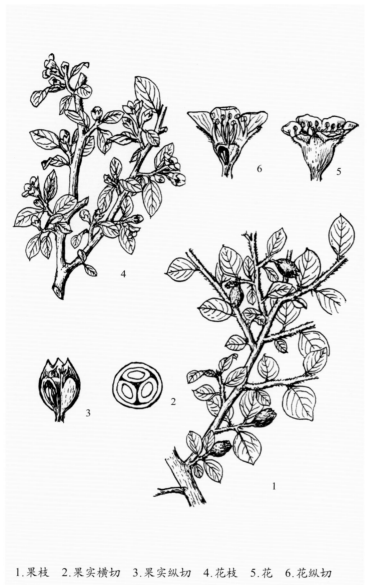

1.果枝　2.果实横切　3.果实纵切　4.花枝　5.花　6.花纵切

平枝栒子

平枝栒子果枝

平枝栒子花枝

科　　属　蔷薇科Rosaceae　栒子属Cotoneaster B. Ehrhart

形态特征　半常绿灌木。枝2列水平开展，匍匐状；小枝圆柱状，灰黑色，幼时被糙伏毛，后脱落。单叶，互生；叶片宽椭圆形、圆形或倒卵形，长0.5～1.4cm，宽0.4～0.9cm，先端急尖，基部楔形，全缘，上面无毛，下面疏生有平伏的柔毛，羽状脉；叶柄长1～3mm，有柔毛；托叶钻形，早落。花单生或2花并生，近无花梗；花直径5～7mm；花萼筒钟状，外有稀疏短毛，萼片5，三角形，先端急尖，内面边缘有柔毛；花瓣5，倒卵形，先端圆，直立，粉红色；雄蕊10～12，短于花瓣；雌蕊1，子房下位，花柱3，有时为2，离生。梨果近球形，直径4～6mm，鲜红色；多具骨质核3。花期5～6月；果期9～10月。

生境分布　泰安苗圃及公园有引种栽培。国内分布于陕西、甘肃、湖北、湖南、四川、云南、贵州。

经济用途　供绿化观赏，适做庭院地面配植及盆景材料；植株及根可药用。

山楂　酸楂

Crataegus pinnatifida Bge. var. pinnatifida

1.花枝　2.花　3.雄蕊　4.柱头　5.果实　6.果核

山楂

山楂果枝

科　　属　蔷薇科Rosaceae　山楂属Crataegus L.

形态特征　落叶乔木。树皮灰褐色至暗灰色，浅纵裂；小枝圆柱形，紫褐色，无毛或近无毛。单叶，互生；叶片宽卵形至三角状卵形，稀菱状卵形，长5～10cm，宽4～7.5cm，先端短渐尖，基部截形至宽楔形，叶缘两侧各有3～5羽状裂片，裂缘有不规则的重锯齿，叶上面光滑，下面有时沿叶脉疏生短柔毛，羽状脉，侧脉6～10对，分别伸长达齿端和裂隙；叶柄长2～6cm，无毛；托叶半圆形或镰形，边缘有腺质锯齿。伞房花序，多由10数花组成；花序梗及花梗初有柔毛，后脱落；在花梗上常有膜质苞片，条状披针形，缘有尖齿；花直径约1.5cm；花萼筒钟状，外面有灰白毛，萼片5，三角状卵形至披针形，内外无毛或在内面先端具髯毛；花瓣5，倒卵形或圆形，白色；雄蕊20，比花瓣略短；雌蕊子房下位，花柱3～5。梨果近球形，径1～1.5cm，熟时红色或橙红色，有白色或褐绿色的皮孔点；具3～5骨质核，核两内侧面平滑。花期5～6月；果期9～10月。

生境分布　产于红门、竹林寺、药乡、南天门、天烛峰等管理区。生于海拔800m以下的山坡灌丛及林缘，或各地有栽培，常在山坡、地堰或农田内形成片状或带状果园。国内分布于黑龙江、辽宁、内蒙古、河北、山西、陕西、河南、江苏等省（自治区）。

经济用途　果实可生食及加工成各种山楂食品；药用制成饮片，有消积、化痰、降血压等效用；可供绿化观赏；是嫁接山里红的砧木。

常见有以下变种：
山里红　大果山楂（变种）Crataegus pinnatifida Bge. var. major N. E. Br.
本变种的主要特点是：叶片形大而厚，羽裂较浅；果大型，直径多在2.5cm左右，熟时深红色，有光泽。
各地栽培的品种多为此变种。
是山楂生产的主要树种。可供绿化观赏。
无毛山楂　秃山楂（变种）Crataegus pinnatifida Bge. var. psilosa Schneid.
本变种的主要特点是：叶片下面、叶柄、花序梗及花梗均无毛。
产于红门、竹林寺等管理区。生于山坡灌丛。国内分布于黑龙江、吉林、辽宁等省。
可作为抗寒耐湿的山楂育种种质资源。

山楂花枝

山里红果枝

山东山楂

Crataegus shandongensis F. Z. Li et W. D. Peng

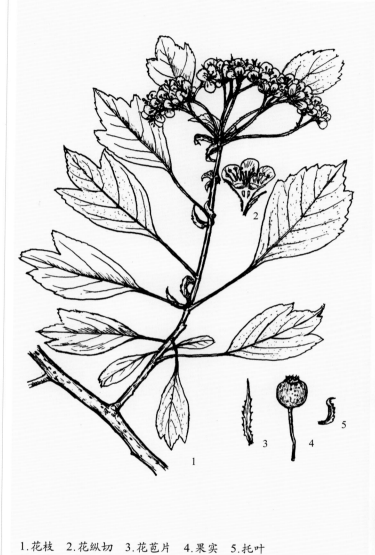

1.花枝 2.花纵切 3.花苞片 4.果实 5.托叶

山东山楂

山东山楂果枝

山东山楂花枝

科　　属　蔷薇科Rosaceae　山楂属Crataegus L.

形态特征　落叶灌木。枝灰褐色，无毛，刺较粗壮；小枝紫褐色，初被疏柔毛，后脱落。单叶，互生；叶片倒卵形或长椭圆形，长4～8cm，宽2～4cm，先端渐尖，基部楔形，上部3裂，稀5裂或不裂及不规则的重锯齿，上面除中脉处有稀疏柔毛外余皆光滑，下面有疏柔毛，沿脉处较密，羽状脉；叶柄长2～4cm，有狭翅；托叶镰状，有腺齿。复伞房花序，有7～18花；花序梗及花梗均有白柔毛；苞片条状披针形，缘有腺齿，早落；花径约2cm；花萼筒外面及萼片先端密被白色柔毛，有时近无毛，萼片5；花瓣5，白色；雌蕊子房下位，花柱5。梨果球形，直径1～1.5cm，熟时红色；宿存萼片反折；具5骨质核，核两侧扁平，背部有沟槽。花期5月；果期9～10月。

生境分布　产于红门、南天门管理区。生于山坡灌丛。山东特有树种。

经济用途　用途同山楂；可作为嫁接山里红的砧木。

细圆齿火棘

Pyracantha crenulata (D. Don) Roem.

1.花枝　2.果实

细圆齿火棘果枝

细圆齿火棘　　　　　　　　　　　　　　　　细圆齿火棘花枝

科　　属　蔷薇科Rosaceae　火棘属Pyracantha Roem.

形态特征　常绿灌木或小乔木。枝深灰色，短枝呈刺状。单叶，互生；叶片革质，长圆形至倒披针状长圆形，稀卵状披针形，长2～7cm，宽0.8～1.8cm，先端通常急尖，有时有小尖头，基部宽楔形或圆形，锯齿细圆，或有疏锯齿，近基部全缘，两面无毛，上面中脉凹下，暗绿色，下面淡绿色，中脉突起，羽状脉；叶柄长3～7mm。复伞房花序顶生，直径3～5cm；花序梗基部初被褐色毛，后脱落；花梗长0.4～1cm，初有毛，后脱落；花直径6～9mm；花萼筒钟状，无毛，萼片5，裂片三角形，微被毛；花瓣5，圆形，长4～5mm，有短爪；雄蕊20，花药黄色；雌蕊子房半下位，上部密被白毛，花柱5，离生，与雄蕊近等长。梨果球形，直径3～8mm，熟时橘黄或橘红色。花期3～5月；果期9～10月。

生境分布　山东农业大学树木园、泰安林业科学院有引种栽培。国内分布于陕西、江苏、湖北、湖南、广东、广西、四川、云南、贵州。

经济用途　供绿化观赏，或作为绿篱及果篱；果含淀粉，可食及酿酒用；叶可代茶。

火　棘

Pyracantha fortuneana (Maxim.) Li

火棘

火棘果枝

火棘花枝

科　　属　蔷薇科 Rosaceae　火棘属 Pyracantha Roem.

形态特征　常绿灌木。侧枝短，先端呈刺状，嫩枝外被锈色短柔毛，老枝暗褐色，无毛；芽小，外被短柔毛。单叶，互生；叶片革质，倒卵形或倒卵状长圆形，长 1.5～6cm，宽 0.5～2cm，先端圆钝或微凹，有时具短尖头，基部楔形，下延连于叶柄，边缘有钝锯齿，齿尖向内弯，近基部全缘，两面无毛，羽状脉；叶柄短，无毛或嫩时有柔毛。花集成复伞房花序，直径 3～4cm；花序梗和花梗近无毛；花梗长约 1cm；花直径约 1cm；花萼筒钟状，无毛，萼片 5，三角卵形，先端钝；花瓣白色，近圆形，长约 4mm；雄蕊 20，花丝长 3～4mm，花药黄色；雌蕊子房半下位，上部密生白色柔毛，花柱 5，离生，与雄蕊等长。梨果近球形，直径约 5mm，橘红色或深红色。花期 3～5 月；果期 8～11 月。

生境分布　公园、庭院有引种栽培。国内分布于陕西、河南、江苏、浙江、福建、湖北、湖南、广西、四川、云南、贵州、西藏。

经济用途　供绿化观赏；果实磨粉可代食品。

石　楠

Photinia serratifolia (Desf.) Kalkman

石楠果枝　　　　　　　　　　　　　　　　　　　　　　　　　石楠花枝

科　　属　蔷薇科Rosaceae　石楠属Photinia Lindl.

形态特征　常绿大灌木。老枝褐灰色，幼枝绿色或红褐色，无毛。单叶，互生；叶片厚革质，长椭圆形、长倒卵形或倒卵状椭圆形，长9～22cm，宽3～6.5cm，先端尾尖或短尖，基部圆形或宽楔形，缘疏生腺质细锯齿，有时在萌发枝上锯齿为刺针状，上面光绿色，下面淡绿色，光滑或幼时中脉处有毛，老叶两面无毛，羽状脉，侧脉25～30对；叶柄长2～4cm，粗壮，初有绒毛，后变无毛。复伞房花序由30～40花组成，顶生；花序梗及花梗均无毛；花梗长3～5mm；花直径6～8mm；花萼筒杯状，萼片5，阔三角形，长约1mm，淡绿色，无毛；花瓣5，近圆形，白色，无毛；雄蕊20，2轮，外轮较花瓣长，内轮较花瓣短；雌蕊1，子房半下位，子房顶端有柔毛，花柱2～3，基部合生。梨果球形，径5～6mm，熟时紫红色，有光泽；种子卵形，长约2mm，棕色。花期4～5月；果期10月。

生境分布　山东农业大学树木园及公园、庭院多有引种栽培。国内分布于陕西、甘肃、河南、安徽、江苏、浙江、福建、台湾、江西、湖北、湖南、广东、广西、四川、云南、贵州等省（自治区）。

经济用途　供绿化观赏；种子可榨油；根、叶可入药，为强壮剂及利尿剂，有镇静解热的作用。

红叶石楠　费氏石楠　红芽石楠Photinia × fraseri Dress
该植物是石楠（P. serratifolia）和光叶石楠（P. glabra）杂交选育出的栽培品种的总称，主要品种有红罗宾、红唇、鲁宾斯等。其主要特点是：常绿，叶春、秋、冬三季呈红色，在夏季高温时节，叶片转为亮绿色。
各公园、庭院、绿地有引种栽培。
供绿化观赏。
红罗宾石楠Photinia × fraseri 'Red Robin'
本栽培变种的主要特点是：叶片长12～20cm，叶缘锯齿比其他品种明显；个体比其他品种大。
各公园、庭院、绿地有引种栽培。
供绿化观赏。
红唇石楠Photinia × fraseri 'Red Tip'
本栽培变种的主要特点是：叶片长7～10cm，叶先端锐尖，叶缘有整齐的小锯齿。
各公园、庭院、绿地有引种栽培。
供绿化观赏。
鲁宾斯石楠Photinia × fraseri 'Rubens'
本栽培变种的主要特点是：叶片相对较小，一般长为9cm左右；春季叶片显红的时间比其他品种要早7～10天，红叶的时间比其他品种长10天左右。
各公园、庭院、绿地有引种栽培。
供绿化观赏。

1.果枝　2.果实　3.果实横切　4.果实纵切　5.雄花　6.两性花纵切

石楠

红罗宾石楠

红唇石楠花枝

贵州石楠　楞木石楠

Photinia bodinieri Lévl.

1. 枝　2. 果实

贵州石楠果枝

贵州石楠　　　　　　　　　　　　　贵州石楠花枝

科　　属　蔷薇科 Rosaceae　石楠属 Photinia Lindl.

形态特征　常绿乔木。小枝紫褐色或灰色，幼时有稀疏平贴柔毛，短枝常有刺。单叶，互生；叶片革质，卵形、倒卵形、长圆形或倒披针形，少数椭圆形，长 4.5～15cm，宽 1.5～5cm，先端急尖、渐尖或尾尖，基部楔形，边缘有带腺的细锯齿而略反卷，两面无毛，幼时沿中脉有贴生柔毛，羽状脉，侧脉约 10 对；叶柄长 0.8～1.5cm，无毛。复伞房花序，顶生；花序梗和花梗有平贴短柔毛；花梗长 5～7mm，花直径 10～12mm；花萼筒浅杯状，外面有疏生平贴短柔毛，萼片 5，宽三角形，长约 1 mm；花瓣 5，白色，圆形，内面无毛；雄蕊 20，较花瓣短；雌蕊子房半下位，花柱 2～3，基部合生，密被白色长柔毛。梨果球形或卵形，直径 7～10mm，黄红色，无毛。

生境分布　山东农业大学树木园有引种栽培。国内分布于陕西、安徽、江苏、浙江、福建、江西、湖北、湖南、广东、广西、四川、云南、贵州等省（自治区）。

经济用途　供绿化观赏。

枇 杷

Eriobotrya japonica (Thunb.) Lindl.

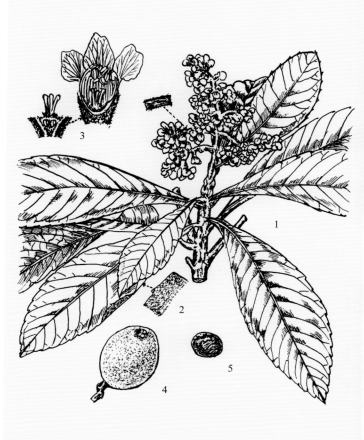

1.花枝　2.叶背一部（示绒毛）　3.花纵切（示雄蕊群及子房下位）　4.果实　5.果核

枇杷

枇杷果枝

枇杷花枝

科　　属　蔷薇科Rosaceae　枇杷属Eriobotrya Lindl.

形态特征　常绿小乔木。树皮灰黑色，不裂；小枝密被锈褐色或灰棕色绒毛。单叶，互生；叶片披针形、倒披针形、倒卵形或椭圆状长圆形，长12～30cm，宽3～9cm，先端急尖或渐尖，羽状脉，侧脉11～21对；叶柄长0.6～1cm，有灰棕色绒毛；托叶钻形。圆锥花序，顶生，长10～19cm；花序梗及花梗都密被锈色绒毛；花梗长2～8mm；苞片钻形，长2～5mm，密被锈色绒毛；花直径1.2～2cm；花萼筒杯状，萼片5，三角状卵形，长2～3mm，外被锈色绒毛；花瓣5，白色，长圆形或近卵形，先端有凹缺，基部有爪；雄蕊20，花丝基部扩展，远较花瓣短；雌蕊1，子房下位，5室，每室2胚珠，花柱5，离生，无毛。梨果球形或长圆形，直径2～5cm，熟时黄色或橘黄色，初有毛，后脱落，有宿存花萼；具种子1～5。种子球形或扁球形，径1～1.5cm，褐色，有光泽，种皮纸质。花期8～10月；果在泰山罕见。

生境分布　岱庙、山东农业大学树木园和校园、公园及庭院有引种栽培。国内分布于陕西、甘肃、河南、安徽、江苏、浙江、福建、台湾、江西、湖北、湖南、广东、广西、四川、云南、贵州等省（自治区）。

经济用途　供绿化观赏；果可生食或做蜜饯和酿酒；木材坚韧，结构细，适作细木工艺品用；叶、花、果、种仁及根供药用，有止咳、化痰和胃的功效；蜜源植物。

水榆花楸　水榆

Sorbus alnifolia (Sieb. et Zucc.) K. Koch

水榆花楸果枝

1.果枝　2.果实　3.果实横切　4.种核　5.花枝　6.花

水榆花楸

水榆花楸花枝

科　　属　蔷薇科Rosaceae　花楸属Sorbus L.

形态特征　落叶乔木或大灌木。树皮暗灰褐色，平滑不裂；小枝圆柱形，幼时微有绒毛及灰白色的皮孔点，二年生的枝暗红褐色；冬芽卵形，鳞片红褐色，无毛。单叶，互生；叶片卵形至椭圆形，长5～15cm，宽3～6cm，先端短渐尖，基部宽楔形至圆形，缘有不整齐的单锯齿或重锯齿，羽状脉，侧脉6～10对，常上面凹陷并直达齿尖；叶柄长1.5～3cm，无毛或具稀疏柔毛；托叶细长披针形，边缘有齿，早落。复伞房花序，由6～25花组成；花序梗及花梗有稀疏柔毛；花梗长6～12mm；花萼筒钟状，萼片5，三角形，先端急尖，外面无毛，内密被白绒毛；花瓣5，卵形或近圆形，长5～7mm，先端钝圆，白色；雄蕊20，略短于花瓣；雌蕊1，子房下位，花柱2～3，在基部或中部以下合生，无毛。梨果椭圆形或卵形，长10～13mm，径7～10mm，熟时黄色或橙红色，有光泽或有少数细小的皮孔点，萼片脱落后先端残留环状斑痕。花期5月；果期8～9月。

生境分布　产于桃花源、南天门、玉泉寺管理区。生于海拔500m以上的山坡、悬崖、沟底杂木林，有时也呈灌丛状。国内分布于黑龙江、辽宁、吉林、河北、陕西、甘肃、河南、安徽、浙江、江西、湖北、四川等省。

经济用途　木材可做器具、家具、车辆等。果实可酿酒及制果酱；白花、红果、秋叶变色，可供绿化观赏。

花楸树　百花山花楸

Sorbus pohuashanensis (Hance) Hedl.

1. 花枝　2. 花纵切　3. 果枝　4. 花瓣　5. 雄蕊　6. 雌蕊

花楸树果枝

花楸树

花楸树花枝

科　属　蔷薇科 Rosaceae　花楸属 Sorbus L.

形态特征　落叶乔木或灌木。树皮紫灰褐色；小枝灰褐色，光滑无毛或仅幼嫩时有毛；芽红褐色，鳞片外被灰白色绒毛。奇数羽状复叶，互生，连叶柄在内长 12～20cm，具小叶 11～15，叶轴初有白色绒毛，后变近无毛；小叶片卵状披针形或椭圆状披针形，长 3～5cm，宽 1.4～1.8cm，先端急尖或短渐尖，基部略圆形偏斜，边缘有锯齿，基部或中部以下近全缘，上面绿色，有稀疏毛或近无毛，下面苍白色，有稀疏或密的绒毛，羽状脉，侧脉 9～16 对；叶柄长 2.5～5cm；托叶宽卵形，边缘有粗锯齿。复伞房花序较密集；花序梗和花梗初有绒毛，后脱落；花梗长 3～4mm，花直径 6～8mm；花萼筒钟状，萼片 5，三角形，内外两面均有绒毛；花瓣 5，宽卵形或近圆形，先端钝，白色，两面微有柔毛；雄蕊 20；雌蕊 1，子房下位，花柱 3，离生，基部有短柔毛。梨果近球形，径 6～8mm，熟时橘红色，闭合的宿存萼片不凹陷。花期 6 月；果期 9～10 月。

生境分布　产于桃花源、南天门、玉泉寺管理区。多生于海拔 600m 以上的阴坡、山顶或沟底。国内分布于黑龙江、吉林、辽宁、内蒙古、河北、山西、陕西、甘肃、河南等省（自治区）。

经济用途　木材可做家具。果可酿酒、制果酱及入药；花、叶美丽，入秋红果累累，可供绿化观赏。

233

泰山花楸

Sorbus taishanensis F. Z. Li et X. D. Chen

泰山花楸花枝

泰山花楸　　　　　　　　　　　　　　　　泰山花楸果枝

1.叶枝　2.果枝

科　　属　蔷薇科Rosaceae　花楸属Sorbus L.

形态特征　落叶小乔木。枝灰褐色，有稀疏皮孔；嫩枝红褐色，无毛；冬芽长卵形，鳞片暗红色，先端被白色柔毛。奇数羽状复叶，互生，具小叶11～13；小叶片长圆形或倒卵状椭圆形，长4～6cm，宽2～2.5cm，顶生及基部的1对稍小，先端渐尖，基部圆形，两侧不对称，边缘自基部1/3以上有锐锯齿，上面绿色，无毛，下面沿主脉有白色柔毛，后脱落，羽状脉，侧脉9～12对，在小叶片的基部生有1～2小叶；叶柄长3～6cm，无毛；托叶半圆形，有粗锯齿，质地薄。复伞房花序，花稍稀疏，顶生；花序梗和花梗疏被毛，后脱落；花直径约1cm；花萼筒钟状，萼片5，三角形，外面无毛，内面微被柔毛；花瓣5，卵圆形，先端圆钝，白色，内面中部被白色长柔毛；雄蕊25；雌蕊1，子房下位，花柱5，基部被白色柔毛。梨果长圆球形，长7～9mm，宽5～6mm，熟时红色，先端的宿存萼片内折闭合，凹陷。花期5月中旬；果期9～10月。

生境分布　产于玉泉寺管理区。生于海拔1200m以上的山坡处。山东特有树种。

经济用途　用途同花楸树。

木 瓜

Chaenomeles sinensis (Thouin) Koehne

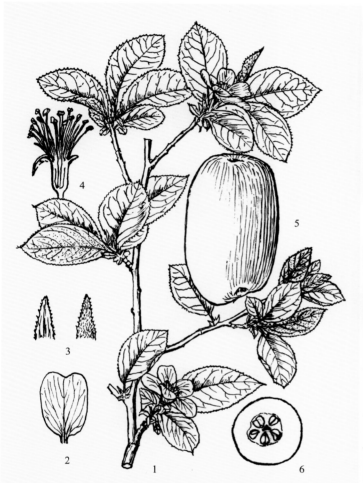

木瓜果枝

1.花枝 2.花瓣 3.萼片先端（示内外毛的状况） 4.花纵切
（去掉花冠） 5.果实 6.果实横切

木瓜   木瓜花枝

科　属　蔷薇科Rosaceae　木瓜属Chaenomeles Lindl.

形态特征　落叶小乔木。树皮灰色，片状剥落，现出黄绿块斑；枝紫褐色，无短刺，幼枝微被柔毛。单叶，互生；叶片革质，椭圆状卵形或长椭圆形，长5～8cm，宽3.5～5.5cm，先端急尖，基部宽楔形或圆形，有刺芒状的细腺齿，上面深绿色，有光泽，下面淡绿色，嫩时密被黄白色的厚绒毛，羽状脉；叶柄长5～10mm，微被毛；托叶卵状披针形，膜质。花单生于叶腋；花梗粗短，长5～10mm；花直径2.5～3cm；花萼筒钟状，萼片5，三角状披针形，外面无毛，内密生淡褐色绒毛；花瓣5，卵圆形，淡粉红色；雄蕊多数；雌蕊子房下位，花柱3～5，基部合生，常被绒毛。梨果长圆状卵形，长10～15cm，径5～7cm，熟时暗黄色，果皮光滑，木质，有浓香气；果梗长不足0.5cm。花期4～5月；果期9～10月。

生境分布　岱庙、山东农业大学树木园、公园、庭院、果园及花圃有引种栽培。国内分布于陕西、安徽、江苏、浙江、江西、湖北、广东、广西等省（自治区）。

经济用途　供绿化观赏；果熟后香气持久，可观赏及药用；果经水煮后可做蜜饯、果酱等食品；木材坚硬致密，可作为优良家具及工艺品材。

毛叶木瓜

Chaenomeles cathayensis (Hemsl.) Schneid.

毛叶木瓜果枝

毛叶木瓜

毛叶木瓜花枝

科　　属　蔷薇科Rosaceae　木瓜属Chaenomeles Lindl.

形态特征　灌木至小乔木。枝直立，有刺，小枝微屈曲，紫褐色，无毛，皮孔疏生。单叶，互生；叶片近革质，椭圆形、披针形至倒卵状披针形，长5～11cm，宽2～4cm，先端急尖或渐尖，基部楔形至宽楔形，有细芒状的细尖锯齿，有时下部稀疏，近全缘，上面光绿色，幼叶下面密被灰褐色绒毛，羽状脉；叶柄长1cm左右；托叶肾形、耳形或半圆形。常2～3花簇生于枝上，先叶开放；花近无梗，直径2～4cm；花萼筒钟状，萼片5，直立，卵圆形至椭圆形，先端钝或截形，全缘或有浅齿及黄褐色的睫毛；花瓣5，倒卵形或近圆形，浅红色或白色；雄蕊多数；雌蕊1，子房下位，花柱5，基部合生，在下半部有柔毛或绵毛。梨果卵状球形或圆柱形，顶端常有5突起，长8～12cm，径6～7cm，熟时黄色，有红晕，气味芳香。花期3～5月；果期9～10月。

生境分布　山东农业大学树木园，各公园、庭院有引种栽培。国内分布于陕西、甘肃、江西、湖北、湖南、广西、四川、云南、贵州等省（自治区）。

经济用途　供绿化观赏；果实可作木瓜的代用品。

皱皮木瓜 贴梗海棠

Chaenomeles speciosa (Sweet) Nakai

皱皮木瓜果枝

1. 叶枝（示托叶） 2. 花枝 3. 花纵切 4. 果实 5. 果实横切

皱皮木瓜

皱皮木瓜花枝

科　属　蔷薇科Rosaceae　木瓜属Chaenomeles Lindl.

形态特征　落叶灌木。枝条较疏展，小枝圆柱状，常有锥刺状的短枝，紫褐色或褐色，无毛，皮孔淡褐色，疏生。单叶，互生；叶片卵形至椭圆形，稀长椭圆形，长3～9cm，宽1.5～5cm，先端急尖，稀圆钝，基部楔形至阔楔形，边缘有锐锯齿，齿尖开张，上面绿色，无毛，下面淡绿色，无毛或仅沿脉上有短毛，羽状脉；叶柄长约1cm；托叶大，肾形或半圆形，边缘有尖细锯齿。3～5花簇生，先叶开放；花梗短或近无梗；花径～5cm；花萼筒钟状，萼片5，直立，半圆形及卵圆形，全缘或有波状齿，无毛；花瓣5，倒卵形或近圆形，基部常有爪，先端钝圆，鲜红色、粉红色及白色；雄蕊多数；雌蕊1，子房下位，花柱5，基部合生，基部无毛或稍有毛。梨果球形或卵状球形，径2～3cm，常有3～5棱，熟时黄色或黄绿色，上有稀疏斑点，萼片脱落；果梗短或近无梗。花期4月；果期9～10月。

生境分布　岱庙、山东农业大学树木园和校园及公园、庭院有引种栽培。国内分布于陕西、甘肃、广东、四川、云南、贵州等省。

经济用途　供绿化观赏；果干制后可入药，有祛风、舒筋、镇痛、消肿、顺气等功效。

日本木瓜　倭海棠

Chaenomeles japonica (Thunb.) Lindl. & Spach

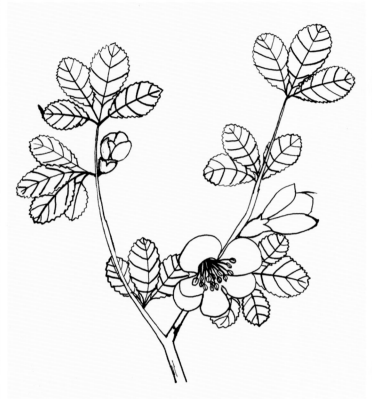

日本木瓜

日本木瓜果枝

日本木瓜花枝

科　　属　蔷薇科Rosaceae　木瓜属Chaenomeles Lindl.

形态特征　矮灌木。枝有细刺；小枝粗糙，圆柱形，幼时具绒毛，紫红色，二年生枝条有疣状突起，黑褐色，无毛；冬芽三角卵形，先端急尖，无毛，紫褐色。单叶，互生；叶片倒卵形、匙形至宽卵形，长3～5cm，宽2～3cm，先端圆钝，稀微有急尖，基部楔形或宽楔形，边缘有圆钝锯齿，齿尖向内合拢，无毛，羽状脉；叶柄长约5mm，无毛；托叶肾形有圆齿，长1cm。花3～5簇生；花梗短或近无梗；花径2.5～4cm；花萼筒钟状，外面无毛，萼片5，卵形，稀半圆形，长4～5mm，比萼筒约短一半，先端急尖或圆钝，边缘有不明显锯齿，外面无毛，内面基部有褐色短柔毛和睫毛；花瓣5，倒卵形或近圆形，基部延伸成短爪，长约2cm，红色或白色；雄蕊多数，长约为花瓣之半；雌蕊1，子房下位，花柱5，基部合生，无毛，柱头头状，有不明显分裂，约与雄蕊等长。梨果近球形，直径3～4mm，黄色，萼片脱落；果梗短或近无梗。花期3～6月；果期8～10月。

生境分布　原产日本。多有引种栽培。

经济用途　供绿化观赏。

日本木瓜花枝

白 梨 罐梨 梨树

Pyrus bretschneideri Rehd.

白梨

1.花枝 2.花纵切 3.果枝 4.果横切

白梨果枝

白梨花枝

科　属　蔷薇科 Rosaceae　梨属 Pyrus L.

形态特征　落叶乔木。树皮灰黑色，呈粗块状裂；枝圆柱形，微屈曲，黄褐色至紫褐色，幼时有密毛；芽鳞棕黑色，边缘或先端微有毛。单叶，互生；叶片卵形至椭圆状卵形，长5～11cm，宽3.5～6cm，先端渐尖或短尾状尖，基部宽楔形，边缘有尖锯齿，齿尖刺芒状，微向前贴附，上下两面有绒毛，后脱落，羽状脉；叶柄长3～7cm，幼时密被绒毛，后脱落；托叶条形至条状披针形，缘有腺齿。伞形总状花序由6～10花组成；花序梗和花梗幼时有绒毛，后脱落；花梗长1.5～3cm；苞片膜质，条形，长1～1.5cm，内面密被褐色绒毛；花直径2～3.5cm；花萼片5，三角状披针形，缘有腺齿，外面无毛，内面有褐色绒毛；花瓣5，圆卵形至椭圆形，先端常啮齿状，基部有爪；雄蕊20，长约为花瓣之半；雌蕊1，子房下位，花柱5，稀4，无毛，与雄蕊近等长。梨果卵形、倒卵形或球形，径通常2cm以上，熟时颜色常因品种不同而不同，通常多黄色或绿黄色，稀褐色，有细密斑点；萼片脱落；果梗长3～4cm。花期4月；果期8～9月。

生境分布　竹林、樱桃园管理区及果园有栽培。国内分布于河北、山西、陕西、甘肃、青海、河南等省。是广泛栽培的梨树种。

经济用途　果肉脆甜，品质好，适于生吃，也可加工成各种梨食品，富营养，有止咳、平喘等效用，可治慢性支气管炎；木材褐色，致密，是良好的雕刻材；可供绿化观赏。

砂 梨 沙梨 酥梨 雪梨

Pyrus pyrifolia (Burm. f.) Nakai

1.花枝 2.果枝 3.花纵切

砂梨果枝

砂梨 砂梨花枝

科　属　蔷薇科Rosaceae　梨属Pyrus L.

形态特征　落叶乔木。树皮褐黄色，呈粗块状裂；小枝紫褐色或暗褐色，有稀疏皮孔，幼时密被绒毛。单叶，互生；叶片狭卵圆形至卵形，长7～12cm，宽4～6.5cm，先端长渐尖，基部圆形或近心形，缘有刺芒状锯齿，齿尖略向内弯曲，上下两面无毛或仅在幼嫩时有绒毛，羽状脉；叶柄长3～4.5cm，嫩时有绒毛；托叶条状披针形，全缘，有长柔毛。伞形总状花序由6～9花组成；花序梗及花梗幼时微有柔毛；花梗长3.5～5cm；苞片条形，边缘有长柔毛；花直径2.5～3.5cm；花萼片5，三角状卵形，先端渐尖，有腺齿，外面无毛，内面有褐色绒毛；花瓣5，圆卵形，先端啮齿状，基部有爪；雄蕊20；雌蕊1，子房下位，花柱5，稀4，与雄蕊近等长，无毛。梨果近球形或卵形，径2～3cm，先端微凹陷，熟时浅褐色，稀绿黄色，有较明显的白色斑点，果心大，果肉细，汁多；萼片脱落；果梗长4～7cm。种子卵形微扁，深褐色。花期4月；果期8～9月。

生境分布　竹林管理区有引种栽培。国内分布于安徽、浙江、福建、江西、湖北、湖南、广东、广西、四川、云南、贵州等省（自治区）。

经济用途　果味酸甜可口，石细胞较少，唯不耐储运。

杜 梨 棠梨

Pyrus betulifolia Bge.

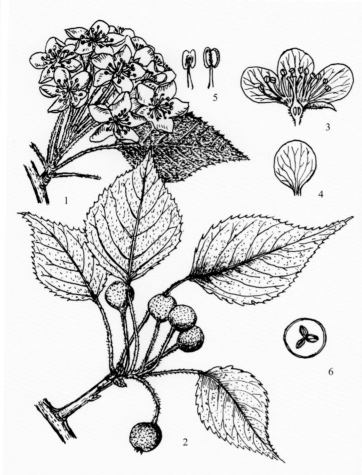

1.花枝　2.果枝　3.花纵切　4.花瓣　5.雄蕊　6.果实横切

杜梨

杜梨果枝

杜梨花枝

科　　属　蔷薇科Rosaceae　梨属Pyrus L.

形态特征　落叶乔木或大灌木。树皮灰黑色，呈小方块状开裂；枝通常有刺；小枝黄褐色至深褐色，幼时密被灰白色绒毛，后渐变紫褐色。单叶，互生；叶片菱状卵形至长卵形，长5～8cm，宽3～5cm，先端渐尖，基部宽楔形，稀近圆形，缘有粗锐的尖锯齿，几无芒尖，两面无毛或仅在幼叶及叶柄处密被灰白色的绒毛，羽状脉；叶柄长3～4.5cm，有毛；托叶膜质，条状披针形，两面有绒毛。伞形总状花序由6～15花组成；花序梗及花梗均被密绒毛；花梗长2～2.5cm；花直径1.5～2cm；花萼片5，三角状卵圆形，内外两面被绒毛；花瓣5，宽卵形，先端圆钝，基部有短爪，白色，在花刚开时微现粉红色；雄蕊20；雌蕊1，子房下位，花柱2～3，基部微有毛。梨果近球形，径0.5～1.2cm，先端不凹陷，熟时褐色，上有淡色斑点；萼片脱落；果梗长2～4cm，在基部微有绒毛。花期4月；果期8～9月。

生境分布　产于红门、竹林寺、桃花峪等管理区。散生于海拔1000m以下的山坡和沟谷地。国内分布于辽宁、内蒙古、河北、山西、陕西、甘肃、河南、安徽、江苏、江西、湖北等省（自治区）。

经济用途　本种是北方白梨系品种育苗的主要砧木种；是华北防护林及沙荒地的造林树种之一；木材红褐色，坚硬致密，是著名的细工、家具和雕刻材；树皮是提制栲胶的原料；可供绿化观赏。

241

褐　梨　大杜梨

Pyrus phaeocarpa Rehd.

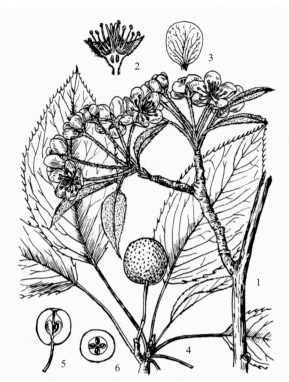

1.花枝　2.花纵切　3.花瓣　4.果枝　5.果实纵切　6.果实横切

褐梨

褐梨果枝

褐梨花枝

科　属　蔷薇科Rosaceae　梨属Pyrus L.

形态特征　落叶乔木。树皮灰褐色，纵方块状裂；小枝紫褐色，幼时有白色绒毛，后无毛。单叶，互生；叶片椭圆状卵形至长卵形，长6～10cm，宽3.5～5cm，先端长渐尖，基部宽楔形，质地略厚，叶缘有不规则的粗锯齿，齿尖向外，无刺芒，两面无毛或幼时有稀疏毛，羽状脉，侧脉6～10对；叶柄长2～6cm，无毛；托叶膜质，条状披针形，边缘有稀疏腺齿，早落。伞形总状花序由5～8花组成；花序梗及花梗上微被细毛；花梗长2～2.5cm；花直径约3cm；花萼筒外面有毛，萼片5，三角状披针形，内面密被绒毛；花瓣5，圆卵形，基部有爪；雄蕊20；雌蕊1，子房下位，3～4室，花柱3～4，稀2，基部无毛。梨果椭圆形至球形，径2～2.5cm，熟时褐色，上密生淡褐色的斑点；萼片脱落；果梗长2～4cm。花期4月；果期8～9月。

生境分布　生于山坡、河滩及农家附近，山东农业大学树木园有引种或为栽培。国内分布于河北、山西、陕西、甘肃。

经济用途　果形中等，肉脆、皮粗，石细胞较多，可食；木材性质用途同其他梨树；通常作为栽培梨的砧木。

豆　梨　绵杜梨

Pyrus calleryana Dcne.

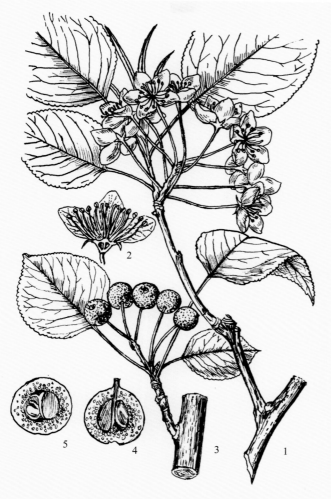

1.花枝　2.花纵切　3.果枝　4.果实纵切　5.果实横切

豆梨

豆梨果枝

豆梨花枝

科　　属　蔷薇科Rosaceae　梨属Pyrus L.

形态特征　落叶乔木。树皮褐灰色，粗块状裂；小枝粗壮，灰褐色，嫩时稍被绒毛，后脱落。单叶，互生；叶片宽卵形至卵圆形，稀长圆形，长4～8cm，宽3.5～6.5cm，先端短渐尖，基部圆形至宽楔形，缘有圆钝锯齿，稀全缘，两面无毛，羽状脉，侧脉6～12对；叶柄长2～4cm，无毛；托叶条状披针形，无毛。伞形总状花序由6～12花组成；花序梗及花梗无毛；花梗长1.5～3cm；苞片膜质，条状披针形，内面稍有绒毛；花直径2～2.5cm；花萼筒无毛，萼片5，披针形，内面有疏毛；花瓣5，卵圆形，基部有短爪，白色；雄蕊20，常短于瓣；雌蕊1，子房下位，多为2室，花柱2，稀3，基部无毛。梨果近球形，径1～1.2cm，熟时黑褐色，密生白色斑点；萼片脱落；果梗细长。花期4月；果期8～9月。

生境分布　生于山坡、河滩及农家附近，山东农业大学树木园或为栽培。国内分布于河南、安徽、江苏、浙江、福建、江西、湖北、湖南、广东、广西等省（自治区）。

经济用途　木材致密，可供制器具用；果含糖12%～20%，可酿酒；通常用作沙梨系品种梨的砧木；可供绿化观赏。

秋子梨　花盖梨

Pyrus ussuriensis Maxim.

秋子梨花枝

秋子梨果枝

1.果枝　2.果实横切　3.花枝　4.花纵切

秋子梨

科　　属　蔷薇科Rosaceae　梨属Pyrus L.

形态特征　落叶乔木。树皮灰黑色，粗块状裂；小枝黄褐色至灰紫褐色，微有毛或无毛；冬芽肥大，卵形，鳞片边缘有毛或近无毛。单叶，互生；叶片略革质，宽卵形至椭圆状卵形，长5～10cm，宽4～6cm，先端长渐尖，基部圆形或近心形，缘有刺芒状的尖锯齿，芒多向外直伸，侧脉8～11对，上下两面无毛或仅幼嫩时有毛；叶柄长2～5cm，无毛；托叶条状披针形，有腺齿，早落。伞形总状花序由6～12花组成；花序梗及花梗幼嫩时有毛，后脱落；花梗长1～2cm；花直径3～3.5cm；花萼筒外面无毛或微被绒毛，萼片5，三角状披针形，边缘有毛及腺质锯齿；花瓣5，倒卵形至宽卵形，白色；雄蕊20，较花瓣短；雌蕊1，子房下位，5室，花柱5，稀4，近基部处有疏毛。梨果近球形，径2～6cm，基部略凹，熟时多黄色，石细胞较多；萼片宿存；果梗较短，长1～2cm。花期4～5月；果期8～9月。

生境分布　山东农业大学树木园有引种栽培。国内分布于黑龙江、吉林、辽宁、内蒙古、河北、山西、陕西、甘肃等省（自治区）。

经济用途　果肉坚硬，熟后肉软多汁，宜生食；野生梨味酸涩，可酿酒，也可作为嫁接梨的砧木；木材细致，坚实，可用作家具及雕刻用材。

洋 梨 茄梨 巴梨

Pyrus communis L. var. sativa (DC.) DC.

洋梨花枝

1. 枝叶 2. 花枝 3. 花纵切 4. 幼果

洋梨

洋梨果枝

科　　属　蔷薇科Rosaceae　梨属Pyrus L.

形态特征　落叶乔木。树皮黑褐色，粗块状裂；枝条多直立向上，常有刺状短枝；小枝黄褐色，嫩枝无毛或稍被短毛。单叶，互生；叶片椭圆形至卵圆形，长5~10cm，宽3~6cm，先端急尖或短尖，基部近心形、圆形或宽楔形，缘有圆钝锯齿，无刺芒状尖，上下两面无毛或仅嫩时有柔毛，羽状脉；叶柄细长，长1.5~5cm；托叶膜质，条状披针形，微有柔毛，早落。伞形总状花序由4~10花组成；花序梗及花梗密被绒毛；花梗长1.5~3cm；花直径2.5~3.5cm；花萼筒外面被柔毛，萼片5，三角状披针形，先端渐尖，内外两面均被短柔毛；花瓣5，宽卵形，先端钝，基部有短爪，白色，在花蕾时微现红色；雄蕊20，长约为花瓣的一半；雌蕊子房下位，5室，花柱5，基部有柔毛。梨果倒卵形或近球形，长2.5~4cm，径约3cm，熟时绿黄色，稀带红晕，萼宿存；果梗粗厚，长2.5~5cm。花期4月；果期7~9月。

生境分布　原产欧洲及亚洲西部。竹林管理区有引种栽培。

经济用途　果肉初熟时坚硬，经后熟变软多汁，味香甜，但不耐储运。

湖北海棠　甜茶果

Malus hupehensis (Pamp.) Rehd. var. hupehensis

湖北海棠花枝

1.花枝　2.果枝　3.花纵切　4.果实横切　5.果实纵切

湖北海棠

湖北海棠果枝

科　　属　蔷薇科Rosaceae　苹果属Malus Mill.

形态特征　落叶乔木。树皮灰褐色至暗褐色，平滑或略粗糙；小枝紫色或紫褐色，幼时有毛，后脱落；冬芽卵形，暗紫色，先端急尖，芽鳞边缘疏生毛。单叶，互生；叶片卵形至卵状椭圆形，长5～10cm，宽2.5～4cm，先端渐尖，基部宽楔形，稀近圆形，缘有细锐锯齿，上面绿色，有短柔毛，后脱落，下面色淡，无毛或仅在脉上有疏毛，羽状脉，侧脉5～6对；叶柄长1～3cm，无毛或幼时稍有柔毛；托叶条状披针形，早落。伞房花序由4～6花组成；花梗长2～4cm，细弱下垂，无毛或有稀疏毛；花直径3.5～4cm；花萼筒无毛，萼片5，三角状卵形，先端渐尖，全缘，略短于萼筒；花瓣5，倒卵形，粉白色或近白色；雄蕊20，花丝长短不齐，比花瓣短；雌蕊1，子房下位，3室，稀4或5室，花柱3，稀4或5，基部有长绒毛。梨果球形，径1cm左右，熟时红色，稀黄绿色带红晕，萼洼处略隆起，梗洼较平；萼片脱落；果梗长2～4cm。花期4～5月；果期8～9月。

生境分布　产于南天门管理区。生于较高海拔的山坡及沟底，海拔1000m以上的山洼处有片林生长。国内分布于山西、陕西、甘肃、河南、安徽、江苏、浙江、福建、江西、湖北、湖南、广东、四川、云南、贵州等省。

经济用途　是保土树种；可供绿化观赏；嫩叶味微苦，可代茶；根可药用；是山东苹果树重要的砧木种源之一。

泰山湖北海棠（变种）Malus hupehensis（Pamp.）Rehd. var. taiensis G. Z. Qian

本变种的主要特点是：叶较小，边缘具较小而钝的锯齿；花较小，直径不足2cm；果实紫红色，较小，直径约0.6cm。

产于泰山玉泉寺、南天门管理区。生于山坡杂木林。山东特有树种。

用途同原变种。

垂丝海棠

Malus halliana Koehne

1. 花枝　2. 花纵切

垂丝海棠

垂丝海棠花枝

科　　属　蔷薇科Rosaceae　苹果属Malus Mill.

形态特征　落叶小乔木。树皮紫褐色，平滑；树冠开张，枝细弱，略弯曲下垂，小枝紫色或紫褐色，嫩时有毛，后脱落；冬芽卵形，顶端渐尖，紫色，无毛或仅在鳞片边缘有毛。单叶，互生；叶片卵形、椭圆形或椭圆状卵形，长3.5～8cm，宽2.5～4.5cm，先端长渐尖，基部楔形至近圆形，叶缘锯齿细而钝圆，上面深绿色，有光泽并常有紫晕，下面淡绿色，除中脉有时有短毛外，余皆无毛，羽状脉，侧脉5～7对；叶柄长0.5～2.5cm，幼时被疏毛；托叶披针形，膜质，早落。伞形花序由4～6花组成；花梗长2～4cm，细弱下垂，常为紫色，有疏柔毛；花直径3～3.5cm；花萼筒无毛，萼片5，与萼筒近等长，三角状卵形，先端圆钝，全缘，外面无毛，内面密被绒毛；花瓣5，倒卵形，单瓣或重瓣，粉红色或白色；雄蕊20～25，花丝长短不齐，比花瓣短；雌蕊1，子房下位，4或5室，花柱4或5，基部有长绒毛。梨果梨形或倒卵形，直径6～8mm，熟时深红色，略带紫晕；萼片脱落；果梗长2～5cm。花期4月；果期9～10月。

生境分布　岱庙、山东农业大学树木园及各公园有引种栽培。国内分布于陕西、安徽、江苏、浙江、四川、云南等省。

垂丝海棠果枝

经济用途　供绿化观赏。

山荆子　山定子

Malus baccata (L.) Borkh.

山荆子果枝

山荆子花枝

1.花枝　2.果枝　3.花纵切　4.雄蕊　5.果实纵切　6.果实横切

山荆子

科　　属　蔷薇科Rosaceae　苹果属Malus Mill.

形态特征　落叶乔木。树皮灰褐至紫褐色，浅裂；小枝细弱，微屈曲，红褐色，光滑，无毛；冬芽卵形，顶端渐尖，边缘微有绒毛。单叶，互生；叶片质地较薄，椭圆形或卵形，长3～8cm，宽2～4cm，先端渐尖，稀尾尖，基部楔形或圆形，缘多细锐锯齿，稀近全缘，上下两面绿色，光滑或嫩时有稀疏毛，羽状脉，侧脉3～4对；叶柄长2～5cm，无毛或幼时有短柔毛及少数腺体；托叶披针形，膜质，全缘或有少数腺齿。伞形花序由4～6花组成；花梗长1.5～4cm，无毛；花直径3～3.5cm；花萼筒外面无毛，萼片5，通常长于萼筒，披针形，先端渐尖，全缘，外面无毛，内面稍有绒毛；花瓣5，倒卵形，先端钝圆，白色；雄蕊15～20，花丝长短不齐，比花瓣短；雌蕊1，子房下位，4或5室，花柱4或5，基部有长柔毛。梨果近球形，径8～10mm，熟时红色或黄色，有微下陷的梗洼和萼洼；萼片脱落；果梗长3～4cm。花期4～5月；果期9～10月。

生境分布　产于药乡。生于山坡及沟谷的杂木林。竹林寺管理区果园有栽培。国内分布于黑龙江、吉林、辽宁、内蒙古、河北、山西、陕西、甘肃等省（自治区）。

经济用途　优良的苹果树砧木；木材可供做农具、家具；叶及树皮富含单宁，可提制栲胶；可供绿化观赏。

毛山荆子　毛山定子

Malus manshurica (Maxim.) Kom.

1.花枝　2.果枝　3.花纵切　4.果实横切

毛山荆子

毛山荆子·果枝

毛山荆子·花枝

科　　属　蔷薇科 Rosaceae　苹果属 Malus Mill.

形态特征　落叶乔木。树皮、枝、芽各部似山荆子，但密被短柔毛。单叶，互生；叶片卵状椭圆形，长5～8cm，宽3～4cm，先端急尖或渐尖，基部楔形或近圆形，叶缘锯齿细钝或浅波状，下面中脉及侧脉上、脉腋有短柔毛或近无毛，羽状脉；叶柄长3～4cm，有稀疏短毛；托叶条状披针形，先端渐尖，边缘有稀疏腺质浅锯齿。伞形花序由3～7花组成；花梗长3～5cm，有疏生短柔毛；花直径3～4cm；花萼筒外面疏被短柔毛，萼片5，比萼筒长，披针形，先端渐尖，全缘，内外两面均被绒毛；花瓣5，长倒卵形，白色；雄蕊25～30，花丝约为花瓣的一半或稍长；雌蕊子房下位，4室，稀5室，花柱4，稀5，在基部有绒毛。梨果倒卵形或椭圆形，径0.8～1.2cm，熟时红色，有浅萼洼，基部梗洼略平；萼片脱落；梗长3～5cm。花期4～5月；果期8～9月。

生境分布　竹林寺管理区有栽培。国内分布于黑龙江、吉林、辽宁、内蒙古、山西、陕西、甘肃等省（自治区）。

经济用途　可作为苹果育种的原始材料，也可作为嫁接苹果的砧木；可栽培供绿化观赏。

西府海棠　小果海棠

Malus×micromalus Makino

西府海棠

西府海棠果枝

西府海棠花枝

科　属　蔷薇科Rosaceae　苹果属Malus Mill.

形态特征　落叶小乔木。树皮灰褐色，干部浅块状裂；小枝圆柱形，细弱，紫红色或暗褐色，嫩时有毛，老时脱落；冬芽卵形，先端急尖，紫褐色，无毛或仅在芽鳞边缘有毛。单叶，互生；叶片薄革质，椭圆形或长椭圆形，长7～12cm，宽3.5～5cm，先端急尖或渐尖，基部楔形，稀近圆形，缘有尖锐锯齿，上面光绿色，下面幼时有密毛，后脱落，羽状脉；叶柄长2～3.5cm，有疏毛或近无毛；托叶条状披针形，边缘有腺齿，无毛。伞形总状花序由4～7花组成；花梗长2～3cm，嫩时被长柔毛；苞片条状披针形，早落；花直径4cm左右；花萼片5，比萼筒略短或等长，长卵形、三角状卵形至三角状披针形，先端急尖或渐尖，全缘，微被绒毛；花瓣5，长椭圆形或圆形，白色、粉红色及玫瑰红色，有时半重瓣；雄蕊20，花丝长短不等；雌蕊1，子房下位，5室，稀4室，花柱5，稀4，在基部有绒毛。果实扁球形，熟时多红色，或黄色，径1～2.5cm，顶部（萼洼）和基部（梗洼）均凹陷；萼片脱落，少数宿存；果梗长2～3cm。花期4～5月；果期9月。

生境分布　岱庙、山东农业大学树木园和校园及各公园、庭院及果园有引种栽培。国内分布于辽宁、河北、山西、陕西、甘肃、云南。

经济用途　供绿化观赏；果可生吃及加工成果酱或罐头；也常作为苹果的砧木。

　　近年来，国内引进了一些北美海棠的品种，其叶片形状及颜色，花的大小及颜色，果形大小及颜色，花萼宿存与否等方面变化很大，是从几种海棠杂交选育出来的，分类学上难以处理，被统称为北美海棠，如宝石海棠、高原之火海棠、火焰海棠、凯尔斯海棠、王族海棠、绚丽海棠、雪球海棠、印第安魔力海棠、钻石海棠、粉芽海棠等。

海棠花 海棠

Malus spectabilis (Ait.) Borkh. var. spectabilis

1.果枝 2.花枝 3.花纵切

海棠花

海棠花花枝

科　　属　蔷薇科Rosaceae　苹果属Malus Mill.

形态特征　落叶乔木。树皮灰褐色；小枝粗壮，圆柱形，红褐色或紫褐色，幼时有短柔毛，后脱落无毛；冬芽卵形，先端渐尖，紫褐色，微被毛。单叶，互生；叶片革质，椭圆形至长椭圆形，长5～8cm，宽2～6cm，先端短尖或钝圆，基部宽楔形或近圆形，缘有浅细钝锯齿，密贴，上面绿色，光滑或在幼嫩时有稀短毛，下面淡绿色，光滑无毛，羽状脉；叶柄长1～3cm，稍有毛，托叶狭披针形，全缘。伞形花序由4～6花组成；花梗长2～3cm，被绒毛；花直径4～5cm，花萼筒外面无毛或有白色绒毛，萼片5，比萼筒略短或等长，三角状卵形或卵圆形，先端急尖，全缘，无毛或稍有短柔毛；花瓣5，卵形，未开放前先端呈玫瑰红色，开放后外面粉红色，内面白色；雄蕊20～25，花丝不整齐，短于花瓣；雌蕊1，子房下位，5室或4室，花柱5或4，基部常有白毛。梨果近球形，直径在2cm左右，熟时通常黄色带有红晕；萼片宿存，顶端凹陷成萼洼，基部常突起，无梗洼；果梗长3～4cm，在近果处膨大。花期4～5月；果熟期9～10月。

生境分布　岱庙、山东农业大学树木园、各公园、庭院、果园有引种栽培。国内分布于河北、陕西、江苏、浙江、云南。

经济用途　供绿化观赏；果可食用及加工；常用作苹果砧木。

重瓣白海棠（变种）Malus spectabilis（Ait.）Borkh. var. albiplena Schelle
本变种的主要特点是：花重瓣、白色。
各公园、庭院有引种栽培。
供绿化观赏。
重瓣粉海棠（变种）Malus spectabilis（Ait.）Borkh. var. riversis（Kirchn.）Rehd.
本变种的主要特点是：花玫瑰红色，半重瓣，花径大；叶片也较宽。
各公园、庭院有引种栽培。
供绿化观赏。

海棠花果枝

楸　子　海棠果

Malus prunifolia (Willd.) Borkh. var. prunifolia

楸子花枝

1. 花枝　2. 果实

楸子　　　　　　　　楸子果枝

科　　属　蔷薇科Rosaceae　苹果属Malus Mill.

形态特征　落叶乔木。树皮灰褐色至绿褐色，老时基部微纵裂；小枝圆柱形，灰黄褐色，无毛或仅幼时有毛；冬芽卵形，顶端急尖，芽鳞紫褐色，边缘有柔毛。单叶，互生；叶片圆卵形或椭圆形，长5～9cm，宽4～5cm，先端急尖或渐尖，基部宽楔形或圆形，缘有细锐锯齿，上下两面中脉及侧脉在幼嫩时有柔毛，后逐渐脱落，羽状脉；叶柄长1～1.5cm，较粗，幼时有毛；托叶狭披针形，早落。伞形花序由4～10花组成；花梗长2～3.5cm，有短柔毛；花直径4～5cm；花萼筒外面有柔毛，萼片5，长于萼筒，披针形或三角状披针形，全缘，先端渐尖，内外两面均被柔毛；花瓣5，倒卵形或椭圆形，白色，未开放前略呈粉红色；雄蕊20，花丝长短不等，短于花瓣；雌蕊1，子房下位，5室，稀4室，花柱4，稀5，在基部有长绒毛。梨果倒卵圆形，径2～2.5cm，熟时黄红色，顶部略平，有梗洼；宿存萼片肥厚；果梗细长，长于果径。花期4～5月；果期8月中下旬。

生境分布　山东农业大学树木园、竹林管理区果园有栽培。国内分布于辽宁、内蒙古、河北、山西、陕西、甘肃、河南等省（自治区）。

经济用途　果肉脆，多汁，味酸甜，可生吃，也可加工成罐头、果脯、果酱等食品；果也能药用；也常为嫁接花红、苹果的砧木。

歪把海棠（变种）Malus prunifolia（Willd.）Borkh. var. obliquipedicellata X. W. Li et J. W. Sun
本变种的特点是：果梗顶端肥大，歪斜；花萼片宿存或脱落；小枝、芽及叶绒毛较多。
产于泰山。生于海拔300m山坡。山东特有树种。
用途同原变种。

花 红 沙果 林檎

Malus asiatica Nakai

花红果枝

科　　属　蔷薇科Rosaceae　苹果属Malus Mill.

形态特征　落叶小乔木。树皮灰褐色，基部浅裂；小枝暗紫褐色，无毛或幼时常被绒毛；冬芽卵形端急尖，芽鳞灰红色，幼时常有毛。单叶，互生；叶片椭圆形、卵圆形或长倒卵形，长5～11cm，宽4～5.5cm，先端急尖或渐尖，基部圆形或宽楔形，缘有浅细的锐锯齿，上面初有短柔毛，后脱落，下面密被绒毛或仅在脉上有密毛，羽状脉；叶柄长1.5～5cm，有短毛；托叶形小，披针形，早落。伞房花序由4～7花组成；花梗长1.5～2.5cm，密被柔毛；花直径3～4cm；花萼筒钟状，外面密被柔毛，萼片5，长于萼筒，三角状披针形，先端渐尖，全缘，内外两面被长柔毛；花瓣5，椭圆形或倒卵形，淡粉红色；雄蕊17～20，花丝长短不等，短于花瓣；花柱4，稀5，基部有长绒毛。梨果扁球形或近卵形，直径4～6cm，无萼洼，梗洼较深；宿存萼片肥厚；果梗短于果径。花期4～5月；果期9～10月。

生境分布　竹林管理区果园有引种栽培，是西洋苹果未传入前，在农村栽培最多的一种。国内分布于辽宁、内蒙古、河北、山西、陕西、甘肃、新疆、河南、湖北、四川、云南、贵州等省（自治区）。

经济用途　果肉软，味甜脆，适于生吃，由于不耐储运，常加工成果干、果脯、果丹皮等；也可酿酒、制果醋。树皮和根药用，有补血强壮的功效。

1.花枝　2.果枝　3.果实纵切

花红

253

苹 果
Malus pumila Mill.

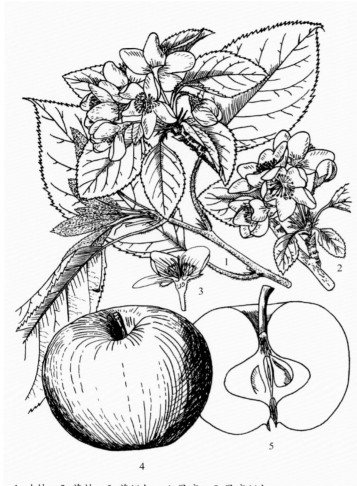

1.叶枝　2.花枝　3.花纵切　4.果实　5.果实纵切

苹果

苹果果枝

苹果花枝

科　　属　蔷薇科Rosaceae　苹果属Malus Mill.

形态特征　落叶乔木。树皮灰色或灰褐色；小枝灰褐、红褐及紫褐色，幼枝被绒毛；冬芽卵形或圆锥形，顶端急尖或钝，被密短毛。单叶，互生；叶片薄革质，椭圆形至卵圆形，长4.5～10cm，宽3～3.5cm，先端尖或钝，基部宽楔形或圆形，叶缘有圆钝锯齿，上下两面幼时密被柔毛，后上面无毛；叶柄粗壮，长1.5～3cm；托叶披针形，全缘。伞房花序由3～7花组成；花梗长1～2.5cm，密被绒毛；花直径3～4cm；花萼筒钟状，外面密被绒毛，萼片5，长于萼筒，三角状披针形或三角状卵形，先端渐尖，内外面均被绒毛；花瓣5，倒卵形，白色，含苞未放时粉红色或玫瑰红色；雄蕊20，花丝长短不等，短于花瓣；雌蕊1，子房下位，5室，花柱5，在近基部合生，被灰白色长绒毛。梨果以扁球形为主，有的品种为倒卵状圆筒形及斜斗方卵形，果径通常在5cm以上，萼洼下陷，梗洼明显下陷；萼片宿存；果梗粗短。花期4～5月；果期7～10月；成熟时颜色和香味因品种不同而不同，各品种间差异很大。

生境分布　原产欧洲和小亚细亚一带。各管理区有引种栽培。国内以辽宁南部、黄河流域各省栽培最盛，华中、华南、西北等地也有引种。

经济用途　著名水果，果实香甜，可食，大型，品种众多。

大鲜果 洋海棠

Malus sulardii Britt.

大鲜果果枝

科　　属　蔷薇科 Rosaceae　苹果属 Malus Mill.

形态特征　落叶乔木。树皮褐色，平滑；小枝灰褐色，无毛。单叶，互生；叶片质地稍厚，宽卵形、椭圆状卵形至卵圆形，先端常钝，基部圆形或宽楔形，缘有不规则的圆锯齿，有时微裂，上面有皱，下面有密生的细短毛或无毛，羽状脉；叶柄较细长。花序近伞形，由2～6花组成；花梗粗短，约1.5cm，有或无绒毛；花紫红色。梨果扁球形，直径3～5cm，熟时紫红色或黄色带有红晕，上有细斑点。

生境分布　原产北美洲。果园场圃有少量引种栽培。

经济用途　是苹果属的一天然杂种。果肉白色，质脆，有苹果香味，适于生食及加工成罐头；花色美丽，有观赏价值；是苹果育种的种质资源。

棣棠花

Kerria japonica (L.) DC. f. japonica

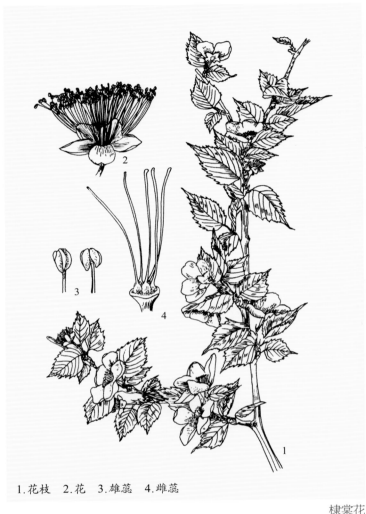

1.花枝　2.花　3.雄蕊　4.雌蕊

棣棠花

棣棠花花、果枝

重瓣棣棠花花枝

科　　属　蔷薇科Rosaceae　棣棠花属Kerria DC.

形态特征　落叶灌木。小枝绿色，无毛。单叶，互生；叶片三角状卵形或卵圆形，长2～8cm，宽1.2～3cm，先端长渐尖，基部圆形、截形或微心形，边缘有尖锐重锯齿，两面绿色，上面无毛或有稀疏柔毛，下面沿叶脉或脉腋有毛，羽状脉；叶柄长5～10mm，无毛；托叶膜质，条状披针形，有缘毛，早落。花单生于当年生侧枝顶端；花直径2.5～6cm；花萼筒短，萼片5，卵状椭圆形，先端急尖，有小尖头，全缘，宿存；花瓣5，黄色，宽椭圆形，先端下凹，长为萼片的1～4倍；雄蕊多数；花盘环状，有疏柔毛；雌蕊5～8，离生，子房上位，每子房有1胚珠，花柱顶生，细长直立。瘦果倒卵形至半球形，有皱褶。花期4～6月；果期6～8月。

生境分布　岱庙、山东农业大学树木园及公园、庭院有引种栽培。国内分布于陕西、甘肃、河南、安徽、江苏、浙江、福建、湖北、湖南、云南、贵州等省。

经济用途　供绿化观赏；茎髓药用，有通乳、利尿的功效；花有消肿、止咳及助消化的作用。

重瓣棣棠花（变型）Kerria japonica（L.）DC. f. pleniflora（Witte）Rehd.

本变型的主要特点是：花重瓣。

岱庙、山东农业大学树木园及公园、庭院常见栽培。

供绿化观赏；并可作为切花材料。

鸡 麻

Rhodotypos scandens (Thunb.) Makino

1.花枝　2.去掉花冠的花

鸡麻

鸡麻果枝

科　　属　蔷薇科 Rosaceae　鸡麻属 Rhodotypos Sieb. et Zucc.

形态特征　落叶灌木。单叶，对生；叶片卵形，长4～11cm，宽3～6cm，先端渐尖，基部圆形至微心形，边缘有尖锐重锯齿，上面幼时有疏毛，后渐无毛，下面有柔毛，老时仅沿脉有稀疏柔毛，羽状脉；叶柄长2～5mm，有疏毛；托叶膜质，狭条形。花单生于新枝顶端；花直径3～5cm；花萼筒碟形，萼片4，卵状椭圆形，先端急尖，边缘有锐锯齿，外面有疏柔毛；副萼片狭条形，为萼片长的1/5～1/4；花瓣4，白色，比萼片长1/4～1/3倍；雄蕊多数，排成数轮，着生于花盘周围；花盘肥厚，顶端缢缩；雌蕊4，离生，子房上位，花柱细长，柱头头状。核果1～4，长约8mm，光滑。花期4～5月；果期6～9月。

生境分布　山东农业大学树木园、庭院有引种栽培。生于山坡疏林中及山谷阴处。国内分布于辽宁、陕西、甘肃、河南、安徽、江苏、浙江、湖北等省。

经济用途　可供绿化观赏；根和果药用，治肾亏血虚。

鸡麻花枝

牛叠肚　山楂叶悬钩子

Rubus crataegifolius Bge.

1.花枝　2.果枝　3.花纵切　4.雌蕊群　5.花瓣　6.雌蕊　7.雄蕊　8.一个雌蕊的纵切

牛叠肚

牛叠肚果枝

牛叠肚花枝

科　　属　蔷薇科Rosaceae　悬钩子属Rubus L.

形态特征　直立落叶灌木。枝有沟棱，有微弯皮刺。单叶，互生；叶片卵形至长卵形，长5～12cm，宽4.5～9cm，花枝上叶稍小，先端渐尖，稀急尖，基部心形或近截形，边缘3～5掌状分裂，裂片有不规则缺刻状锯齿，上面无毛，下面脉上有柔毛和小皮刺，掌状五出脉；叶柄长2～5cm，疏生柔毛和小皮刺；托叶条形，几无毛。数花簇生或呈短总状花序，常顶生；花梗长5～10mm，有柔毛；苞片与托叶相似；花直径1～1.5cm；花萼外有柔毛，至果期近无毛，萼片5，卵状三角形或卵形，先端渐尖；花瓣5，椭圆形或长圆形，白色，与萼片近等长；雄蕊直立，花丝宽扁；雌蕊多数，离生，子房上位，无毛，生于球形的花托上。聚合核果近球形，直径约1cm，暗红色，无毛。核有皱纹。花期5～6月；果期7～9月。

生境分布　产于各管理区。生于山坡灌木丛中或林缘、山沟、路边。国内分布于黑龙江、吉林、辽宁、内蒙古、河北、山西、河南等省（自治区）。

经济用途　果实可生食或制果酱、酿酒；全株可提栲胶；茎皮纤维可作为造纸及纤维板的原料；果实药用，补肝肾；根有祛风湿的功效。

欧洲黑莓　黑莓

Rubus fruticosus L.

1.花枝　2.果枝

欧洲黑莓

欧洲黑莓果枝

欧洲黑莓花枝

科　　属　蔷薇科Rosaceae　悬钩子属Rubus L.

形态特征　落叶灌木。枝拱形或攀缘，枝常在触地处生根；疏生皮刺。复叶，互生，具3～5小叶；小叶宽椭圆形，先端圆钝，基部宽楔形或近圆形，叶缘有粗锯齿；叶柄疏生皮刺；小叶有短柄。总状花序顶生；花瓣5，白色、粉红色或红色；雄蕊多数，长于雌蕊，花药紫色；雌蕊多数，离生，子房上位，无毛。聚合果近球形，黑色或暗紫红色，无毛。花期5～6月；果期7～8月。

生境分布　原产欧洲。红门管理区有引种栽培。

经济用途　果实可生食或制果酱、酿酒；全株可提栲胶；茎皮纤维可作为造纸及纤维板的原料；果实药用，补肝肾；根有祛风湿的功效。

茅　莓　小叶悬钩子

Rubus parvifolius L.

茅莓果枝

茅莓

茅莓花枝

科　　属　蔷薇科Rosaceae　悬钩子属Rubus L.

形态特征　落叶灌木，常蔓生。复叶，互生，具3小叶，新枝上偶有5小叶；小叶片菱状圆形或宽倒卵形至楔状圆形，长2～5cm，宽1.5～5cm，先端圆钝，基部宽楔形或近圆形，边缘有不整齐粗锯齿或缺刻状粗重锯齿，常有浅裂片，上面伏生疏柔毛，下面密被灰白色绒毛，沿叶轴有柔毛和小皮刺，羽状脉；叶柄长5～12cm，顶生小叶柄长1～2cm，均有柔毛和稀疏皮刺；托叶条形，长5～7mm，有柔毛。伞房花序，顶生或腋生，稀顶生花序呈总状，有数花至多花；花梗长0.5～1.5cm，有柔毛和稀疏皮刺；苞片条形，有柔毛；花直径约1cm；花萼外面密生柔毛和疏密不等的皮刺，萼片5，卵状披针形或披针形，先端渐尖，有时条裂；花瓣5，卵圆形或长圆形，粉红色至紫红色，基部有爪；雄蕊多数，稍短于花瓣；雌蕊多数，离生，子房上位，有柔毛，生于卵球形的花托上。聚合核果球形，橙红色，直径1～1.5cm，无毛或具稀疏柔毛。花期5～6月；果期7～8月。

生境分布　产于各管理区。生于山坡杂木林下、向阳山谷、路边或荒野地。国内分布于黑龙江、吉林、辽宁、河北、山西、陕西、甘肃、河南、安徽、江苏、浙江、福建、台湾、江西、湖北、湖南、广东、广西、四川、贵州等省(自治区)。

经济用途　果可食用、酿酒、制醋等；根和叶含单宁，可提取栲胶；全株药用，有止痛、活血、祛风湿及解毒的功效。

木 香 木香花

Rosa banksiae Ait. var. banksiae

木香花

木香花枝

木香果枝

单瓣木香花

科　属　蔷薇科 Rosaceae　蔷薇属 Rosa L.

形态特征　落叶或半常绿攀缘灌木。小枝有短小皮刺，老枝上的皮刺较大，栽培植株有时无刺。羽状复叶，互生，具小叶 3～5，稀为 7，连叶柄长 4～6cm；小叶片矩圆状或矩圆状披针形，长 2～5cm，宽 0.8～2cm，先端急尖或稍钝，基部近圆形或宽楔形，边缘有紧贴细锯齿，上面无毛，深绿色，中脉突起，沿脉有柔毛，羽状脉；小叶柄和叶轴有稀疏柔毛和散生小皮刺；托叶与叶柄离生，条状披针形，膜质，早落。伞形花序；花直径 1.5～2.5cm；花梗长 2～3cm，无毛；花萼筒及萼片外面均无毛，内面有白色柔毛，萼片 5，全缘；花瓣白色或黄色，半重瓣至重瓣；雄蕊多数；雌蕊多数，离生，比雄蕊短，密被柔毛。花期 4～7 月；果期 10 月。

生境分布　山东农业大学树木园及公园、庭院有引种栽培。国内分布于四川、云南等山区。现在从西北、华北南至福建，西南至四川、贵州、云南等地普遍栽培。

经济用途　供绿化观赏；花含芳香油，可供配制香精及化妆品用。

单瓣木香花（变种）Rosa banksiae Ait. var. normalis Regel.

本变种的主要特点是：花单瓣，白色或黄色。

各公园、庭院有引种栽培。国内分布于甘肃、河南、湖北、四川、云南、贵州。

供绿化观赏。

多花蔷薇　野蔷薇

Rosa multiflora Thunb. var. multiflora

多花蔷薇果枝

科　　属　蔷薇科Rosaceae　蔷薇属Rosa L.

形态特征　落叶灌木。小枝有短、粗而稍弯的皮刺。羽状复叶，互生，具小叶5～9，靠近花序的有时小叶为3，连叶柄长5～10cm；小叶片卵形至椭圆形，长1.5～5cm，宽0.8～2.8cm，先端急尖或圆钝，基部近圆形或楔形，边缘有尖锐单锯齿，稀有重锯齿，上面无毛，下面有柔毛，羽状脉；小叶柄和叶轴有柔毛或无毛，有散生腺毛；托叶多贴生于叶柄，篦齿状分裂并有腺毛。花多数组成圆锥花序；花梗长1.5～2.5cm，有腺毛和柔毛，有时基部有篦齿状小苞片；花直径1.5～2cm；花萼片披针形，有时中部有2条形裂片，花后反折；花瓣白色，芳香；雌蕊多数，离生，花柱靠合呈柱状，无毛，伸出萼筒口外，稍长于雄蕊。蔷薇果直径6～8mm，红褐色或紫褐色；萼片脱落。

生境分布　产于各管理区。生于山沟、林缘、灌丛中；公园、庭院有栽培。国内分布于河南、江苏等省。

经济用途　供绿化观赏；鲜花含芳香油，供食用、化妆品及皂用香精；花、果及根药用，作为泻下剂及利尿剂，又能收敛活血；种子可除风湿、利尿、治痛疽；叶外用治肿毒；根皮含鞣质，可提取栲胶。

公园、庭院习见变种及栽培变种有：

白玉堂（变种）Rosa multiflora Thunb. var. albo-plena Yü et Ku

本变种的主要特点是：花白色，重瓣。

各公园、庭院有栽培。

供绿化观赏。

粉团蔷薇（变种）Rosa multiflora Thunb. var. cathayensis Rehd. et Wils.

本变种的主要特点是：花单瓣，粉红色；果红色。

各公园、庭院有栽培。

供绿化观赏。

七姊妹　十姐妹（栽培变种）Rosa multiflora 'Grevillei'

本变种的主要特点是：花重瓣，深红色。

各公园、庭院有栽培。

供绿化观赏。

荷花蔷薇　粉红七姊妹（栽培变种）Rosa multiflora 'Carnea'

本栽培变种的主要特点是：多花成簇；花重瓣，淡粉红色。

各公园、庭院有栽培。

供绿化观赏。

多花蔷薇　　　　　　　　　　　　　　　　　多花蔷薇花枝

白玉堂花枝

伞花蔷薇

Rosa maximowicziana Regel.

1. 果枝　2. 去掉部分花萼、花冠、雄蕊的花

伞花蔷薇

伞花蔷薇花枝

伞花蔷薇果枝

伞花蔷薇花枝

科　　属　蔷薇科Rosaceae　蔷薇属Rosa L.

形态特征　落叶灌木。枝蔓生或拱曲，散生短小而弯曲皮刺，有时有刺毛。羽状复叶，互生，具小叶7～9，稀为5，连叶柄长4～11cm；小叶片椭圆状卵圆形或矩圆形，长1～6cm，宽1～2cm，先端急尖或渐尖，基部宽楔形或近圆形，边缘有锐锯齿，上面无毛，下面无毛或在中脉上有稀柔毛，或有小皮刺和腺毛，羽状脉；托叶大部贴生于叶柄，有腺齿。伞房花序；苞片长卵形，边缘有腺毛；花梗长1～2.5cm，有腺毛；花直径3～3.5cm；花萼筒和萼片外面有腺毛，萼片5，三角形，全缘，有时有1～2裂片，两面均有柔毛；花瓣白色或带粉红色；雄蕊多数；雌蕊多数，离生，花柱靠合呈柱状，无毛，伸出萼筒口外，与雄蕊近等长。蔷薇果直径8～10mm，黑褐色；萼片在果熟时脱落。花期6～7月；果期9～10月。

生境分布　公园、庭院常有栽培。国内分布于辽宁、河北。

经济用途　可栽培供绿化观赏；果实药用；茎根为月季砧木。

光叶蔷薇

Rosa luciae Franch. & Roch.

1.植株上部 2.果枝 3.花 4.聚合果纵剖面

光叶蔷薇

光叶蔷薇花枝

光叶蔷薇果枝

科　　属　蔷薇科Rosaceae　蔷薇属Rosa L.

形态特征　半常绿灌木。枝平卧或蔓生，无毛，散生钩刺。羽状复叶，互生，具小叶7～9；小叶片近圆形至宽卵形或倒卵形，长1～3cm，宽0.7～1.5cm，先端尖或钝，边缘有粗锯齿，上面暗绿，下面淡绿，两面均无毛，有光泽，羽状脉；托叶披针形，全缘或有腺齿。多花或少花组成圆锥伞房花序；花梗长6～20mm，略被腺毛；苞片卵形，早落；花直径4～5cm；花萼片5，披针形或卵状披针形，全缘，外面近无毛，内面密生白色毡毛；花瓣5，倒卵形，白色；雌蕊多数，离生，花柱靠合呈柱状，有柔毛，伸出萼筒口外，与雄蕊近等长。蔷薇果卵圆形，长约1cm，径约6mm，熟时紫红色；萼片脱落。花期6～7月；果期7～9月。

生境分布　公园、庭院有引种栽培。国内分布于浙江、福建、台湾、广东、广西等省（自治区）。

经济用途　供绿化观赏。

月季花

Rosa chinensis Jacq. var. *chinensis*

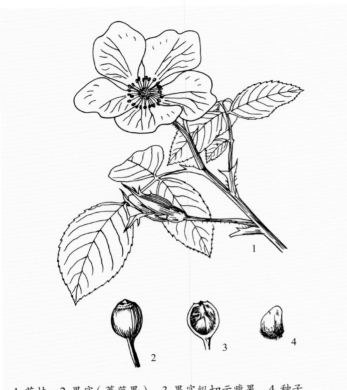

1.花枝　2.果实（蔷薇果）　3.果实纵切示瘦果　4.种子

月季花

月季花花枝

科　　属　蔷薇科Rosaceae　蔷薇属Rosa L.

形态特征　直立灌木。小枝粗壮，有短粗的钩状皮刺或无刺，无毛。羽状复叶，互生，具小叶3～5，稀为7，连叶柄长5～11cm；小叶片长2～6cm，宽1～3cm，先端长渐尖或渐尖，基部宽楔形或近圆形，边缘有锐锯齿，两面近无毛，羽状脉，顶生小叶有柄，侧生小叶近无柄；总叶柄较长，有散生皮刺和腺毛；托叶大部贴生叶柄，先端分离部分呈耳状，边缘常有腺毛。花少数集生，稀单生，直径4～5cm；花梗长2～6cm，近无毛或有腺毛；花萼片5，卵形，先端尾状渐尖，边缘常有羽状裂片，稀全缘，外面无毛，内面密生长柔毛；花瓣5，多重瓣至半重瓣，红色、粉红色至白色，先端有凹陷，基部楔形；雄蕊多数；雌蕊多数，离生，花柱分离，伸出萼筒口外，长约为雄蕊的一半。蔷薇果卵形或梨形，长1～2cm，红色；萼片脱落。花期4～10月；果期7～11月。

生境分布　各管理区、公园、庭院多有引种栽培。国内分布于湖北、四川、贵州等省。

经济用途　花期长，色香俱佳，为绿化观赏的著名花木；花可提取芳香油，供制香水及糕点；花、根、叶药用。

园艺品种很多。常见变种有：

小月季（变种）Rosa chinensis Jacq. var. minina（Sims）Voss

本变种的主要特点是：植株矮；叶小而狭；花较小，直径约3cm，玫瑰红色，单瓣或重瓣。

各公园、庭院多有引种栽培。

供绿化观赏；为矮化育种材料。

紫月季花　月月红（变种）Rosa chinensis Jacq. var. semperflorens（Curtis）Koehne

本变种的主要特点是：叶较薄，常带紫晕；花多单生或2～3，深紫色或深红色，重瓣；花梗细长。

各公园、庭院多有引种栽培。

供绿化观赏。

小月季

月季花果枝

洋蔷薇　百叶蔷薇

Rosa centifolia L.

洋蔷薇果枝

科　　属　蔷薇科Rosaceae　蔷薇属Rosa L.

形态特征　落叶灌木。茎有粗壮皮刺，刺大小不一。奇数羽状复叶，互生，具小叶3～5，稀7，叶轴无刺；小叶长圆状卵圆形到宽椭圆形，长约2.5cm，先端钝或有短尖，基部圆形，边缘常为单锯齿，两面或仅下面有短柔毛，羽状脉；托叶一半以上与叶柄连生，有腺毛。花单生；无苞片；花径4.5～7cm；花梗细长而下垂，密被腺毛；花萼片通常羽裂；花瓣粉红色，常重瓣，直立，内曲，有芳香；雄蕊多数；雌蕊多数，离生，花柱分离，有柔毛，不伸出萼筒口，呈头状塞于萼筒口。蔷薇果近球形或椭圆形；萼片宿存。花期5～6月；果期8～9月。

生境分布　原产高加索。各公园、庭院有少量引种栽培。

经济用途　供绿化观赏；花可提取芳香油，称

洋蔷薇

为"蔷薇油"，供药用、制香水及汽水等用。

玫　瑰

Rosa rugosa Thunb.

1. 花枝　2. 果实

玫瑰果枝

玫瑰花枝

玫瑰　　　　　　　　　　重瓣玫瑰花枝

科　　属　蔷薇科 Rosaceae　蔷薇属 Rosa L.

形态特征　直立灌木。小枝密生绒毛、皮刺和刺毛。奇数羽状复叶，互生，具小叶5～9，连叶柄长5～13cm；小叶片长1.5～5cm，宽1～2.5cm，先端急尖或圆钝，基部圆形或宽楔形，边缘有尖锐锯齿，上面无毛，叶脉下陷，有褶皱，下面灰绿色，中脉突起，密生绒毛和腺毛或腺毛不明显，羽状脉；叶柄和叶轴密生腺毛或绒毛，疏生小皮刺；托叶大部贴生于叶柄，离生部分卵形，边缘有带腺锯齿，下面有绒毛。花单生于叶腋或数花簇生；苞片边缘有腺毛，外面有绒毛；花梗长0.5～2.5cm，有密绒毛和腺毛；花直径4～6cm；花萼片先端尾状渐尖，常有羽状裂片而扩展成叶状，上面有稀疏柔毛，下面有密绒毛和腺毛；花瓣5，栽培品种多为重瓣至半重瓣，紫红色至白色，芳香；雄蕊多数；雌蕊多数，离生，花柱分离，有毛，微伸出萼筒口，较雄蕊短很多。蔷薇果扁球形，直径2～3cm，砖红色；萼片宿存。花期5～6月；果期8～9月。

生境分布　岱庙、山东农业大学树木园及各公园、庭院有栽培。国内分布在吉林、辽宁。

经济用途　著名绿化观赏花木；花瓣含芳香油，提供香精工业原料，为世界名贵香精，用于化妆品及食品工业；花瓣制玫瑰膏，供食用；果实可提维生素C及各种糖类；花蕾药用治肝、胃气痛；种子含油约14%。

黄刺玫　黄刺莓

Rosa xanthina Lindl. f. xanthina

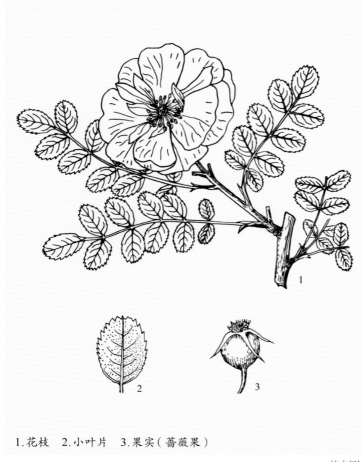

黄刺玫花枝

1.花枝　2.小叶片　3.果实（蔷薇果）

黄刺玫　　　　　　　　　　　　　　　　单瓣黄刺玫花枝

科　　属　蔷薇科Rosaceae　蔷薇属Rosa L.

形态特征　直立灌木。小枝无毛，有散生皮刺，无刺毛。奇数羽状复叶，互生，具小叶7～13，连叶柄长3～5cm；小叶片宽卵形或近圆形，稀椭圆形，长0.8～1.5cm，宽0.4～0.8cm，先端圆钝，基部近圆形，边缘有圆钝锯齿，上面无毛，下面有稀疏长柔毛，逐渐脱落，羽状脉；叶轴、叶柄有稀疏柔毛和小皮刺；托叶条状披针形，大部分贴生于叶柄，离生部分呈耳状，边缘有锯齿和腺毛。花单生于叶腋；无苞片；花梗无毛，长1～1.5cm；花萼筒、萼片外面无毛，萼片5，披针形，全缘，内面有稀疏柔毛，花后反折；花重瓣，花瓣黄色，宽倒卵形；雄蕊多数；雌蕊多数，离生，花柱分离，有长柔毛，伸出萼筒口外，比雄蕊短很多。蔷薇果近球形或倒卵形，紫褐色或黑褐色，直径8～10mm，无毛；宿存萼片反折。花期4～6月；果期7～9月。

生境分布　桃花峪、桃花源、岱庙、山东农业大学树木园及各公园、庭院常见引种栽培。国内分布于黑龙江、吉林、辽宁、内蒙古、河北、山西、陕西、甘肃等省（自治区）。

经济用途　供绿化观赏；果实可食、制果酱；花可提取芳香油；花、果药用，能理气活血、调经健脾。

单瓣黄刺玫（变型）Rosa xanthina Lindl. f. normalis Rehd. et Wils.

本变型的特点是：花单瓣，黄色。

山东农业大学树木园及各公园、庭院有引种栽培。国内分布于黑龙江、吉林、辽宁、内蒙古、河北、山西、陕西、甘肃等省（自治区）。

供绿化观赏。

黄蔷薇

Rosa hugonis Hemsl.

1.花枝　2.聚合果

黄蔷薇果枝

黄蔷薇花枝

黄蔷薇

科　　属　蔷薇科Rosaceae　蔷薇属Rosa L.

形态特征　落叶灌木。枝拱形，小枝紫褐色或灰褐色，皮刺直立而扁平，并常有细针状刺毛混生。奇数羽状复叶，互生，具小叶5～13；小叶片卵状长圆形或倒卵形，长0.8～2cm，宽0.8～1.3cm，先端微尖或圆钝，基部近圆形，边缘有尖锐锯齿，两面无毛，或叶初展时叶脉上有细绒毛，羽状脉；托叶披针形，大部分附着叶柄上，离生部分呈耳状。花单生于短枝顶端；无苞片；花梗长1.5～2cm，无毛；花淡黄色，直径约5cm；花萼片5，卵状披针形，与萼筒均无毛，花后反折；花瓣5，倒三角状卵形；雄蕊多数；雌蕊多数，离生，花柱分离，有长柔毛，稍伸出萼筒口，较雄蕊短。蔷薇果扁球形，直径1～1.5cm，熟时红褐色；宿存萼片反折。花期4～6月；果期8月。

生境分布　山东农业大学树木园、庭院有引种栽培。国内分布于山西、陕西、甘肃、青海、四川。

经济用途　供绿化观赏。

缫丝花　刺梨

Rosa roxburghii Tratt.

1.花枝　2.花蕾　3.果枝

缫丝花

缫丝花果枝

科　　属　蔷薇科Rosaceae　蔷薇属Rosa L.

形态特征　落叶灌木。小枝常有成对皮刺。奇数羽状复叶，互生，具小叶9～15；小叶片椭圆形或椭圆状矩圆形，长1～2cm，宽0.6～1.2cm，先端急尖或钝，基部宽楔形，边缘有细锐锯齿，两面无毛，羽状脉；叶柄和叶轴疏生小皮刺；托叶大部附着于叶柄上，离生部分呈钻形。花1～3，生于短枝上；花梗短，花直径4～6cm；花萼筒杯状，萼片5，通常宽卵形，有羽状裂片，内面有密绒毛，外面密生皮刺；花重瓣或半重瓣，倒卵形，粉红色到玫瑰紫色，或淡红色；雄蕊多数；雌蕊多数，离生，着生在萼筒底部，花柱分离，有毛，不伸出萼筒外，短于雄蕊。蔷薇果扁球形，直径3～4cm，绿色，外面密生皮刺；宿存的萼裂片直立。

生境分布　山东农业大学校园、庭院有引种栽培。国内分布在江苏、湖北、广东、四川、云南、贵州。

经济用途　果实富含维生素，生食或熬糖、做蜜饯、酿酒；根皮和茎皮提栲胶；叶泡茶能解热；可供绿化观赏。

缫丝花花枝

桃

Amygdalus persica L. f. persica

1.花枝　2.花纵切　3.果枝　4.果核

桃　　　　　　　　　　　　桃果枝

科　　属　蔷薇科Rosaceae　桃属Amygdalus L.

形态特征　落叶乔木。树皮暗褐色，粗糙，呈鳞片状；枝红褐色，嫩枝绿色，无毛或微有毛，有顶芽，侧芽常2～3并生，中间为叶芽，两侧为花芽。单叶，互生；幼叶在芽内对折；叶片卵状披针形或长卵状披针形，长8～12cm，宽2～3cm，先端长渐尖，基部宽楔形，缘有细钝或较粗的锯齿，齿端有腺或无腺，上面暗绿色，无毛，下面淡绿，在脉腋间有少量短柔毛，羽状脉，侧脉7～12对；叶柄长1～2cm，在顶端靠近叶基处多有腺体。侧芽每芽生1花，形成簇生或对生状；花梗短或近无梗；花直径2.5～3.5cm；花萼筒钟状，萼片5，卵圆形或长圆三角形，外被短柔毛或带有紫红色斑点；花瓣5，倒卵形或长椭圆形，粉红色，稀白色；雄蕊20～30，花药绯红色；雌蕊1，子房上位，密被短柔毛，花柱与雄蕊近等长。核果卵形、椭圆形或扁球形，顶端通常有钩状尖，腹缝线纵沟较明显，径通常3～7cm，稀至12cm，密被短绒毛，果肉多汁；核椭圆形或扁球形，有较多的深沟纹及蜂窝状的孔穴，顶端渐尖。花期4～5月；果期6～11月。

生境分布　各管理区的果园有栽培。国内分布于华北、华中及西北各省。

经济用途　常见栽培果树，果可鲜食，亦可加工成罐头、果酱、桃脯等食品；木材可用于小细工；枝叶、根皮、花、果及种子都可药用；可供绿化观赏。

垂枝碧桃（变型）Amygdalus persica L. f. pendula Dipp.
本变型的主要特点是：碧桃的垂枝类型，花有红、白两色。
桃花峪、桃花源管理区有栽培，各公园、庭院有栽培。
供绿化观赏。
洒金碧桃（变型）Amygdalus persica L. f. versicolor（Sieb.）Voss
本变型的主要特点是：花白色和粉红色相间，同一株或同一花两色，甚至同一花瓣上杂有红色彩。
桃花峪、桃花源管理区有栽培，各公园、庭院有栽培。
供绿化观赏。
绯桃（变型）Amygdalus persica L. f. magnifica Schneid.
本变型的主要特点是：花瓣鲜红色，重瓣。
各公园、庭院有栽培。
供绿化观赏。

桃花枝

绛桃（变型）Amygdalus persica L. f. camelliaeflora（Van Houtte）Dipp.

本变型的主要特点是：花瓣深红色，重瓣。

各公园、庭院有栽培。

供绿化观赏。

寿星桃（栽培变种）Amygdalus persica 'Densa'

本变种的主要特点是：树形低矮，枝屈曲，节间短。

各公园、庭院有栽培。

供绿化观赏；可作食用桃的砧木。

碧桃（栽培变种）Amygdalus persica 'Duplex'

本变型的主要特点是：花粉色，重瓣、半重瓣。

桃花峪、桃花源管理区有栽培，全省各地公园、庭院有栽培。

供绿化观赏。

紫叶桃（栽培变种）Amygdalus persica 'Atropurpurea'

本变型的主要特点是：叶始终为紫红色，上面多皱折；花粉色，单瓣或重瓣。

桃花峪、桃花源管理区有栽培，各公园、庭院有栽培。

供绿化观赏。

菊花桃（栽培变种）Amygdalus persica 'kikumomo'

本变型的主要特点是：花粉红色，重瓣，形如菊花。

桃花峪、桃花源管理区有栽培，各公园、庭院有栽培。

供绿化观赏。

下面的变种及变型在 Flora of China 中作了异名处理，但这些变种在果树生产上被比较广泛应用，文中特作介绍：

蟠桃（变种）Amygdalus persica L. var. compressa（Loud.）Yü et Lu

本变种的主要特点是：树冠开张；果扁平球形或四方形，两端凹入呈柿饼状；核小，有深沟纹。

桃花峪、桃花源管理区有栽培，各果园有栽培。

食用桃品种之一。

粘核油桃 粘核光桃（变种）Amygdalus persica L. var. scleronucipersica（Schübier & Martens）Yü et Lu

本变种的主要特点是：果皮光滑无毛；果肉与核不分离。

桃花峪、桃花源管理区有栽培，各果园有栽培。

食用桃品种之一。

离核油桃 离核光桃（变种）Amygdalus persica L. var. aganonucipersica（Schübier & Martens）Yü

本变种的主要特点是：果皮光滑无毛；果肉与核分离。

各果园有栽培。

食用桃品种之一。

垂枝碧桃花枝

洒金碧桃花枝

寿星桃花枝

碧桃花枝

紫叶桃花枝　　　　　　　　　　　　　　　　　　菊花桃花枝

蟠桃果枝　　　　　　　　　　　　　　　　　　粘核油桃果枝

山 桃 花桃

Amygdalus davidiana (Carr.) C. de. Vos ex Henry f. davidiana

白花山桃花枝

山桃果枝

1.花枝　2.花纵切　3.果枝　4.果核

山桃

山桃花枝

科　　属　蔷薇科Rosaceae　桃属Amygdalus L.

形态特征　乔木。树皮暗紫红色，平滑，常有横向环纹，老时纸质剥落；小枝褐色，无毛，有顶芽，侧芽2～3并生。单叶，互生；幼叶在芽内对折；叶片卵状披针形，长6～12cm，宽2～4cm，先端长渐尖，基部宽楔形，缘有细锐锯齿，上下两面无毛，羽状脉，侧脉6～8对；叶柄长1～2cm，通常无毛，近叶基处有腺体或缺。花单生，直径2～3cm，近无花梗；花萼筒钟形，无毛，萼片5，卵圆形，先端尖，紫红色，边缘有时绿色，无毛；花瓣5，宽倒卵形或近圆形，先端钝圆或微凹，基部有爪，粉红色或白色；雄蕊约30，长短不等，与花瓣近等长；雌蕊1，子房上位，被短柔毛，花柱长于雄蕊或近等长。核果近球形，径3cm左右，顶不尖，腹缝线沟略明显，被短毛，熟后淡黄色，果肉较薄且干；核扁球形，顶端圆钝，上有较浅的孔穴及短沟纹。种仁味苦。花期3月；果期7～8月。

生境分布　产于各管理区。生于山坡、滩地及农家附近；公园、庭院内也常见栽培。国内分布于河北、山西、陕西、甘肃、河南、四川、云南等省。

经济用途　供绿化观赏；桃仁可榨油；常为嫁接桃树良种的砧木。

白花山桃（变型）Amygdalus davidiana（Carr.）C. de. Vos f. alba（Carr.）Rehd.
本变型的主要特点是：花白色或淡绿色，开花较早，花叶同时开放。
中天门，各公园及庭院有栽培。
供绿化观赏。
红花山桃（变型）Amygdalus davidiana（Carr.）C. de. Vos f. rubra（Bean）Rehd.
本变型的主要特点是：花鲜玫瑰红色。
各公园及庭院有栽培。
供绿化观赏。

扁　桃　巴旦木

Amygdalus communis L.

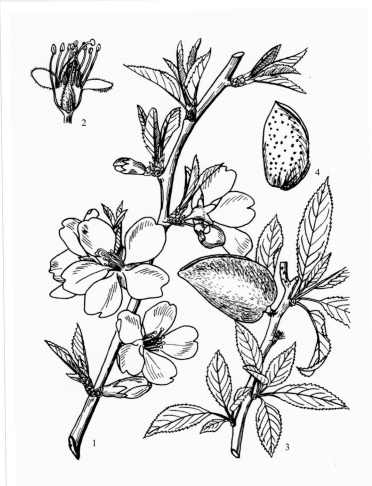

1.花枝　2.花纵切　3.果枝　4.果核

扁桃花枝

扁桃　　　　　　　　　　　　扁桃果枝

科　　属　蔷薇科Rosaceae　桃属Amygdalus L.

形态特征　落叶中小乔木。树皮深褐色至灰黑色，粗裂；枝条多直立或平展，有较多短枝，小枝浅褐色至灰褐色，无毛；冬芽卵形，鳞片棕褐色，无毛。单叶，互生；幼叶在芽内对折；叶片披针形或椭圆状披针形，长4～9cm，宽1.5～2.5cm，先端急尖或渐尖，基部圆形或宽楔形，缘有浅钝锯齿，两面无毛或仅在幼嫩时有稀疏毛，羽状脉，侧脉7～8对；叶柄长1.5～3cm，在靠近叶基处常有2～4腺体。花单生；花梗长2～3mm，芽鳞常覆盖基部，后脱落；花萼筒圆筒形，无毛，萼片5，宽披针形，缘有毛状齿；花瓣5，长圆形，长1.5～2cm，先端圆钝或微凹，基部有短爪，白色或粉红色；雄蕊15～20；雌蕊1，子房上位，密被绒毛，花柱长于雄蕊。核果斜卵形至长圆卵形，扁平，长2.7～3.3cm，顶端长尖，沿腹缝线有不明显的浅沟槽，被短绒毛，果肉薄，熟时沿腹沟开裂；核壳坚硬薄脆，略有蜂窝状孔纹和沟纹。种仁味甜或苦。花期3～4月；果期7～8月。

生境分布　原产亚洲西南部。山东农业大学校园及果园有引种栽培。国内在西北各省栽培历史较长。

经济用途　著名的取仁用的桃树，仁肥大味美，是有特殊风味的干果；果仁含油量高，可以榨油；核壳含红色素，可作为酒类的着色剂；木材质硬，磨光性好，可供细工材；花期早，为蜜源树种。

榆叶梅

Amygdalus triloba (Lindl.) Ricker var. triloba

1．果枝 2．花
枝 3．花纵切

榆叶梅

榆叶梅果枝

榆叶梅花枝

科 属 蔷薇科Rosaceae 桃属Amygdalus L.

形态特征 灌木或小乔木。树皮紫褐色，浅裂或皱状剥落；小枝深褐色或绿色，向阳面紫红色，无毛或仅幼时有毛。单叶，互生；幼叶在芽内对折；叶片宽椭圆形至倒卵形，长3～6cm，宽1.5～3cm，先端渐尖或突尖，常3裂，基部宽楔形，缘有粗重锯齿，上面绿色，无毛或被疏毛，下面淡绿色，密被短柔毛，羽状脉，侧脉4～6对；叶柄长0.5～0.8cm，微被短柔毛。花单生或2～3集生于上年的枝侧，先叶开放；花梗长4～8mm；花直径2～3cm；花萼筒宽钟形，萼片5，卵圆形或卵状三角形，无毛或微被柔毛；花瓣5，卵圆形或近卵形，粉红色；雄蕊25～30，短于花瓣；雌蕊1，子房上位，密被短柔毛，花柱稍长于雄蕊。核果近球形，略有腹缝线沟槽，径1～1.5cm，果肉薄，熟时红色，开裂；核球形，表面有皱纹，顶端圆钝。花期3～4月；果期5～6月。

生境分布 岱庙、山东农业大学树木园及各管理区有引种栽培。国内分布于黑龙江、吉林、辽宁、内蒙古、河北、山西、陕西、甘肃、江苏、浙江、江西等省（自治区）。

经济用途 供绿化观赏；在山地沟壑可做保土植物；种仁可榨油。

鸾枝（变种）Amygdalus triloba（Lindl.）Ricker var. petzoldii（K. Koch）Bailey

本变种的主要特点是：叶下面无毛；花粉红色；花瓣与萼片各10片。
岱庙、山东农业大学树木园和校园及各管理区有引种栽培。
供绿化观赏。

重瓣榆叶梅（栽培变种）Amygdalus triloba 'Multiplex'

本栽培变种的主要特点是：花粉红色；重瓣；萼片通常10片。
岱庙、山东农业大学树木园及各管理区有引种栽培。
供绿化观赏。

重瓣榆叶梅花枝

杏

Armeniaca vulgaris Lam. var. vulgaris

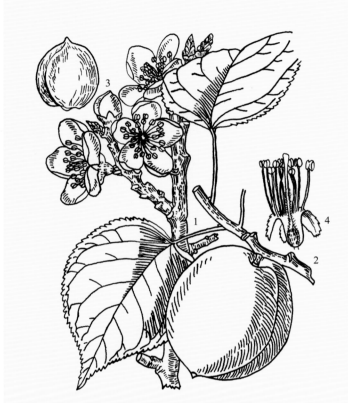

1.花枝　2.果枝　3.果核　4.花纵切

杏

杏果枝

杏花枝

科　　属　蔷薇科Rosaceae　杏属Armeniaca Mill.

形态特征　落叶乔木。树皮暗灰褐色，浅纵裂；小枝浅红褐色，光滑或有稀疏皮孔；冬芽2～3簇生于枝侧，无顶芽。单叶，互生；幼叶在芽内席卷；叶片圆形或卵状圆形，长5～9cm，宽4～8cm，先端有短尖头，稀尾尖，基部圆形或近心形，缘有圆钝锯齿，上面无毛，下面仅在脉腋间有毛，羽状脉，侧脉4～6对；叶柄长2～3cm，近叶基处有1～6腺体。花单生，常在枝侧2～3花集合一起；花梗短或近无梗；花直径2～3cm，花萼筒狭圆筒形，紫红微带绿色，基部微有短毛，萼片5，卵圆形至椭圆形，开花时张开反折；花瓣5，圆形或倒卵形，白色或稍带粉红；雄蕊25～45；雌蕊1，子房上位，被短柔毛。核果球形或倒卵形，有浅纵沟，径通常在2.5cm以上，成熟时白色、浅黄或棕黄色，常带有红晕，被短毛；核扁平圆形或倒卵形，两侧不对称（背缝直而腹缝圆），有锐边及不明显的网纹。种子扁球形，种仁味苦或甜。花期3月；果期6～7月。

生境分布　各管理区有栽培或野生。国内分布于河北、山西、陕西、甘肃、新疆、四川等省（自治区）。

经济用途　是常见果树，果肉酸甜，可生吃，也可加工成罐头及杏干、杏脯；种仁药用，有镇咳定喘的效用；木材可作为器具及雕刻用材。

野杏　山杏（变种）Armeniaca vulgaris Lam. var. ansu（Maxim.）Yü et Lu

本变种的主要特点是：叶片基部楔形或宽楔形；花常2朵，淡红色；果实近球形，红色；离核，核卵球形，表面粗糙而有网纹，腹缝常锐利。

产于各管理区。生于山坡、沟谷杂木林。国内分布于辽宁、内蒙古、河北、山西、陕西、甘肃、宁夏、青海、河南、江苏、四川等省（自治区）。

种仁可药用，有止咳祛痰的功效。

梅 梅花

Armeniaca mume Sieb. var. mume

1. 花枝 2. 花纵切 3. 果枝 4. 果纵切（示果核）

梅

梅果枝

梅花枝

科　　属　蔷薇科Rosaceae　杏属Armeniaca Mill.

形态特征　落叶小乔木或灌木。树皮暗灰色或绿灰色，平滑或粗裂；小枝细长，绿色，无毛；冬芽2～3簇生于侧枝，无顶芽。单叶，互生；幼叶在芽内席卷；叶片卵圆形至宽卵圆形，长4～8cm，宽2～4cm，先端长渐尖及尾尖，基部多楔形，缘有尖锐的细锯齿，上面绿色，幼时被短柔毛，后脱落，下面淡绿色，沿叶脉始终有毛，羽状脉，侧脉8～12对；叶柄长1～1.5cm；花单生或2花并生；有短花梗；花直径约2cm；花萼筒宽钟形，萼片5，近卵圆形；花瓣白色、淡红色或微带绿色，多有浓香味；雄蕊多数，生于萼筒的上缘；雌蕊1，子房上位，密被柔毛。核果近球形，外有1纵沟，直径2～3cm，熟时绿色、黄白色或紫红色，被短毛，果肉皮薄，味酸少汁，不易与核分离；核多卵圆形，有2纵棱，核表面有较密的蜂窝状点孔。花期2～4月；果期7～8月。

生境分布　环山路绿化有栽培，岱庙、山东农业大学树木园有引种栽培。国内在长江流域以南各省广泛栽培。四川、云南有野生。

经济用途　供绿化观赏，是著名的早春观赏植物；果可食亦适宜加工成各种食品；药用有止泻、止咳、止渴的作用。

梅花的栽培观赏品种极多，常以枝的颜色、开张、下垂或屈曲，花被的构成形状和色彩来区分，栽培有：

垂枝梅　照水梅（栽培变种）*Armeniaca mume* 'Pendula'

本栽培变种的主要特点是：枝绿色，下垂；花朵开时朝向地面，有白色、粉色或紫红色。

公园有引种栽培

供绿化观赏。

垂枝梅开花植株

李　李子

Prunus salicina Lindl.

1.果枝　2.花枝

李果枝

李花枝

李

科　　属　蔷薇科Rosaceae　李属Prunus L.

形态特征　落叶乔木。树皮灰褐色，粗糙，小枝灰绿色，无毛；顶芽缺，腋芽单生。单叶，互生；幼叶在芽内席卷；叶片长圆状倒卵形、长椭圆形，稀长圆状卵圆形，长6～8cm，宽3～5cm，先端渐尖或急尖，基部楔形，叶缘有圆钝重锯齿，常混有单锯齿，上面绿色，有光泽，下面淡绿色，无毛或沿叶脉及脉腋间有少数簇毛，羽状脉，侧脉6～10对，不达叶缘，与主脉呈45°角；叶柄长1～2cm，靠近叶基部的叶柄上面有腺体或无。通常3花簇生，稀单生；花梗长1～2cm；花直径1.5～2cm；花萼筒钟状，萼片5，长圆状卵圆形，边缘少有锯齿；花瓣5，宽倒卵形，白色；雄蕊20～30；雌蕊1，子房上位，一般无毛，花柱较雄蕊稍长。核果球形或卵状球形，稀圆锥形，有较明显的缝沟线，径通常2～3.5cm，个别品种更大，熟时绿色、黄色或紫红色，无毛，微被蜡粉；梗洼多深陷；核卵形，先端尖，表面有皱纹。花期4～5月；果期7～8月。

生境分布　景区果园有引种栽培。国内分布于陕西、甘肃、江苏、浙江、福建、台湾、江西、湖北、湖南、广东、广西、四川、云南、贵州等省（自治区）。

经济用途　常见果树之一，果生吃，也可加工成各种食品；根、叶、种核和树胶等均可入药；种仁可榨油。

杏 李 红李

Prunus simonii Carr.

杏李果枝

1.果枝 2.花枝

杏李

科　　属　蔷薇科Rosaceae　李属Prunus L.

形态特征　落叶小乔木。树皮灰褐色，浅裂；枝多直立，小枝灰绿色，光滑。单叶，互生；幼叶在芽内席卷；叶片长圆状披针形至长圆状倒卵形，长7~10cm，宽3~5cm，先端渐尖，基部宽楔形，叶缘有细密圆钝锯齿，两面无毛或下面脉上初有毛后脱落，羽状脉，侧脉5~8对，呈弧状弯曲，基部与主脉呈锐角，主脉和侧脉均明显下陷；叶柄长1~1.3cm，常在接近叶基部处有2~4腺体。花单生或2~3花簇生，直径2~2.5cm；花梗长2~5mm，无毛；花萼筒钟状，萼片5，长圆形，先端钝；花瓣5，长圆形，先端钝，白色；雄蕊20~30，与花瓣近等长；雌蕊1，子房上位，花柱较雄蕊稍短或近等长。核果扁球形，径3~6cm，熟时红色，微被蜡粉，果肉淡黄色，有香气；核较小，有纵沟。果期6~7月。

生境分布　果园有引种栽培。国内分布于河北。

经济用途　果实品质好，色艳味甜，适于生吃；可作为培育良种的原始材料。

红叶樱桃李　红叶李　紫叶李

Prunus cerasifera Ehrh. f. atropurpurea (Jacq.) Rehd.

1.花枝　2.果枝　3.花　4.果核

红叶樱桃李

红叶樱桃李果枝

科　　属　蔷薇科Rosaceae　李属Prunus L.

形态特征　落叶小乔木。树皮灰紫色；小枝红褐色，光滑无毛；芽单生叶腋，外被紫红色的芽鳞。单叶，互生；幼叶在芽内席卷；叶片卵圆形、倒卵形或长圆状披针形，长4.5～6cm，宽2～4cm，先端短尖，基部楔形或近圆形，边缘有尖或钝的单锯齿或重锯齿，上下两面无毛或仅在叶脉处微被短柔毛，紫红色，羽状脉，侧脉5～8对；叶柄长0.5～2.5cm，无毛或稍有毛，在近叶基处多没有腺体。花多单生，稀2花簇生；花直径2～2.5cm；花梗长1～2.2cm；花萼筒无毛，萼片5，卵状椭圆形；花瓣5，淡粉红色，卵形或匙形；雄蕊多数；雌蕊1，子房上位，花柱较雄蕊稍长。核果近球形，先端凹陷，梗洼不显著，有纵沟或不明显，熟时暗红色，微有蜡粉，花期4月；果期6～7月。

生境分布　各管理区景点、公园、庭院及公共绿地多有引种栽培。在国内，华北、华东各省普遍栽培；其原种分布于新疆。

经济用途　供绿化观赏。

美人梅　樱李梅（栽培变种）Prunus × blireana 'Meiren'
本栽培变种是园艺杂交种，由重瓣粉型梅花品种"宫粉梅"与红叶樱桃李（Prunus cerasifera Ehrh. f. atropurpurea）杂交而成，其形态特征多与红叶樱桃李相近。落叶小乔木；小枝紫红色；叶片卵形至长卵形，长5～9cm，紫红色；春季先叶开花；花梗长约1.5cm；花萼筒宽钟状，萼片5，近圆形至扁圆形；花瓣粉红色，重瓣；雄蕊多数；果核具蜂窝状细洼点。花期自3月中旬至4月中旬。
公园、庭院有引种栽培。
供绿化观赏。
紫叶矮樱（栽培变种）Prunus × cistena 'Crimson Dwarf'
是红叶樱桃李与矮樱杂交选育出的栽培种，其形态特征极似紫叶樱桃李，但其叶多为深紫红色，花颜色稍深。
公园、庭院及公共绿地多有引种栽培。
供绿化观赏。

红叶樱桃李花枝

美人梅花枝

紫叶矮樱花枝

欧洲李　西洋李

Prunus domestica L.

欧洲李花枝

欧洲李

欧洲李果枝

1.花枝　2.果枝　3.花纵切　4～5.雄蕊腹背面

科　　属　蔷薇科Rosaceae　李属Prunus L.

形态特征　落叶小乔木。树皮深褐灰色，微裂；小枝灰绿褐色，嫩时密被毛，老枝脱落；无顶芽，腋芽单生。单叶，互生；幼叶在芽内席卷；叶椭圆形或倒卵形，长4～10cm，宽2.5～5cm，先端圆钝或短尖，基部楔形，偶有宽楔形，叶缘有圆钝锯齿，上面暗绿色，无毛，下面淡绿色或灰绿色，密被短毛，羽状脉，侧脉5～9对，呈弧状弯曲；叶柄长1～2cm，靠近叶基处有2～3腺体。1～3花簇生；花直径1.5～2.5cm；花梗长1～2cm；花萼筒钟形，萼片5，长三角形或长卵形，绿色，外面有绒毛；花瓣5，倒卵形或匙形，白色，有时微带淡绿色。核果椭圆形或卵状肉球形，径2～3cm，熟时蓝黑色、紫红色或黄绿色，被浓蜡粉；核广椭圆形，表面凹凸不平或稍有蜂窝状的穴沟。花期4月；果期7～8月。

生境分布　原产欧洲及亚洲西部。果园有引种栽培。

经济用途　果可生吃及加工。

欧洲甜樱桃 甜樱桃

Cerasus avium (L.) Moench.

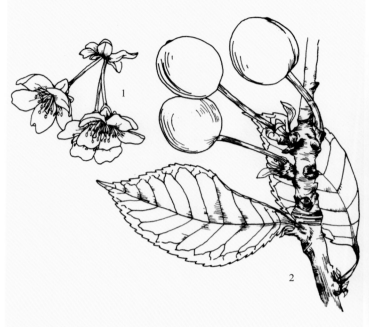

1.花 2.果枝

欧洲甜樱桃

欧洲甜樱桃果枝

欧洲甜樱桃花枝

科　　属　蔷薇科Rosaceae　樱属Cerasus Mill.

形态特征　落叶乔木。树皮灰褐色；枝直立，小枝浅红褐色，无毛。单叶，互生；幼叶在芽中为对折状；叶片卵圆形、倒卵形至椭圆形，长6～15cm，宽4～8cm，先端长渐尖或突尖，基部宽楔形或圆形，缘有细钝的单锯齿或重锯齿，齿端有腺体，上面光滑无毛，下面有时被短柔毛，羽状脉，侧脉7～12对；叶柄长2～5cm，无毛，靠近叶基处有1～6腺体；托叶长1cm左右，条形，有腺齿。伞形花序由2～4花组成；花序梗极短，在基部常围以翻卷张开的宿存芽鳞，花后芽鳞反折；花梗长2～3cm，无毛；花径2.5～3.5cm；花萼筒钟形，长约5mm，无毛，萼片5，三角形，全缘或略有锯齿，与萼筒近等长或稍长，开花时反折；花瓣5，倒卵形，先端截形或有微凹，白色，开花后期略带粉色；雄蕊约34；雌蕊1，子房上位，花柱与雄蕊近等长。核果卵状球形或圆球形，先端尖，基部微凹，径1.1～2.5cm，熟时黄色、暗红色或紫红色；核卵形或长卵形。花期4月；果熟期6月。

生境分布　原产欧洲及亚洲西部。果园有引种栽培。

经济用途　早春水果，著名的栽培大樱桃种系之一，果形大，风味优美，适宜生吃及加工成罐头；种仁可榨油；可供绿化观赏。

山樱桃　山樱花
Cerasus serrulata (Lindl.) G. Don ex Loud. var. serrulata

山樱桃花枝

科　　属　蔷薇科Rosaceae　樱属Cerasus Mill.

形态特征　落叶乔木。树皮栗褐色；小枝淡褐色，无毛；芽单生或簇生。单叶，互生；幼叶在芽内对折；叶片卵形、椭圆状卵形或椭圆状披针形，稀倒卵形，长5～9cm，宽3～5cm，先端长渐尖或尾尖，基部楔形至宽楔形或圆形，缘有尖锐的单锯齿或重锯齿，齿尖芒状带腺，上面苍绿色，无毛，下面略有白粉，并沿中脉有短毛，羽状脉，侧脉10对左右；叶柄长1.5～3cm，靠近叶片基部处常有1～3腺体；托叶条形，早落。短总状花序或伞房花序，有花序梗，有3～5花，基部有芽鳞和叶状苞片；花梗长2～2.5cm，无毛或有极稀疏的毛；花直径2～5cm；花萼筒近钟形，长5～6mm，无毛，萼片5，三角状披针形，先端急尖或渐尖，与花萼筒近等长，直立或开张；花瓣5，倒卵形，先端凹，或重瓣，多白色、粉红色，栽培品种有深红、紫红、黄或淡绿等；雄蕊约38；雌蕊1，子房上位，花柱无毛。核果卵状球形，无明显的腹缝沟，径6～8mm，熟时黑色。花期4～5月；果期6～7月。

生境分布　产于桃花源、竹林管理区。生于山坡。公园也有栽培。国内分布于黑龙江、河北、安徽、江苏、浙江、江西、湖南、贵州等省。

经济用途　可供绿化观赏；可作樱桃、樱花的育种材料；种核药用，可透麻疹。

毛叶山樱桃（变种）Cerasus serrulata（Lindl.）Loud. var. pubescens（Makino）T. T. Yü & C. L. Li
本变种的主要特点是：叶柄、花梗及叶片下面常有白柔毛或绒毛。
产于桃花源管理区。生于山坡、沟谷杂木林。国内分布于黑龙江、辽宁、河北、山西、陕西、浙江等省。
可供绿化观赏；可作樱花的育种材料。
日本晚樱　重瓣樱花（变种）Cerasus serrulata（Lindl.）Loud. var. lannesiana（Carr.）T. T. Yü & C. L. Li
本变种的主要特点是：叶缘有长芒状的重锯齿；花多重瓣，粉红色、白色或淡黄色；花萼筒钟状；花期比大叶早樱、东京樱花略晚。
原产日本。景区、苗圃有引种栽培。
供绿化观赏。
泰山野樱花（变种）Cerasus serrulata（Lindl.）Loud. var. taishanensis Y. Zhang et C. D. Shi
本变种的主要特点是：果鲜红色，长6～8mm，直径4～7mm；花单生或2～3呈伞房状，花序柄长0～6mm；叶先端长尾状尖或突尖，叶缘锯齿呈短芒状，背面沿脉有稀疏柔毛和脉腋间有簇毛；叶柄长1～2.5cm。
产于桃花源、南天门等管理区。少量生于沟谷。山东特有树种。
可供绿化观赏；可作樱花的育种材料。

1.花枝　2.果枝　3.花纵切　4.果纵切

山樱桃

山樱桃果枝

日本晚樱花枝

欧洲酸樱桃　酸樱桃

Cerasus vulgaris Mill.

1. 花　2. 果枝

欧洲酸樱桃

欧洲酸樱桃果枝

欧洲酸樱桃花序

欧洲酸樱桃花枝

科　属　蔷薇科Rosaceae　樱属Cerasus Mill.

形态特征　落叶乔木。树皮暗褐色，老时片状剥落；枝开张下垂，嫩枝红褐色，无毛。单叶，互生；幼叶在芽中为对折状；叶片椭圆状倒卵形至卵圆形，长5～12cm，宽3～8cm，先端急尖，基部楔形并常有2～4腺体，叶缘有细密而钝的重锯齿，上面光绿色，无毛，下面淡绿色，无毛或仅在幼时被短柔毛，羽状脉，侧脉7～11对；叶柄长1～5cm，无腺或具有1～2腺体；托叶条状，长约8mm，有腺齿。伞形花序多由2～4花组成，基部常有直立的叶状芽鳞包围，并有明显的几个叶状苞片；花梗长1.5～3.5cm，无毛；花直径2～2.5cm；花萼筒倒钟形或倒圆锥形，萼片5，三角形，开花时平展或反折；花瓣5，倒卵形，长10～13mm，先端截形或微凹，白色；雄蕊多数；雌蕊1，子房上位，花柱无毛。核果扁球形或球形，基部通常不凹陷，径1.2～1.9cm，熟时多鲜红色；核近球形。花期3～4月；果期5～6月。

生境分布　原产欧洲及亚洲西部。果园有引种栽培。

经济用途　早春水果，果生食或制作罐头；可供绿化观赏。

樱桃 中国樱桃

Cerasus pseudocerasus (Lindl.) G. Don

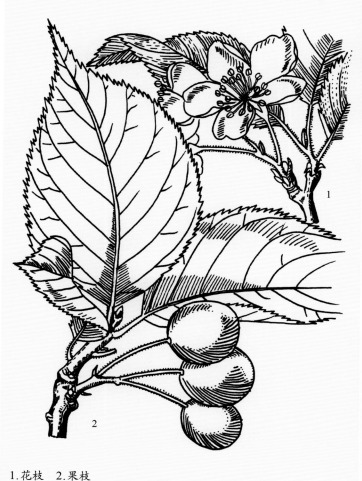

1. 花枝 2. 果枝

樱桃果枝

樱桃花枝

樱桃 樱桃花枝

科　属　蔷薇科 Rosaceae　樱属 Cerasus Mill.

形态特征　落叶乔木。树皮灰褐色或紫褐色；多短枝，小枝褐色或红褐色，光滑或仅在幼嫩时有柔毛；芽单生或簇生。单叶，互生；幼叶在芽中对折；叶片卵形或椭圆状卵形，长 6～15cm，宽 3～8cm，先端渐尖或尾状渐尖，基部圆形或宽楔形，缘有大小不等的重锯齿，齿尖多有腺体，上面光绿色，无毛或微被柔毛，下面色稍淡，常在脉上被疏毛，羽状脉，侧脉 7～10 对；叶柄长 0.8～1.5cm，有短柔毛，近叶片基部处有 1～2 腺体；托叶多 3～4 裂，边缘有腺齿，早落。伞形或有梗的短总状花序，3～6 花组成；花序梗基部的芽鳞脱落性；花梗长 1.5cm，有毛；花直径 1.5～2.5cm；花萼筒钟状，长 3～6mm，外面被绒毛，萼片 5，卵圆形或长圆状三角形，长约为萼筒的 1/2 或稍多，反折；花瓣 5，倒卵形或近圆形，先端微有凹缺，基部有爪，白色或粉红色；雄蕊多数；雌蕊 1，子房上位，子房与花柱无毛，花柱与雄蕊近等长。核果卵形或近球形，径约 1cm，有腹缝线沟或无，熟时鲜红色或橘红色，有光泽；核近球形，径 0.9～1.3cm，黄白色，光滑或有皱状及疣点状突起。花期 3～4 月；果期 5～6 月。

生境分布　景区内果园及村庄有栽培。国内分布于东北南部、华北和长江流域各省。

经济用途　著名的早春水果及绿化观赏树，果可生吃及加工成罐头或酿酒；核仁、树皮可药用；可供绿化观赏。

大叶早樱　日本早樱花

Cerasus subhirtella (Miq.) Sok.

1. 花枝　2. 果枝

大叶早樱花、果枝

大叶早樱　　　　　　　　　　　　　　　大叶早樱花枝

科　　属　蔷薇科Rosaceae　樱属Cerasus Mill.

形态特征　落叶乔木。树皮暗灰褐色；小枝灰色，嫩枝绿色，密被短柔毛。单叶，互生；幼叶在芽内对折；叶片卵形至椭圆状卵形，长3～8cm，宽1.5～3cm，先端渐尖，基部宽楔形，缘有不规则的尖锐重锯齿，上面绿色，无毛，下面淡绿色，在脉上有毛，羽状脉，侧脉10～14对，近平行；叶柄长5～8mm，有细毛，在靠近叶片基部处常有1～2腺体；托叶条形，边缘有芒尖状齿。伞形花序由2～5花组成；花梗长1～2cm，有柔毛；花直径1.5～1.8cm；花萼筒近壶状圆筒形，长4～5mm，萼片5，长圆卵形，急尖，外面有短柔毛，与萼筒近等长，直立或平展；花瓣5，倒卵圆形，先端微凹，粉红色；雄蕊约20；雌蕊1，子房上位，子房及花柱均有疏毛。核果卵状球形，腹缝沟槽不明显，直径6～8mm，熟时紫黑色。花期3～4月；果期5～6月。

生境分布　原产日本。景区景点、公园及庭院有引种栽培。国内长江流域中下游各城市也有引种。

经济用途　供绿化观赏。

东京樱花　日本樱花

Cerasus yedoensis (Matsum.) Yü et C. L. Li

1.花枝　2.果枝

东京樱花果枝

东京樱花　　　　　　　　　　　　　　东京樱花花枝

科　　属　蔷薇科Rosaceae　樱属Cerasus Mill.

形态特征　落叶乔木。树皮暗灰色，有较明显的横纹及皮孔；芽单生或2～3簇生。单叶，互生；幼叶在芽内对折；叶片椭圆形、卵圆形至倒卵形，长5～10cm，宽2.5～5.5cm，先端渐尖或尾尖，基部宽楔形或近圆形，缘有细芒状的细尖重锯齿，齿尖有腺，上面无毛，下面沿叶脉有短柔毛，羽状脉，侧脉7～10对，稍弯曲；叶柄长1.5～2.5cm，靠近叶片基部处常有2红色的腺体；托叶条形，有腺毛齿，早落。5～6花组成伞形总状花序；花梗长2～2.5cm，有柔毛；花先叶开放，直径2～3cm；花萼筒狭圆筒形，长7～8mm，有短柔毛，萼片5，长圆状三角形，缘有腺齿，稍短于萼筒，直立或平展；花瓣5，卵形或长圆状卵形，先端凹，白色、粉色或玫瑰红色，多有重瓣；雄蕊约32，短于花瓣；雌蕊1，子房上位，花柱基部有毛。核果球形或卵圆形，无明显的腹缝沟，径约1cm，熟时紫黑色，偶有橙红色，有光泽。花期4月；果期6～7月。

生境分布　原产日本。景区景点、公园及庭院有引种栽培。国内在北京、上海、南京、南昌、西安等地都有栽培。

经济用途　供绿化观赏。

毛樱桃　山豆子

Cerasus tomentosa (Thunb.) Wall. ex Yü & C. L. Li

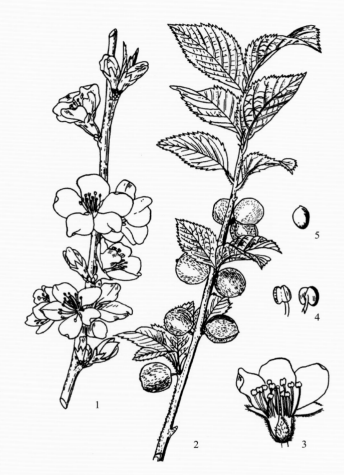

1.花枝　2.果枝　3.花纵切　4.雄蕊　5.果核

毛樱桃果枝

毛樱桃　　　　　　　　　　　　　　　毛樱桃花枝

科　　属　蔷薇科Rosaceae　樱属Cerasus Mill.

形态特征　落叶灌木。树皮深灰黑色，鳞片状浅裂；小枝灰褐色，嫩时被密绒毛；无顶芽，芽尖卵形，长2～3mm，常2～3芽并生于枝侧，鳞片褐色，外被绒毛。单叶，互生；幼叶在芽内席卷；叶片卵状椭圆形或倒卵状椭圆形，长2～7cm，宽1～3.5cm，先端急尖或渐尖，基部楔形，叶缘有不整齐的粗锯齿，上面被疏柔毛，下面密被绒毛，有时叶落前毛脱落，羽状脉，侧脉4～7对，上面叶脉凹陷，下面叶脉隆起；叶柄长2～8mm；托叶条形，有锯齿。花单生或并生；花梗短；花直径1.5～2cm；花萼筒筒状或杯状，长4～5mm，有短柔毛或无毛，萼片5，三角卵形，缘有锯齿，内外面被短绒毛或无毛；花瓣5，倒卵形，先端圆或微凹，白色或淡粉红色；雄蕊20～25，短于花瓣；雌蕊1，子房上位，子房及花柱有疏绒毛。核果近球形，顶端急尖或钝，无明显的腹缝沟，径约1cm，熟时红色或黄色，有毛；核直径0.5～1.2cm，表面光滑或有纵沟纹。花期3月下旬～4月；果期6月。

生境分布　桃花峪、山东农业大学树木园有引种栽培。国内分布于黑龙江、辽宁、吉林、内蒙古、河北、陕西、山西、宁夏、青海、四川、云南、西藏等省（自治区）。

经济用途　果实可食及酿酒；种子可榨油；种仁药用，名"大李仁"，有润肠利尿的功效；可供绿化观赏。

欧 李

Cerasus humilis (Bge.) Sok.

1. 花枝　2. 花纵切　3. 果枝　4. 果核

欧李果枝

欧李花枝

欧李

科　　属　蔷薇科 Rosaceae　樱属 Cerasus Mill.

形态特征　落叶灌木。小枝红褐色，无毛或幼时被短绒毛；无顶芽，3侧芽并生于枝侧。单叶，互生；幼叶在芽内对折；叶片椭圆状倒卵形或倒圆卵形，稀椭圆状披针形，最宽部位在中部以上或稀在中部，长 2.5～5cm，宽 1～2cm，先端急尖或短渐尖，基部楔形，缘有细浅的锯齿，两面无毛或仅在嫩时被柔毛，羽状脉，侧脉 6～8 对；叶柄长 2～4mm；托叶条形，有腺齿，早落。花单生或 1～2 花生于腋芽苞内；花梗长 5～10mm；花直径 1～2cm；花萼筒钟状，长约 3mm，有稀柔毛，萼片 5，三角卵圆形，较萼筒略长，花后反折；花瓣 5，长圆形或倒卵形，白色或粉红色；雄蕊多数，比花瓣长；雌蕊 1，子房上位，子房及花柱均无毛，花柱与雄蕊近等长。核果近球形，两端略凹陷，径约 1.5cm，熟时鲜红色；核卵状球形，有 1～3 纵沟及不规则的皱纹。花期 4 月；果期 7 月。

生境分布　产于各管理区。生于向阳山坡、石隙及路旁灌木丛。国内分布于黑龙江、辽宁、吉林、内蒙古、河北、河南等省（自治区）。

经济用途　保土灌木；野生果树资源之一，果味酸，加工后可食；种仁药用，作为郁李仁，有利尿等作用。

麦　李

Cerasus glandulosa (Thunb.) Sokolov f. glandulosa

1.花枝　2.果枝　3.花纵切　4.果核

麦李

麦李果枝

科　　属　蔷薇科Rosaceae　樱属Cerasus Mill.

形态特征　落叶灌木。小枝绿色，微带紫红色，无毛或在幼时略有毛；无顶芽，冬芽3，簇生于枝侧。单叶，互生；幼叶在芽内对折；叶片椭圆状卵形或椭圆状披针形，长2.5～6cm，宽1～2cm，先端急尖，稀渐尖，基部宽楔形或近圆形，缘有圆钝的细腺齿，两面无毛或仅在下面沿中脉有稀疏柔毛，羽状脉，侧脉6～8对；叶柄长2.5～6mm，无毛或上面有疏柔毛；托叶条形，有细齿，早落。1～2花生于叶腋；花梗长约1cm，有短柔毛；花径约2cm；花萼筒钟状，萼片5，卵形，缘有细腺齿，外被短柔毛或无毛；花瓣5，倒卵形或矩圆形，粉红色或白色；雄蕊多数，比花瓣略短；雌蕊1，子房上位，子房无毛或在上部有疏柔毛，花柱较雄蕊稍长。核果近球形，顶端有短尖，径1～1.2cm，熟时红色，有光泽；核宽椭圆形，一边有浅沟，略光滑。花期4月，开于叶前或与叶同时开放；果期7月。

生境分布　产于各管理区。生于山坡、沟谷灌丛。常与郁李、欧李等混生；公园、庭院有栽培。国内分布于陕西、河南、安徽、江苏、浙江、福建、广东、广西、湖南、湖北、四川、云南、贵州省（自治区）。

经济用途　供绿化观赏；果可食及加工；种仁药用；叶及茎浸液可杀菜青虫及菜蚜虫。

粉花重瓣麦李　小桃红（变型）Cerasus glandulosa（Thunb.）Sokolov f. sinensis（Pets.）Sokolov
本变型的主要特点是：叶披针形至长圆状披针形；花重瓣，粉红色。
各公园、庭院有栽培。
供绿化观赏。
白花重瓣麦李　小桃白（变型）Cerasus glandulosa（Thunb.）Sokolov f. albo-plena Koehne
本变型的主要特点是：花重瓣，白色。
各公园、庭院有栽培。
供绿化观赏。

麦李花枝

粉花重瓣麦李花枝　　　　　　　　　　　　白花重瓣麦李花枝

毛叶欧李

Cerasus dictyoneura (Diels.) Holub.

1.枝　2.果上面　3.叶下面　4.果实

毛叶欧李

毛叶欧李果枝

毛叶欧李花枝

科　　属　蔷薇科Rosaceae　樱属Cerasus Mill.

形态特征　本种与欧李相近，但其芽、小枝、叶柄、花梗、萼筒均密被短柔毛，叶下面密被褐色微硬毛、网脉明显凸出，可以区别。

生境分布　产于泰山红门管理区斗母宫、判官岭。生于山坡灌丛。国内分布于河北、陕西、山西、甘肃、宁夏、河南。

经济用途　果实可食及酿酒。

郁 李 赤李子

Cerasus japonica (Thunb.) Loisel. var. japonica

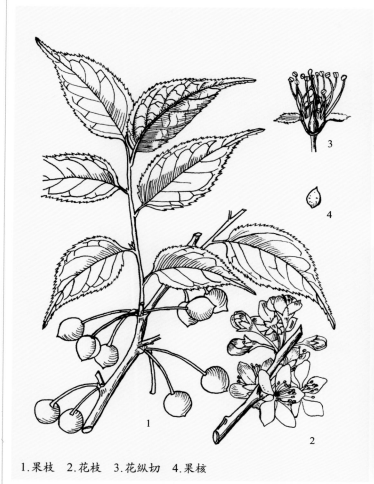

郁李果枝

1.果枝 2.花枝 3.花纵切 4.果核

郁李

郁李花枝

科　属　蔷薇科Rosaceae　樱属Cerasus Mill.

形态特征　落叶灌木。小枝纤细，红褐色，光滑；无顶芽，3芽簇生于枝侧。单叶，互生；幼叶在芽内对折；叶片卵形，稀卵状披针形，长3～7cm，宽1.5～2.5cm，先端渐尖或尾尖，基部圆形或近心形，缘有不规则的尖锐重锯齿，上面无毛，下面仅中脉上有短柔毛，羽状脉，侧脉6～8对；叶柄长2～3mm，无毛，靠近叶片基部处常有1～2腺体；托叶条形，缘有腺齿，早落。花2～3簇生；花梗长0.5～1cm，无毛或有短柔毛；花直径1.5cm左右；花萼筒钟形，无毛，萼片5，长卵状椭圆形，开花时张开反折；花瓣5，倒卵形，基部有爪，粉红色或白色；雄蕊多数；雌蕊1，子房上位，子房及花柱光滑无毛，花柱与雄蕊近等长。核果近球形，先端有短尖，腹缝沟浅不明显，径约1cm，熟时深红色；核椭圆形，两端尖，外皮光滑或略有浅凹点。花期3～4月，开于叶前或与叶同时开放；果期8～9月。

生境分布　傲徕峰、山东农业大学树木园有栽培。国内分布于黑龙江、辽宁、吉林、河北、浙江等省。

经济用途　山地保土植物；核仁药用，名"郁李仁"，有润肠、利尿及降血压的作用；可供绿化观赏。

重瓣郁李（变种）Cerasus japonica（Thunb.）Loisel. var. kerii Koehne

本变种的主要特点是：花重瓣、半重瓣；花梗短；叶下面有毛。

各公园、庭院有栽培。

供绿化观赏。

稠 李

Padus avium Mill.

1.花枝 2.去掉花冠的花 3.花纵切 4.花瓣 5.雌蕊 6.雄蕊
背腹面

稠李

稠李果枝

稠李花枝

科　　属　蔷薇科Rosaceae　稠李属Padus Mill.

形态特征　落叶乔木。树皮灰褐色，浅裂；小枝紫褐色，幼时灰绿色，无毛或微生短柔毛；芽卵圆形，鳞片边缘有疏柔毛。单叶，互生；叶片椭圆形、倒卵形及长圆状倒卵形，长6～12cm，宽3～5cm，先端突渐尖，基部宽楔形、圆形或心形，叶缘有不规则锐锯齿，上面无毛，下面灰绿色，无毛或仅在脉腋处有簇毛，羽状脉，侧脉8～11对；叶柄长1～1.5cm，无毛，靠近叶片基部处常有2腺体；托叶条形，早落。总状花序，长7～15cm，由10～20花组成，顶生，通常在基部有叶片，花序轴无毛；花序梗无毛；花梗长1～1.5cm，无毛；花直径1～1.5cm；花萼筒杯状，无毛，萼片5，卵形，较花萼筒稍短，开花时反折；花瓣5，倒卵形，白色，略有臭味；雄蕊多数，短于花瓣；雌蕊1，子房上位，无毛，花柱比雄蕊短，无毛。核果球形或卵状球形，径6～8mm，熟时紫黑色，有光泽；核扁球形，白色，上有明显的皱纹。花期4～5月；果期8～9月。

生境分布　产于南天门管理区。生于山沟、山坡及河滩，数量不多；公园、庭院有栽培。国内分布于黑龙江、吉林、辽宁、内蒙古、河北、山西、河南等省（自治区）。

经济用途　可供绿化观赏；良好的蜜源植物；木材质地细，可供器具、家具及细工材；种子可榨油。花、果、叶可药用。

FABACEAE

豆科

　　乔木、灌木、亚灌木或草本，直立或攀缘，常有能固氮的根瘤。枝有枝刺或无枝刺。叶常绿或落叶；二回或三回羽状复叶，稀为掌状复叶或三出复叶，或单叶，互生，稀对生；叶有柄或无柄；托叶有或无，有时叶状或变为刺状；常有小托叶；有些种在叶轴顶端有卷须。总状花序、聚伞花序、穗状花序、头状花序或圆锥花序，有时花单生；花两性，稀单性；辐射对称或两侧对称；花萼多为合生，萼齿3～5，有时二唇形，稀退化或消失；花瓣5，稀较少或无，离生或合生，大小相等或不等，多数成蝶形花冠或假蝶形花冠；雄蕊通常10，有时5或多数，离生或合生成单体或二体雄蕊，花药2室，纵裂或孔裂；雌蕊1，通常由单心皮所组成，子房上位，基部有柄或无，1室，侧膜胎座，胚珠1至多数，花柱和柱头单一，顶生。果实为荚果，形状种种，成熟后开裂或不开裂，或无节荚或断裂成含单一种子的荚节。种子通常有革质或有时膜质的种皮，胚大，通常无胚乳。

　　约650属，18000种。我国有167属，1673种。山东有10属，27种，2变种；引种9属，19种，1亚种，1变型。泰山有17属，37种，7变种，3变型。

山　槐　山合欢

Albizia kalkora (Roxb.) Prain

1. 花枝　2. 花　3. 荚果

山槐果枝

山槐　　　　　　　　　　　　山槐花枝

科　　属　豆科 Fabaceae　合欢属 Albizia Durazz.

形态特征　落叶乔木。小枝棕褐色，有皮孔，微凸。二回羽状复叶，互生，有羽片 2～4 对，羽片对生，每羽片具小叶 5～14 对，小叶对生；小叶片长圆形，长 1.5～4.5cm，宽 1～1.8cm，先端圆形而有细尖，基部近圆形，偏斜，中脉显著偏向叶片的上侧，两面密生灰白色平伏毛；叶柄近基部及叶轴顶端 1 对羽片着生处各有 1 腺体。头状花序，2～3 生于上部叶腋或多个排成伞房状，顶生；花黄白色；花萼及花冠外面密被柔毛；花萼筒状，长 2～3.5mm，萼齿 5；花冠长 6～7mm，中部以下合生呈筒状，5 裂，裂片披针形；雄蕊多数，长 2.5～3.5cm，花丝黄白色，基部合生呈管状；雌蕊 1，子房上位。荚果长 7～17cm，宽 1.5～3cm，幼时密被短柔毛，熟时无毛，深棕色，基部长柄状，具种子 4～12。花期 5～7 月；果期 9～10 月。

生境分布　产于红门、中天门、竹林寺、桃花峪等管理区。零星生于低山、丘陵向阳山坡的杂木林中。国内分布于陕西、山西、甘肃、河南、安徽、江苏、浙江、福建、台湾、江西、湖北、湖南、广东、广西、海南、四川、贵州等省（自治区）。

经济用途　木材可制家具、农具等；根和茎皮药用，能补气活血、消肿止痛；花有安神作用；种子可榨油。

合 欢 夜合树

Albizia julibrissin Durazz.

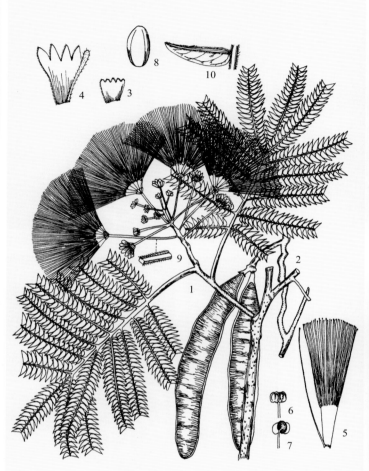

1.花枝　2.果枝　3.花萼　4.花冠　5.雌蕊　6～7.雄蕊腹背面
8.种子　9.花序梗　10.小叶

合欢

合欢果枝

合欢花枝

科　　属　豆科Fabaceae　合欢属Albizia Durazz.

形态特征　落叶乔木。树皮褐灰色，小枝褐绿色，皮孔黄灰色。二回羽状复叶，互生，有羽片4～12对，羽片对生，每羽片具小叶10～30对，小叶对生；小叶片镰刀形或长圆形，两侧极偏斜，长6～12mm，宽1～4mm，先端尖，基部平截，中脉近上缘；叶柄近基部及叶轴顶端1对羽片着生处各有1腺体。头状花序，多数，伞房状排列，腋生或顶生；花萼及花冠外面被短柔毛；花萼筒长2.5～4mm，萼齿5；花冠长0.6～1cm，淡黄色，中部以下合生呈筒状，5裂，裂片三角形；雄蕊多数，花丝粉红色，长约2.5cm，基部合生呈管状；雌蕊1，子房上位。荚果扁平带状，长9～15cm，宽1.2～2.5cm，基部短柄状，幼时有毛，熟时无毛，褐色。花期6～7月；果期9～10月。

生境分布　桃花峪、岱庙、斗母宫及机关、公园、庭院有引种栽培。国内分布于辽宁、山西、陕西、甘肃、河南、安徽、江苏、浙江、福建、江西、台湾、湖北、湖南、云南、贵州等省。

经济用途　供绿化观赏；木材可用于制家具；树皮入药，能安神活血、消肿痛；花蕾入药，能安神解郁。

云 实

Caesalpinia decapetala (Roth) Alston

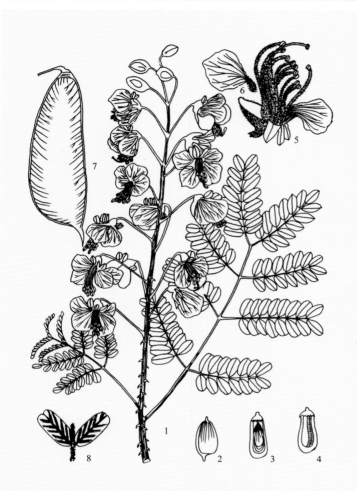

云实果枝

1.花枝　2～4.花蕾及其纵切　5～6.花（去掉部分花瓣）　7.荚
果　8.小叶

云实　　　　　　　　　　　　　　　　　　云实花枝

科　　属　豆科Fabaceae　云实属Caesalpinia L.

形态特征　落叶攀缘灌木。树皮暗红色，密生倒钩刺。二回偶数羽状复叶，互生，有羽片3～10对，对生，每羽片具小叶8～12对，叶轴有刺；小叶片长椭圆形，长1～2.5cm，宽0.6～1.2cm，先端圆，微凹，基部圆形，微偏斜，两面均被短柔毛，后渐无毛；托叶小，早落。总状花序，顶生，长15～35cm；花梗长2～4cm，顶端有关节；花两侧对称；花萼筒短，萼齿5，长圆形，有短柔毛；花瓣5，圆形或倒卵形，黄色，有光泽，盛开时反卷，基部有短爪；雄蕊10，离生，与花瓣近等长，花丝基部扁平，密生绒毛；雌蕊1，子房上位，无毛。荚果长椭圆形，栗褐色，脆革质，长6～12cm，顶端圆，肿胀，有喙，沿腹缝线有宽3～4mm的狭翅，开裂；有种子6～9。花期4～5月；果期9～10月。

生境分布　山东农业大学树木园有引种栽培。国内分布于河北、陕西、甘肃、河南、安徽、江苏、浙江、福建、台湾、江西、湖北、湖南、广东、广西、海南、四川、云南、贵州等省（自治区）。

经济用途　可作绿篱、观赏；根、茎及果实药用，有发表散寒、活血通经、解毒杀虫的功效；果壳、茎皮含鞣质，可提制栲胶。

北美肥皂荚

Gymnocladus dioica (L.) K. Koch

1.枝冬态　2.复叶　3.小叶　4.两性花纵切　5.雄花纵切　6.荚果

北美肥皂荚

北美肥皂荚果枝

北美肥皂荚花枝

科　　属　豆科 Fabaceae　肥皂荚属 Gymnocladus Lam.

形态特征　落叶乔木。树皮厚，粗糙；无刺；小枝红褐色，初有毛，后晚落无毛。二回偶数羽状复叶，长15～35cm，互生，有羽片5～7对，上部羽片具小叶6～14，至最下部通常减少成1片单叶；小叶片卵形或椭圆状卵形，长5～8cm，宽约2cm，先端锐尖，基部圆形或楔形，偏斜，上面无毛，下面幼时有柔毛，有短柄。花单性，雌雄异株；雌花序长达25cm；雄花序簇生状；花绿白色，有毛，长约1.2cm；花萼筒圆柱形，有10肋；花瓣长圆形，两面被柔毛。荚果长椭圆状镰形，长15～25cm，肥厚革质，褐色。种子扁圆形，长2～2.5cm。花期5～6月；果期10月。

生境分布　原产于北美洲。山东农业大学树木园有引种栽培。

经济用途　木材坚重，耐久，可做家具、农具等；种子炒食，可代咖啡；可供绿化观赏。

野皂荚　山皂角

Gleditsia microphylla D. A. Gordon ex Y. T. Lee

野皂荚果枝

科　　属　豆科Fabaceae　皂荚属Gleditsia L.

形态特征　灌木或小乔木。枝灰白色至浅棕色；幼枝有短柔毛；枝刺较细短，长针形，长1～6cm，基径1～2mm，有少数短小分枝。一回或二回偶数羽状复叶，有羽片2～4对，每羽片具小叶5～12对；小叶片斜卵形至长椭圆形，长0.7～2.5cm，宽0.3～1cm，先端圆钝，基部阔楔形，偏斜，上面无毛，下面有短毛，全缘，植株上部的小叶比下部的小叶小得多。穗状花序或圆锥花序，腋生或顶生；花序轴被柔毛；花近无梗，簇生；苞片3，有柔毛；花杂性，绿白色；雄花花萼筒钟状，长约1.5mm，萼齿3～4，披针形，长2.5～3mm，两面密被柔毛，花瓣3～4，长约3mm，白色，两面密被柔毛，雄蕊6～8，长于花瓣，花丝基部有长柔毛；两性花花萼齿4，长1.5～2mm，三角状披针形，两面密被柔毛，花瓣4，长约2mm，两面密被柔毛，雄蕊4，雌蕊1，子房上位，胚珠1～3，子房柄长约1.2cm。荚果扁平，有长梗，斜椭圆形，红褐色，无毛，具种子1～3。种子扁椭圆形，光滑。花期5～6月；果期7～10月。

生境分布　产于红门、中天门、桃花峪、玉泉寺等管理区。生于山坡、溪旁土壤深厚处。山东农业大学树木园有栽培。国内分布于河北、山西、陕西、河南、安徽、江苏等省。

经济用途　可作为绿篱及四旁绿化树种。

1.果枝　2.花被展开（示雄蕊群着生）　3.雄蕊

野皂荚

皂荚　皂角

Gleditsia sinensis Lam.

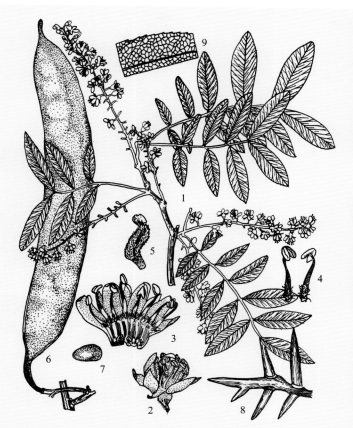

1. 花枝　2. 花　3. 花展开　4. 雄蕊　5. 雌蕊　6. 荚果　7. 种子　8. 枝刺　9. 叶背面部分放大

皂荚

皂荚果枝

皂荚两性花枝

皂荚雄花花枝

科　属　豆科Fabaceae　皂荚属Gleditsia L.

形态特征　落叶乔木或小乔木。树皮暗灰或灰黑色，粗糙；枝刺粗壮，圆柱形，常分枝，多呈圆锥状，长达16cm。一回偶数羽状复叶，在幼树及萌芽枝有二回偶数羽状复叶，具小叶3～9对；小叶片卵状披针形、长卵形或长椭圆形，长2.5～8cm，宽1.5～3.5cm，先端钝圆，有小尖头，基部稍偏斜、圆形或稀阔楔形，边缘有锯齿，上面有短柔毛，下面中脉上稍有柔毛；叶轴及小叶柄密生柔毛。总状花序，腋生或顶生；花序轴、花梗有密毛；花杂性；雄花花梗长2～10mm，花萼筒钟状，萼齿4，三角状披针形，长约3mm，两面有柔毛，花瓣4，长圆形，长4～5mm，黄白色，雄蕊8，稀6，有退化雌蕊；两性花花梗长2～5mm，萼齿4，长4～5mm，花瓣4，长5～6mm，雄蕊8，雌蕊1，子房上位，长条形，仅沿两边缝线上有白色短柔毛，胚珠多数。荚果带状，长5～35cm，宽2～4cm，劲直或弯曲，果肉稍厚，两面鼓起，种子多数；或有的荚果短小，多少呈柱形，长5～13cm，宽1～1.5cm，弯曲呈新月形，内无种，通常称为猪牙皂。花期4～5月；果期10月。

生境分布　产于各管理区。生于路旁、宅旁、沟旁及山坡向阳处。国内分布于辽宁、河北、山西、陕西、甘肃、河南、安徽、江苏、浙江、福建、广东、广西、云南、贵州、四川等省（自治区）。

经济用途　木材供制车辆、农具等用；荚果煎汁可代肥皂，最宜洗涤丝绸、毛织品；荚、种子、刺均入药，果荚有祛痰、利尿、杀虫功效，皂刺可活血，治疮癣，种子可治癣通便；可作为四旁绿化树种。

山皂荚

Gleditsia japonica Miq.

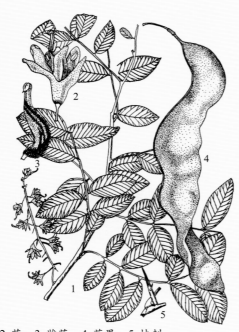

1.花枝　2.花　3.雌蕊　4.荚果　5.枝刺

山皂荚

山皂荚雌花枝

山皂荚果枝

科　　属　豆科Fabaceae　皂荚属Gleditsia L.

形态特征　落叶乔木。小枝紫褐色或脱皮后呈灰绿色；枝刺基部扁圆，中上部扁平，常分枝，黑棕色或深紫色，长2～16cm。一回或二回偶数羽状复叶，长10～25cm，一回羽状复叶常簇生，具小叶6～11对，互生或近对生；小叶片卵状长椭圆形至长圆形，长2～6cm，宽1～4cm，先端钝尖或微凹，基部阔楔形至圆形，稍偏斜，边缘有细锯齿，稀全缘，两面疏生柔毛，中脉较多；二回羽状复叶具2～6对羽片，每羽片有小叶3～10对；小叶片卵形或卵状长圆形，长约1cm。穗状花序，腋生或顶生；雌雄异株；雄花序长8～20cm，花萼筒长约1.5mm，外面密被褐色短柔毛，萼齿3～4，长约2mm，两面被柔毛，花瓣4，椭圆形，长约2mm，黄绿色，雄蕊6～8；雌花序长5～16cm，花萼筒长约2mm，萼齿和花瓣同雄花，有退化的雄蕊，雌蕊1，子房上位，无毛，有子房柄，胚珠多数。荚果带状，扁平，常不规则扭转，长20～36cm，宽约3cm，棕黑色，常具泡状隆起。花期5～6月；果期6～10月。

生境分布　产于各管理区。生于山坡、路旁、溪边。国内分布于辽宁、河北、河南、安徽、江苏、浙江、江西等省。

经济用途　用途同皂荚。

山皂荚雄花枝

槐叶决明　茳芒决明

Senna sophera (L.) Roxb.

1.植株上部　2.荚果　3.花　4.花药的正反面　5.退化雄蕊的正反面　6.雌蕊

槐叶决明

槐叶决明果枝

槐叶决明花枝

科　　属　豆科Fabaceae　番泻决明属Senna Mill.

形态特征　灌木或亚灌木。偶数羽状复叶，互生，具小叶5～7对；小叶片卵形至披针形，长2～6cm，宽1～2cm，先端急尖或渐尖，基部圆形，全缘，边缘有细毛，有特殊的臭味；在叶柄基部关节以上有1腺体，腺体呈棒状到钻形。伞房状总状花序，顶生或腋生；花萼筒短，萼齿5；花瓣5，黄色，长10～12cm；雄蕊10，上面3退化，最下面2花药较大；雌蕊1，子房上位。荚果近圆筒形，长5～10cm，多少膨胀。花期7～8月；果期9～10月。

生境分布　原产于亚洲热带。山东农业大学树木园有引种栽培。

经济用途　供绿化观赏；嫩叶和嫩荚可食；种子和根药用，有清热、强壮、利尿的功效。

加拿大紫荆

Cercis canadensis L.

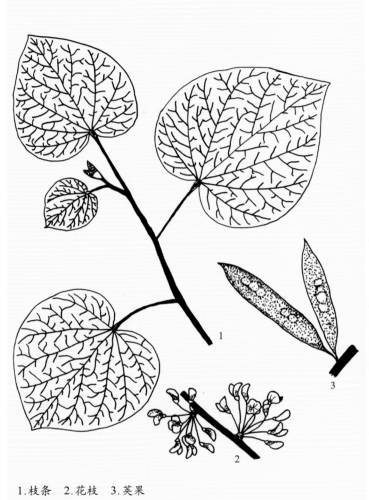

1. 枝条　2. 花枝　3. 荚果

加拿大紫荆果枝

加拿大紫荆　　　　　　　　　　　　　加拿大紫荆枝条

科　　属　豆科Fabaceae　紫荆属Cercis L.

形态特征　落叶灌木。幼枝有时被短柔毛。单叶，互生；叶片心形或宽卵形，长5～14cm，宽4～14cm，先端急尖，基部截形、浅心形至心形，全缘，下面沿脉或基部脉腋有白色短柔毛，基出掌状5～7脉，通常7脉；托叶脱落性，有时可长达10～15mm；叶柄细长，无毛，有时被短柔毛。花簇生于老枝上；花常先叶开放，嫩枝及幼株上的花与叶同时开放；花梗细柔，长3～12mm；小苞片2，长卵形；花萼暗红色，萼齿5；花冠粉红色或玫瑰色，长1～1.5cm。荚果长椭圆形，扁平，长5～8cm，宽1～1.2cm，沿腹缝线有狭翅，网脉明显，具种子10～12。种子扁圆形，栗棕色。花期4～5月；果期8～10月。

生境分布　原产北美。各管理区的景点、各机关、路边花坛、公园、庭院有引种栽培。

经济用途　供绿化观赏。

紫叶加拿大紫荆（栽培变种）Cercis canadensis 'Forest Pansy'

本栽培变种的主要特征是：叶片紫红色。

各公园有引种。

供绿化观赏。

加拿大紫荆花枝

紫叶加拿大紫荆枝条

紫荆

Cercis chinensis Bge.

白花紫荆花枝

紫荆果枝

1.叶枝　2.花枝　3.花　4.旗瓣、翼瓣、龙骨瓣　5.雄蕊群　6.雄蕊　7.雌蕊　8.荚果　9.种子（放大）

紫荆

紫荆花枝

科　　属　豆科Fabaceae　紫荆属Cercis L.

形态特征　落叶灌木。小枝灰褐色，幼枝有时被短柔毛。单叶，互生；叶片近圆形，长6～14cm，宽5～14cm，先端急尖，基部浅心形至心形，全缘，两面通常无毛，有时下面沿脉被短柔毛，基出掌状5脉，叶脉在两面明显；托叶脱落性，长2～3mm；叶柄稍带紫色，无毛，有时被短柔毛。2～10余朵花簇生于老枝上；花常先叶开放，嫩枝及幼株上的花与叶同时开放；花梗细柔，长3～9mm；小苞片2，长卵形；花萼红色，萼齿5；花冠紫红色、红色、粉红色或白色，长1～1.3cm。荚果狭披针形，扁平，长4～8cm，宽1～1.2cm，沿腹缝线有狭翅，网脉明显，具种子2～8。种子扁圆形，近黑色。花期4～5月；果期8～10月。

生境分布　岱庙、各管理区的景点、各机关、路边花坛、公园、庭院常见有引种栽培。国内分布于辽宁、河北、山西、陕西、河南、安徽、江苏、浙江、福建、湖北、湖南、广东、广西、四川、云南、贵州。

经济用途　供绿化观赏；树皮药用，有清热解毒、活血行气、消肿止痛的功效，花可治风湿筋骨痛。

巨紫荆　天目紫荆

Cercis gigantea Cheng et Keng f.

1.果枝　2.花枝

巨紫荆

巨紫荆果枝

巨紫荆树干和花枝

科　　属　豆科Fabaceae　紫荆属Cercis L.

形态特征　落叶乔木。新枝暗紫绿色，有白色短柔毛，2～3年生枝黑色，有淡灰色皮孔；单叶，互生；叶片近圆形，长5.5～13.5cm，先端短尖，基部心形，全缘，幼叶沿脉只有白色短柔毛，老叶下面沿脉有短柔毛及褐色斑或无，基出掌状5～7脉；托叶脱落性；叶柄长1.8～4cm。7～14花簇生于老枝上；花先叶开放；花梗细柔，长0.6～1.5cm，紫红色，无毛；花萼暗紫红色，萼齿5；花冠紫红色或淡紫红色。荚果长6.5～14cm，宽1.5～2cm，沿腹缝线有翅，先端渐尖，紫红色。花期2月；果期8月。

生境分布　山东农业大学校园有引种栽培。国内分布于河南、安徽、浙江、湖北、湖南、广东、贵州。

经济用途　可供绿化观赏。

槐 树　国槐　家槐　槐

Sophora japonica L.

槐树花枝　　　　　　　　　　　　　　　　　　　　槐树果枝

科　　属　豆科Fabaceae　槐属Sophora L.

形态特征　落叶乔木。树皮灰黑色，粗糙纵裂；无顶芽，侧芽为叶柄下芽，青紫色。奇数羽状复叶，互生，长15～25cm，具小叶7～17，叶轴有毛；小叶片卵状长圆形，长2.5～7.5cm，宽1.5～5cm，先端渐尖而有细尖头，基部阔楔形，或近圆形，下面灰白色，疏生短柔毛，羽状脉，侧脉不明显；叶柄基部膨大；托叶形状多变，多为钻形或线形，早落。圆锥花序，顶生；花梗短于花萼；花萼筒浅钟状，无毛，萼齿5，近等大，有灰白色短柔毛；花冠乳白色，长1～1.5cm，旗瓣阔心形，有短爪，并有紫脉，翼瓣、龙骨瓣边缘稍带紫色，有2耳；雄蕊10，近离生，不等长；雌蕊1，子房上位，无毛。荚果肉质，串珠状，长2.5～8cm，无毛，不裂，具种子1～6。种子深棕色，肾形。花期6～8月；果期9～10月。

生境分布　产于泰城及各管理区或普遍栽培。国内分布于东北地区及内蒙古、新疆，南至广东、云南各省普遍栽培，以黄河流域最常见。

经济用途　木材富有弹性，耐水湿，可供建筑及家具用材；树姿美观，耐烟尘，可作为绿化观赏树种；为优良的蜜源植物；果实（槐角）、花蕾及花药用，有凉血止血、清肝明目的功效；花亦可作为黄色染料。

下面这些变种及变型在Flora of China中作了异名处理，但这些变种及变型在园林绿化被比较广泛应用，文中特作介绍：

龙爪槐（变型）Sophora japonica L. f. pendula Loud.

本变型的主要特点是：大枝扭转斜向上伸展，小枝皆下垂，树冠伞形。

岱庙、山东农业大学树木园及各公园、庭院常见栽培。

供绿化观赏。

五叶槐　蝴蝶槐（变型）Sophora japonica L. f. oligophylla Franch.

本变型的主要特点是：奇数羽状复叶仅有3～5小叶，顶端小叶常3裂，侧生小叶下边常有大裂片，叶片下面有短绒毛。

八里庄苗圃、大津口紫藤庄园有栽培。

供绿化观赏。

黄金槐　金枝槐（栽培变种）Sophora japonica 'Winter Gold'

本栽培变种的主要特点是：枝叶均金黄色。

苗圃、景点绿化有栽培。

供绿化观赏。

金叶槐Sophora japonica 'Jin ye'

本栽培变种的主要特点是：叶金黄色。

各公园及城市绿地有栽培。

供绿化观赏。

1.花枝 2.果枝 3.花 4.旗瓣 5.翼瓣 6.龙骨瓣 7.雄蕊和雌蕊 8.种子 9.叶下面放大 10.托叶

槐树

龙爪槐

五叶槐

黄金槐

苦 参

Sophora flavescens Ait. var. flavescens

1.植株上部　2.枝的一段　3.小叶　4.果枝　5.花冠平展　6.花纵切（示雄蕊及雌蕊）　7.种子（放大）

苦参

苦参花枝

苦参果枝

科　属　豆科Fabaceae　槐属Sophora L.

形态特征　半灌木。小枝被柔毛，后脱落。奇数羽状复叶，互生，长20～25cm，具小叶15～29，叶轴有毛；小叶片椭圆状披针形至条状披针形，稀为椭圆形，长3～4cm，宽1.2～2cm，先端渐尖，基部圆形，背面有平贴柔毛，羽状脉，侧脉不明显；托叶条形。总状花序，顶生，长15～30cm，有疏生短柔毛或近无毛；花梗纤细，长约7mm；苞片线形，长约2.5mm；花萼钟状，偏斜，萼齿不明显；花冠白色、淡黄色、粉红色或紫红色，旗瓣倒卵状匙形，长14～15mm，翼瓣单侧生，强烈皱褶，爪与瓣片近等长，龙骨瓣与翼瓣近相似；雄蕊10，花丝离生或近基部合生；雌蕊1，子房上位，被黄白色柔毛。荚果长5～11cm，种子间微缢缩，呈不明显的串珠状，稍四棱形，疏生短柔毛，先端有长喙；具种子1～5。花期6～9月；果期8～10月。

生境分布　产于各管理区。生于山坡草丛、林缘、路旁。国内分布于各省。

经济用途　根药用，有清热燥湿、杀虫止痒的功效；茎皮纤维可作为工业原料。

毛苦参（变种）Sophora flavescens Ait. var. kronei（Hance）C. Y. Ma

本变种的主要特点是：托叶、小枝、叶轴、小叶柄及叶两面都始终密被白色短柔毛。

产于红门、中天门管理区。生于山坡草丛。国内分布于河北、山西、陕西、甘肃、河南、江苏、湖北等省。

用途同原变种。

白刺花　马蹄针

Sophora davidii (Franch.) Skeels

1.花枝　2.花　3.荚果

白刺花

白刺花果枝

白刺花花枝

科　　属　豆科Fabaceae　槐属Sophora L.

形态特征　落叶灌木或小乔木。枝条棕色，近无毛，不育小枝末端成刺。羽状复叶，互生，长4～6cm，具小叶11～21；小叶片椭圆形或长倒卵形，长5～11 mm，宽2～5mm，先端圆，微凹而有小尖，表面无毛，背面有白色毛，羽状脉；托叶细小，呈针刺状，宿存。总状花序生于小枝顶端，有花6～12；花萼钟形，稍歪斜，紫色，被绢毛，萼齿5，不等大，三角形；花冠白色或蓝白色，长约15cm，旗瓣倒卵状长圆形，长约14mm，反折，爪与瓣片近相等；雄蕊10，花丝下部约1/3合生；雌蕊1，子房下位，密被黄褐色柔毛。荚果长2.5～6cm，宽约5mm，串珠状，稍压扁，有长喙，密生白色平伏长柔毛；果皮近革质，开裂；具种子3～5。花期5月；果期8～10月。

生境分布　产于灵岩等管理区。散生于石灰质土壤的山坡。国内分布于河北、陕西、甘肃、河南、江苏、浙江、湖北、湖南、广西、四川、云南、贵州、西藏等省（自治区）。

经济用途　可作为水土保持和城市绿化观赏树种。

胡枝子　二色胡枝子

Lespedeza bicolor Turcz.

1. 植株一部分　2. 荚果

胡枝子

胡枝子果枝

胡枝子花枝

科　属　豆科Fabaceae　胡枝子属Lespedeza Michx.

形态特征　落叶直立灌木。幼枝黄褐色或绿褐色，被疏短柔毛。羽状复叶，互生，具3小叶；顶生小叶片较大，阔椭圆形、倒卵状椭圆形或卵形，长1.5～6cm，宽1～3.5cm，先端圆钝，或凹，稀锐尖，有短刺尖，基部阔楔形或圆形，全缘，上面绿色，无毛，下面淡绿色，疏被柔毛，羽状脉；叶柄长2～7cm，密被柔毛；托叶2，线状披针形。总状花序，腋生，常构成大型疏松圆锥花序，比叶长；花序梗长4～10cm；花梗长约2mm；小苞片2；花萼筒杯状，萼齿5，外面被毛，卵形或三角状卵形，先端渐尖，较萼筒短，上方2齿片合生；花冠紫红色，极稀白色，旗瓣倒卵形，长10～12mm，长于龙骨瓣或近等长，顶端圆形或微凹，基部有短爪，翼瓣长圆形，长约10mm；雄蕊10，合生成2体；雌蕊1，子房上位，条形，有毛。荚果斜卵形，两面微凸，长约1cm，较萼长，顶端有短喙，基部有柄，网脉明显，被柔毛，有1种子。花期7～8月；果期9～10月。

生境分布　产于各管理区。生于海拔较高的山顶、山坡、灌丛。国内分布于黑龙江、吉林、辽宁、内蒙古、河北、山西、陕西、甘肃、河南、安徽、江苏、浙江、福建、湖南、广东、广西等省（自治区）。

经济用途　为保持水土的优良灌木；嫩枝和叶可作为家畜饲料和绿肥；嫩叶可代茶；根药用，有润肺解毒、利尿止血等功效；枝条可编筐；为蜜源植物；可供绿化观赏。

胡枝子花枝

短梗胡枝子　短序胡枝子

Lespedeza cyrtobotrya Miq.

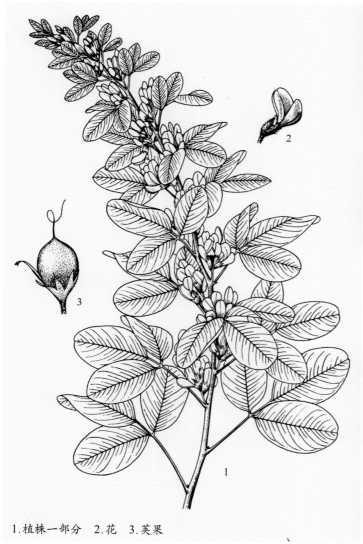

1.植株一部分　2.花　3.荚果

短梗胡枝子

短梗胡枝子-果枝

短梗胡枝子-花枝

科　　属　豆科 Fabaceae　胡枝子属 Lespedeza Michx.

形态特征　落叶灌木。幼枝被白色柔毛,后脱落。羽状复叶,互生,具3小叶;小叶片倒卵形、卵状披针形或椭圆形,顶生小叶长1.5~5cm,宽1~3cm,侧生小叶较小,先端圆形或微凹,有小尖,基部圆形,全缘,上面无毛,下面灰白色,被平伏柔毛,羽状脉;叶柄被柔毛。总状花序,腋生,单生或排成圆锥状,比叶短;花序梗短,或近无花序梗;花梗短,长为花萼的一半;花萼筒钟形,密生长柔毛,萼齿5,披针形,与萼筒近相等,上2萼齿近合生;花冠紫红色、粉红色;旗瓣倒卵形,翼瓣长圆形,短于旗瓣和龙骨瓣,龙骨瓣与旗瓣近等长;雄蕊10,合生成2体;雌蕊1,子房上位。荚果斜卵圆形,扁平,长约6mm,宽约5mm,表面具网纹,密被毛。花期7~8月;果期8~9月。

生境分布　产于中天门、南天门管理区。生于干旱山坡。国内分布于吉林、辽宁、内蒙古、河北、陕西、福建、江西、湖北、四川等省(自治区)。

经济用途　茎皮纤维可制人造棉或造纸;嫩叶、枝可作为饲料及绿肥;可供绿化观赏。

兴安胡枝子　达胡里胡枝子

Lespedeza davurica (Laxm.) Schindl.

1.植株上部　2.花　3～5.旗瓣、翼瓣、龙骨瓣　6.雄蕊及雌
蕊　7.雌蕊

兴安胡枝子

兴安胡枝子果枝

兴安胡枝子花枝

科　　属　豆科Fabaceae　胡枝子属Lespedeza Michx.

形态特征　落叶草本状灌木。茎单一或几条簇生，通常稍斜生，老枝黄褐色，嫩枝绿褐色，有细棱和柔毛。羽状复叶，互生，具3小叶；小叶片长圆形或狭长圆形，长2～5cm，宽0.5～1.6cm，先端圆钝，有短刺尖，基部圆形，全缘，上面无毛，下面被短柔毛，羽状脉；叶柄长1～2cm，被柔毛；托叶线形。有花冠花为总状花序，腋生，较叶短或与叶等长；花序梗有毛；小苞片线状披针形，被毛；花萼筒杯状，萼齿5，披针状钻形，先端刺芒状，几与花冠等长；花冠黄白色至白色，旗瓣长圆形，长约1cm，基部中央稍紫色，翼瓣长圆形，龙骨瓣长于翼瓣，均有长爪；雄蕊10，合生成2体；雌蕊1，子房上位，条形，有毛；无花冠花簇生于叶腋，结实。荚果小，包于宿存萼内，倒卵形或长倒卵形，长3～4mm，宽2～3mm，顶端有宿存花柱，两面突起，有毛。花期6～8月；果期9～10月。

生境分布　产于各管理区。生于海拔较低的干旱山坡、路旁及杂草丛中。国内分布于黑龙江、吉林、辽宁、内蒙古、河北、山西、陕西、甘肃、宁夏、河南、安徽、江苏、台湾、四川、云南、贵州等省（自治区）。

经济用途　为重要的山地水土保持植物；可作为牧草和绿肥；全株药用，能解表散寒。

绒毛胡枝子　毛胡枝子　山豆花

Lespedeza tomentosa (Thunb.) Sieb. ex Maxim.

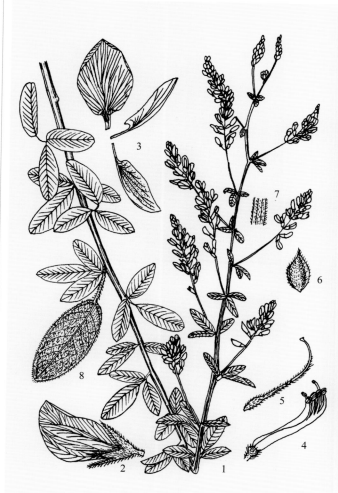

1.植株上部　2.花　3.旗瓣、翼瓣、龙骨瓣　4.雄蕊　5.雌蕊
6.荚果　7.枝的一段　8.小叶放大

绒毛胡枝子

绒毛胡枝子花枝

科　　属　豆科Fabaceae　胡枝子属Lespedeza Michx.

形态特征　落叶草本状灌木，全株有褐黄色绒毛。枝有细棱。羽状复叶，互生，具3小叶；小叶片卵圆形或卵状椭圆形，长3～6cm，宽1.5～3cm，先端圆形，有短尖，基部钝，全缘，下面被褐黄色绒毛，羽状脉；叶柄长1.5～4cm；托叶条形。有花冠花为总状花序，顶生或腋生；花梗短，密被黄褐色绒毛；小苞片条状披针形；花萼筒杯状，萼齿5，披针状，密被绒毛，与花冠近等长；花冠白色或淡黄色，长7～9mm，旗瓣椭圆形，比翼瓣短或等长，翼瓣长圆形，龙骨瓣与翼瓣等长；雄蕊10，合生成2体；雌蕊1，子房上位，条形，有绢毛；无花冠花呈头状花序腋生，结实。荚果倒卵形，长3～4mm，被褐色绒毛，顶端有短喙，包于宿存萼内。花期7～9月；果期9～10月。

生境分布　产于红门、中天门、竹林、桃花峪等管理区。生于低山坡、荒地、路旁草丛中。国内分布于除新疆和西藏外的其余各省（自治区）。

经济用途　根药用，有健脾补虚的功效；嫩茎、叶可作为饲料；种子含油约7%；茎皮纤维可制绳索及造纸。

多花胡枝子

Lespedeza floribunda Bge.

1.植株上部　2.花　3.花萼展开　4.旗瓣　5.翼瓣　6.龙骨瓣　7.雄蕊　8.雌蕊

多花胡枝子

多花胡枝子果枝

多花胡枝子花枝

科　　属　豆科Fabaceae　胡枝子属Lespedeza Michx.

形态特征　落叶半灌木。茎的下部多分枝，小枝细长软弱，有细棱或被柔毛。羽状复叶，互生，具3小叶；小叶片倒卵状长圆形或倒卵形，长1～1.5cm，宽0.6～0.9cm，先端微凹，有短刺尖，基部圆楔形，全缘，下面被柔毛，羽状脉；托叶线形。有花冠花为总状花序，腋生；花序梗细而硬，长1.5～2.5cm，较叶长；小苞片卵状披针形，与萼筒贴生；花萼筒杯状，长4～5mm，萼齿5，披针形，较萼筒长，疏被柔毛；花冠紫红色，旗瓣椭圆形；长约8mm，翼瓣略短，龙骨瓣长于旗瓣；雄蕊10，合生成2体；雌蕊1，子房上位，有毛；无花冠花簇生于叶腋，结实。荚果扁，卵圆形，长5～7mm，宽约3mm，顶端尖，密被柔毛。花期6～9月；果期9～10月。

生境分布　产于红门、中天门、竹林、桃花峪等管理区。生于山坡与旷野，能耐干旱，石灰岩山地常见。国内分布于辽宁、内蒙古、河北、山西、陕西、甘肃、宁夏、青海、河南、安徽、江苏、浙江、福建、湖北、广东、四川等省（自治区）。

经济用途　可作为家畜饲料及绿肥；为水土保持植物；可供绿化观赏。

细梗胡枝子

Lespedeza virgata (Thunb.) DC.

1. 植株　2. 枝的一段　3. 小叶　4. 花　5. 花冠平展　6. 雄蕊　7. 雌蕊

细梗胡枝子

细梗胡枝子·果枝

细梗胡枝子花枝

科　　属　豆科 Fabaceae　胡枝子属 Lespedeza Michx.

形态特征　落叶半灌木。茎有分枝，小枝细弱，褐色，被绒毛或无毛。羽状复叶，互生，具3小叶；小叶片纸质，长圆形或卵状长圆形，长0.6～3cm，宽0.4～1.5cm，先端钝圆，有短尖，基部圆形，边缘微卷，上面近光滑，下面被平伏柔毛，羽状脉；小叶柄被平伏毛；托叶硬毛状。有花冠花为总状花序，腋生；花序梗纤细，长2～5cm，有3～4花，比叶长；花梗短，无关节；小苞片披针形；花小，长约0.6cm；花萼筒狭钟形，萼齿5，狭披针形，有白色柔毛，长约3mm；花冠白色或黄白色，旗瓣长约6mm，基部有紫斑，翼瓣较短，龙骨瓣长于旗瓣或近等长；雄蕊10，合生成2体；雌蕊1，子房上位；无花冠花簇生于叶腋，结实。荚果斜卵形，长约4mm，宽3mm，不超出宿存花萼，有网纹，有短毛或无毛。花期7～9月；果期9～10月。

生境分布　产于红门、竹林、中天门、桃花峪等管理区。生于低山坡石缝中。国内分布于辽宁、河北、山西、陕西、河南、安徽、江苏、浙江、福建、台湾、江西、湖北、湖南、贵州等省。

经济用途　可作为家畜饲料；为水土保持植物；可供绿化观赏。

长叶铁扫帚　长叶胡枝子

Lespedeza caraganae Bge.

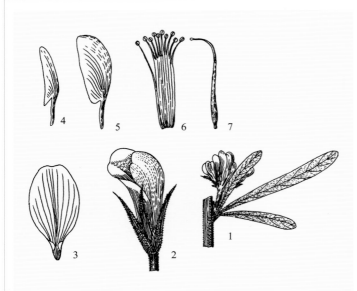

1.叶和花序　2.花　3.旗瓣　4.翼瓣　5.龙骨瓣　6.雄蕊　7.雌蕊

长叶铁扫帚

长叶铁扫帚花枝

长叶铁扫帚果枝

科　属　豆科Fabaceae　胡枝子属Lespedeza Michx.

形态特征　落叶草本状灌木。分枝被短毛。羽状复叶，互生，具3小叶；小叶片条状长圆形，长2~4cm，宽0.2~0.4cm，先端圆形或微缺，有短尖，基部楔形，边缘反卷，上面无毛，下面被短伏生柔毛，羽状脉；叶柄短，长1~2mm。有花冠花为总状花序，腋生；花序梗短或无，3~4花丛生，近伞形花序状；花梗长约2mm，密被毛；小苞片2，狭卵形，密被毛；花萼筒狭钟形，长约5mm，萼齿5深裂，披针形，上2齿合生；花冠黄白色，旗瓣基部有紫斑；雄蕊10，合生成2体；雌蕊1，子房上位；无花冠花簇生于叶腋，几无梗，结实。荚果卵圆形，长约2mm，被短毛。花期6~8月；果期9~10月。

生境分布　产于各管理区。生于山坡草丛中。国内分布于内蒙古、河北、山西、陕西等省（自治区）。

经济用途　可作为饲用植物；为水土保持植物。

截叶铁扫帚　截叶胡枝子

Lespedeza cuneata (Dum.-Cours) G. Don

1.植株上部　2.复叶（上部）　3.花　4.荚果

截叶铁扫帚

截叶铁扫帚果枝

科　　属　豆科Fabaceae　胡枝子属Lespedeza Michx.

形态特征　落叶灌木。小枝有白色平伏短毛。羽状复叶，互生，具3小叶；顶生小叶较另2片小叶略大，小叶片条状倒披针形，两缘几为平行，长1~3cm，上部最宽处通常2~4mm，有的宽达7mm，先端截形，微凹，有小尖头，基部楔形，全缘，上面深绿色，无毛或近无毛，下面密生白色平伏毛，羽状脉；叶柄短，长约1mm，有白色柔毛。有花冠花为总状花序，腋生，有2~4花，近伞形，几无花序梗；小苞片卵形或狭卵形，先端渐尖；花萼筒狭钟形，长4~6mm，萼齿5深裂，披针形，有白色短柔毛，上2齿合生；花冠黄色，基部有紫斑，旗瓣长约7mm，翼瓣与旗瓣等长，龙骨瓣稍长于旗瓣；雄蕊10，合生成2体；雌蕊1，子房上位；无花冠花簇生于叶腋，结实。荚果斜卵形，稍长于萼，花期5~9月；果期10月。

生境分布　产于各管理区。生于山坡草丛中。国内分布于陕西、甘肃、河南、江苏、浙江、福建、台湾、湖北、湖南、广东、海南、四川、云南、贵州、西藏等省（自治区）。

经济用途　根及全草药用，有益肝明目、活血清热、利尿解毒的功效；嫩茎、叶为饲料及绿肥；为水土保持植物。

阴山胡枝子 白指甲花

Lespedeza inschanica (Maxim.) Schindl.

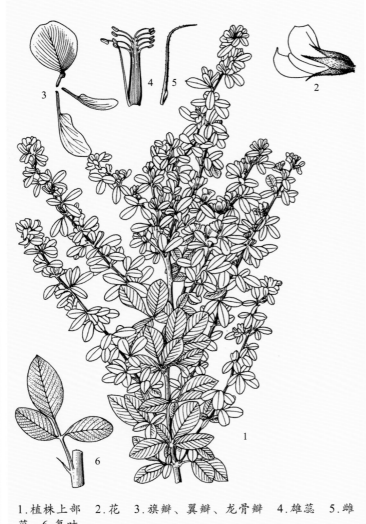

1.植株上部 2.花 3.旗瓣、翼瓣、龙骨瓣 4.雄蕊 5.雌蕊 6.复叶

阴山胡枝子

阴山胡枝子花枝

科　　属 豆科Fabaceae 胡枝子属Lespedeza Michx.

形态特征 落叶灌木。茎直立，分枝多，较疏散，被平伏柔毛。羽状复叶，互生，具3小叶；侧生小叶较顶生小叶小，小叶片椭圆形或倒卵状长圆形，长1~2.5cm，宽0.5~1.5cm，先端圆钝或微凹，有短尖，基部阔楔形，全缘，上面无毛，下面有短柔毛，羽状脉；叶柄短，长2~10mm。有花冠花为总状花序，腋生，与叶近等长；花序梗短；花梗长1.5~2mm，无关节；小苞片卵形或长卵形，贴生于萼筒下，比萼筒短；花萼筒近钟状，萼齿5深裂，狭披针形，有柔毛，上2齿合生；花冠白色，旗瓣基部有紫斑，反卷，翼瓣较旗瓣短，与龙骨瓣等长；雄蕊10，合生成2体；雌蕊1，子房上位；无花冠花簇生于下部叶腋，具短梗，结实。荚果扁，倒卵状椭圆形，包于宿存花萼内，有白毛。花期8~9月；果期9~10月。

生境分布 产于竹林管理区。生于山坡草丛、山谷、路旁、林下。国内分布于辽宁、内蒙古、河北、山西、陕西、甘肃、河南、安徽、江苏、湖北、湖南、四川、云南等省（自治区）。

经济用途 水土保持植物。

杭子梢

Campylotropis macrocarpa (Bge.) Rehd.

5
2
4
3
1
1.花枝　2.花　3.花萼　4.雌蕊　5.荚果

杭子梢

杭子梢花枝

杭子梢果枝

科　　属　豆科Fabaceae　杭子梢属Campylotropis Bge.

形态特征　落叶灌木。嫩枝上密生白色短柔毛。羽状复叶，互生，具3小叶；顶生小叶片椭圆形，长3～6cm，宽1.5～4cm，先端圆形或微凹，有短尖，基部圆形，全缘，上面无毛，下面有柔毛，中脉上密生淡黄色柔毛，羽状脉，两侧小叶较顶生小叶小；叶柄长2～4cm，上面有沟；托叶披针形。总状花序，腋生，或由数枝总状花序组成顶生圆锥花序；花序梗长1～4cm；花梗细长，近顶端有1关节；苞片即小苞片早落；花序轴、花序梗、花梗均被短柔毛；花为三角状弯镰形或半月形；花萼筒钟状，长约2mm，萼齿5，上2齿合生，三角形，较萼筒短；花冠紫色，长为萼的3～4倍，旗瓣长10mm，宽5mm，翼瓣长12mm，宽2mm，龙骨瓣长10mm，宽3mm；雄蕊10，联合成二体；雌蕊1，子房上位，有短柄。荚果斜椭圆形，长1～1.5cm，有网状纹，顶端有短喙尖，含1种子，不开裂。花期6～9月；果期9～10月。

生境分布　产于泰山。生于山坡岩石缝中。国内分布于河北、山西、陕西、甘肃、河南、江苏、安徽、浙江、福建、湖北、湖南、广西、四川、云南、贵州、西藏等省（自治区）。

经济用途　枝条可编筐；叶可作为饲料及绿肥；花期长，可供绿化观赏。

葛麻姆 葛藤 野葛 葛

Pueraria montana (Lour.) Merr. var. lobata (Willd.) Maesen & S. M. Almeida ex Sanjappa & Predeep

1. 花枝 2. 去掉花冠的花 3. 花冠平展 4. 荚果 5. 块根

葛麻姆

葛麻姆果枝

葛麻姆花枝

科　属　豆科Fabaceae　葛属Pueraria DC.

形态特征　多年生落叶缠绕性藤本，全株有黄色长硬毛；块根肥厚。羽状复叶，对生，具3小叶；顶生小叶片宽卵形，长6～19cm，宽5～17cm，先端渐尖，基部圆形，全缘或有时3浅裂，下面有粉霜，羽状脉，侧生小叶片较小而偏斜，有时有裂；托叶长卵形；小托叶条状披针形，与小叶柄近等长或稍长。总状花序，长15～30cm，腋生，有1～3花簇生在具有节瘤状突起的花序轴上；苞片线状披针形至线性，比小苞片长或短，早落；小苞片卵形，长不到2mm；花萼筒钟形，长8～10mm，萼齿5，上面2齿合生，下面中间1齿较长，内外两面均有黄色柔毛，比萼筒长；花冠紫红色，旗瓣倒卵形，长10～12mm，基部有耳和黄色附体，有短爪，翼瓣比龙骨瓣窄，与龙骨瓣近等长，基部具线形的耳，龙骨瓣镰状长圆形，有很小的耳；雄蕊10，合生，仅靠旗瓣的1条上部分离；雌蕊1，子房上位，线性，密被毛。荚果条形，长5～9cm，宽8～11mm，扁平，密被黄色长硬毛。花期6～8月；果期8～9月。

生境分布　产于各管理区。生于山坡、沟边、林缘或灌丛中。国内分布于除青海、新疆、西藏以外的各省。

经济用途　根可制葛粉，供食用和酿酒，又可药用，有解肌退热、生津止渴的功效；从根中提出的总黄酮有治冠心病、心绞痛作用；花称为葛花，药用有解酒毒、除胃热的作用；叶可作为饲料；茎皮纤维可作为造纸原料；茎藤可做绳索；全株匍匐蔓延，覆盖地面快而大，为良好的水土保持植物。

金链花
Laburnum anagyroides Medic

1.果枝　2.花

金链花

金链花花枝

科　　属　豆科Fabaceae　毒豆属（金链花属）Laburnum Fadr.

形态特征　落叶小乔木。嫩枝被黄色贴伏毛，后渐脱落，枝条平展或下垂，老枝褐色，光滑。三出复叶；小叶椭圆形至长圆状椭圆形，长3～8cm，宽1.5～3cm，纸质，先端钝圆，具细尖，基部阔楔形，上面平坦近无毛，下面被贴伏细毛，脉上较密，侧脉6～7对，近叶边分叉不明显；叶柄长3～8cm；托叶细小，早落。总状花序顶生，下垂，长10～30cm；花序轴被银白色柔毛；苞片线形，早落；花长约2cm；花梗细，长8～14mm；小苞片线形；萼歪钟形，稍呈二唇状，长约5mm，上方2齿尖，下方3齿尖，均甚短，被贴伏细毛；花冠黄色，无毛，旗瓣阔卵形，先端微凹，基部心形，具短爪，翼瓣几与旗瓣等长，长圆形，基部具耳，龙骨瓣阔镰形，比前二者短三分之一；雄蕊单体；雌蕊1，子房线形，具柄，胚珠8粒，花柱细，短于子房。荚果线形，长4～8cm，先端锐尖，基部楔形，缝线增厚，被贴伏柔毛。种子黑色。花期4～6月；果期8月。

生境分布　原产欧洲南部。竹林管理区三阳观有引种栽培。

经济用途　可供绿化观赏。全株有毒，果实为甚。

金链花果枝

锦鸡儿

Caragana sinica (Buc'hoz) Rehd.

锦鸡儿果枝

锦鸡儿花枝

1. 花枝　2. 花萼展开　3. 旗瓣　4. 翼瓣　5. 龙骨瓣　6. 雄蕊　7. 复叶（放大）

锦鸡儿

科　　属　豆科Fabaceae　锦鸡儿属Caragana Fabr.

形态特征　落叶丛生灌木。小枝细长，有棱，黄褐色或灰色，无毛。偶数羽状复叶，具小叶2对，羽状排列，叶轴脱落或宿存，并硬化成针刺；小叶片上部1对较大，倒卵形或楔状倒卵形，长1～4cm，宽0.5～1.5cm，先端圆形或微凹，有时有小硬尖头，基部楔形，全缘，两面无毛，上面深绿色，有光泽，下面淡绿色，羽状脉，网脉明显；托叶硬化成刺，褐色，直或稍弯，长0.7～1.5cm。花单生；花梗长约1cm，中部有关节；苞片；花萼筒钟形，长12～14mm，基部偏斜，萼齿5；花冠黄色带红，凋谢时褐红色，长约3cm，旗瓣狭倒卵形，先端钝圆形，基部带红色，有短爪，翼瓣长圆形，稍长于旗瓣，耳短小，龙骨瓣宽钝，比翼瓣稍短；雄蕊10，联合成二体；雌蕊1，子房上位，近无柄。荚果长圆筒形，长3～3.5cm，宽约5mm，光滑，褐色。花期4～5月；果期6～7月。

生境分布　产于竹林、桃花峪、红门管理区。生于山坡灌丛中。国内分布于河北、陕西、河南、江苏、浙江、福建、江西、湖北、湖南、广西、四川、云南、贵州等省（自治区）。

经济用途　根皮药用，有祛风湿活血、舒筋活络、利尿、化痰止咳的功效；可供绿化观赏；可保持水土。

小叶锦鸡儿

Caragana microphylla Lam.

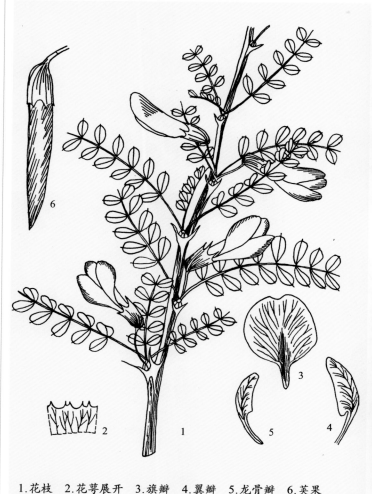

1. 花枝　2. 花萼展开　3. 旗瓣　4. 翼瓣　5. 龙骨瓣　6. 荚果

小叶锦鸡儿

小叶金鸡儿花枝

小叶锦鸡儿果枝

科　　属　豆科 Fabaceae　锦鸡儿属 Caragana Fabr.

形态特征　落叶丛生灌木。树皮灰黄色或黄白色；嫩枝有毛，长枝上的托叶宿存并硬化成针刺，刺长 5～8mm，常稍弯曲。偶数羽状复叶，具小叶 4～10 对，叶轴长 1.5～5.5cm，脱落；小叶片倒卵形或卵状长圆形，长 3～10mm，宽 2～5mm，先端微凹或圆形，稀近截形，有刺尖，基部近圆形或阔楔形，全缘，幼时密被柔毛，后脱落为有极稀柔毛，羽状脉。花单生；花梗长 1～2cm，密被绢状短柔毛，近中部有关节；花萼筒钟形，基部偏斜，长 0.9～1.2cm，萼齿 5，宽三角形；花冠黄色，长约 2.5cm，旗瓣倒卵形，先端微凹，具短爪，翼瓣的爪长约为瓣片的 1/2，耳短，龙骨瓣的爪与旗瓣近等长，先端钝，耳不明显；雄蕊 10，联合成二体；雌蕊 1，子房上位，无毛。荚果圆筒形。稍扁，长 4～5cm，宽 5～7mm，深红色，无毛，有锐尖头。花期 5～6 月；果期 8～9 月。

生境分布　产于红门、竹林管理区。生于山坡、沟边、路旁及灌丛中。国内分布于吉林、辽宁、内蒙古、河北、山西、陕西、宁夏、江苏等省（自治区）。

经济用途　良好的饲用植物；花为蜜源；根、花、种子药用，有降压、滋补、通经、镇静、解毒的作用；可供绿化观赏；可保持水土。

红花锦鸡儿

Caragana rosea Turtz. ex Maxim.

1. 花枝　2. 果枝

红花锦鸡儿

红花锦鸡儿果枝

红花锦鸡儿花枝

科　　属　豆科Fabaceae　锦鸡儿属Caragana Fabr.

形态特征　落叶灌木；全体无毛。树皮灰褐色或灰黄色；小枝细长，有棱，无毛。小叶4，假掌状排列，叶轴长5～10mm，脱落或宿存变成针刺状；小叶片椭圆状倒卵形，长1～2.5cm，宽0.4～1cm，先端有刺尖，基部楔形，全缘，略向下面反卷，无毛，羽状脉，下面脉隆起；长枝上的托叶宿存，并硬化成针刺，长3～4mm，短枝上的托叶脱落。花单生；花梗长约1cm，中部有关节；花萼钟状，长7～9mm，萼齿5，三角形，有刺尖，边缘有短柔毛；花冠长约2cm，黄色，常紫红色或淡红色，凋谢时变为红色，旗瓣长圆状倒卵形，基部渐狭成爪，翼瓣长圆状线形，爪比瓣片稍短，耳短齿状，龙骨瓣的爪与瓣片近相等；雄蕊10，联合成二体；雌蕊1，子房上位，无毛。荚果圆筒形，长3～6cm，无毛，顶端有尖，褐色。花期5～6月；果期7～8月。

生境分布　产于灵岩、竹林、桃花峪等管理区。生于山坡、沟边、路旁或灌丛中。国内分布于黑龙江、吉林、辽宁、内蒙古、河北、山西、陕西、甘肃、河南、安徽、江苏、四川等省（自治区）。

经济用途　可供绿化观赏；可保持水土。

毛掌叶锦鸡儿

Caragana leveillei Kom.

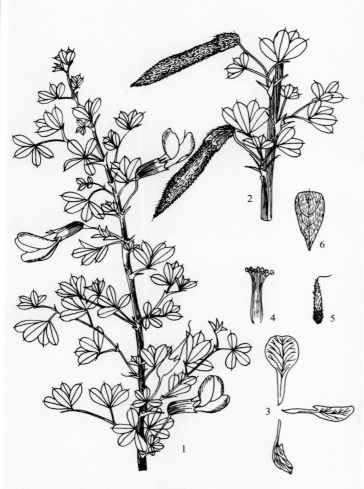

1.花枝　2.果枝　3.旗瓣、翼瓣、龙骨瓣　4.雄蕊　5.雌蕊　6.小叶（放大）

毛掌叶锦鸡儿

毛掌叶锦鸡儿果枝

毛掌叶金鸡儿花枝

科　　属　豆科Fabaceae　锦鸡儿属Caragana Fabr.

形态特征　落叶灌木。枝细长，有棱，小枝密生灰白色毛。小叶4，假掌状排列，叶轴短，被灰白色毛，长5～9mm，宽1.5～8mm，脱落或宿存并硬化成针刺；小叶片楔状倒卵形至倒披针形，长3～18mm，先端圆形，近截形或浅凹，有尖头，基部楔形，全缘，两面密被白色柔毛，下面灰绿色，羽状脉；托叶狭，先端渐尖，在长枝上脱落或硬化成细刺。花单生；花梗密生白色长柔毛，长1～2cm，近中部有关节；花萼筒近圆筒形，基部偏斜，长约10mm，基部呈囊状，被柔毛，萼齿5，三角形，有渐尖头；花冠长2～3cm，黄色，或带淡红色或全为紫色，旗瓣倒卵状楔形，宽约10mm，翼瓣长圆形，爪长与瓣片近等长，耳细小，龙骨瓣爪与瓣片近等长，耳短小；雄蕊10，联合成二体；雌蕊1，子房上位，条形，密被长柔毛。荚果圆筒形，被灰白色毛。花期4～5月；果期8～9月。

生境分布　产于灵岩、竹林等管理区。生于山坡灌丛。国内分布于河北、山西、陕西、河南等省。

经济用途　可供绿化观赏；可保持水土。

黄 檀
Dalbergia hupeana Hance

黄檀果枝

黄檀花枝

1.植株一部分　2.花　3.花冠平展　4.雄蕊和雌蕊　5.种子　6.小叶先端放大

黄檀

科　　属　豆科Fabaceae　黄檀属Dalbergia L.f.

形态特征　落叶乔木。树皮灰黑色，条形纵裂；小枝无毛稀被毛，皮孔长圆形，白色；冬芽近球形。奇数羽状复叶，互生，具小叶9～11；小叶片近革质，长圆形或阔椭圆形，长3～5.5cm，宽1.5～3cm，先端钝，微缺，基部圆形，全缘，上面无毛，下面无毛或被平伏柔毛，羽状脉；叶轴与小叶柄有白色平伏柔毛；托叶早落。圆锥花序，顶生或生于上部叶腋间；花梗长约5mm，有锈色疏毛；花萼钟状，萼齿5，不等长，最下面的1个披针形，较长，上面2个呈宽卵形，较短，有锈色柔毛；花瓣淡黄白色或淡紫色，都有爪，旗瓣圆形，先端微缺，翼瓣倒卵形，龙骨瓣半月形，与翼瓣都有耳；雄蕊联合成（5）＋（5）二体；雌蕊1，子房上位，无毛，有子房柄。荚果长圆形或阔舌形，扁平，长3～7cm；具种子1～3。花期5～6月；果期9～10月。

生境分布　山东农业大学树木园有栽培。国内分布于河南、安徽、江苏、浙江、福建、江西、湖北、湖南、广东、广西、四川、云南、贵州等省（自治区）。

经济用途　材质坚韧、致密，可做各种负重力及拉力强的用具、器材，如枪托、车轴、槌柄、滑轮等；可作为荒山荒地造林先锋树种；紫胶虫寄主树。

刺 槐 洋槐

Robinia pseudoacacia L.

刺槐花枝　　　　　　　　　　　　　　　　　刺槐果枝

科　　属　豆科 Fabaceae　刺槐属 Robinia L.

形态特征　落叶乔木。树皮褐色，有深沟；小枝光滑。奇数羽状复叶，互生，具小叶7～25，小叶对生，叶轴上面具沟槽；小叶片椭圆形或卵形，长2～5cm，宽1～2cm，先端圆形或微凹，有小尖头，基部圆或阔楔形，全缘，无毛或幼时疏生短毛，羽状脉；托叶刺状；小叶柄长1～3mm；小托叶针芒状。总状花序腋生，长10～20cm，下垂；花梗长7～8mm；花萼斜钟状，长7～9mm，萼齿5，微呈二唇状，密被柔毛；花冠白色，芳香，长1.5～2cm，旗瓣近圆形，反折，基部常有黄色斑点，有爪，翼瓣斜倒卵形，与旗瓣近相等，基部有爪，有耳，龙骨瓣镰状三角形，与翼瓣近相等或稍短，背部联合；雄蕊10，联合成二体（9）+1；雌蕊1，子房上位，线形，无毛，花柱长约8mm，上弯，顶端有毛。荚果扁平，条状长圆形，腹缝线有窄翅，长4～12cm，红褐色，无毛；具种子3～13。种子黑色，肾形。花期4～5月；果期9～10月。

生境分布　原产于美国东部。各管理区有引种栽培。

经济用途　本质坚硬可做枕木、农具；叶可作为家畜饲料；种子含油12%，可作制肥皂及油漆的原料；花可提取香精，又是好的蜜源。

香花槐　富贵树　红花刺槐（栽培变种）Robinia × ambigua 'Idahoensis'
本栽培变种是由刺槐（Robinia pseudoacacia）与毛刺槐（Robinia hispida）杂交选育的，其主要特点是花红色。
苗圃、景点绿化、庭院绿地有引种栽培。
供绿化观赏。
曲枝刺槐　扭枝刺槐（栽培变种）Robinia pseudoacacia 'Tortuosa'
本栽培变种的主要特点是：枝条弯曲。
各公园、庭院有引种栽培。
供绿化观赏。
金叶刺槐（栽培变种）Robinia pseudoacacia 'Frisia'
本栽培变种的主要特点是：叶金黄色。
各公园、庭院有引种栽培。
供绿化观赏植物。
下面这变型在 Flora of China 中作了异名处理，但这些变种及变型在园林绿化被比较广泛应用，特作介绍：
无刺刺槐　无刺洋槐（变型）Robinia pseudoacacia L. f. inermis（Mirb.）Rehd.
本变型的主要特点是：枝条上无刺，枝条茂密，树冠塔形，美观。
原产北美。山东农业大学树木园有引种栽培。
作为行道树及庭院树。扦插繁殖。

刺槐花枝

1.花枝　2.果枝　3.旗瓣　4.翼瓣　5.龙骨瓣　6.去掉花冠的花　7.托叶刺

刺槐

香花槐花枝

曲枝刺槐枝条

毛刺槐　江南槐　毛洋槐

Robinia hispida L.

毛刺槐花枝

科　　属　豆科Fabaceae　刺槐属Robinia L.

形态特征　落叶灌木或小乔木。茎、小枝、花梗及叶柄上密被红色刺毛。奇数羽状复叶，互生，具小叶7～13；小叶片椭圆形、卵形、阔卵形至近圆形，长2～5cm，宽2～3cm，先端钝，有突尖，基部圆形，全缘，两面无毛，仅下面中脉疏被毛，羽状脉。常3～8花组成总状花序，腋生；花萼红色，斜钟形，长约5mm，萼齿5，卵状三角形；花冠红色至玫瑰红色，长2～5cm。荚果长5～8cm，扁平，有红色腺状刚毛，但很少发育。花期5月。

生境分布　原产于北美。山东农业大学树木园有栽培。

经济用途　花色艳丽，供绿化观赏。

毛刺槐

337

河北木蓝　本氏木蓝　铁扫帚　马棘

Indigofera bungeana Walp.

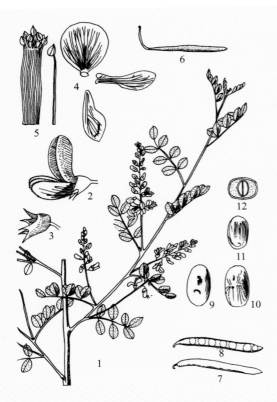

1.花枝　2.花　3.花萼　4.旗瓣、翼瓣、龙骨瓣　5.雄蕊　6.雌蕊　7.荚果　8.荚果纵切　9～11.种子　12.种子横切

河北木蓝

河北木蓝花枝

科　　属　豆科Fabaceae　木蓝属Indigofera L.

形态特征　落叶灌木。多分枝；枝圆柱形或具棱，灰褐色，密被白色平伏丁字毛。奇数羽状复叶，长3～5cm，互生，具小叶7～9；小叶片长圆形或倒卵状长圆形，长5～15mm，宽3～10mm，先端圆或尖，基部圆形，全缘，两面有平伏丁字毛；叶柄和小叶柄上均密被白色丁字毛；托叶钻形；小托叶与小叶柄近等长。总状花序直立，长4～10cm，腋生，比叶长；花序梗长1～5mm；苞片线形；花梗长1～2mm；花萼钟状，长约2mm，萼齿5，三角状披针形，与萼筒近等长；花冠紫色或紫红色，旗瓣倒阔卵形，长4～5mm，外面被丁字毛，翼瓣与龙骨瓣近相等，龙骨瓣有距；雄蕊10，联合成（9）+1二体，花药球形；雌蕊1，子房上位，线形，有疏毛。荚果圆柱形，长2～2.5cm，径约3mm，有白色丁字毛，种子间有横隔。种子椭圆形。花期5～7月；果期8～10月。

生境分布　产于灵岩、中天门等管理区。生于山坡、岩缝、灌丛或疏林中。国内分布于辽宁、内蒙古、河北、山西、陕西、甘肃、宁夏、青海、河南、安徽、江苏、浙江、福建、江西、湖北、湖南、广西、四川、重庆、云南、贵州、西藏等省（自治区）。

经济用途　全株供药用，有清热止血、消肿生肌的功效，外敷治创伤；为荒山水土保持植物；可供绿化观赏。

河北木蓝花果枝

花木蓝 吉氏木蓝

Indigofera kirilowii Maxim. ex Palibin

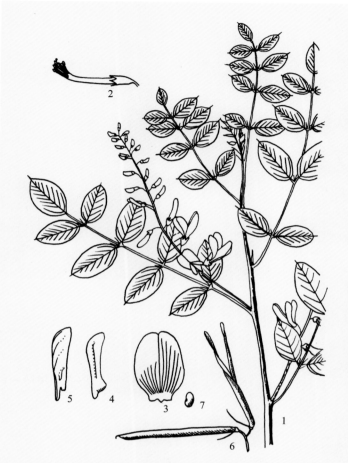

1.花枝 2.去掉花冠的花 3.旗瓣 4.翼瓣 5.龙骨瓣 6.荚果 7.种子

花木蓝

花木蓝果枝

花木蓝花枝

科　　属 豆科Fabaceae 木蓝属Indigofera L.

形态特征 落叶灌木。嫩枝条有纵棱，有白色丁字毛或柔毛。奇数羽状复叶，互生，长6~16cm，具小叶7~11；小叶片阔卵形、菱状卵形或椭圆形，长1.5~4cm，宽1~2cm，先端圆形，有短尖，基部楔形或阔楔形，全缘，两面疏生白色丁字毛和柔毛，羽状脉；叶柄长1.5~3cm，无毛；托叶披针形；小托叶条形，与小叶柄等长。总状花序直立，长5~12cm，腋生，与叶近等长；苞片线形；花梗长3~5mm；花萼杯状，长约3.5mm，萼齿5，披针形，不等长，齿长于萼筒，疏生柔毛；花冠淡紫红色，长1.5~1.8cm，旗瓣、翼瓣、龙骨瓣三者近等长，旗瓣椭圆形，无爪，边缘有短柔毛，翼瓣长圆形，基部渐狭成爪，1侧有距状突起，龙骨瓣基部有爪和耳，边缘有毛；雄蕊10，联合成（9）+1二体；雌蕊1，子房上位，无毛。荚果圆柱形，长3.5~7cm，径约4mm，褐色至赤褐色，无毛。种子长圆形。花期6~7月；果期8~10月。

生境分布 产于各管理区。生于阳坡灌丛、疏林、岩缝处。国内分布于吉林、辽宁、内蒙古、河北、山西、陕西、河南、江苏等省（自治区）。

经济用途 可作为保持水土和荒山绿化的先锋树种；花可食；种子含油和淀粉，也可酿酒或作为饲料。可供绿化观赏。

紫穗槐　棉槐
Amorpha fruticosa L.

紫穗槐花枝

紫穗槐果枝

1.花枝　2.果枝　3.花　4.雌蕊　5.荚果　6.种子

紫穗槐

科　　属　豆科Fabaceae　紫穗槐属Amorpha L.

形态特征　落叶灌木。幼枝密被毛，后脱落。奇数羽状复叶，互生，具小叶9～25；小叶片椭圆形或披针状椭圆形，长1.5～4cm，宽0.6～1.5cm，先端圆或微凹，有短尖，基部圆形或阔楔形，全缘，两面有白色短柔毛，后渐脱落，有透明腺点。总状花序1至多个集生于枝条上部，长可达15cm，顶生或近顶生，直立；花梗短；苞片长3～4mm；花萼长2～3mm，密被短毛并有腺点，萼齿5，长不及1mm，短于萼筒；花冠蓝紫色，旗瓣倒心形，长约5mm，无翼瓣和龙骨瓣；雄蕊10，花丝基部联合，花药黄色，伸出瓣外。荚果下垂，弯曲，长6～10mm，宽约3mm，棕褐色，有瘤状腺点。花期6～7月；果期8～10月。

生境分布　原产于美国。各管理区有引种栽培。

经济用途　为保持水土、固沙造林和防护林带低层树种；枝条可编筐；嫩枝和叶可作为家畜饲料和绿肥；荚果和叶的粉末或煎汁可作为农药杀虫；蜜源植物。

紫 藤
Wisteria sinensis (Sims) Sweet

1.花枝　2.花　3.旗瓣　4.翼瓣　5.龙骨瓣　6.雄蕊　7.雌蕊　8.荚
果　9.种子

紫藤

紫藤花枝

紫藤果枝

科　　属　豆科Fabaceae　紫藤属Wisteria Nutt.

形态特征　落叶藤本。茎左旋；小枝被柔毛。奇数羽状复叶，互生，具小叶7～13，通常为11；小叶片卵状长椭圆形至卵状披针形，长4.5～8cm，宽2～4cm，先端渐尖，基部圆或阔楔形，全缘，幼时两面密生平伏白色柔毛，老叶近无毛，羽状脉；托叶早落；小托叶长1～2mm。总状花序长15～30cm，出自去年生短枝的腋芽或顶芽；花序轴、花梗及萼均被白色柔毛；苞片早落；花梗长1.5～2.5cm；花萼杯状，长5～6mm，密被细绢毛，萼齿5；花冠紫色或深紫色，长约2.5cm，被细绢毛，旗瓣圆形，反折，基部内方2胼胝体，翼瓣长圆形，龙骨瓣阔镰形；雄蕊10，为（9）+1二体；雌蕊1，子房上位，线形，密被绒毛，胚珠2～8，花柱无毛，向上弯。荚果倒披针形，长10～15cm，表面密被绒毛，有喙，木质，开裂；具种子1～5。种子褐色，扁圆形。花期4～5月；果期8～9月。

生境分布　玉泉寺、岱庙、中天门，山东农业大学树木园及泰城机关庭院有引种栽培。国内分布于河北、山西、陕西、河南、安徽、江苏、浙江、福建、江西、湖北、湖南、广西等省（自治区）。

经济用途　花大美丽，供绿化观赏；根皮和花药用，能解毒驱虫、止吐泻；花穗治腹水；茎皮可作为纺织原料；叶可作为饲料；花瓣用糖渍制糕点；种子含氰化物，有毒。

芸香科

　　乔木或灌木，稀藤本及草本。植物体内有含挥发性的芳香油点；枝有刺或无刺。羽状复叶或单叶、单身复叶，互生或对生；叶片上有透明油腺点；无托叶。花单生、簇生或组成总状、穗状、聚伞或圆锥花序；花两性、单性或杂性；花辐射对称，稀两侧对称；花萼片4～5，稀3或多数，覆瓦状排列；花瓣与萼片同数或缺；雄蕊4～5，或为花瓣的倍数，稀更多，花丝离生，或在中部以下连合成束；花盘环形或杯状；合生心皮雌蕊或离生心皮雌蕊，子房上位，合生心皮雌蕊子房室1～5或多数，每子房有胚珠1～2，稀多数。果实为蓇葖果、蒴果、核果、浆果、柑果或翅果。种子有胚乳或缺，胚直伸或弯曲。

　　约155属，1600余种。我国有22属，126种。山东有2属，5种；引种2属，4种。泰山有4属，6种。

花 椒

Zanthoxylum bungeanum Maxim.

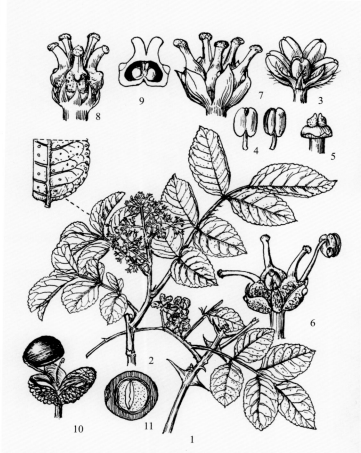

1.果枝　2.花枝　3～5.雄花（4.雄蕊　5.退化雌蕊）　6.两性花
7～8.雌花　9.子房纵切　10.蓇葖果　11.种子横切

花椒

花椒雌花枝

花椒果枝

科　　属　芸香科Rutaceae　花椒属Zanthoxylum L.

形态特征　落叶小乔木或灌木。树皮深灰色，有扁刺及木栓质的瘤状突起；小枝灰褐色，被疏毛或无毛，有白色的点状皮孔。奇数羽状复叶，互生，具小叶5～11，小叶对生；小叶片纸质或厚纸质，卵圆形或卵状长圆形，长1.5～7cm，宽1～3cm，先端尖或微凹，基部圆形，边缘有细钝锯齿，齿缝间常有较明显的透明油腺点，上面平滑无毛，下面脉上常有疏生细刺及褐色簇毛，羽状脉；叶柄及叶轴上有不明显的狭翅；托叶刺常基部扁宽，对生；小叶无柄。聚伞状圆锥花序，顶生；花单性；花无花瓣，花萼片4～8，黄绿色；雄花通常有雄蕊5～7，花丝条形，药隔中间近顶处常有1色泽较深的油腺点；雌花有雌蕊3～4，稀至7，离生，脊部各有1隆起膨大的油腺点，子房上位，无柄，花柱侧生，外弯。蓇葖果圆球形，2～3聚生，基部无柄，熟时外果皮红色或紫红色，密生疣状油腺点。种子圆卵形，黑色，有光泽，径3.5mm。花期4～5月；果期7～8月或9～10月；因品种不同而不同。

生境分布　各管理区有栽培。国内分布于辽宁、河北、山西、陕西、宁夏、甘肃、青海、新疆、河南、安徽、江苏、浙江、福建、江西、湖北、湖南、广西、四川、云南、贵州、西藏等省（自治区）。

经济用途　果皮为调料，可提取芳香油，又可药用，有散寒燥湿、杀虫的功效；种子可榨油。

竹叶椒　山椒

Zanthoxylum armatum DC.

1.果枝　2.雄花　3.雄蕊　4.小叶片基部（放大）　5.果穗一小段

竹叶椒

竹叶椒雌花枝

竹叶椒果枝

科　　属　芸香科Rutaceae　花椒属Zanthoxylum L.

形态特征　半常绿灌木。树皮暗灰褐色；枝直立扩展；皮刺通常呈弯钩状斜升，基部扁宽，在老干上木栓化。羽状复叶，互生，具小叶3～7，稀9，小叶对生；小叶片披针形至椭圆状披针形，革质，长5～9cm，宽1～3cm，先端渐尖或急尖，基部楔形，全缘或有细圆钝齿，上面光绿色，下面淡绿色，无毛或仅在幼嫩时沿叶脉有小皮刺，仅在齿缝间或叶边有透明油腺点，羽状脉；叶柄及叶轴有宽翅和刺；无小叶柄。聚伞状圆锥花序，腋生，长2～6cm，较扩展；花单性；花无花瓣，花萼片6～8，三角形或细钻头状，黄绿色；雄花有雄蕊6～8；雌花有雌蕊2～4，子房上位，离生。蓇葖果1～2，球形，熟时外皮红棕色至暗棕色，有油腺点。种子卵球形，径3.5～4mm，黑色，有光泽。花期5～6月；果期8～9月。

生境分布　产于红门、竹林管理区。生于山坡、沟谷灌丛及疏林内。国内分布于山西、陕西、甘肃、河南、安徽、江苏、浙江、福建、台湾、江西、湖北、湖南、广东、广西、四川、云南、贵州、西藏等省（自治区）。

经济用途　果皮、种子、嫩叶可作调料；果皮可药用，为散寒燥湿剂；可供绿化观赏。

臭檀吴萸　　臭檀　抛辣子

Tetradium daniellii (Benn.) T. G. Hartley

1.果枝　2.聚合蓇
葖果　3.一蓇葖
果　4.种子

臭檀吴萸

臭檀吴萸果枝

科　　属　芸香科 Rutaceae　四数花属（吴茱萸属）
Tetradium Lour.

形态特征　落叶乔木。树皮暗灰色，平滑，老时常出现横裂纹；小枝近红褐色，皮孔显著，初被短柔毛，后脱落。奇数羽状复叶，对生，具小叶5～11，小叶对生；小叶片阔卵形至椭圆状卵形，长5～13cm，宽3～6cm，先端渐尖，基部圆形或宽楔形，全缘或有不明显的钝锯齿，上面绿色，无毛，下面淡绿色，沿叶脉或在中脉基部有白色长柔毛，散生少数油腺点，羽状脉；叶柄长13～16cm；小叶柄长2～6mm。伞房状聚伞状花序，顶生，径10～16cm；花序轴及花梗上被柔毛；花单性，雌雄异株；花萼片5，卵形，长不及1mm；花瓣5，卵状长椭圆形，白色，长约3mm；雄花具雄蕊5，花丝下部有长柔毛，有退化雌蕊；雌花有雌蕊4～5，离生，子房上位，有退化雄蕊。聚合蓇葖果，蓇葖果裂瓣长6～8mm，顶端弯曲呈明显的喙尖状，成熟时外皮由灰绿色变紫红色至红褐色，蓇葖果内有2种子，上下叠生，上粒大，下粒小。种子卵状半球形，长3.5mm，黑色。花期6～7月；果期9～10月。

生境分布　产于桃花峪、桃花源、南天门、玉泉寺管理区。生于山沟、溪旁、林缘及杂木林，数量虽不多但较普遍。国内分布于辽宁、河北、山西、陕西、甘肃、宁夏、青海、河南、安徽、江苏、湖北、四川、云南、贵州、西藏等省（自治区）。

经济用途　木材适做各种家具、器具；种子可榨油并药用。

臭檀吴萸花枝

黄 檗　黄柏　黄波罗

Phellodendron amurense Rupr.

黄檗果枝

1.果枝　2.枝一段（示柄下芽）　3.小叶尖（放大示睫毛缘）　4.雄花　5.雌花　6.雌蕊　7.雄蕊

黄檗　　　　　　　　　　　　　　黄檗雄花花枝

科　属　芸香科Rutaceae　黄檗属Phellodendron Rupr.

形态特征　落叶乔木。树皮淡灰褐色，深网状沟裂，木栓层发达，内层皮薄，鲜黄色；小枝橙黄色或黄褐色，无毛；芽无鳞片，常密被黄褐色的短毛，被叶柄包被（柄下芽）。奇数羽状复叶，互生，具小叶5～13，小叶对生；小叶片卵形或卵状披针形，长5～12cm，宽3.5～4.5cm，先端长渐尖，基部一边圆形，一边楔形，不对称，叶缘锯齿细钝不明显，常有睫毛，幼叶两面无毛，或仅在下面脉基处有长柔毛，羽状脉，齿缝及叶面常有透明油腺点。圆锥状聚伞花序，顶生，长6～8cm；花序轴及小花梗上均被细毛。花单性，雌雄异株；花萼片及花瓣各为5，黄绿色；雄花具雄蕊5，花丝基部有毛；雌花具雌蕊1，子房上位，5室。浆果状核果，成熟时紫黑色，径约1cm，破碎后有特殊的酸臭味；具5核，核扁卵形，长5～6mm，灰黑色，外皮骨质。花期5～6月；果期9～10月。

生境分布　南天门管理区岱顶、桃花源有引种栽培。国内分布于黑龙江、吉林、辽宁、内蒙古、河北、山西、河南、安徽等省（自治区）。

经济用途　木材可做家具及胶合板材；木栓层可作软木塞及绝缘材料；内皮药用，有清热泻火、燥湿解毒的功效；果能驱虫；种子可榨油、制皂及工业用。

枳 枸橘 臭杞

Citrus trifoliata L.

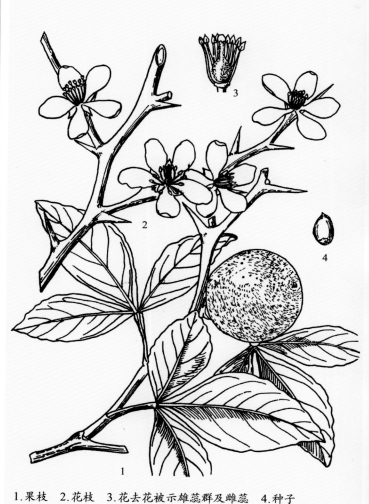

1.果枝 2.花枝 3.花去花被示雄蕊群及雌蕊 4.种子

枳

枳果枝

枳花枝

科　　属　芸香科Rutaceae　柑橘属Citrus L.

形态特征　落叶灌木或小乔木。树皮浅灰绿色，浅纵裂；分枝密，刺扁长而粗壮。指状三出复叶，互生，具3小叶；小叶片革质或纸质，顶生小叶片椭圆形或倒卵形，长1.5～5cm，宽1～3cm，先端钝圆或微凹，基部楔形，两侧的小叶比顶生的小叶略小，以椭圆状卵形为主，基部略偏斜，全缘或有波状钝锯齿，上面光滑，下面中脉嫩时有毛，羽状脉，有半透明的油腺点；叶柄长1～3cm，两侧有明显的翅。花单生或成对腋生；花梗短；花萼片5，卵形，长5～7mm，淡绿色，基部合生；花瓣5，白色，匙形，长1.8～3cm，先端钝圆，基部有爪；雄蕊通常20，花丝不等长；雌蕊1，子房上位，6～8室。柑果球形，熟时黄绿色，径3～5cm，有粗短柄，外被灰白色密柔毛，有时在树上经冬不落。花期4～5月；果期9～10月。

生境分布　岱庙、山东农业大学树木园、红门、竹林、天烛峰等有引种栽培。国内分布于山西、陕西、甘肃、河南、安徽、江苏、浙江、江西、湖北、湖南、广东、广西、四川、贵州等省（自治区）。

经济用途　供作绿篱；果药用，小果制干或切半称为"枳实"，成熟的果实为"枳壳"，均有理气、破积、消炎、止痛的作用；种子可榨油；叶、花、果可提制香精油。

SIMAROUBACEAE

苦木科

乔木或灌木。树皮常含苦味物质；鳞芽或裸芽。奇数羽状复叶，稀单叶，互生，稀对生；通常无托叶或托叶早落。总状、穗状、聚伞或圆锥花序；花两性、杂性或单性，同株或异株；花辐射对称；萼片3～5，离生或基部合生，覆瓦状或镊合状排列；花瓣3～5或缺，花盘环形；雄蕊与花瓣同数或2倍，花丝离生，基部常有鳞片；雌蕊1，子房上位，2～6室，或雌蕊2～5，离生或部分合生，每室胚珠1至数枚。蒴果或聚合翅果、聚合浆果或核果，成熟时各果分离或连生在一起。种子有胚乳或缺，胚形小，子叶肥厚。

20属。我国有3属。山东有2属，2种。泰山有2属，2种，2变种。

臭 椿 樗树

Ailanthus altissima (Mill.) Swingle

1.果枝　2.雄花　3.两性花　4.果实　5.种子

臭椿

臭椿果枝

科　　属　苦木科Simaroubaceae　臭椿属Ailanthus Desf.

形态特征　落叶乔木。树皮灰色至灰黑色，微纵裂；小枝褐黄色至红褐色，初被细毛，后脱落。奇数羽状复叶，互生，连总柄在内长可达1m，具小叶13～25，小叶互生或近对生；小叶披针形或卵状披针形，长7～14cm，宽2～4.5cm，先端渐尖，基部圆形、截形或宽楔形，略偏斜，全缘，近基部叶缘两侧常有1～2粗齿，齿背有1腺体，上面深绿色，下面淡绿色，常被白粉及短柔毛，羽状脉；叶柄长7～13cm；小叶柄长0.4～1.2cm。大型圆锥花序，生于枝顶叶腋，直立；花杂性或雌雄异株；花萼片5，三角状卵形，绿色或淡绿色；花瓣5，近长圆形，淡黄色或黄白色；雄蕊10，花丝基部有粗毛；雌蕊5，子房离生，花柱黏合，柱头5。翅果扁平，纺锤形，长3～5cm，宽0.8～1.2cm，两端钝圆，初黄绿色，有时顶部或边缘微现红色，熟时淡褐色或灰黄褐色。种子扁平，圆形或倒卵形。花期5～6月；果期9～10月。

生境分布　产于各管理区。生于向阳山坡杂木林或林缘及村边、房前屋后。国内分布于除海南、黑龙江、吉林、宁夏、青海外的其他各省。

经济用途　是用材、纤维、绿化、油料等多种用途的林木树种；木材可用作农具、建筑等；木纤维丰富，可作纸浆；树皮可提制栲胶；叶可饲樗蚕；种子可榨油；根皮及翅果可药用，有收敛、止血、利湿、清热等功效；抗污染能力强，可作为城镇工矿区的绿荫树及行道树；耐贫瘠、干旱，适于作为荒山造林树种。

千头椿（栽培变种）Ailanthus altissima 'Qiantouchun'
本栽培变种的主要特点是：分枝多而密，枝序夹角多在45°以下；小叶基部的腺质缺齿不明显；多雄株。
岱宗大街东段和泰山大街西段有引种栽培。
用材树种，可供绿化观赏。
红叶椿（栽培变种）Ailanthus altissima 'Hongyechun'
本栽培变种的主要特点是：春季小叶片紫红色，可保持到6月上旬；树冠及分枝夹角均较小；结实量大。
公园、路旁有栽培。
可供绿化观赏。

臭椿花枝

千头椿树冠

红叶椿花枝

苦 树　苦木　苦皮树

Picrasma quassioides (D. Don.) Benn.

1. 果枝　2. 两性花　3. 雄花

苦树

苦树雌花枝

苦树果枝

苦树雄花枝

科　　属　苦木科Simaroubaceae　苦树属Picrasma Bl.

形态特征　落叶小乔木或灌木。树皮绿褐色至灰黑色，浅裂；嫩枝灰绿色，无毛，皮孔黄色；裸芽，外被褐黄色短绒毛。奇数羽状复叶，长可达30cm，互生，具小叶5～15，小叶对生；小叶片卵形至长椭圆状卵形，长4～10cm，宽2～4cm，先端渐尖，基部楔形，除顶生小叶外，其余小叶基部不对称，边缘有不整齐的细锯齿，上面光绿色，下面淡绿色，无毛或仅在主脉上有毛，羽状脉；小叶柄短或近无柄。聚伞圆锥花序，腋生，直立，较疏散；花序梗长达12cm，密生柔毛；花单性，雌雄异株；径约8mm；花萼片5，偶4，卵形，有黄色柔毛；花瓣与萼片同数，黄绿色，卵形或阔卵形，比萼片长1倍以上；雄花中的雄蕊长为花瓣的2倍，与萼片对生，雌花中的雄蕊比花瓣短；花盘4～5裂；雌花有雌蕊2～5，离生，子房上位，每室1胚珠。聚合核果，3～4个聚生，花萼宿存；核果倒卵形，长6～7mm，熟时蓝绿色。花期4～5月；果期8～9月。

生境分布　产于竹林管理区扇子崖、桃花峪管理区油篓沟。生于湿润肥厚的山沟、山坡、林下及背阴处，在沉积岩山区尤多见。国内分布于辽宁、河北、山西、陕西、甘肃、河南、安徽、江苏、浙江、福建、台湾、江西、湖北、湖南、广东、广西、海南、四川、云南、贵州、西藏等省（自治区）。

经济用途　树皮药用，有泻热、驱蛔、治疥癣的功效，也可作为土农药杀灭害虫；木材可做家具。

棟科

MELIACEAE

常绿或落叶，乔木或灌木，稀半灌木或草本。羽状复叶，稀3小叶或单叶，互生稀对生；无托叶。圆锥状、总状或穗状花序，腋生或顶生；花两性或杂性异株；花辐射对称；花萼杯状或短管状，萼片4～5，稀离生，覆瓦状排列；花瓣4～5，稀3～7，离生或部分合生，蕾时镊合状、覆瓦状或旋转状排列；雄蕊4～10，稀4～5，花丝离生或合生成雄蕊管，花药直立，内向，着生于雄蕊管内面或顶部；花盘管状、环状或柄状，生于雄蕊管内面，稀无花盘；雌蕊1，子房上位，2～5室，稀1室，每室具1～2胚珠，稀更多，花柱1或缺。蒴果、浆果或核果。种子有翅或无翅，有胚乳或无，常有假种皮。

约50属。我国有17属,40种。山东有1属,1种；引种1属,1种。泰山有2属，2种。

香 椿

Toona sinensis (Juss.) Roem.

香椿果枝

1.花枝　2.果穗　3.花　4.去花瓣示雄蕊及雌蕊　5.种子

香椿　　　　　　　　　　　　　香椿花枝

科　　属　棟科Meliaceae　香椿属Toona Roem.

形态特征　落叶乔木。树皮灰褐色，纵裂而片状剥落；冬芽密生暗褐色毛；幼枝粗壮，暗褐色，被柔毛。偶数羽状复叶，长30～50cm，互生，具小叶10～22对，小叶对生，有特殊香味；小叶片长椭圆状披针形或狭卵状披针形，长6～15cm，宽3～4cm，先端渐尖或尾尖，基部一侧圆形，另一侧楔形，不对称，全缘或有疏浅锯齿，嫩时下面有柔毛，后渐脱落，羽状脉；小叶柄短；叶柄有浅沟，基部膨大。圆锥花序，顶生，下垂，被细柔毛，长达35cm；花梗长5～10mm；花萼筒短，5浅裂；花瓣5，长椭圆形，长4～5mm，白色；雄蕊10，其中5枚退化；花盘近念珠状，无毛；雌蕊1，子房上位，圆锥形，有5条细沟纹，无毛，5室，每室有8胚珠，花柱1，长于子房。蒴果狭椭圆形，深褐色，长2～3.5cm，熟时5瓣裂。种子上端有膜质长翅。花期5～6月；果期9～10月。

生境分布　除南天门、桃花峪管理区外其他管理区内的村落、庭院有栽培。国内分布于河北、陕西、甘肃、河南、安徽、江苏、浙江、福建、江西、湖北、湖南、广东、广西、四川、云南、贵州、西藏等省（自治区）。

经济用途　木材细致美观，为上等家具、室内装修和船舶用材；幼芽、嫩叶可生食、熟食及腌食，味香可口，为上等"木本蔬菜"；根皮、果药用，有收敛止血、祛湿止痛的功效。

苦　楝　楝树

Melia azedarach L.

苦楝果枝

苦楝花枝

1.花枝　2.花　3.雄蕊管裂开　4.雌蕊　5.子房横切　6.子房纵切　7.果序

苦楝

科　　属　楝科Meliaceae　楝属Melia L.

形态特征　落叶乔木。树皮暗褐色，纵裂；幼枝被星状毛，老时紫褐色，皮孔多而明显。2～3回奇数羽状复叶，互生，长20～45cm，小叶对生；小叶片卵形、椭圆形或披针形，长3～8cm，宽2～4cm，先端短渐尖或渐尖，基部阔楔形或近圆形，稍偏斜，边缘有钝锯齿，下面幼时被星状毛，后两面无毛，羽状脉；叶柄长达12cm，基部膨大；小叶片具柄。圆锥花序，腋生，等长于叶或较叶短；花有花梗；苞片条形，早落；花萼筒5深裂，裂片长卵形，长约3mm，两面均被短柔毛；花瓣5，淡紫色，倒卵状匙形，长约1cm，外面被短柔毛；雄蕊10，稀12，长7～10mm，紫色，花丝合成管状，花药黄色，着生于雄蕊管上端内侧；花盘近杯状；雌蕊1，子房上位，球形，5～8室，无毛，每室有2胚珠，花柱1，柱头顶端有5裂，不伸出雄蕊管。核果，椭圆形或近球形，长1～3cm，径约1cm，每室有1种子。花期5月；果期9～10月。

生境分布　各管理区均有栽培，或山野自生。国内分布于河北、山西、陕西、甘肃、河南、安徽、江苏、浙江、福建、台湾、江西、湖北、湖南、广东、广西、海南、四川、云南、贵州、西藏等省（自治区）。

经济用途　木材供建筑、家具、农具等用材；皮、叶、果药用，有祛湿、止痛及驱蛔虫的作用；根、茎皮可提取栲胶；种子油可制肥皂、润滑油；可供绿化观赏。

大戟科

EUPHORBIACEAE

　　草本、灌木或乔木。植物体多有乳汁。单叶，稀为复叶，互生，稀对生；通常有托叶。杯状聚伞花序或穗状、总状圆锥花序，顶生或腋生；花单性，通常小形；辐射对称；雌雄同株或异株，同序或异序；花萼片3～5，离生或合生，有的极度退化；通常无花瓣或稀有花瓣；雄蕊通常多数，或有时退化为仅具1枚，花丝分离或合生成柱状，花药2室；花盘环状、杯状、腺状或无花盘；雌蕊1，子房上位，通常3室，稀1、2或4至多室，每室有1～2倒生胚珠，中轴胎座，花柱离生或合生，与子房室同数。蒴果，稀为核果或浆果状。种子常有种阜，胚乳丰富，肉质，子叶宽而扁。

　　约322属。我国有75属。山东有4属,5种；引种5属,6种。泰山有5属,6种。

雀儿舌头　黑钩叶

Leptopus chinensis (Bge.) Pojark.

1～2.花枝　3～4.花的腹背面观　5.蒴果的上下及侧面　6.裂开的果皮　7.种子　8.种子纵切

雀儿舌头

雀儿舌头雄花枝

科　　属　大戟科Euphorbiaceae　雀舌木属Leptopus Decne.

形态特征　落叶灌木。枝细弱，多分枝，幼枝有短毛。单叶，互生；叶片卵形至长椭圆状卵形，长1～5cm，宽0.5～2.7cm，先端渐尖，基部圆形，全缘，两面无毛，羽状脉；叶柄纤细，长2～8mm；托叶小。花小，单性，雌雄同株；花梗长于叶柄；雄花单生于枝端或2～4花簇生于叶腋，花萼片5，基部合生，花瓣5，白色，腺体5，各2裂，与萼片互生，雄蕊5，有退化雌蕊；雌花单生于枝条下部叶腋，花萼片5，较大，花瓣5，小，雌蕊1，子房上位，3室，无毛，花柱3，各2裂。蒴果球形或扁球形，直径3～6mm，有宿存萼片；果梗长1～1.5cm；具6种子。花期5～6月；果期9～10月。

生境分布　产于各管理区。生于岩崖、石缝、山坡、林缘、路旁等。国内分布于吉林、辽宁、河北、山西、陕西、河南、湖北、湖南、广西、四川、云南等省（自治区）。

经济用途　可保持水土；可供绿化；叶可杀虫。

一叶萩 叶底珠

Flueggea suffruticosa (Pall.) Baill.

1. 花枝 2. 花 3. 蒴果

一叶萩果枝

一叶萩　　　　　　　　　　　　　　一叶萩雄花枝

科　　属　大戟科Euphorbiaceae　白饭树属（一叶萩属）Flueggea Willd.

形态特征　落叶小灌木。茎多分枝，无毛；小枝有棱。单叶，互生；叶片椭圆形或长椭圆形，稀倒卵形，长1.5～8cm，宽1～3cm，先端尖或钝，基部楔形，全缘或有不整齐的波状齿或细钝齿，两面无毛，下面浅绿色，羽状脉；叶柄长2～8mm。花小，单性；雌雄异株；雄花3～18朵簇生于叶腋，花梗长2.5～5.5mm，萼片通常5，黄绿色，花盘腺体5，雄蕊5，超出萼片，有退化雌蕊；雌花通常单生于叶腋，花梗长2～15mm，萼片5，花盘全缘，雌蕊1，子房上位，卵圆形，3室，花柱3，分离或基部合生。蒴果三棱状扁球形，直径约5mm，淡红褐色，有网纹，开裂；具6种子；果梗长2～15mm。种子卵形，一侧扁，褐色，具小疣状突起。花期6～7月；果期8～9月。

生境分布　山东农业大学树木园有引种栽培。国内分布于除甘肃、青海、新疆、西藏外的其他各省。

经济用途　枝条可编制用具；叶及花供药用，对心脏及中枢神经系统有兴奋作用；可保持水土。

白饭树　多花一叶萩

Flueggea virosa (Roxb. ex Willd.) Voigt

白饭树果枝

1.果枝　2.果实　3.幼果放大（示花柱分裂及毛被）　4.雄花枝（蕾期）

白饭树

科　　属　大戟科Euphorbiaceae　白饭树属（一叶萩属）Flueggea Willd.

形态特征　落叶小灌木。小枝有棱，无毛。单叶，互生；叶片椭圆形、长圆形、倒卵形或近圆形，长2～6cm，宽1.5～2.5cm，先端圆或急尖，基部楔形或近圆形，全缘，上面绿色，下面白绿色，两面无毛，羽状脉；叶柄长2～9mm；托叶披针形。花小，淡黄色，单性；雌雄异株；苞片鳞片状，长不及1mm；雄花多朵簇生于叶腋，花梗细，长3～6mm，萼片5，卵形，先端尖，无毛，雄蕊5，较萼片长，基部有腺体5，有退化雌蕊；雌花3～10朵簇生于叶腋，稀1朵，花梗长1.5～12mm，萼片5，卵形，无毛，花盘环状，围绕子房，雌蕊1，子房上位，卵圆形，3室，花柱3，基部合生，顶部2裂。蒴果近圆球形，淡白色，果皮不开裂。种子栗褐色，具小疣状突起及网纹。花期5～7月；果期8～9月。

生境分布　山东农业大学树木园有栽培。国内分布于河北、河南、福建、台湾、湖南、广东、广西、云南、贵州等省（自治区）。

经济用途　可保持水土。

重阳木

Bischofia polycarpa (Lévl.) Airy Shaw

1.果枝　2.雄花　3.雌花　4.子房横切

重阳木

重阳木果枝

重阳木雄花枝

重阳木枝条

科　　属　大戟科 Euphorbiaceae　秋枫木属 Bischofia Bl.

形态特征　落叶乔木。树皮褐色，纵裂；小枝无毛。羽状复叶，互生，具3小叶；小叶片卵圆形或椭圆状卵形，长4.5～8cm，宽3.5～6cm，先端渐尖，基部圆形或近心形，边缘有锯齿，两面无毛，羽状脉；叶柄长4～11cm；顶生小叶柄长1.5～6cm，侧生小叶柄长3～14mm。总状花序，腋生，下垂；花小，淡绿色，雌雄异株；雄花序长8～13cm，雄花簇生，花梗细短，萼片5，半圆形，膜质，雄蕊5，花丝短，有退化的盾状雌蕊；雌花序较疏，长3～12cm，花梗粗壮，萼片5，长圆形，雌蕊1，子房上位，3或4室，每室2胚珠，花柱2～3，不分裂。果实浆果状，球形或扁球形，直径5～7mm，红褐色，不开裂。种子形如芝麻，黑褐色，有光泽。花期4～5月，与叶同时开放；果期8～10月。

生境分布　山东农业大学树木园有引种栽培。本种耐水湿，适生于河边、堤岸湿润肥沃的沙质壤土。国内分布于陕西、河南、安徽、江苏、浙江、福建、台湾、江西、湖北、湖南、广东、广西、海南、四川、云南、贵州省（自治区）。

经济用途　木材红色，坚硬有光泽，耐湿、耐腐，可作为造船、桥梁、建筑、枕木等工程用材；果肉可酿酒；种子含油量30%，可作为润滑油，并可食用；叶、根、树皮药用，具有祛风湿、消炎止痛、抗病毒的作用。

油　桐

Vernicia fordii (Hemsl.) Airy Shaw.

1.花枝　2.叶　3.核果　4.种子

油桐果枝

油桐

油桐花枝

科　　属　大戟科Euphorbiaceae　油桐属 Vernicia Lour.

形态特征　落叶乔木。树皮灰白或灰褐色，皮孔疣状。枝无毛，叶痕明显。单叶，互生；叶片卵圆形、卵形或心形，长6～18cm，宽3～16cm，先端急尖，全缘或1～3浅裂，基部截形或心形，幼叶被锈色短柔毛，后近无毛，基出掌状脉5～7；叶柄长3～13cm，顶端有2红色腺体。圆锥状聚伞花序，顶生；花单性，雌雄同株，先叶开放；花萼长约1cm，2裂，稀3裂，裂片卵形，外面密生短柔毛；花瓣5，倒卵形，白色，基部橙红色，略带红条纹，长2～3cm，先端圆形，基部狭，爪状；花盘有腺体5，肉质，钻形；雄花有雄蕊8～10，稀12，排成2轮，外轮花丝分离，内轮花丝较长而基部合生；雌花较大，雌蕊1，子房上位，通常3～5室，有短柔毛，花柱与子房室同数，2裂。核果近球形，直径3～6.5cm，平滑，有短尖；具种子3～5，稀至8。种子宽卵形，长2～2.5cm，种皮粗糙，厚壳状。花期5月；果期9～10月。

生境分布　泰山林科院罗汉崖试验林场有引种栽培，适于向阳山坡、土质肥沃、排水良好、酸性、中性沙质壤土栽植。国内分布于陕西、河南、安徽、江苏、浙江、福建、江西、湖北、湖南、广东、广西、海南、四川、云南、贵州等省（自治区）。

经济用途　为我国特有的木本油料植物，种子出油率约35%，是很好的干性油，为油漆和涂料工业的重要原料；根、叶、花、果均药用，有消肿杀虫的功效；木材质轻软，不易虫蛀，不裂翘，可做家具、床板、火柴杆等。

乌 柏

Triadica sebifera (L.) Small

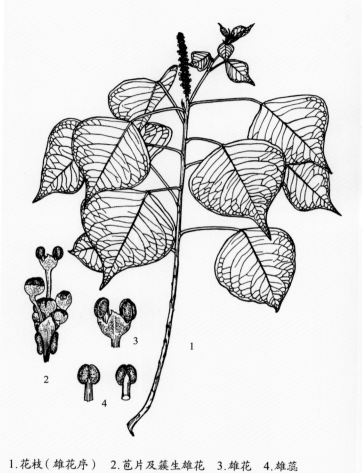

乌柏果枝

乌柏花枝

1.花枝（雄花序）　2.苞片及簇生雄花　3.雄花　4.雄蕊

乌柏

科　　属　大戟科 Euphorbiaceae　乌柏属 Triadica Lour.

形态特征　落叶乔木。植物体有乳汁。树皮灰褐色，浅纵裂。单叶，叶互生；叶片菱形至阔菱状卵形，长宽略相等，3～8cm，先端长渐尖或短尾状，基部阔楔形或近圆形，全缘，两面绿色，秋季变为橙黄色或红色，羽状脉；叶柄长2～6cm，顶端有2腺体；托叶长约1mm。总状花序，顶生，长6～12cm；最初全是雄花，随后有1至数朵雌花生于花序基部；花单性，同株，同序，绿黄色；无花瓣及花盘；雄花小，3～15朵生于1苞片内，苞片菱状卵形，近基部两侧各有1腺体，花梗长1～3mm，花萼杯状，3浅裂，雄蕊2，稀3，花丝离生，花药黄色，近球形；雌花1生于苞片内，苞片3裂，基部两侧有2腺体，花梗长2～4mm，花萼杯状，3深裂，雌蕊1，子房上位，光滑，3室，花柱3，基部合生，柱头3裂，外卷。蒴果三棱状近球形，直径1～1.3cm，熟时黑褐色，室背3裂，每室有1种子。种子黑色，外被白蜡层，果皮脱落后，种子仍附着于宿存的中轴上。花期6～8月；果期9～11月。

生境分布　红门、桃花峪、山东农业大学校园及树木园有引种栽培。国内分布于安徽、江苏、浙江、福建、台湾、江西、湖南、广东、广西、四川、云南、贵州等省（自治区）。

经济用途　乌柏为重要经济树种，种子的蜡层是制肥皂、蜡纸、金属涂擦剂等的原料；种子油可制油漆、机器润滑油等；叶可作为黑色染料，并可提栲胶；根皮及叶药用，有消肿解毒、利尿泻下、杀虫的功效；木材坚韧致密，不翘不裂，可供制家具、农具、雕刻等用；可供绿化观赏。

BUXACEAE

黄杨科

常绿灌木，稀小乔木或草本。单叶，对生或互生；叶片全缘或有齿牙，革质或纸质；无托叶。穗状、头状或短总状花序簇生，稀单生；花单性，雌雄同株或异株；花辐射对称；无花瓣；有苞片；雄花花萼片4，排成2轮，雄蕊4，则与花萼片对生，如为6，则有2对与内轮花萼片对生，花药2室，通常有不育雌蕊；雌花较雄花少或单生，常有柄，花萼片6，排成2轮，雌蕊1，子房上位，3室，稀2～4室，每室有倒生胚珠2，花柱与心皮同数。蒴果，室背开裂，或为肉质核果状；有宿存花柱。种子有种阜，胚乳肉质。

4～5属，约70种。我国有3属，28种。山东引种2属，3种，1变种。泰山有1属，2种。

黄　杨　锦熟黄杨

Buxus sinica (Rehd. et Wils.) M. Cheng

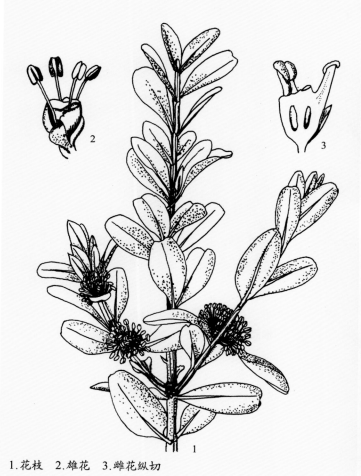

1.花枝　2.雄花　3.雌花纵切

黄杨花枝

黄杨　　　　　　　　　　　黄杨幼果枝

科　　属　黄杨科Buxaceae　黄杨属Buxus L.

形态特征　常绿灌木或小乔木。枝圆柱形，有纵棱；小枝四棱形，全面有毛或外方相对两侧无毛，节间长0.5～2cm。单叶，对生；叶片革质，倒阔卵形、卵状椭圆形、阔椭圆形或长圆形，长2～3.5cm，宽1～2cm，先端圆或钝，常有小凹口，基部圆形或楔形，全缘，边缘反卷，上面有光泽，深绿色，下面淡黄绿色，羽状脉，上面中脉突起，侧脉明显，下面中脉平坦或稍突起，常密被白色线状钟乳体，侧脉不显；叶柄长1～2mm，上面被毛。花序头状，腋生，花密集；花序轴长3～4mm，被毛；苞片阔卵形；雄花约10朵，无花梗，花萼片4，外轮萼片卵状椭圆形，内轮萼片近圆形，长2～3mm，无毛，雄蕊长约4mm，不育雌蕊有棒状柄，末端膨大，与萼片近相等或超出或为萼片的2/3；雌花花萼片6，排成2轮，长约3mm，雌蕊1，子房上位，无毛，3室，花柱3，柱头倒心形，下延达花柱中部。蒴果近球形，长6～10mm；宿存花柱长2～3mm。花期4月；果期6～7月。

生境分布　岱庙、山东农业大学树木园及泰城机关庭院有引种栽培。国内分布于陕西、甘肃、安徽、江苏、浙江、江西、湖北、广东、广西、四川、贵州等省（自治区）。

经济用途　供观赏或作绿篱；木材坚硬，鲜黄色，适于做木梳、乐器、图章及工艺美术品等；全株药用，有止血、祛风湿、治跌打损伤之功效。

雀舌黄杨
Buxus bodinieri Lévl.

1.花枝　2.叶背面　3.蒴果

雀舌黄杨

雀舌黄杨花枝

雀舌黄杨枝条

科　　属　黄杨科Buxaceae　黄杨属Buxus L.

形态特征　常绿灌木。小枝四棱形，初有毛，后变无毛。单叶，对生；叶片革质，通常匙形，稀狭卵形或倒卵形，多数中部以上最宽，长2～4cm，宽8～18mm，先端钝圆，有凹缺或小突尖头，基部狭长楔形，全缘，上面绿色，有光泽，下面苍灰色羽状脉，中脉两面突起，侧脉极多，在两面或仅上面显著，与中脉呈50°～60°角，中脉下半部在上面被微细毛；叶柄长1～2mm。头状花序，长5～6mm；花序轴长约2.5mm；苞片卵形，背面无毛或有短柔毛；雄花约10朵，花萼片4，排成2轮，卵圆形，长约2.5mm，雄蕊长约6mm，不育雌蕊有柱状柄，高约2.5mm，与花萼片近等长或稍超出；雌花花萼片6，排成2轮，长2～2.5mm，雌蕊1，子房上位，3室，无毛，花柱3，长约1.5mm，柱头倒心形，下延达花柱的1/3～1/2处。蒴果卵形，长约5mm；宿存花柱直立。花期4月；果期6～8月。

生境分布　岱庙、山东农业大学树木园及泰城机关庭院有引种栽培。国内分布于陕西、甘肃、河南、浙江、江西、湖北、广东、广西、四川、云南、贵州等省（自治区）。

经济用途　供观赏或作绿篱。

漆树科

ANACARDIACEAE

乔木或灌木，稀木质藤本或亚灌木状草本。韧皮部有裂生性树脂道。单叶、掌状3小叶或羽状复叶，互生，稀对生；无托叶或不显著。圆锥花序，顶生或腋生；花两性、单性或杂性；两被花稀单被花，或无花被；花萼多合生，3～5裂，稀离生；花瓣2～5，离生或基部合生，覆瓦状或镊合状排列；有花盘；雄蕊与花瓣同数或为其2倍；雌蕊1～5，合生或离生，子房上位，1室，或2～5室，每室有1倒生胚珠，花柱1～5，常离生。核果，稀坚果。种子无或有少量胚乳。

约77属，600种。我国有17属，55种。山东省有4属，4种，3变种；引种1属，4种，1变种。泰山有4属，7种，3变种。

黄 栌

Cotinus coggygria Scop.

1. 果枝　2. 雄花　3. 雌花　4. 核果

毛黄栌花枝

毛黄栌

毛黄栌果枝

科　　属　漆树科Anacardiaceae　黄栌属Cotinus（Tourn.）Mill.

形态特征　落叶灌木或小乔木。单叶，互生；叶片宽椭圆形，长3～8cm，先端圆形或微凹，基部圆形或阔楔形，全缘，两面具灰白色柔毛，下面毛更密，羽状脉，侧脉6～11对，先端常叉开；叶柄长达3.5cm。圆锥花序，顶生，被柔毛；花杂性，径约3mm，黄色；花梗长7～10mm；花萼5裂，裂片卵状三角形，无毛，长约1.2mm；花瓣5，卵形或卵状披针形，长2～2.5mm，无毛；雄蕊5，长1.5mm，花药卵形与花丝近等长；花盘5裂，紫褐色；雌蕊1，子房上位，近球形，偏斜，1室，花柱3，离生。果序上有许多不育性紫红色羽毛状花梗。核果肾形，压扁，长约4.5mm，宽约2.5mm，无毛。

生境分布　原变种产匈牙利和捷克斯洛伐克，中国不产。

毛黄栌（变种）Cotinus coggygria Scop. var. pubescens Engl.

本变种的主要特征是：叶阔椭圆形，稀近圆形，上面近无毛；小枝、叶下面，尤其沿脉和叶柄被柔毛；花序无毛或近无毛。

产于桃花峪、竹林寺、红门等管理区。生于山坡杂木林、沟边和岩石隙缝中；全省各地公园多有栽培。国内分布于山西、陕西、甘肃、河南、江苏、浙江、湖北、四川、贵州等省。

用途同毛黄栌。

灰毛黄栌　红叶黄栌（变种）Cotinus coggygria Scop. var. cinerea Engl.

本变种的主要特征是：叶倒卵形或卵圆形，两面有灰白色柔毛，下面毛更密；花序密被柔毛。

产于灵岩寺、红门等管理区。生于山坡杂木林、沟边和岩石隙缝中；全省各地公园多有栽培。国内分布于河北、河南、湖北、四川等省。

秋天叶变红，可供绿化观赏；木材黄色，可制器具及细木工用；树皮、叶可提取栲胶；根皮药用，治妇女产后劳损。

紫叶黄栌（栽培变种）Cotinus coggygria 'Purpureus'

本栽培变种的主要特征是：叶片紫色。

各公园有引种栽培。

供绿化观赏。

灰毛黄栌花枝

紫叶黄栌枝条

黄连木　楷树

Pistacia chinensis Bge.

1.雄花枝　2.雌花枝　3.果枝　4.雄花　5.雌花　6.核果

黄连木

黄连木雌花枝

黄连木果枝

黄连木雄花枝

科　　属　漆树科Anacardiaceae　黄连木属Pistacia L.v

形态特征　落叶乔木。树皮暗褐色，呈鳞片状剥落；枝、叶有特殊气味。偶数羽状复叶，互生，具小叶10～12，小叶对生或近对生；小叶片卵状披针形至披针形，长5～8cm，宽1～2cm，先端渐尖，基部斜楔形，全缘，幼时有毛，后光滑，羽状脉；叶柄长1～2cm；小叶柄长1～2mm。圆锥花序，腋生；花单性，雌雄异株；雄花序密，长5～8cm，雌花序疏松，长15～20cm；花梗长约1mm；花先叶开放；雄花萼片2～4，披针形，大小不等，长1～1.5mm，雄蕊3～5，花丝极短；雌花萼片7～9，大小不等，雌蕊1，子房上位，球形，1室，花柱极短，柱头3，红色。核果球形，略扁，径约5mm，熟时变紫红色、紫蓝色，有白粉，内果皮骨质。花期4月下旬～5月上旬；果期9～10月。

生境分布　产于各管理区。生于山坡、沟谷杂木林。岱庙、山东农业大学树木园有栽培。国内分布于河北、山西、陕西、甘肃、河南、安徽、江苏、浙江、福建、台湾、江西、湖北、湖南、广东、广西、海南、四川、云南、贵州、西藏等省（自治区）。

经济用途　木材坚硬细致，可供建筑、家具、农具等用材；果实、叶提取栲胶。种子榨油可作为燃料、润滑油及肥皂，油饼可作为饲料；幼叶可充蔬菜并可代茶。

阿月浑子　开心果

Pistacia vera L.

阿月浑子果枝

科　　属　漆树科Anacardiaceae　黄连木属Pistacia L.

形态特征　小乔木。小枝粗壮，圆柱形，具条纹，被灰色微柔毛或近无毛。奇数羽状复叶，互生，有小叶3～5，通常3；小叶片革质，卵形或阔椭圆形，长4～10cm，宽2.5～6.5cm，顶生小叶较大，先端钝或急尖，具小尖头，基部阔楔形，圆形或截形，侧生小叶基部常不对称，全缘，有时略呈皱波，上面无毛，略具光泽，下面疏被微柔毛，羽状脉；小叶无柄或几无柄；叶柄上面平，无翅或具狭翅，被微柔毛或近无毛。圆锥花序长4～10cm，花序轴及分枝被微柔毛，具条纹；雄花萼片2～6，长圆形，大小不等，长1～2.5mm，膜质，边缘具卷曲睫毛，雄蕊5～6，长2～3mm；雌花萼片3～9，长圆形，长1～5mm，膜质，边缘具卷曲睫毛，雌蕊1，子房上位，卵圆形，花柱长约0.5mm，柱头3。核果长圆形，长约2cm，宽约1cm，先端急尖，成熟时黄绿色至粉红色。

生境分布　原产于叙利亚、伊拉克、伊朗、俄罗斯西南部和南欧。红门管理区罗汉崖有引种栽培。

经济用途　树皮和种仁入药，为强壮剂；种仁可食，可榨油。

1.果枝　2.果实剖开　3.核剖开　4.子叶

阿月浑子

盐肤木

Rhus chinensis Mill.

盐肤木果枝

盐肤木花序

1.花枝 2.果枝 3.雄花 4.两性花 5.去花瓣示雄、雌蕊 6.果实 7.种子

盐肤木

盐肤木花枝

科　　属　漆树科Anacardiaceae　盐肤木属Rhus（Tourn.）L.

形态特征　落叶小乔木或灌木。小枝棕褐色，被锈色柔毛，有圆形小皮孔。奇数羽状复叶，互生，具小叶7～13，叶轴有宽叶状翅，叶轴及叶柄密被锈色柔毛；小叶片卵形、椭圆形或长圆形，长5～12cm，宽3～7cm，先端急尖，基部圆形，顶生小叶基部楔形，边缘有粗齿或圆钝齿，下面粉绿色，有白粉，有锈色柔毛，羽状脉，侧脉突起；小叶无柄。圆锥花序，顶生，宽大，多分枝；雄花序长30～40cm；雌花序较短，密生柔毛；苞片披针形，长约1mm，有微柔毛；小苞片极小；花梗长约1mm，有微柔毛；花白色；雄花花萼5裂，裂片长卵形，长约1mm，外生柔毛，花瓣5，倒卵状长圆形，长约2mm，雄蕊5，长约2mm；雌花花萼5裂，裂片长约0.6mm，外生微柔毛，花瓣5，椭圆状卵形，长约1.6mm，里面下部有柔毛，雌蕊1，子房上位，卵形，密生柔毛，1室，花柱3，头状棒头。核果球形，红色，压扁，径4～5mm，被有节柔毛和腺毛；具1种子。花期7～9月；果期10月。

生境分布　产于各管理区。生于山坡及沟谷灌丛。国内分布于除东北地区及内蒙古和新疆以外的其余省份。

经济用途　叶上寄生的"五倍子"（虫瘿）供工业及药用；茎皮、叶提取栲胶；叶变红，可作为观赏树种。

泰山盐肤木
Rhus taishanensis S. B. Liang

泰山盐肤木

泰山盐肤木果枝

泰山盐肤木花枝

科　　属　漆树科Anacardiaceae　盐肤木属Rhus（Tourn.）L.

形态特征　落叶小乔木或灌木状。树皮灰色，不裂；小枝粗壮，密生褐色绒毛；芽卵圆形，密生黄褐色绒毛。奇数羽状复叶，互生，具小叶7～11，叶轴有宽翅，密生绒毛；小叶片卵形或椭圆形，长6～12cm，宽3～7cm，先端急尖，基部圆形，顶生小叶基部楔形，上部小叶基部常与叶轴宽翅结合，形成深裂的叶片，边缘有粗钝锯齿，上面的中脉有褐色短柔毛，下面密生黄褐色柔毛，脉上更密，羽状脉，脉在上面凹下，在下面突起。圆锥花序，顶生和兼有腋生，密生锈色绒毛，花序长30～45cm，疏松，在果期下垂；花序每个分枝基部都生有苞片，最下部的苞片最大，向上依次变小，苞片长椭圆状披针形，长1～3cm，下面密生短柔毛，果期宿存。核果球形，红色，压扁，直径3～4mm，密生短柔毛；具宿存花萼；具1种子；果梗长1～2mm。花期7月；果期10月。

生境分布　产于桃花源管理区。生于山沟、山坡较湿润之处杂木林。山东特有树种。

经济用途　用途同盐肤木。

火炬树

Rhus typhina L.

火炬树果枝

1.花枝　2～3.花

火炬树

科　属　漆树科Anacardiaceae　盐肤木属 Rhus（Tourn.）L.

形态特征　落叶灌木或小乔木。树皮灰褐色，不规则纵裂；枝红褐色，密生柔毛。奇数羽状复叶，互生，具小叶19～25，叶轴无翅；小叶片长椭圆形至披针形，长5～12cm，先端长渐尖，基部圆形至阔楔形，边缘有锐锯齿，上面绿色，下面苍白色，均密生柔毛，老后脱落，羽状脉；小叶无柄。圆锥花序，直立，顶生，长10～20cm，密生柔毛；花单性，雌雄异株；雌花花柱有红色刺毛。果序火炬形；核果扁球形，密生红色短刺毛；具1种子。种子扁圆形，黑褐色，种皮坚硬。花期6～7月；果期9～10月。

生境分布　原产北美。路边、花坛、山东农业大学树木园有引种栽培；抗旱性能强，适于石灰岩山地生长。

经济用途　皮、叶提取栲胶；根皮、茎皮药用，治局部出血；果穗鲜红，秋天叶红艳，可作为园林绿化观赏树种；可作为干旱山地水土保持树种。

漆　大木漆

Toxicodendron vernicifluum (Stokes) F. A. Barkley

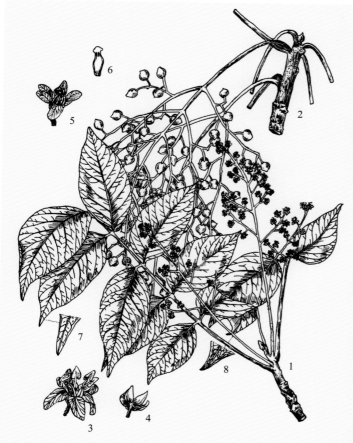

漆果枝

1. 花枝　2. 果枝　3. 雄花　4. 花萼　5. 两性花　6. 雌蕊　7. 叶先端示叶脉　8. 叶先端示叶下面中脉有毛

漆

漆花枝

科　属　漆树科Anacardiaceae　漆属Toxicodendron（Tourn.）Mill.

形态特征　落叶乔木。树皮幼时灰白色，老时变深灰色，粗糙或不规则纵裂；小枝粗壮，淡黄色，有棕色柔毛。奇数羽状复叶，互生，具小叶9～15；小叶片卵形至长圆状卵形，长6～14cm，宽2～4cm，先端渐尖，基部圆形至阔楔形，全缘，两面沿脉均有棕色短毛，羽状脉，侧脉8～15对；叶柄长7～14cm；小叶柄长4～7mm，上面有槽，有柔毛。圆锥花序，腋生，长15～25cm，有短柔毛；花杂性或单性异株；花小，黄绿色；花萼5裂，裂片长圆形，长约0.8mm；花瓣5，长圆形，长约2.5mm，有紫色条纹；花盘5裂；雄花雄蕊5，着生于花盘边缘，长约2.5mm，花药2室；雌花雌蕊1，子房上位，卵圆形，1室，花柱3，有退化雄蕊。果序下垂；核果扁圆形，径6～8mm，黄色，光滑，中果皮蜡质，果核坚硬；具1种子。花期5～6月；果期9～10月。

生境分布　产于竹林寺、红门、中天门管理区。生于山坡林中及山沟肥沃湿润处，少量零星分布。国内分布于除黑龙江、吉林、内蒙古、新疆以外的其余省份。

经济用途　树干韧皮部割取生漆，广泛用于建筑、木器、机械等涂料；干漆药用有通经、驱虫、镇咳的功效；种子油可制肥皂、油墨；果皮可取蜡，做蜡烛、蜡纸；叶可提取栲胶；叶、花及种子供药用，也可作为农药。

AQUIFOLIACEAE

冬青科

多为常绿乔木或灌木。单叶，互生，稀对生；无托叶。聚伞花序或伞形花序，单生于当年生枝条的叶腋或簇生于二年生枝条的叶腋，稀单生；花小，单性，雌雄异株；雄花花萼盘状，4～6裂，裂片覆瓦状排列，花瓣4～8，覆瓦状排列，稀镊合状排列，基部略合生；雄蕊与花瓣同数而互生，花丝短，花药内向，2室，纵裂；雌花花萼4～8裂，花瓣4～8裂，基部略合生，有退化雄蕊，雌蕊1，子房上位，球形，1～10室，通常4～8室，每室有胚珠1～2，花柱短或无，柱头头状、盘状或柱状。浆果状核果，有分核1至多数，通常4～6，每分核有1种子。种子有丰富胚乳。

1属，500～600种。我国有1属，204种。山东引种1属，6种。泰山有1属，3种，2变种。

齿叶冬青

Ilex crenata Thunb.

1. 果枝　2. 花序　3. 花

齿叶冬青

齿叶冬青花枝

龟甲冬青花枝

科　　属　冬青科Aquifoliaceae　冬青属Ilex L.

形态特征　常绿多枝灌木。小枝灰褐色，具纵棱，有细柔毛。单叶，互生；叶片革质，倒卵形或椭圆形，长1~4cm，宽0.6~1cm，先端圆形，钝或近急尖，基部钝或楔形，边缘有浅钝齿，上面亮绿色，仅沿主脉有短柔毛，其余无毛，下面无毛，淡绿色，有褐色腺点，羽状脉，主脉下面隆起，侧脉3~5对，不明显；叶柄长2~3mm，上面具槽，有短柔毛；托叶钻形，微小。花单性，白色，4数，稀5数，雌雄异株；雄花1~7组成聚伞花序，生于当年生枝上，或假簇生于二年生枝的叶腋，花序梗长4~9mm，花梗长4~8mm，近中部具小苞片1~2，花萼盘状，4裂，裂片宽三角形，花瓣4，阔椭圆形，长约2mm，雄蕊4，短于花瓣，有退化雌蕊；雌花通常单生或2~3组成聚伞花序生于当年生枝的叶腋，花梗长3.5~6mm，近中部具小苞片1~2，花萼4裂，裂片圆形，花瓣4，卵形，长约3mm，基部合生，雌蕊1，子房上位，卵球形，花柱偶尔明显，柱头盘状，4裂。核果球形，黑色，径6~8mm；具宿存花萼和花柱；有4分核，平滑，具条纹，无沟。花期5~6月；果期10月。

生境分布　公园有引种栽培。国内分布于安徽、浙江、福建、台湾、江西、湖北、湖南、广东、广西、海南等省（自治区）。

经济用途　供绿化观赏。

龟甲冬青　*Ilex crenata* Thunb. var. *nummularia* Yatabe
本变种的主要特征是：常绿灌木，高1~2m。叶簇生于枝端，倒卵形，呈龟甲状，先端尖，基部圆形，长1~2cm，宽8~15mm，中部以上有数个浅齿牙。
公园有引种栽培。
供绿化观赏。

枸　骨　老虎刺　鸟不宿

Ilex cornuta Lindl. et Paxt.

1.果枝　2.花

枸骨雄花枝

枸骨　　　　　　　　　　　枸骨果枝

科　　属　冬青科Aquifoliaceae　冬青属Ilex L.

形态特征　常绿灌木或小乔木。幼枝具纵向脊和沟槽，沿槽被微柔毛或后脱落。单叶，互生；叶片厚革质，长方状圆形，很少卵形或椭圆形，长4～9cm，宽2～4cm，先端常有3硬刺齿，通常反折，两侧各有硬尖刺齿1～2，有时全缘，基部平截或近圆形，两面无毛，上面深绿色，有光泽，羽状脉，中脉上面凹陷，侧脉5或6对，靠近边缘网结；叶柄4～8mm，被微柔毛；托叶宽三角形。聚伞花序，簇生在第二年小枝上的叶腋，基部有宿存鳞片；苞片卵形；花黄绿色，单性，雌雄异株；雄花花梗长5～6mm，无毛，基部具1～2片小苞片；花萼盘状，4裂，裂片宽三角形，长约0.7mm，花瓣4，长圆状卵形，基部合生，雄蕊4，与花瓣近等长，有退化雌蕊；雌花花梗长8～9mm，无毛，基部具2小苞片，花萼裂片和花瓣各为4，雌蕊1，子房上位，长圆状卵形，4室，柱头盘状，4浅裂。核果浆果状，球形，红色，径7～8mm；具宿存花萼和柱头；具4分核，分核背部具皱纹和皱纹状纹孔，并具1纵沟；果梗长8～14mm。花期4～5月；果期8～10月。

生境分布　岱庙、山东农业大学树木园及公园、庭院有引种栽培。国内分布于河南、安徽、江苏、浙江、福建、江西、湖北、湖南、广东、海南等省。

经济用途　供绿化观赏；叶、果是强壮滋补药；树皮作为染料或熬胶；种子榨油可制肥皂。

无刺枸骨（变种）Ilex cornuta Lindl. et Paxt. var. fortunei（Lindl.）S. Y. Hu

本变种的主要特征是：叶卵形或椭圆形，全缘。

各公园、庭院有引种栽培。

此变种在《中国植物志》及Flora of China中均已作为枸骨的异名处理，但在园林绿化中还经常使用此名，特此说明。

枸骨枝条

枸骨果枝

枸骨雄花花枝

无刺枸骨果枝

冬 青
Ilex chinensis Sims

1.果枝　2.雄花序　3.雄花　4.果实

冬青雌花枝

冬青雄花枝

冬青　　　　　　　　　　　　　　冬青果枝

科　　属　冬青科Aquifoliaceae　冬青属Ilex L.

形态特征　常绿乔木。树皮暗灰色，小枝浅绿色。单叶，互生；叶片薄革质，椭圆形至披针形，稀卵形，长5～11cm，宽2～4cm，先端渐尖，基部楔形或钝，边缘具圆齿，上面绿色，有光泽，下面淡绿色，两面无毛，羽状脉，主脉下面隆起，侧脉6～9对，上面不明显，下面明显；叶柄长5～15mm。花单性，雌雄异株；雄花序生于当年生枝上，3～4回的二歧聚伞花序，花序梗长7～14mm，花梗长约2mm，雄花紫红色或淡紫色，4～5数，花萼浅杯状，裂片阔卵状三角形，花瓣卵形，长2.5mm，雄蕊短于花瓣；雌花序生于当年生枝上，一或二回的二歧聚伞花序，花序梗长3～10 mm，花梗长6～10 mm，花与雄花相似，雌蕊1，子房上位，卵球形，柱头不明显的4～5裂，厚盘状，退化雄蕊长约为花瓣的1/2。核果椭圆形，长1～12mm，光亮，深红色；具4～5分核，背面平滑，具1深沟。

生境分布　山东农业大学树木园有引种栽培。国内分布于河南、安徽、江苏、浙江、福建、台湾、江西、湖北、湖南、广东、广西、云南等省（自治区）。

经济用途　供绿化观赏；种子及树皮供药用，为强壮剂；树皮还可提栲胶；木材为细工原料。

CELASTRACEAEE

卫矛科

常绿、半常绿或落叶乔木、灌木、木质藤本、匍匐小灌木。单叶，互生或对生，稀3叶轮生；托叶小，早落或无。聚伞花序或圆锥花序，腋生或顶生；有苞片和小苞片；花两性，常退化为单性或杂性同株，少数单性异株；花4数或5数；花萼、花瓣明显，稀花萼、花瓣相似或花瓣退化；花萼基部与花盘下部合生；花药2室或1室，顶裂或侧裂；雌蕊1，子房下部与花盘合生，或与花盘融合界限不明显，2～5室，每室有倒生胚珠2或1，稀较多。蒴果、核果、翅果或浆果。种子通常有红色肉质假种皮。

约97属，1194种。我国有17属，192种。山东有2属，8种；引种1属，4种，1变型。泰山有2属，8种，5变种，1变型。

卫矛　鬼箭羽

Euonymus alatus (Thunb.) Sieb.

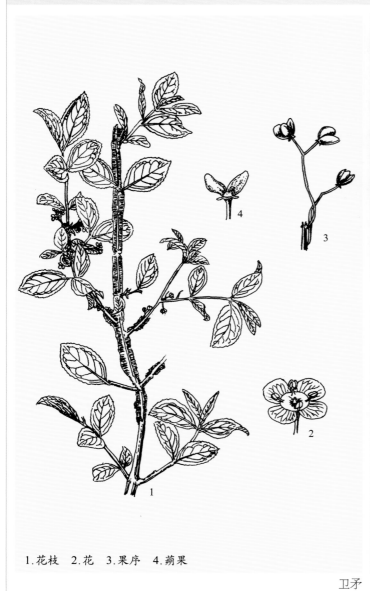

1.花枝　2.花　3.果序　4.蒴果

卫矛果枝

卫矛　　　　　　　　　　　　　　　　　卫矛花枝

科　　属　卫矛科Celastraceae　卫矛属Euonymas L.

形态特征　落叶灌木。枝绿色，有2～4条纵向的木栓质宽翅，翅宽可达1.2cm，老树分枝有时无翅。单叶，对生；叶片椭圆形、卵状椭圆形，或倒卵状椭圆形，长2～8cm，宽1～3cm，先端尖或短尖，基部宽楔形，缘有细锯齿，叶两面无毛或叶下面脉上有柔毛，羽状脉；叶柄长1～3mm。聚伞花序，腋生，常有3花；花序梗长1～2cm；花梗长3～5mm；花淡黄绿色，4数；花萼片4，半圆形，长约1mm；花瓣4，卵圆形，长约3mm；雄蕊4，花丝短，着生于肥厚方形花盘边缘；雌蕊1，子房埋入花盘，4室，每室有2胚珠，花柱短。蒴果带紫红色，1～4深裂，基部连合，有时只1～3瓣成熟。种子有红色假种皮。花期5～6月；果期9～10月。

生境分布　产于各管理区。生于山坡、山谷灌丛中。国内分布于除新疆、青海、西藏及海南以外的各省份。

经济用途　茎叶含鞣质可提取栲胶；根、枝及木栓翅药用，主治漆性皮炎、烫伤及产后瘀血腹痛等症，又为驱虫及泻下药。

栓翅卫矛

Euonymus phellomanus Loes.

栓翅卫矛

栓翅卫矛果枝

栓翅卫矛花枝

科　　属　卫矛科Celastraceae　卫矛属Euonymas L.

形态特征　落叶灌木或小乔木。枝条常具4列木栓翅。单叶，对生；叶片长椭圆形或略呈椭圆倒披针形，长6～11cm，宽2～4cm，先端长渐尖，基部楔形或宽楔形，边缘具细密锯齿，无毛，羽状脉；叶柄长8～15mm。聚伞花序2～3回分枝，有花7～15；花序梗长10～15mm，第一次分枝长2～3mm，第二次分枝极短或近无；花梗长达5mm；花白绿色，径约8mm，4数；雄蕊花丝长2～3mm；雌蕊1，子房每室2胚珠，花柱长1～1.5mm。蒴果4棱，倒圆心形，4浅裂，径约1cm，粉红色。种子椭圆状，长5～6mm，假种皮橘红色。花期7月；果期9～10月。

生境分布　产于各管理区。生于山坡灌丛。国内分布于山西、陕西、甘肃、宁夏、青海、河南、湖北、四川等省。

经济用途　皮、根药用；可供绿化观赏。

白　杜　桃叶卫矛　丝棉木　华北卫矛

Euonymus maackii Rupr.

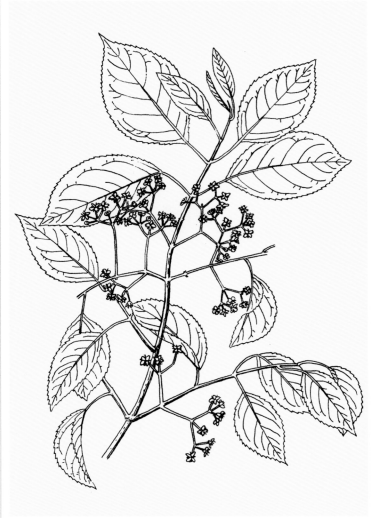

白杜果枝

白杜

白杜花枝

科　　属　卫矛科Celastraceae　卫矛属Euonymas L.

形态特征　落叶灌木或小乔木。小枝灰绿色，近圆柱形，无栓翅。单叶，对生；叶片卵形或长椭圆形，长5～7cm，宽2～5cm，先端渐尖，基部宽楔形或近圆形，边缘有细锯齿，有时锯齿较深而尖锐，两面无毛，羽状脉；叶柄细长，常为叶片的1/4～1/3。聚伞花序，腋生，1～2回分枝，有3～15花；花序梗长1～2cm；花梗长2.5～4mm；花4数，直径8～10mm；萼片4，近圆形，长约2mm；花瓣4，黄绿色或淡白绿色，长圆形，长约4mm，上面基部有鳞片状柔毛；雄蕊着生在花盘上，花丝长1～2mm，花药紫色；花盘近四方形；雌蕊1，子房与花盘贴生，4室，每室有2胚珠，花柱长约1mm。蒴果倒圆心形，4浅裂，淡红色，径约1cm。种子有橙红色假种皮。花期5～6月；果期8～9月。

生境分布　产于红门、竹林寺、桃花源等管理区。生于山坡、路边灌丛中；公园常有栽培。国内分布于黑龙江、吉林、辽宁、内蒙古、河北、山西、陕西、甘肃，新疆、河南、安徽、江苏、浙江、福建、江西、湖北、云南，贵州等省（自治区）。

经济用途　皮、根入药用，治腰膝痛；木材供细工、雕刻等用；可供绿化观赏。

垂丝卫矛

Euonymus oxyphyllus Miq.

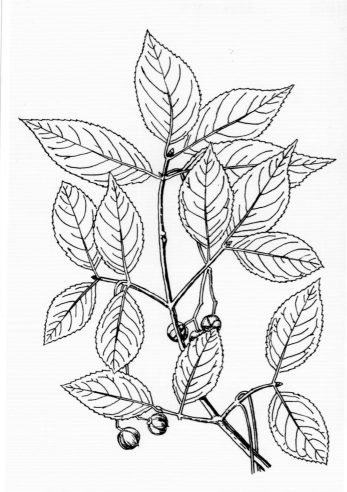

垂丝卫矛

垂丝卫矛果枝

垂丝卫矛花枝

科　　属　卫矛科Celastraceae　卫矛属Euonymas L.

形态特征　落叶灌木。冬芽长圆锥形，长达1cm。单叶，对生；叶片卵圆形或椭圆形，长4～8cm，宽2.5～5cm，先端渐尖或长渐尖，基部阔楔形或平截圆形，边缘有细密锯齿，羽状脉；叶柄长4～8mm。聚伞花序，2次分枝，疏松，腋生，7～20花；花序梗长4～5cm；花梗长3～7mm；花淡黄绿色，径约8mm，5数；萼片近圆形；花瓣倒卵形；雄蕊花丝极短，花药1室；花盘圆形。蒴果棕红色，近球形，径1～1.5cm，有5条纵棱，悬垂于细长下垂的总梗上。种子有红色假种皮。

生境分布　产于桃花源、中天门、南天门管理区。生于阴坡灌丛中。国内分布于辽宁、河南、安徽、江苏、浙江、福建、台湾、江西、湖北、湖南等省。

经济用途　皮纤维可代麻和造纸；种子榨油可制肥皂；可供绿化观赏。

冬青卫矛　大叶黄杨

Euonymus japonicus Thunb.

冬青卫矛花枝

科　　属　卫矛科Celastraceae　卫矛属Euonymas L.

形态特征　常绿灌木或小乔木。小枝绿色，稍呈四棱形，无毛。单叶，对生；叶片厚革质，有光泽，椭圆形、卵形、长卵形或倒卵形，长3～5cm，宽2～3cm，先端圆钝，基部楔形、宽楔形至圆形，缘有钝锯齿，羽状脉，侧脉两面不明显；叶柄长5～15mm。聚伞花序，腋生，1～3回二歧分枝；花序梗长2～5cm；花梗长3～5mm；花绿白色，4数，直径6～8mm；花萼片半圆形，长约1mm；花瓣近卵圆形，长约2mm；雄蕊花丝长2～4mm；雌蕊1，子房2室，每室2胚珠，花柱与雄蕊等长。蒴果扁球形，淡红色，径6～8mm。种子有橘红色假种皮。花期6～7月；果期9～10月。

生境分布　原产于日本。岱庙、山东农业大学树木园及泰城机关庭院、各管理区景点普遍有引种栽培。

经济用途　供绿化观赏或作绿篱；树皮药用，有利尿、强壮之功效。

金心黄杨（栽培变种）Euonymus japonicus 'Aureo–variegatus'
本栽培变种的主要特征是：叶面沿中脉有黄斑。
各公园有引种栽培。
供绿化观赏。

银边黄杨（栽培变种）Euonymus japonicus 'Albo–marginatus'
本栽培变种的主要特征是：叶有白色狭边。
各公园有引种栽培。
供绿化观赏。

金边黄杨（栽培变种）Euonymus japonicus 'Aureo–marginatus'
本栽培变种的主要特征是：叶片有较宽的黄色边缘。
各公园有引种栽培。
供绿化观赏。

斑叶黄杨（栽培变种）Euonymus japonicus 'Viridi–variegatus'
本栽培变种的主要特征是：叶面有深绿色及黄色斑点。
各公园有引种栽培。
供绿化观赏。

北海道黄杨（栽培变种）Euonymus japonicus 'CuZhi'
本栽培变种的主要特征是：乔木状，结果量大，成熟时，果实开裂露出红色的假种皮，可持续一冬不落。
各公园有引种栽培。
供绿化观赏。

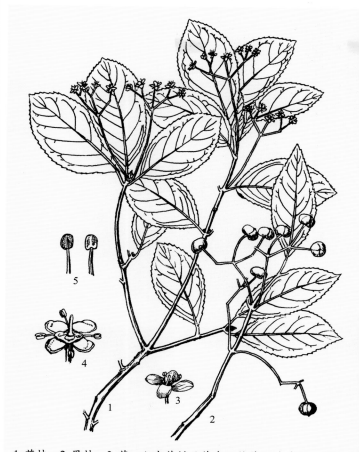

1.花枝　2.果枝　3.花　4.去花瓣示花盘、雄蕊、雌蕊　5.雄蕊

冬青卫矛

金心黄杨

冬青卫矛果枝

金边黄杨

扶芳藤

Euonymus fortunei (Turcz.) Hand.-Mazz. f. fortunei

1. 花枝　2. 果枝

扶芳藤果枝

扶芳藤　　　　　　　　　　　　　　　　扶芳藤花枝

科　　属　卫矛科Celastraceae　卫矛属Euonymas L.

形态特征　常绿匍匐或攀缘灌木。茎枝上常有许多不定细根；小枝绿色，有细密疣状皮孔。单叶，对生；叶片薄革质，主要为椭圆形、卵形或卵状椭圆形，稀长圆状倒卵形，长2～8cm，宽1.5～4cm，先端钝至短尖或渐尖，基部阔楔形，边缘有钝圆锯齿，羽状脉，侧脉不明显；叶柄长2～9mm。聚伞花序，3～4回分枝，腋生；花序梗长1～3cm；花梗长约5mm；花绿白色，4数，直径约5mm；花萼片半圆形，长约1.5mm；花瓣近圆形，长2～3mm；雄蕊着生于花盘边缘，花丝长2～3mm；雌蕊1，子房三角锥状，具4棱，花柱长约1mm。蒴果近球形，淡红色，径5～6mm，稍有4条浅沟。种子有红色假种皮。花期6～7月；果期9～10月。

生境分布　产于竹林管理区。生于山谷、溪边岩石处，或林下；山东农业大学树木园及各公园有栽培。国内分布于辽宁、河北、山西、陕西、甘肃、青海、新疆、河南、安徽、江苏、浙江、福建、台湾、江西、湖北、湖南、广东、广西、海南、四川、云南、贵州等省（自治区）。

经济用途　优良垂直绿化树种或作绿篱；茎、叶药用，有行气、舒筋散瘀之效。

小叶扶芳藤（变型）Euonymus fortunei（Turcz.）Hand.-Mazz. f. minimus Rehd.
本变型的主要特征是：叶小，常为椭圆状卵形、窄卵形、卵状披针形，叶上面脉常呈白色。
各公园有引种栽培。
供绿化观赏。

南蛇藤

Celastrus orbiculatus Thunb.

1.花枝　2.两性花　3.雌花　4.花被展开示雄蕊着生　5.雄蕊　6.果序

南蛇藤

南蛇藤雄花枝

南蛇藤雌花枝

南蛇藤果枝

科　　属　卫矛科Celastraceae　南蛇藤属Celastrus L.

形态特征　落叶藤本状灌木。枝红褐色，无毛，皮孔明显。单叶，互生；叶片阔倒卵形、近圆形或长圆状倒卵形，长4～13cm，宽3～9cm，先端圆，有短尖，基部阔楔形至近圆形，边缘粗钝锯齿，上面绿色，下面淡绿色，两面无毛，羽状脉，侧脉3～5对；叶柄长1～2.5cm。聚伞花序，有3～7花，在雌株上仅腋生，在雄株上腋生兼顶生，顶生者复集成短总状；花序梗长1～3cm；花单性，雌雄异株；花梗的关节在中部以下或近基部；花黄绿色；花萼片5，三角状卵形，长约1mm；花瓣5，倒卵状椭圆形，长3～4mm；花盘浅杯状；雄花具雄蕊5，着生于花盘边缘，长约3mm，有退化雌蕊；雌花具雌蕊1，子房上位，球形，3室，花柱长约1.5mm，柱头3裂，每裂再2浅裂，有退化雄蕊。蒴果近球形，黄色或橘红色，径约1cm。种子红褐色，有红色假种皮。

生境分布　产于各管理区。生于山坡、沟谷及疏林中。国内分布于黑龙江、吉林、辽宁、内蒙古、河北、山西、陕西、甘肃、河南、江苏、安徽、浙江、湖北、江西、四川等省（自治区）。

经济用途　根、茎、叶、果药用，有活血行气、消肿解毒之效；可制杀虫农药。

刺苞南蛇藤
Celastrus flagellaris Rupr.

刺苞南蛇藤枝条

刺苞南蛇藤

科　　属　卫矛科Celastraceae　南蛇藤属Celastrus L.

形态特征　落叶藤状灌木。幼枝常有不定根，小枝基部最外1对芽鳞宿存并硬化呈钩刺状。单叶，互生；叶片较小，阔椭圆形或卵状阔椭圆形，稀倒卵状椭圆形，长2～6cm，宽2～4.5cm，先端圆钝或渐尖，基部宽楔形或近圆形，边缘有纤毛状细锯齿或锯齿，齿端常呈细硬刺状，羽状脉，侧脉4～5对；叶柄长为叶片的1/3～1/2。聚伞花序腋生，1至数花成簇；无花序梗或梗长1～2mm；花梗长2～5mm，关节在中部以下；花单性，雌雄异株；花淡黄色，5数；花萼片5，长圆形；花瓣5，倒披针长圆形；花盘浅杯状；雄花具雄蕊5，着生于花盘边缘，稍长于花瓣，有退化雌蕊；雌花具雌蕊1，子房上位，球状，3室，柱头3裂，每裂再2浅裂，有退化雄蕊。蒴果球形，黄色，径约8mm。种子有橘红色假种皮。花期5～6月；果期7～9月。

生境分布　产于泰山。生于山沟灌丛中。国内分布于黑龙江、吉林、辽宁、河北等省。

经济用途　种子含油50%，供制润滑油。

ACERCEAE

槭树科

　　乔木或灌木，常绿或落叶。有短枝或枝缩短呈刺状；冬芽有多数覆瓦状排列的鳞片。单叶，或羽状复叶，具3～7小叶，对生；无托叶。伞房状、圆锥状、总状或穗状花序，顶生或腋生；花两性、杂性或单性异株；花小，绿色或黄绿色，辐射对称；花萼片4或5，覆瓦状排列或缺；花瓣与萼片同数，稀无花瓣；花盘有或无；雄蕊4～12，多为8，离生，花药2室，纵裂；雌蕊1，子房上位，扁平，2室，每室胚珠2，仅1枚发育，花柱2，基部合生或大部分合生。双翅果，果体扁平或突起，一端或周围有翅。种子无胚乳，子叶扁平，肥厚。

　　2属，131种。我国有2属，101种。山东有1属，3种，3亚种；引种18种，1变种。泰山有1属，11种，3亚种，3变种。

元宝枫　平基槭　元宝槭　华北五角枫

Acer truncatum Bge.

1.花枝　2.雄花　3.两性花　4.果枝　5.种子

元宝枫果枝

元宝枫

元宝枫花枝

科　　属　槭树科Aceraceae　枫属（槭属）Acer L.

形态特征　落叶乔木。树皮黄褐色或深灰色，纵裂；一年生的嫩枝绿色，后渐变为红褐色或灰棕色，无毛；冬芽卵形。单叶，对生；叶片宽距圆形，长5～10cm，宽8～12cm，基部截形或近心形，掌状5裂，裂片三角形，先端渐尖，全缘，有时中裂片上半部又侧生2小裂片，两面光滑或仅在脉腋间有簇毛，基出5脉；叶柄长2.5～7cm，无毛。伞房花序，顶生，具6～10花；花序梗长1～2cm；花梗长约1cm；花杂性，同株；花萼片5，黄绿色，长圆形；花瓣5，黄色或白色，长圆状卵形；雄蕊8，生于花盘内缘；花盘边缘有缺凹；雌蕊1，子房上位，扁平，花柱短，柱头2裂。翅果长约2.5cm；果体扁平或压扁，有不明显的脉纹；翅宽约1cm，长与果体相等或略短，两果翅开张呈直角或钝角；果柄长约2cm。花期4～5月；果期8～10月。

生境分布　产于各管理区及药乡。生于山坡、沟底杂木林。各地公园及庭院、村旁有栽培。国内分布于吉林、辽宁、内蒙古、河北、山西、陕西、甘肃、河南、江苏等省（自治区）。

经济用途　木材坚韧细致，可做车辆、器具等；种子可榨油，供食用及工业用；可供绿化观赏。

五角枫　地锦槭　色木槭

Acer pictum Thunb. subsp. mono (Maxim.) H. Ohashi

1. 花枝　2. 果枝　3. 翅果　4. 雌花　5. 雄花　6. 雄花去花瓣示花萼及雄蕊

五角枫

五角枫果枝

五角枫花枝

科　属　槭树科Aceraceae　枫属（槭属）Acer L.

形态特征　落叶乔木。树皮暗灰色或褐灰色，纵裂；小枝灰色，嫩枝灰黄色或浅棕色，初有疏毛，后脱落。单叶，对生；叶片宽距圆形，长3.5～9cm，宽9～11cm，基部心形或稍截形，掌状5裂，有时3裂或7裂，裂片宽三角形，先端尾尖或长渐尖，全缘，叶上面暗绿色，无毛，下面淡绿色，除脉腋间有黄色簇毛外均无毛，基出5脉；叶柄较细，长2～11cm，无毛。圆锥状伞房花序，顶生，具多数花；花序梗长1～2cm；花梗长约1cm；花萼片5，黄绿色，长椭圆形或长卵形；花瓣淡白色，椭圆形或椭圆状倒卵形；雄蕊8，插生于花盘的内缘；雌蕊1，子房上位，平滑无毛，花柱短，柱头2裂，反卷。翅果长3～3.5cm；果体扁平，长1～1.3cm；翅长于果体2～3倍，两翅开张呈锐角或近钝角。花期4～5月；果熟期8～9月。

生境分布　产于南天门管理区后石坞。生于海拔1000m上下的山崖、荒坡及丛林中；各地公园有栽培。国内分布于黑龙江、吉林、辽宁、内蒙古、河北、山西、陕西、甘肃、河南、安徽、江苏、浙江、湖北、湖南、四川、云南等省（自治区）。

经济用途　木材质坚致密，为优良的家具、车辆、胶合板及细木工用材；树液可制糖，其他用途同元宝枫。

中华枫　中华槭　五裂槭

Acer sinense Pax

中华枫花、果枝

科　　属　槭树科Aceraceae　枫属（槭属）Acer L.

形态特征　落叶小乔木。树皮褐灰色，略粗糙；小枝绿色或褐红色，光滑无毛。单叶，对生；叶片近薄革质，近圆形，长10～14cm，宽12～15cm，基部心形，稀截形，掌状5裂，稀7裂，裂片近卵形，裂深常达叶片的中部，先端锐尖，缘有密贴的细锯齿，上面深绿色，下面淡绿色，有白粉，脉腋间有黄色簇毛，基出5脉；叶柄粗壮，长3～5cm，无毛。圆锥花序，长5～9cm，顶生，下垂；花序梗长3～5cm；花梗长约5m；花杂性，小型；花萼片5，淡绿色，卵状或三角状长圆形，边缘有纤毛；花瓣5，长圆形或阔椭圆形，白色；雄蕊5～8，长于萼片，生于花盘内侧；雌蕊1，子房上位，有白色疏柔毛，花柱长3～4mm。翅果长3～3.5cm；果体两面突起，脉纹显著；两翅开张呈直角稀近锐角或钝角。花期5月；果期8～9月。

生境分布　山东农业大学树木园及公园、庭院内有引种栽培。国内分布于湖北、湖南、广东、广西、四川、贵州等省（自治区）。

中华枫

经济用途　可供绿化观赏。

秀丽枫 秀丽槭

Acer elegantulum Fang et P. L. Chiu

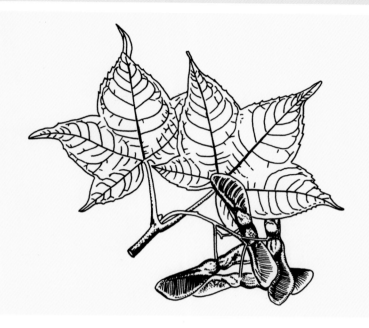

秀丽枫

秀丽枫果枝

秀丽枫花枝

科　　属　槭树科Aceraceae　枫属（槭属）Acer L.

形态特征　落叶乔木。树皮粗糙，深褐色；小枝圆柱形，无毛，当年生嫩枝淡紫绿色，多年生老枝深紫色。单叶，对生；叶片薄纸质或纸质，长5.5～8cm，宽7～10cm，基部心形，通常5裂，中央裂片与侧裂片卵形或三角状卵形，先端短急锐尖，基部的裂片较小，边缘具紧贴的细圆齿，裂片间的凹缺锐尖，上面绿色，无毛，下面淡绿色，仅脉腋被黄色丛毛，基出5脉，在两面均显著；叶柄长2～4cm，淡紫绿色，无毛。圆锥花序，无毛；花序梗长2～3cm；花杂性，雄花与两性花同株；花梗长1～1.2cm；花萼片5，淡绿色，长圆卵形或长椭圆形，长3mm，无毛；花瓣5，淡绿色，倒卵形或长圆倒卵形，和萼片近等长；雄蕊8，较花瓣长2倍，花药淡黄色；花盘位于雄蕊的外侧；子房紫色，有很密的淡黄色长柔毛，花柱长3mm，无毛，2裂，柱头平展。翅果长2～2.3cm，嫩时淡紫色，成熟后淡黄色；果体突起近球形，直径6mm；翅中段最宽，宽可达1cm，两翅开张近水平。花期5月；果期9月。

生境分布　泰安有引种栽培。国内分布于安徽、浙江、江西。

经济用途　可供绿化观赏。

三角枫　三角槭

Acer buergerianum Miq.

1.花枝　2.雄花　3.果枝　4.双翅果

三角枫果枝

三角枫　　　　　　　　　　　　　　　三角枫花枝

科　　属　槭树科Aceraceae　枫属（槭属）Acer L.

形态特征　落叶乔木。树皮灰色，老年树多呈块状剥落；小枝皮褐色至红褐色，初有毛，后脱落，略被白粉。单叶，对生；叶片近革质，卵形至倒卵形，长6～10cm，基部圆形或宽楔形，上部3裂，裂深常为全叶片的1/4～1/3，裂片三角形，先端渐尖，全缘或仅在近端处有细疏锯齿，上面暗绿色，光滑，下面淡绿色，初有白粉或短柔毛，后脱落，基出3脉，稀5脉；叶柄长2.5～5cm。伞房花序，顶生；花序轴及花梗上微有毛；花序梗长1.5～2cm；花梗长5～10mm；花杂性；萼片5，卵形，黄绿色似花瓣；花瓣5，较萼片稍窄，黄绿色；雄蕊8，生于花盘内缘；雌蕊1，子房上位，密被长绒毛，花柱短，柱头2裂。翅果长2～2.5cm；果体两面突起；两果翅开张呈锐角，两果翅前伸外沿近平行。花期5月；果期9月。

生境分布　山东农业大学树木园及公园、庭院、苗圃有引种栽培。国内分布于河南、安徽、江苏、浙江、江西、湖北、湖南、广东、贵州等省。

经济用途　可供绿化观赏；木材坚硬致密，适做各种器具；种子可榨油。

北美红枫　北美红槭　红花槭　美国红枫　加拿大红枫

Acer rubrum L.

1.枝条　2.叶片背面　3.果序及翅果

北美红枫

北美红枫果枝

北美红枫枝条

科　　属　槭树科Aceraceae　枫属（槭属）Acer L.

形态特征　落叶乔木。树皮粗糙，深灰色；小枝灰色至红褐色，当年生小枝绿色。单叶，对生；叶片纸质，长4~10cm，宽3~10cm，掌状3~5裂，通常3裂，基部心形，中裂片长方形，上部常有1对小裂片，侧裂片三角状卵形，两侧常有1~2小裂片，裂片先端渐尖至短尾尖，边缘具不整齐的粗锯齿，上面绿色，无毛，下面灰绿色，沿脉及脉腋有白色绒毛，具基出5脉，栽培品种中，叶有绿色、黄色、红色；叶柄长1.5~7cm，无毛，绿色至红褐色。花簇生；花单性，同株，先叶开放；花梗无毛；花萼、花瓣各5，红色；雄花具雄蕊8，花丝长于花瓣，花药红色。翅果长1.5~2.5cm，黄褐色至红褐色；果体突起；两翅开张呈锐角；果梗长1.5~2cm。

生境分布　原产北美。各公园、庭院、苗圃有引种栽培。

经济用途　可供绿化观赏。

鸡爪枫　鸡爪槭　七角枫

Acer palmatum Thunb.

1.果枝　2.花枝　3.雄花　4.两性花

鸡爪枫

鸡爪枫果枝

科　　属　槭树科Aceraceae　枫属（槭属）Acer L.

形态特征　落叶乔木。树皮灰色，浅裂；枝常细弱，呈紫色、紫红色或略带灰色，幼时略被白粉。单叶，对生；叶片近圆形，径7～10cm，基部心形或近心形，7裂，稀5或9裂，裂深常达叶片直径的1/2或1/3，裂片长卵形至披针形，先端渐尖或尾尖，缘有细锐重锯齿，上面绿色，下面淡绿色，初密生柔毛，后脱落仅在脉腋间残留簇毛，基出7脉；叶柄较细软，长4～6cm，无毛。伞房花序，顶生；花序梗长2～3cm；花梗长约1cm；花杂性；萼片5，卵状披针形，暗红色；花瓣5，椭圆形或倒卵形，较萼片略短，紫色；雄蕊8，生于花盘内侧；雌蕊1，子房上位，平滑无毛，花柱长，柱头2裂。翅果长1～2.5cm；果体两面突起，近球形，上有明显的脉纹；翅的先端微向内弯，两果翅开张呈钝角。花期5月；果期9～10月。

生境分布　各公园及庭院有引种栽培。国内分布于河南、安徽、江苏、浙江、江西、湖北、湖南、贵州等省。

经济用途　供绿化观赏。

红叶鸡爪枫　红叶鸡爪槭　红枫　日本红枫（栽培变种）

Acer palmatum 'Atropurpureum'

本栽培变种的主要特征是：自初春至夏、秋叶始终为深红色或鲜红色，裂片深裂、狭长，裂片边缘有缺刻状锯齿。

各公园、庭院有引种栽培。

供绿化观赏。

羽毛枫　羽毛槭　细叶鸡爪槭　多裂鸡爪槭（栽培变种）Acer palmatum 'Dissectum'

本栽培变种的主要特征是：叶片绿色至红色，深裂至基部，裂片基部常渐窄呈柄状，边缘羽状裂或至深裂，小裂片有锯齿或再有裂。

各公园、庭院有引种栽培。

供绿化观赏。

红叶鸡爪枫

羽毛枫果枝

银 枫 银槭

Acer saccharinum L.

银枫果枝

科　　属　槭树科Aceraceae　枫属（槭属）Acer L.

形态特征　落叶乔木。树皮深灰色；小枝灰色至红褐色，当年生小枝绿色。单叶，对生；叶片纸质，长8～16cm，宽6～12cm，基部心形，掌状5深裂，基部1对较小，中裂片和侧裂片长方形，裂片两侧具1～2对小裂片，裂片先端渐尖，边缘具不整齐的粗锯齿，上面绿色，被短柔毛和星状毛，下面具白粉呈银白色，沿脉被短柔毛和星状毛，具基出5脉；叶柄长5～12cm，无毛。花簇生；花单性，同株，具花梗。翅果长达8cm；果体突起，长椭圆形，有纵条纹，被疏柔毛；两翅开张呈锐角或直角，翅中上部内侧变宽；果梗长2.5～3.5cm。

生境分布　原产北美。山东农业大学校园、苗圃有引种栽培。

银枫　**经济用途**　可供绿化观赏；也可以生产枫糖浆。

羽扇枫　羽扇槭　日本槭

Acer japonicum Thunb.

羽扇枫花、果枝

科　属　槭树科Aceraceae　枫属（槭属）Acer L.

形态特征　落叶乔木。树皮灰黑褐色；小枝紫红色，幼时有疏毛。单叶，对生；叶片近圆形，径5～8cm，基部近心形，掌状7～11裂，通常9裂，裂深可达全叶的1/3～1/2，裂隙窄，相邻两裂片基部紧靠，裂片卵形或卵状椭圆形，先端渐尖或钝，缘有粗疏重锯齿，在基部裂缝处近全缘，两面绿色，幼时有毛，后脱落或仅在下面近基部处脉腋间有黄色簇毛，通常基出9脉；叶柄长2～4cm。伞房花序，顶生，下垂，花序轴及花梗上有短柔毛；花序梗长3～5cm；花梗长1～2cm；花杂性；花萼片5，卵形或倒卵形，紫色，外面被细毛；花瓣5，椭圆形，白色；雄蕊8，生于花盘内缘；雌蕊1，子房上位，淡紫色，有毛，花柱长约4mm，柱头2裂。翅果长2～2.5cm；果体两面突起，上面略有脉纹，密被长柔毛；两翅开张呈钝角。花期5月；果期8～9月。

生境分布　原产于日本及朝鲜。泰安有引种栽培。

经济用途　供绿化观赏。

羽扇枫

青榨枫 青榨槭

Acer davidii Franch. subsp. davidii

1.果枝 2.花枝 3.雌花 4.雄花

青榨枫花枝

青榨枫　　　　　　　　　　　　　青榨枫果枝

科　　属　槭树科Aceraceae　枫属（槭属）Acer L.

形态特征　落叶乔木。树皮黑褐色或灰褐色，常纵裂呈蛇皮状；小枝细瘦，嫩枝紫绿色或绿褐色。单叶，对生；叶片长圆形至长圆状卵形，长6～14cm，宽4～9cm，先端渐尖或尾尖，基部心形或圆形，边缘有不整齐的钝圆齿，上面深绿色，下面淡绿色，无毛或仅在幼嫩时沿中脉有紫褐色短毛，纸质，羽状脉，侧脉11～12对；叶柄细，长2～8cm，嫩时有红褐色短毛。总状花序，顶生，下垂；花杂性，形小，雄花与两性花同株；雄花梗长3～5mm，两性花梗长1～1.5cm；花萼片5，椭圆形，黄绿色；花瓣5，倒卵形，与萼片近等长；雄蕊8，生于花盘外侧；雌蕊1，子房上位，被红褐色短柔毛，花柱无毛。翅果长2.5～3cm；果体卵圆形，翅宽1～1.5cm；两翅开张呈钝角或近水平。花期5月；果期9月。

生境分布　产于中天门管理区四槐树，北天门、桃花源、桃花峪零星分布。生于海拔700m以上的沟底、山坡，呈灌丛状，数量稀少，呈濒危状态。国内分布于陕西、甘肃、宁夏、河南、江苏、安徽、浙江、福建、湖北、广东、广西、四川、云南、贵州等省（自治区）。

经济用途　木材结构细，适宜做各种农具、器具材；种子可榨油。皮纤维可作为纤维工业原料；可供绿化观赏。

葛罗枫　长裂葛萝槭　山青桐（亚种）Acer davidii Franch. subsp. grosseri（Pax）P. C. de Jong

本亚种的主要特征是：树皮青绿色，有纵纹；小枝黄绿色，常带有竹节状的环纹，光滑无毛。叶片近卵圆形，长5～6cm，宽5.5～10cm，基部心形，边缘具尖锐重锯齿，3裂或5浅裂，中间的裂片大，三角形，先端渐尖，侧生裂片锐尖，叶在老枝不裂，基出3～5脉，出自基部稍上方。翅果两翅多不等大。花期5月；果期8～9月。

产于泰山竹林管理区青桐涧、玉泉寺管理区和南天门管理区。生于山坡、沟底及杂木林内，呈片林或单株散生。山东农业大学树木园有栽培。国内分布于河北、山西、陕西、甘肃、河南、安徽、湖北、湖南等省。

木材可做器具、农具等用。皮纤维可代麻；可供绿化观赏。

葛罗枫果枝

葛罗枫花枝

葛罗枫枝条

茶条枫　茶条槭

Acer tataricum L. subsp. ginnala (Maxim.) Wesm

茶条枫果枝

茶条枫　　　　　　　　　　　　　　　　　　茶条枫花枝

科　属　槭树科Aceraceae　枫属（槭属）Acer L.

形态特征　落叶小乔木或灌木。树皮灰色，皮孔卵形或圆形；小枝渐变无毛；芽鳞具缘毛。单叶，对生；叶片长椭圆形，长4～6cm，先端渐尖，基部圆形、截形或近心形，3～5裂，稀不分裂，裂缘有不整齐的重锯齿，纸质，上面无毛，下面近无毛；叶柄长2～4.5cm。伞房花序，顶生，长约6cm；花序轴及花梗上无毛；花杂性，形小；花萼片5，卵形，缘有长毛；花瓣5，长卵圆形，白色或淡绿色；雄蕊8，花丝无毛，生于花盘内侧；雌蕊1，子房上位，被毛，花柱无毛，柱头2裂，平展或反卷。翅果长2.5～3cm；果体长圆形，两面突起，具明显脉纹；翅中段较宽，内缘常重叠，两翅开张近直立或呈锐角，无毛。花期4～5月；果期8～9月。

生境分布　山东农业大学树木园有栽培。国内分布于黑龙江、吉林、辽宁、内蒙古、河北、山西、陕西、甘肃、河南。

经济用途　可作为绿化观赏树种；木材供薪炭及小农具用材；树皮纤维可代麻及作为纸浆、人造棉等原料；花为良好蜜源；种子可榨油。

三叶枫　三叶槭　建始槭

Acer henryi Pax

三叶枫

三叶枫雄花枝

科　属　槭树科Aceraceae　枫属（槭属）Acer L.

形态特征　落叶乔木。树皮浅褐色；小枝圆柱形，当年生嫩枝紫绿色，有短柔毛，多年生老枝浅褐色，无毛；冬芽细小，卵形，具鳞片2。3小叶组成的复叶，对生；小叶片纸质，椭圆形或长圆椭圆形，长6～12cm，宽3～5cm，先端渐尖，基部楔形，阔楔形或近圆形，全缘或近上部有稀疏的3～5个钝锯齿，嫩时两面无毛或有短柔毛，在下面沿叶脉被毛更密，渐老时无毛，羽状脉，主脉和11～13对侧脉均在下面较在上面显著；叶柄长4～8cm，有短柔毛。穗状花序，下垂，长7～9cm，有短柔毛，常由2～3年无叶的小枝旁边生出，稀由小枝顶端生出，花梗很短或近无梗，花序下无叶，稀有叶；花淡绿色，单性，雌雄异株；花萼片5，卵形，长1.5mm，宽1mm；花瓣5，短小或不发育；雄花有雄蕊4～6，通常5，长约2mm，花盘微发育；雌花有雌蕊1，子房上位，无毛，花柱短，柱头反卷。翅果长2～2.5cm，嫩时淡紫色，成熟后黄褐色；果体突起，长圆形，长1cm，脊纹显著；翅宽5mm，两翅开张呈锐角或近直立；果梗长约2mm。花期4月；果期9月。

生境分布　山东农业大学树木园有引种栽培。国内分布于山西、陕西、甘肃、河南、安徽、江苏、浙江、湖北、湖南、四川、贵州。

经济用途　可供绿化观赏。

三叶枫果枝

金沙枫　金沙槭

Acer paxii Franch.

金沙枫果枝

金沙枫　　　　　　　　　　　　　　　　金沙枫花枝

科　　属　槭树科Aceraceae　枫属（槭属）Acer L.

形态特征　常绿乔木。树皮褐色或深褐色；小枝细瘦，无毛，当年生枝紫色或紫绿色，多年生枝灰绿色或褐色。冬芽椭圆形，鳞片淡褐色，具缘毛。单叶，对生；叶片厚革质，基部阔楔形，稀圆形、卵形、倒卵形或近圆形，长7～11cm，宽4～6cm，3裂或不裂，中裂片三角形，先端钝尖或短渐尖，侧裂片短渐尖或钝尖，通常向前直伸比中央裂片略微短些，裂片边缘多为全缘，稀微呈浅波状，上面深绿色，无毛，有光泽，下面淡绿色，密被白粉，主脉3条，侧脉5～7对，下面常显著；叶柄长3～5cm，紫绿色，无毛。伞房花序；花序梗长2～3cm；花绿色，杂性，雄花与两性花同株；花梗长2cm，无毛；花萼片5，长约4mm，披针形，黄绿色；花瓣5，长6～8mm，线状披针形或线状倒披针形，白色；雄蕊8，在雄花中通常伸出花外，在两性花中非常短；花盘微裂，位于子房外侧；雌蕊子房初被白色绒毛，花柱长2mm，2裂，柱头平展或微反卷，在雄花中雌蕊不发育，仅在花盘中间有毛一丛。翅果长3cm，嫩时黄绿色或绿褐色；果体突起，卵圆形，长8mm；两翅开张成钝角，稀成水平，翅长圆形。花期3月；果期8月。

生境分布　泰安二中有引种栽培。国内分布于四川、云南。

经济用途　可供绿化观赏。

HIPPOCASTANACEAE

七叶树科

乔木或灌木。枝粗壮。掌状复叶，对生，具小叶3～9；叶片边缘有锯齿，羽状脉；无托叶。聚伞圆锥花序，顶生；花杂性，雄花与两性花同株；花两侧对称或近于辐射对称；花萼钟形或筒形，4～5深裂或全裂，镊合或覆瓦状排列；花瓣4～5，不等大，离生，基部有爪；雄蕊5～8，生于花盘内侧，花丝分离；雌蕊1，子房上位，3室，每室胚珠2，花柱细长不分枝，柱头扁平。蒴果，沿背缝线3瓣裂，内含种子1～3。种子形大，外皮革质，有光泽，无胚乳。

3属，15种；分布于北半球温带。我国有2属，5种。山东引种1属，4种。泰山有1属，1种。

七叶树

Aesculus chinensis Bge.

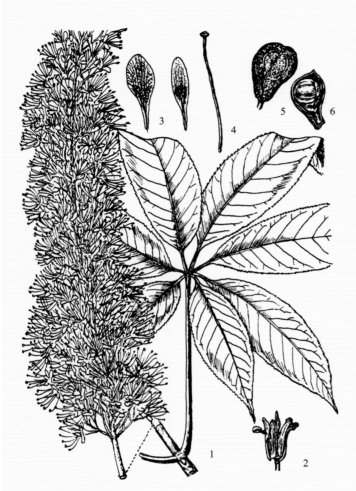

1.花枝（带顶生花序）　2.花萼展开　3.花瓣　4.雌蕊　5.果
6.果纵切

七叶树

七叶树果枝

七叶树花枝

科　　属　七叶树科Hippocastanaceae　七叶树属Aesculus L.

形态特征　落叶乔木。树皮灰褐色，鳞裂；枝棕黄色或赤褐色，光滑无毛。掌状复叶，对生，具小叶5～7；小叶片长椭圆状倒披针形至倒卵状长椭圆形，长8～16cm，宽3～5cm，先端渐尖，基部圆形至宽楔形，边缘有细锯齿，羽状脉，侧脉13～17对，上面光绿色，下面沿中脉处有短柔毛；叶柄长10～12cm；小叶柄长0.3～1.5cm，被有毛。圆锥花序圆柱形，连花序梗长21～25cm，顶生；花径约1cm；花萼筒钟状，红褐色，萼裂片5；花瓣4，白色，略带红晕；雄蕊6，花丝无毛，伸出于花冠外；雌蕊1，子房上位，3室，花柱合生，无毛，柱头略膨大。蒴果近球形，直径3～4cm，棕黄色，表面有斑点，无刺，果皮坚硬，熟后3瓣裂；种子1～2。种子圆球形，径2～3.5cm，栗褐色，有光泽。花期5～6月；果期9～10月。

生境分布　山东农业大学校园、树木园及公园、庭院有引种栽培。国内分布于河北、山西、陕西、河南、江苏、浙江。

经济用途　供绿化观赏，是世界流行的四大行道树之一；叶可以提制栲胶；可作为黄色染料；种子可药用或榨油。

SAPINDACEAE

无患子科

　　乔木或灌木，稀草质藤本。三出复叶或羽状复叶，稀单叶或掌状复叶，互生，稀对生；无托叶。总状、圆锥或聚伞花序，顶生或腋生；花两性、杂性或单性，辐射对称或两侧对称；花萼片4～5，稀6，离生或基部合生；花瓣4～5，稀6，离生，有时缺，覆瓦状或镊合状排列，基部内侧有髯毛或鳞片；有肉质花盘，稀无；雄蕊8，稀5～10，离生或多少合生，被毛，花药背着；雌蕊1，子房上位，通常3室，每室1～2胚珠，胚珠倒生、半倒生或侧生于中轴胎座上，花柱顶生或生于子房裂缝处。蒴果、浆果、核果、坚果或翅果；种子有假种皮或无，无胚乳。

　　约135属，1500种。我国有21属，52种。山东有1属，1种；引种2属，3种。泰山有3属，4种，1变种。

栾　树
Koelreuteria paniculata Laxm.

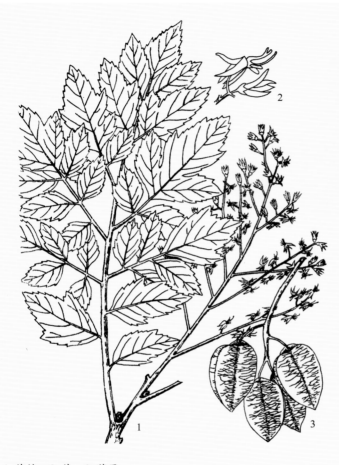

1.花枝　2.花　3.蒴果

栾树

栾树果枝

栾树花枝

科　　属　无患子科Sapindaceae　栾树属Koelreuteria Laxm.

形态特征　落叶乔木。树皮灰褐色，纵裂；小枝有柔毛。1回或不完全的2回奇数羽状复叶，互生，连叶柄长20～40cm，具小叶7～15，小叶对生或互生；小叶片卵形或卵状披针形，长3～8cm，宽2～6cm，先端急尖或渐尖，基部斜楔形或截形，边缘有不规则的锯齿或羽状分裂，基部常为缺刻状深裂，下面沿脉有短柔毛，羽状脉；小叶无柄或有短柄。聚伞圆锥花序，顶生，长30～40cm，有柔毛；花杂性，黄色，中心紫色；有短花梗；花杂性；花萼5裂，裂片卵形，有缘毛；花瓣4，条状长圆形，长5～9mm，基部的鳞片2裂，有瘤状皱纹，橙红色，爪长1～2.5mm，疏生长柔毛；雄蕊8，雄花中雄蕊长8～9mm，雌花中雄蕊长4～5mm，花丝下半部密生白色长柔毛，花药有疏毛；雌蕊1，子房上位，具3棱，3室，除棱上具缘毛外其余无毛。蒴果椭圆形，长4～6cm，径约3cm，膨胀，顶端渐尖；果皮膜质，3瓣裂，有网状脉。种子近球形，黑色，有光泽。花期6～8月；果期8～9月。

生境分布　产于各管理区。生于山坡、路边、村旁荒地。国内分布于辽宁、河北、陕西、甘肃、安徽、河南、四川、云南等省。

经济用途　木材坚实，可供家具、农具等用材；叶提制栲胶；花作为黄色染料。种子油可制肥皂及润滑油；可供绿化观赏。

复羽叶栾树　全缘叶栾树　黄山栾树

Koelreuteria bipinnata Franch.

1.花枝　2.花　3.蒴果

复羽叶栾树果枝

复羽叶栾树花枝

复羽叶栾树

科　　属　无患子科Sapindaceae　栾树属Koelreuteria Laxm.

形态特征　落叶乔木。小枝棕红色。2回羽状复叶，互生，具小叶9～17，小叶互生，稀对生；小叶片近革质，长椭圆状卵形，长3～9cm，宽2～4cm，先端渐尖或短渐尖，基部圆形或阔楔形，稍偏斜，边缘有锯齿或全缘，上面绿色，下面淡绿色，脉上有短柔毛，羽状脉；小叶柄长3mm。聚伞圆锥花序，长30～70cm，顶生；花黄色，径约1cm；花萼5裂达中部，裂片宽三角形或椭圆形，具短硬毛和流苏状腺体，边缘啮蚀状；花瓣4，长圆状披针形，中间红色，长6～9mm，基部鳞片2裂，爪长1.5～3 mm，有长柔毛；雄蕊8，花丝有白色长柔毛；雌蕊1，子房上位，具3棱，3室，被毛。蒴果椭圆形或近球形，熟时带红色，长4～5cm，径约3cm，膨大，顶端钝圆，有小突尖，基部圆形，3瓣裂。种子圆球形，黑色。花期7～9月；果期8～11月。

生境分布　桃花源、山东农业大学树木园及校园，各公园、行道绿化有引种栽培。国内分布于湖北、湖南、广东、广西、四川、云南、贵州等省（自治区）。

经济用途　供公园、庭院及行道绿化；木材供制家具、农具等用。

黄山栾树Koelreuteria bipinnata Franch. var. integrifoliola（Merr.）T. Chen在CFH Serch中处理为栽培变种Koelreuteria bipinnata 'Integrifoliola'。

文冠果　　文官果

Xanthoceras sorbifolium Bge.

1.花枝　2.花　3.蒴果

文冠果果枝

文冠果

文冠果花枝

科　　属　无患子科Sapindaceae　文冠果属Xanthoceras Bge.

形态特征　落叶小乔木。树皮灰褐色，纵裂；小枝红褐色，无毛；鳞芽。奇数羽状复叶，互生，连叶柄长15～30cm，具小叶9～19，小叶对生或近互生；小叶片狭椭圆形或披针形，长2～6cm，宽1～2cm，先端急尖或渐尖，基部稍偏斜，边缘有锐锯齿，顶生小叶通常3裂，上面绿色，无毛，下面淡绿色，疏生星状柔毛，羽状脉，侧脉纤细，两面略突起；小叶无柄或近无柄。总状花序，长10～30cm；雄花序腋生，两性花序顶生；花序梗短，基部有残存芽鳞；花梗长1～2cm；苞片卵形，长0.5～1cm；花径2～2.5cm；萼5裂，裂片长椭圆形；花瓣5，白色，基部红色或黄色，长圆状倒卵形，长达1.7cm，有脉纹，爪两侧有毛；花盘5裂，裂片背面有1角状附属物；雄蕊8，长约15mm，花丝无毛；雌蕊1，子房上位，被灰色绒毛，3室，花柱粗短。蒴果三角状球形，长3～6cm；果皮木质。种子近球形，黑色。花期4～5月；果期7～8月。

生境分布　泰山三阳观、桃花源管理区有引种栽培。国内分布于内蒙古、河北、山西、陕西、甘肃、宁夏、河南等省（自治区）。

经济用途　种子可食；种子含油56.3%～70%，可作食用油；木材坚硬致密，可做器具及家具等用；可供绿化观赏。

无患子

Sapindus saponaria L.

1.果枝　2.花

无患子

无患子果枝

无患子花枝

科　　属　无患子科Sapindaceae　无患子属Sapindus L.

形态特征　落叶乔木。幼枝微有毛，后渐无毛。偶数羽状复叶，互生，长20～25cm，具小叶4～8对，通常5对，小叶互生或近对生；小叶片卵状披针形至长圆状披针形，长7～15cm，宽2～4cm，先端急尖或渐尖，基部偏楔形，全缘，两面无毛，羽状脉，侧脉和网脉两面隆起；小叶柄长3～5mm；叶柄长6～9cm。圆锥花序，长15～30cm，被灰黄色微柔毛，顶生；花小，绿白色，辐射对称；花萼片5，卵圆形，外面基部被微柔毛，有缘毛，外面2片较小；花瓣5，披针形，长约2mm，有缘毛，爪长约2.5mm，上端有2片被白色长柔毛的鳞片；花盘碟状，无毛；雄蕊8，花丝下部有长毛；雌蕊1，子房上位，倒卵状三角形，无毛，花柱短。核果肉质，球形，径约2cm，老时无毛，黄色，干时果皮薄革质，种子球形，光亮，黑色，质坚而硬。

生境分布　山东农业大学树木园有引种栽培。国内分布于河南、安徽、江苏、浙江、福建、台湾、江西、湖北、湖南、广东、广西、海南、四川、云南、贵州等省（自治区）。

经济用途　果皮含无患子皂素，可代肥皂用；种油可制肥皂及润滑油；根、果药用，有清热解毒、化痰止咳的作用；木材供制器具、箱板等，尤宜制梳；可供绿化观赏。

鼠李科

RHAMNACEAE

灌木、乔木，稀草本，通常有刺。单叶，互生或对生；托叶小或有时变成刺。花序多样；花小，辐射对称；两性，稀杂性或单性，雌雄异株；花通常4数，稀5数；花萼筒钟状或筒状，萼裂片镊合状排列，与花瓣互生；花瓣通常较萼片小，或有时无花瓣；雄蕊与花瓣对生，花药2室，纵裂；有明显的花盘，贴生于萼筒上，或生于萼筒内面；雌蕊1，子房上位、半下位至下位，通常3室或2室，稀4室，每室有1倒生胚珠。核果、浆果状核果、蒴果状核果或蒴果，沿腹缝线开裂或不开裂，有2～4分核，每分核有1种子。种子背部无沟或有沟，或基部有1孔状开口，有胚乳或有时无。

约50属，900种。我国产13属，137种。山东有4属，15种，4变种；引种1属，1种，5变种，1变型。泰山有4属，11种，5变种。

卵叶鼠李

Rhamnus bungeana J. Vass.

卵叶鼠李果枝

科　属　鼠李科Rhamnaceae　鼠李属Rhamnus L.
形态特征　落叶灌木。小枝对生或近对生，稀兼互生，灰褐色，无光泽，有微柔毛，枝端有针刺；腋芽极小。单叶，对生或近对生，稀兼互生，或在短枝上簇生；叶片卵形、卵状披针形或卵状椭圆形，长1～3cm，宽0.5～2cm，先端短尖或渐尖，基部圆形或阔楔形，边缘有细圆齿，上面无毛，下面干时变黄色，沿脉或脉腋有白色短柔毛，羽状脉，侧脉2～3对；叶柄长5～12mm，有微柔毛；托叶钻形，宿存。通常2～3花簇生于短枝或单生于叶腋；花梗长2～3mm，花单性，雌雄异株；花4基数，花盘杯状；萼裂片4，宽三角形；花瓣4，小；雌花有退化雄蕊，雌蕊1，子房上位，2室，每室1胚珠，花柱2浅裂或半裂。核果，熟时黑紫色，基部有宿存花萼筒；具2分核；果梗长2～4mm，有微毛。种子无光泽，背面有长为种子4/5的纵沟。花期4～5月；果期7～9月。
生境分布　产于灵岩管理区。多生于石灰岩干瘠山坡。国内分布于吉林、河北、山西、河南、湖北等省。
经济用途　叶及树皮含绿色染料，可供染布；可保持水土。

1.果枝　2.果实　3.种子

卵叶鼠李

小叶鼠李　护山棘

Rhamnus parvifolia Bge.

1.果枝　2.果核腹面　3.果核背面

小叶鼠李

小叶鼠李雌花枝

小叶鼠李果枝

科　　属　鼠李科Rhamnaceae　鼠李属Rhamnus L.

形态特征　落叶灌木。小枝对生或近对生，紫褐色，初被短柔毛，后无毛，枝端及分叉处有针刺；芽卵形，长达2mm，黄褐色。单叶，对生或近对生，稀兼互生，在短枝上簇生；叶片菱状倒卵形或菱状椭圆形，长1～3cm，宽1～2cm，稀达3cm，先端钝尖或钝圆，基部楔形，边缘有圆细锯齿，上面深绿色，无毛或有疏短毛，下面浅绿色，干时灰白色，脉腋孔窝内有毛，羽状脉，侧脉2～3对，稀4对，两面突起，网脉不明显；叶柄长5～15mm，上面沟内有细毛；托叶钻形，有微毛。通常数花簇生于短枝上；花梗长4～6mm，无毛；花单性，雌雄异株；花小，黄绿色，4基数，有花瓣；雌花具雌蕊1，子房上位，2室，花柱2半裂。核果球形，直径5～6mm，熟时黑色，有2分核，基部有宿存花萼筒。种子褐色，背侧有长为种子4/5的纵沟。花期4～5月；果期6～9月。

生境分布　产于各管理区。生于向阳多石的干燥山坡。国内分布于黑龙江、吉林、辽宁、内蒙古、河北、山西、陕西、河南、台湾等省（自治区）。

经济用途　可保持水土。

锐齿鼠李　牛李子

Rhamnus arguta Maxim.

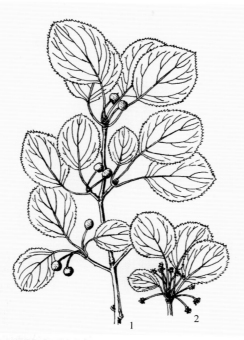

1.果枝　2.花枝

锐齿鼠李

科　　属　鼠李科Rhamnaceae　鼠李属Rhamnus L.
形态特征　落叶灌木。小枝对生或近对生，紫红色，无毛，枝端有时有针刺；顶芽较大，长卵形，紫黑色，芽鳞有缘毛。单叶，对生或近对生，在短枝上簇生；叶片卵状心形或卵圆形，稀近椭圆形，长2~8cm，宽2~4cm，先端钝圆或突尖，基部心形或圆形，边缘有锐锯齿，两面无毛，羽状脉，侧脉4~5对，两面稍突起，无毛；叶柄长1~3cm，稀4cm，带红色。花单性，雌雄异株；雄花多数簇生于短枝顶端或长枝叶腋；雌花数朵簇生于叶腋；花梗长达2cm；花4基数，有花瓣；雌蕊1，子房上位，球形，3~4室，每室1胚珠，花柱3~4裂。核果球形，直径6~7mm，熟时黑色，基部有宿存花萼筒；有3~4分核；果梗长1~2.5cm，无毛。种子淡褐色，背面有长为种子4/5或全长的纵沟。花期5~6月；果期7~9月。
生境分布　产于灵岩管理区。生于悬崖石缝及灌丛中。国内分布于黑龙江、辽宁、河北、山西、陕西等省。
经济用途　种子榨油，可作为润滑油；茎和种子熬液可作为杀虫剂；可保持水土。

锐齿鼠李果枝

415

圆叶鼠李　山绿柴

Rhamnus globosa Bge.

圆叶鼠李果枝

圆叶鼠李

科　　属　鼠李科Rhamnaceae　鼠李属Rhamnus L.

形态特征　落叶灌木。小枝对生或近对生，灰褐色，顶端有针刺，当年枝被短柔毛。单叶，对生或近对生，稀兼互生，在短枝上簇生；叶片近圆形、倒卵圆形，稀圆状椭圆形，长2～6cm，宽1～4cm，先端突尖或短渐尖，基部阔楔形或近圆形，边缘有圆齿状锯齿，上面绿色，初密生柔毛，后仅沿脉及边缘有疏柔毛，下面淡绿色，全部或沿脉有柔毛，羽状脉，侧脉3～4对，上面下陷，下面突起，网脉在下面明显；叶柄长5～10mm，密生柔毛；托叶条状披针形，宿存，有微毛。数花至20花簇生于短枝或长枝下部叶腋；花梗长4～8mm，有柔毛；花单性，雌雄异株；花4基数，花萼和花瓣均有疏柔毛；雌蕊1，子房上位，2～3室，花柱2～3裂。核果球形，直径4～6mm，熟时黑色，基部有宿存花萼筒；有2分核，稀3分核；果梗长5～8mm，有疏柔毛。种子黑褐色，有光泽，背面有长为种子3/5的纵沟。花期4～5月；果期6～10月。

生境分布　产于各管理区。生于山坡林下及灌丛中。国内分布于辽宁、河北、山西、陕西、甘肃、河南、安徽、江苏、浙江、江西、湖南等省。

经济用途　种子榨油供润滑油用；茎皮、果实及根可作为绿色染料；果实烘干、捣碎和红糖水煎服，可治肿毒；可保持水土。

薄叶鼠李

Rhamnus leptophylla Schneid

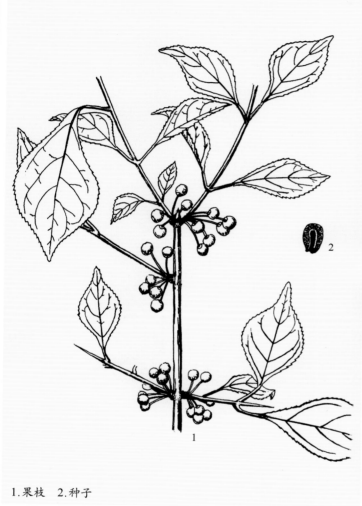

薄叶鼠李雌花花枝

1.果枝 2.种子

薄叶鼠李

薄叶鼠李果枝

科　　属　鼠李科Rhamnaceae　鼠李属Rhamnus L.

形态特征　落叶灌木。小枝对生或近对生，褐色，无毛或有微毛，枝端有针刺。单叶，对生、近对生或簇生于短枝；叶片纸质，倒卵形至倒卵状椭圆形、椭圆形或距圆形，长3～8cm，宽1～5cm，先端短突尖，基部楔形，边缘有钝圆齿，上面深绿色，无毛，或沿中脉有疏毛，下面浅绿色，仅脉腋有簇毛，羽状脉，侧脉3～5对，上面凹陷，下面突起，网脉不明显；叶柄长0.8～2cm，有短毛或近无毛。花单性，雌雄异株；雄花簇生于短枝上，雌花簇生在短枝或长枝下部叶腋；花梗长4～5mm，无毛；花黄绿色，4基数，有花瓣；雌花有退化雄蕊，雌蕊1，子房上位，花柱2裂。核果球形，黑色，直径4～6mm，基部有宿存萼筒；有2～3分核；果梗长6～7mm，无毛。种子背面有长为种子2/3～3/4的纵沟。花期4～5月；果期6～10月。

生境分布　产于泰山。生于山坡、山谷、灌丛中。国内分布于陕西、河南、安徽、浙江、福建、江西、湖北、湖南、广东、广西、四川、云南、贵州等省（自治区）。

经济用途　全株药用，有清热、解毒、活血的功效；根、果、叶有利水行气、消积通便、清热止咳的作用；可保持水土。

乌苏里鼠李

Rhamnus ussuriensis J. Vass.

乌苏里鼠李果枝

1.果枝　2.花

乌苏里鼠李

科　属　鼠李科　Rhamnaceae　鼠李属Rhamnus L.

形态特征　落叶灌木。枝对生或近对生，枝端有针刺；芽卵形，长3～4mm。单叶，对生或近对生，在短枝上簇生；叶片狭椭圆形或狭长圆形，长3～10cm，宽2～4cm，先端锐尖或短渐尖，基部楔形或圆形，边缘有钝圆锯齿，齿端有紫红色腺体，两面无毛或仅下面脉腋有疏柔毛，羽状脉，侧脉4～5对，稀6对，两面突起，网脉明显；叶柄长1～2.5cm；托叶披针形，早落。花簇生于长枝下部叶腋或短枝顶端；花梗长6～10mm；花单性，雌雄异株；花4基数；有花瓣；雌花有退化雄蕊，雌蕊1，子房上位，花柱2浅裂或近半裂。核果球形，直径5～6mm，黑色，基部有宿存花萼筒；具2分核；果梗长6～10mm。种子黑褐色，背侧基部有短沟，上部有沟缝。花期4～6月；果期6～10月。

生境分布　产于泰山。常生于山沟溪边及山坡灌丛中。国内分布于黑龙江、吉林、辽宁、内蒙古、河北等省（自治区）。

经济用途　种子油供润滑油用。树皮、果实含鞣质，可提取栲胶和黄色染料。枝、叶可治大豆蚜虫和稻瘟病。木材坚硬，可供细木工用；可保持水土。

鼠李 大绿

Rhamnus davurica Pall.

1.果枝 2.花枝 3~4.雄花 5~6.雌花

鼠李

鼠李果枝

科　　属　鼠李科Rhamnaceae　鼠李属Rhamnus L.

形态特征　落叶灌木或小乔木。枝对生或近对生，褐色，无毛，枝端常有顶芽而不形成刺；芽较大，卵圆形，长5~8mm，鳞片褐色，有白色缘毛。单叶，对生或近对生，在短枝上簇生；叶片阔椭圆形或长椭圆形，长4~13cm，宽2~6cm，先端突尖或短渐尖，基部楔形或近圆形，边缘有圆齿状锯齿，齿端有红色腺体，上面无毛，下面沿脉有疏柔毛，羽状脉，侧脉4~5对，稀6对，两面突起，网脉明显；叶柄长1.5~4cm，无毛或上面有疏柔毛。花簇生于短枝上或1~3朵生于叶腋；花梗长7~8mm；花单性，雌雄异株；花4基数，有花瓣；雌花有退化雄蕊，雌蕊1，子房上位，花柱2~3浅裂或半裂。核果球形，黑色，直径5~6mm，基部有宿存萼筒；具2分核；果梗长1~1.2cm。种子卵圆形，黄褐色，背侧有与种子等长的纵沟。花期5~6月；果期7~10月。

生境分布　产于泰山。生于湿润山坡、沟边的灌木丛或疏林中。国内分布于黑龙江、吉林、辽宁、河北、山西等省。

经济用途　木材坚实，可供农具及雕刻等用；种子榨油作为润滑油；树皮、叶可提取栲胶；果肉药用，有治下泻、解热、瘰疬的效用；可保持水土。

419

冻 绿

Rhamnus utilis Decne. var. *utilis*

冻绿果枝

1.花枝 2.花 3.花展开示雄蕊着生 4.核果 5.种子

冻绿　　　　　　　　　　　　冻绿雄花枝

科　　属　鼠李科Rhamnaceae　鼠李属Rhamnus L.

形态特征　落叶灌木。枝对生或近对生，有毛或无毛，枝端常有针刺；腋芽小，长2～3mm，芽鳞有缘毛。单叶，对生或近对生，或在短枝上簇生；叶片椭圆形、长椭圆形，长5～15cm，宽2～6cm，先端突尖，基部楔形，稀圆形，边缘有细锯齿，上面暗绿色，无毛，下面黄绿色，沿脉或脉腋有黄色短柔毛，羽状脉，侧脉5～6对，两面突起，有明显的网脉；叶柄长0.5～1.5cm，上面有沟，有毛或无毛；托叶披针形，有疏毛，宿存。花簇生于叶腋或簇生于小枝下部；花梗长5～7mm，无毛；花单性，雌雄异株；花4基数，有花瓣；雄花有退化雌蕊；雌花有退化雄蕊，雌蕊1，子房上位，花柱2浅裂或半裂。核果球形，熟时黑色，基部有宿存花萼筒；具2分核；果梗长5～12mm，无毛。种子背侧有短沟。花期5～6月；果期9～10月。

生境分布　产于药乡。生于山坡、山谷、沟边及疏林中。国内分布于河北、山西、陕西、甘肃、河南、安徽、江苏、浙江、福建、江西、湖北、湖南、广东、广西、四川、贵州等省（自治区）。

经济用途　种子榨油，可作为润滑油；果实、树皮及叶可提供黄色染料；可保持水土。

多脉鼠李（变种）Rhamnus utilis Decne. var. multinervis Y. Q. Zhu et D. K. Zang

本变种的主要特征是：侧脉多达（7～）8～10对，当年生枝及叶柄密被白色短柔毛。

产于药乡。

用途同冻绿。

东北鼠李

Rhamnus schneideri Lévl. et Vant. var. manshurica (Nakai) Nakai

1.果枝　2.分核

东北鼠李

东北鼠李花枝

东北鼠李果枝

科　　属　鼠李科Rhamnaceae　鼠李属Rhamnus L.

形态特征　落叶灌木。枝互生，小枝黄褐色或暗紫色，无毛，枝端有针刺；芽卵圆形，鳞片有缘毛。单叶，互生，或在短枝上簇生；叶片椭圆形、倒卵形或卵状椭圆形，长2.5~8cm，宽2~4cm，先端突尖、短渐尖或渐尖，基部楔形或近圆形，边缘有圆齿状锯齿，上面绿色，被短糙伏毛，下面浅绿色，无毛或脉腋被疏短毛，羽状脉，侧脉2~4（~5）对，两面突起；叶柄长6~15（~25）mm，有短柔毛；托叶条形，早落。花簇生在短枝上；花单性，雌雄异株；花4基数，有花瓣；雌花花梗无毛，萼片披针形，雌蕊1，子房上位，花柱2浅裂或半裂。核果圆球形或倒卵状球形，直径4~5mm，黑色，基部有宿存花萼筒；具2分核；果梗长6~8mm，无毛。种子深褐色，背面基部有长为种子1/5的短沟，上部有沟缝。花期5~6月；果期7~10月。

生境分布　产于泰山。生于向阳山坡或灌丛中。国内分布于黑龙江、吉林、辽宁、河北、山西等省。

经济用途　可保持水土。

枣　红枣

Ziziphus jujuba Mill. var. jujuba

1.花枝　2.果枝　3.具刺的枝　4.花
5.核果　6.果核

枣

科　　属　鼠李科Rhamnaceae　枣属Ziziphus Mill.

形态特征　落叶小乔木。树皮灰褐色，纵裂；小枝红褐色，光滑，有托叶刺，长刺可达3cm，粗直，短刺下弯，长4～6mm；短枝短粗，矩状；当年生枝绿色，单生或2～7簇生于短枝上。单叶，互生；叶片卵形、卵状椭圆形，长3～7cm，宽1.5～4cm，先端钝尖，有小尖头，基部近圆形，稍不对称，边缘有圆齿状锯齿，上面无毛，下面无毛或仅沿脉有疏微毛，基出3脉；叶柄长1～6mm。花单生或2～8花排成腋生聚伞花序；花梗长2～3mm；花黄绿色，两性，5基数；花萼裂片5，卵状三角形；花瓣倒卵圆形，基部有爪与雄蕊等长；花盘厚，肉质，圆形，5裂；雌蕊1，子房下部埋于花盘内，与花盘合生，2室，每室1胚珠，花柱2半裂。核果长圆形，长2～4cm，径1.5～2cm，熟时红色，中果皮肉质，味甜；核顶端锐尖，2室，有1或2种子；果梗长2～6mm。花期5～7月；果期8～9月。

生境分布　各管理区农田、村庄有栽培。国内分布于吉林、辽宁、河北、山西、陕西、甘肃、新疆、河南、安徽、江苏、浙江、福建、江西、湖北、湖南、广东、广西、四川、云南、贵州等省（自治区）。

经济用途　著名干果，味甜，供食用，亦药用，有补气健脾作用；核仁、树皮、根、叶等亦可药用；木材坚实，为器具、雕刻良材；为重要蜜源植物。

酸枣　棘（变种）Ziziphus jujuba Mill. var. spinosa（Bge.）Hu ex H. F. Chow
本变种的主要特征是：灌木；叶较小；核果小，近球形，径0.8～1.2cm，中果皮薄，味酸，核两端钝。
产于各管理区。生于向阳、干燥山坡。国内分布于辽宁、内蒙古、河北、山西、陕西、甘肃、宁夏、新疆、河南、安徽、江苏等省（自治区）。
种仁药用，有镇静安神功效；为蜜源植物；可保持水土。
无刺枣（变种）Ziziphus jujuba Mill. var. inermis（Bge.）Rehd.
本变种的主要特征是：枝上无刺。花期5～6月；果期8～9月。
有引种栽培。国内吉林、辽宁、河北、山西、陕西、甘肃、新疆、河南、安徽、江苏、浙江、福建、江西、湖北、湖南、广东、广西、四川、云南、贵州等省（自治区）有栽培。
用途同枣。
龙爪枣　蟠龙枣（栽培变种）Ziziphus jujuba 'Tortuosa'
本栽培变种的主要特征是：小枝常扭曲上伸，无刺；果较小；果柄长。
各公园、庭院有少量引种栽培。
供绿化观赏。

枣花枝

枣果枝

酸枣果枝

雀梅藤
Sageretia thea (Osbeck) Johnst.

雀梅藤果枝

1.花枝　2.果枝　3.花　4.雄蕊与花瓣　5.果实

雀梅藤

雀梅藤花枝

科　　属　鼠李科Rhamnaceae　雀梅藤属Sageretia Brongn.

形态特征　藤状或直立灌木。小枝具刺，互生或近对生，褐色，被短柔毛。叶近对生或互生；叶片纸质，通常椭圆形、矩圆形或卵状椭圆形，稀卵形或近圆形，长1～4.5cm，宽0.7～2.5cm，顶端锐尖或钝或圆形，基部圆形或近心形，边缘具细锯齿，上面绿色，无毛，下面浅绿色，无毛或沿脉被柔毛，羽状脉，侧脉3～4（～5）对，上面不明显，下面明显突起；叶柄长2～7mm，被短柔毛。花2至数个簇生排成顶生或腋生疏散穗状或圆锥状穗状花序；花序轴长2～5cm，被绒毛或密短柔毛；无花梗；花萼外面被疏柔毛，萼片三角形或三角状卵形，长约1mm；花瓣黄色，匙形，顶端2浅裂，短于萼片；雄蕊1，子房上位，3室，每室具1胚珠，花柱极短，柱头3浅裂。核果近圆球形，直径约5mm，成熟时黑色或紫黑色；具1～3分核。种子扁平，二端微凹。花期7～11月；果期翌年3～5月。

生境分布　山东农业大学树木园、苗圃有引种栽培。国内分布于安徽、江苏、浙江、福建、台湾、江西、湖北、湖南、广东、广西、四川、云南。

经济用途　可供绿化观赏。

北枳椇 拐枣

Hovenia dulcis Thunb.

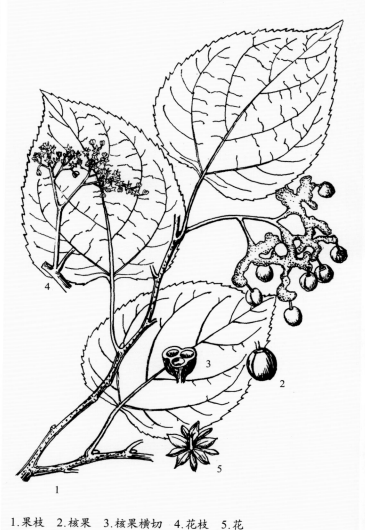

1.果枝 2.核果 3.核果横切 4.花枝 5.花

北枳椇

北枳椇果枝

北枳椇花枝

科　　属　鼠李科Rhamnaceae　枳椇属Hovenia Thunb.

形态特征　落叶乔木。小枝褐色或黑紫色，无毛。单叶，互生；叶片卵圆形或椭圆状卵形，长6～16cm，宽5～12cm，先端渐尖，基部截形或圆形，稀近心形，边缘有不整齐的粗锯齿，无毛或下面沿脉有疏短柔毛，基出3脉；叶柄长2～5cm，无毛。聚伞圆锥花序，顶生，稀兼腋生；花序轴和花梗无毛；花小，黄绿色，直径6～8mm；花萼裂片5，卵状三角形，有纵条纹或网脉，无毛，长2.2～2.5mm；花瓣5，倒卵状匙形，长2.4～2.6mm，下部狭成爪；雄蕊5；花盘边缘有柔毛；雌蕊1，子房球形，下半部埋于花盘内，花柱3浅裂，无毛。浆果状核果近球形，直径6.5～7.5mm，无毛，熟时黑色；花序轴结果时膨大，扭曲，肉质。种子深栗色，有光泽。花期5～7月；果期8～10月。

生境分布　山东农业大学树木园、苗圃有引种栽培。国内分布于山西、陕西、甘肃、河南、安徽、江苏、浙江、福建、江西、湖北、湖南、广东、广西、四川、云南、贵州等省（自治区）。

经济用途　果序轴肥大肉质，含糖丰富，可生食、酿酒和熬糖；木材坚实，可供建筑和细木工用；可供绿化。

VITACEAE

葡萄科

　　通常为木质或草质藤本。茎有卷须，常以卷须攀缘。单叶或复叶，互生；有托叶。聚伞花序、圆锥花序，稀总状或穗状花序，腋生或顶生，与叶对生或着生于茎膨大的节上；花两性或单性；花萼杯状，4～5裂；花瓣4～5，稀3～7，镊合状排列，离生或基部合生，花后脱落或顶端连合成帽状脱落；雄蕊4～5，稀3～7，着生于花盘基部与花瓣对生；花盘杯形或分裂，有的花盘不明显；雌蕊1，子房上位，2～8室，每室1～2倒生胚珠，花柱单一。浆果；胚乳软骨质。

　　约14属，900余种。我国有8属，146种。山东有3属，10种，1亚种，6变种；引种2种。泰山有3属，11种，1亚种，5变种。

葡 萄

Vitis vinifera L.

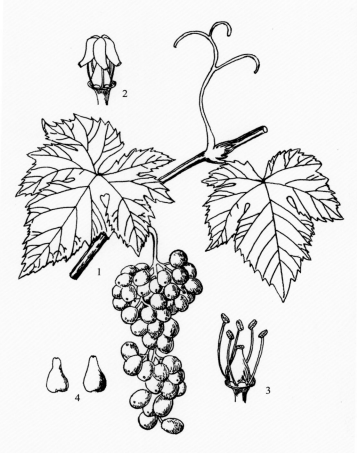

1.果枝 2.花 3.去花瓣示雄蕊、雌蕊及花盘 4.种子

葡萄

葡萄果枝

葡萄花枝

科　属　葡萄科Vitaceae　葡萄属Vitis L.

形态特征　落叶木质藤本。树皮片状剥落；幼枝有毛或无毛；卷须2叉分枝，每隔2节间断与叶对生。单叶，互生；叶片卵圆形，长7～18cm，宽7～18cm，基部深心形，两边常重叠，3～5浅裂或中裂，中裂片卵形，短渐尖，裂片基部常缢缩，裂缺凹呈圆形，边缘有不整齐粗锯齿，锯齿有短尖，下面绿色，无毛或沿脉有短柔毛，基出5脉，中脉有侧脉4～5对；叶柄长3～9cm，几无毛；托叶早落。圆锥花序与叶对生，长10～20cm；花序梗长2～4cm；花梗长1.5～2.5mm；花杂性异株；花小，黄绿色；花萼筒浅盘状，边缘波状；花瓣5，长约2mm，顶部黏合成帽状，花开时整个脱落；雄蕊5，花药黄色，在雌花内显著短而败育或完全退化；花盘发达，5浅裂，基部与子房贴生；雌蕊1，子房上位，卵圆形，2室，每室有2胚珠，花柱短，柱头扩大，在雄花中雌蕊完全退化。浆果，形状因品种不同而异，熟时紫红色或带绿色，有白粉；具3～4种子。花期6月；果期8～9月。

生境分布　原产于欧洲、西亚及北非，也有人认为起源于俄罗斯高加索南部。除南天门、桃花源管理区外的其他各管理区的果园、公园、庭院多有引种栽培，品种繁多。国内自辽宁中部以南各地均有栽培。

经济用途　为著名水果，可鲜食、酿酒、制干等；从皮渣中提取酒石酸、乙醇、醋及鞣酸等；根、藤药用，有止呕、安胎的功效。

山葡萄

Vitis amurensis Rupr. var. *amurensis*

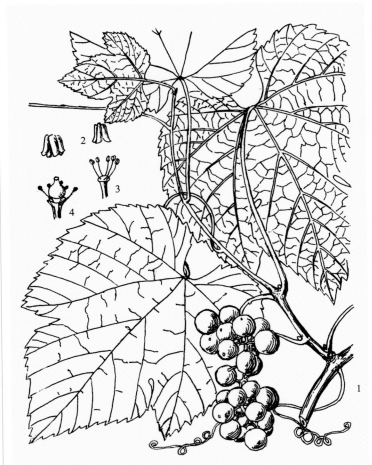

1.果枝　2.脱落的花瓣　3.雄花去花瓣后示雄蕊　4.雌花去花瓣后示雌蕊及退化雄蕊

山葡萄

山葡萄花枝

山葡萄果枝

科　　属　葡萄科 Vitaceae　葡萄属 Vitis L.

形态特征　落叶木质藤本。幼枝常呈红色，被绒毛，以后脱落；卷须2～3分叉，相隔2节间与叶对生。单叶，互生；叶片宽卵形，长6～24cm，宽5～21cm，先端急尖或渐尖，基部心形，基缺凹呈圆形或钝角，常3～5浅裂或中裂，有时不裂，中裂片先端急尖或渐尖，裂片基部常缢缩，裂缺凹呈圆形，或稀呈锐角、钝角，边缘每侧有多个粗锯齿，齿端有短尖，上面绿色，下面无毛或沿脉有白色短毛，基出5脉，中脉有侧脉5～6对；叶柄长4～14cm，常呈红色，初有蛛丝状毛，后脱落近无毛；托叶膜质，褐色，早落。圆锥花序与叶对生，长5～13cm，花序轴有白色丝状毛；花梗长2～6mm；花单性，雌雄异株；花小，黄绿色，径约2mm；花萼筒蝶形，几全缘；花瓣5，呈帽状黏合脱落；雄花具雄蕊5，有退化雌蕊；雌花具1雌蕊，子房上位，锥形，花柱明显，柱头稍扩大，有5退化雄蕊。浆果球形，径1～1.5cm，熟时黑色；具2～4种子。花期5～6月；果期8～9月。

生境分布　产于各管理区。生于山坡疏林、山沟及灌丛中。国内分布于黑龙江、吉林、辽宁、河北、山西、安徽、浙江等省。

经济用途　果可食及酿酒，酒糟制醋和染料；叶及酿酒后的沉淀物可提取酒石酸。

深裂山葡萄（变种） Vitis amurensis Rupr. var. dissecta Skvorts.

本变种与原变种的区别在于，叶深3～5裂，果实直径较小，0.8～1cm。花期5～6月；果期7～9月。产于泰山。生于山坡疏林、山沟及灌丛中。国内分布于黑龙江、吉林、辽宁、河北。用途同原变种。

葛藟葡萄

Vitis flexuosa Thunb.

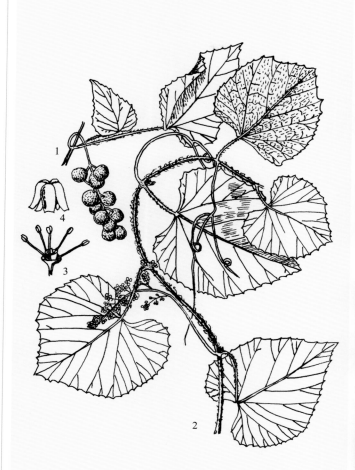

1.果枝　2.花枝　3.雄花去花瓣后示雄蕊和花盘　4.花瓣脱落

葛藟葡萄

葛藟葡萄果枝

葛藟葡萄花枝

科　　属　葡萄科 Vitaceae　葡萄属 Vitis L.

形态特征　落叶木质藤本。枝长而细，常呈绿色；幼枝被灰白色绒毛，后脱落；卷须2分叉，相隔2节间与叶对生。单叶，互生；叶片卵形、三角状卵形或卵椭圆形，长2.5～12cm，宽2.3～10cm，先端急尖或渐尖，基部浅心形或近截形，边缘每侧有不整齐5～12锯齿，有时3浅裂，上面绿色，无毛，下面初被蛛丝状柔毛，后脱落，基出5脉，中脉有侧脉4～5对；叶柄长1.5～7cm，有灰白色丝状毛或几无毛；托叶早落。圆锥花序与叶对生，长4～12cm；花序轴有白色丝状毛；花序梗长2～5cm，有白色丝状毛或几无毛；花梗长1.1～2.5mm，花小，单性，雌雄异株；花萼筒浅蝶形，近全缘；花瓣5，呈帽状黏合脱落；花盘发达；雄花，具雄蕊5，有退化雌蕊；雌花中具雌蕊1，子房上位，花柱短，有退化雄蕊。浆果球形，黑色，径8～10mm；具2～3种子。花期5～6月；果期9～10月。

生境分布　产于中天门管理区。生于山坡、路边或岩石缝间。国内分布于陕西、甘肃、河南、安徽、江苏、浙江、福建、台湾、江西、湖南、广东、广西、四川、云南、贵州等省（自治区）。

经济用途　果可生食或酿酒；根、茎药用，可治关节痛；种子可榨油。

毛葡萄

Vitis heyneana Roem. et Schult subsp. heyneana

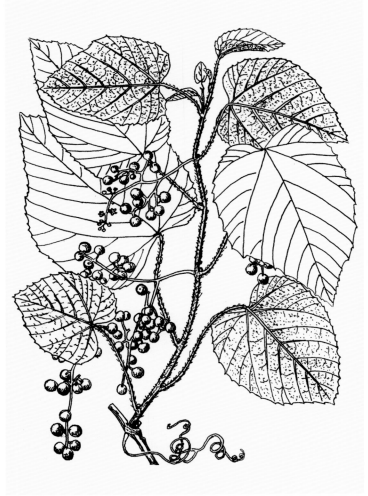

毛葡萄

毛葡萄果枝

毛葡萄花枝

桑叶葡萄果枝

科　　属　葡萄科Vitaceae　葡萄属Vitis L.

形态特征　落叶木质藤本。小枝带红色，幼时密被灰白色绒毛；卷须2叉分枝，每隔2节间与叶对生。单叶，互生；叶片卵圆形、长卵圆形或卵状五角形，长4～12cm，宽3～8cm，先端急尖或渐尖，基部心形或浅心形，边缘每侧有9～19尖锐锯齿，上面初有绒毛，后光滑，下面密被灰色或褐色绒毛，基出3～5脉，中脉有侧脉4～5对；叶柄长2.5～6cm，密被蛛丝状绒毛；托叶膜质，褐色，披针形，早落。圆锥花序与叶对生，长4～1cm，有绒毛；花序梗长1～2cm，有绒毛；花梗长1～3mm；花小，绿色，杂性异株；花萼筒蝶形，近全缘；花瓣5，顶部黏合呈帽状脱落；花盘发达，5裂；雄花中具雄蕊5，有退化雌蕊；雌花中具雌蕊1，子房上位，卵圆形，花柱短，有退化雄蕊。浆果紫黑色，径1～1.3cm。花期6月；果期8～9月。

生境分布　产于玉泉寺、桃花峪等管理区。生于山坡疏林、山沟及灌丛中。国内分布于山西、陕西、甘肃、河南、安徽、浙江、福建、江西、湖北、湖南、广东、广西、四川、云南、贵州、西藏等省（自治区）。

桑叶葡萄（亚种）Vitis heyneana Roem. et Schult subsp. ficifolia（Bge.）C. L. Li
本亚种的主要特征是：叶3～5浅裂或同时混生不裂叶。
产于中天门管理区。生于山坡、沟边灌丛中。国内分布于河北、山西、陕西、河南、江苏等省。
果可食及酿酒。

蘡薁 华北葡萄

Vitis bryoniifolia Bge.

蘡薁枝条

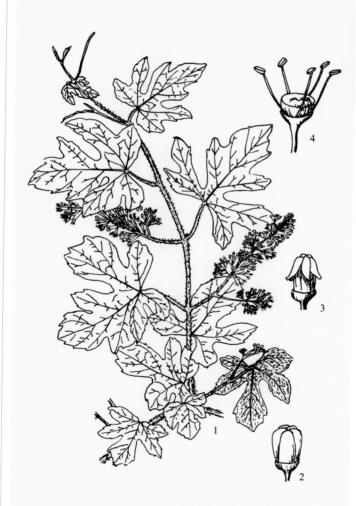

1.花枝　2.花蕾　3.花示花瓣脱落　4.除去花瓣的花

科　　属　葡萄科Vitaceae　葡萄属Vitis L.

形态特征　落叶木质藤本。幼枝密被蛛网状绒毛或柔毛，以后脱落变稀；卷须2叉分枝，每隔2节间断与叶对生。单叶，互生；叶片长卵圆形，长2.5～8cm，宽2～5cm，基部心形，3～5深裂或浅裂，稀混生有不裂叶，中央裂片先端急尖至渐尖，裂片基部常缢缩，裂缺凹呈圆形，边缘有不整齐的粗锯齿或呈羽状分裂，基部心形或深心形，上面疏生短毛，下面被蛛网状绒毛或柔毛，以后脱落变稀，基出5脉，中脉有侧脉4～6对；叶柄长0.5～4.5cm，有蛛网状毛或绒毛；托叶膜质，褐色，长圆形或长圆状披针形，早落。圆锥花序与叶对生，花序轴和分枝被锈色绒毛；花序梗长0.5～2.5cm；花梗长1.5～3mm；花杂性异株；花萼盘状，近全缘；花瓣5，顶部黏合，呈帽状脱落；花盘发达，5裂；雄花中具雄蕊5，有退化雌蕊；雌花中具雌蕊1，子房上位，椭圆卵形，花柱细短，有退化雄蕊。浆果球形，紫红色，被蜡粉，直径5～8mm。花期5～6月；果期8～9月。

生境分布　产于竹林寺、红门、桃花峪等管理区。生于山坡灌丛中。国内分布于河北、山西、陕西、安徽、江苏、浙江、福建、江西、湖北、湖南、广东、广西、四川、云南等省（自治区）。

经济用途　果可食及酿酒；藤条代绳及造纸；全株药用，有祛风湿、消肿毒的作用。

蘡薁

葎叶蛇葡萄

Ampelopsis humulifolia Bge.

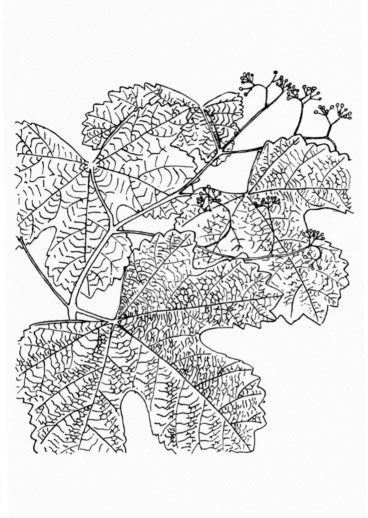

葎叶蛇葡萄

葎叶蛇葡萄果枝

葎叶蛇葡萄花枝

科　　属　葡萄科 Vitaceae　蛇葡萄属 Ampelopsis Michx.

形态特征　落叶木质藤本。小枝无毛；卷须2分叉，相隔2节间与叶对生。单叶，互生；叶片硬纸质，心状五角形或肾状五角形，长6~12cm，宽5~10cm，先端渐尖，基部心形或近截形，3~5裂，裂片宽，深达中部，中裂片基部常缢缩，裂缺凹呈圆形，边缘有粗锯齿，通常齿尖，上面鲜绿色，无毛，有光泽，下面苍白色，无毛或脉上微有毛，基出5脉；叶柄长3~5cm，无毛或有疏毛。伞房状多歧聚伞花序与叶对生，疏散；花序梗，长3~6cm，通常长于叶柄；花梗长2~3mm，伏生短柔毛；花小，淡黄色；花萼筒碟状，边缘波状；花瓣5，卵状椭圆形；雄蕊5，与花瓣对生；花盘明显，浅杯状，波状浅裂；雌蕊1，子房下部与花盘合生，2室，花柱明显。浆果球形，径6~10mm，淡黄色或蓝色；具2~4种子。花期5~6月；果期7~8月。

生境分布　产于各管理区。生于山坡灌丛及岩石缝间。国内分布于辽宁、内蒙古、河北、山西、陕西、青海、河南等省（自治区）。

经济用途　根皮药用；有活血散瘀、消炎解毒的功效；可保持水土。

蛇葡萄

Ampelopsis glandulosa (Wall.) Momiy.

异叶蛇葡萄果枝　　　　　　　　　　　　　　　　　　　　　　　　光叶蛇葡萄花枝

科　　属　葡萄科 Vitaceae　蛇葡萄属 Ampelopsis Michx.

形态特征　落叶木质藤本。小枝圆柱形，有纵棱纹，被疏柔毛；卷须2~3叉分枝，相隔2节间断与叶对生。单叶，互生；叶片心形或卵形，长3.5~14cm，宽3~11cm，先端急尖，基部心形，稀圆形，3~5浅裂，通常与不分裂叶混生，边缘有尖锯齿，上面绿色，无毛，下面被锈色毛，脉上有疏柔毛，基出脉5，中央脉有侧脉4~5对，网脉不明显突出；叶柄长1~7cm，被疏柔毛。伞房状多岐聚伞花序与叶对生；花序梗长1~2.5cm，被锈色短柔毛，通常短于叶柄；花梗长1~3mm，被锈色短柔毛；花萼筒蝶形，边缘波状浅齿，外面被锈色短柔毛；花瓣5，卵状椭圆形，外面被锈色短毛；雄蕊5，花药长椭圆形；花盘边缘浅裂；雌蕊1，子房下部与花盘合生，花柱明显。浆果近球形，直径0.5~0.8cm；具2~4种子。种子长椭圆形，顶端近圆形，基部有短喙，种脐在种子背面下部向上渐狭呈卵椭圆形，上部背面种脊凸出，腹部中棱脊凸出，两侧洼穴呈狭椭圆形，从基部向上斜展达种子顶端。花期4~6月；果期7~10月。

生境分布　泰山无原种。国内分布于河北、河南、安徽、浙江、福建、台湾、江西、广东、广西、四川、云南、贵州等省（自治区）。

经济用途　根皮药用；有活血散瘀、消炎解毒的功效；可保持水土。

异叶蛇葡萄（变种）Ampelopsis glandulosa（Wall.）Momiy. var. heterophylla（Thunb.）Momiy.
本变种的主要特征是：小枝、花序梗、花梗被稀疏的毛；叶心形或卵形，常3~5浅裂至中裂，上面无毛，下面仅在脉上有稀疏的毛；花梗、花萼被稀疏的短柔毛，花瓣近无毛。花期4~6月；果期7~10月。
产于各管理区。生于山坡、山沟灌丛。国内分布于黑龙江、吉林、辽宁、河北、河南、安徽、江苏、浙江、福建、江西、湖南、广东、广西、四川、云南、贵州等省（自治区）。
可保持水土。

光叶蛇葡萄（变种）Ampelopsis glandulosa（Wall.）Momiy. var. hancei（Planch.）Momiy.
本变种的主要特征是：小枝、叶柄、叶通常光滑无毛；花期在小枝上的叶不裂。花期4~6月；果期7~10月。
产于泰山。生于山坡、山沟灌丛。国内分布于河南、江苏、福建、台湾、江西、湖南、广东、广西、四川、云南、贵州等省（自治区）。
可保持水土。

掌裂蛇葡萄

Ampelopsis delavayana Planch. ex Franch. var. glabra (Diels et Grig) C. L. Li

掌裂蛇葡萄花枝

科　　属　葡萄科Vitaceae　蛇葡萄属Ampelopsis Michx.

形态特征　落叶木质藤本。小枝无毛；卷须2～3分叉，相隔2节间与叶对生。复叶，互生，具3～5小叶；中央小叶片披针形或椭圆状披针形，长5～13cm，宽2～4cm，先端渐尖，基部近圆形，有短柄或无，侧生小叶片斜卵形，长4.5～12cm，宽2～4cm，基部不对称，近截形，边缘有带突尖的粗锯齿，侧脉5～7对；中央小叶有短柄或无柄，侧生小叶无柄；叶柄长3～10cm。多歧聚伞花序与叶对生；花序梗长2～4cm；花梗长1～2.5mm；花淡绿色；花萼筒蝶形，边缘稍分裂；花瓣5，卵状椭圆形，外面无毛；雄蕊5；花盘明显，5浅裂；雌蕊1，子房下部与花盘合生，花柱明显。浆果球形，黄白色或蓝紫色；具2～3种子。花期5月；果期8～9月。

生境分布　产于桃花峪、中天门管理区。生于向阳山坡、路边。国内分布于吉林、辽宁、内蒙古、河北、河南、江苏、湖北等省（自治区）。

经济用途　根皮药用，有消肿止痛、舒筋活血、止血的功效。

乌头叶蛇葡萄

Ampelopsis aconitifolia Bge. var. aconitifolia

1.枝 2.花 3.花盘 4.雄蕊 5.果枝

乌头叶蛇葡萄

乌头叶蛇葡萄果枝

掌裂草葡萄花枝

科　　属　葡萄科Vitaceae　蛇葡萄属Ampelopsis Michx.

形态特征　落叶木质藤本。小枝被疏柔毛；卷须2～3分枝，相隔2节间断与叶对生。掌状复叶，互生，具小叶5；小叶片披针形或菱状披针形，长4～9cm，宽1.5～6cm，先端渐尖，基部楔形，上面绿色，无毛或疏生短柔毛，下面淡绿色，无毛或下面脉上有疏毛，3～5羽状裂，中央小叶羽裂几达中脉，或有时外侧小叶浅裂或不裂，裂片边缘有少数粗锯齿或全缘，侧脉3～6对；叶柄长1.5～2.5cm，无毛或有疏毛；小叶几无柄。伞房状复二歧聚伞花序与叶对生；花序梗长1.5～4cm；花梗长1.5～2.5mm；花小，黄绿色；花萼蝶形，波状浅裂或不分裂；花瓣5，卵圆形，无毛；雄蕊5；花盘发达，边缘波状；雌蕊1，子房下部与花盘合生，花柱钻形。浆果球形，径6～8mm，熟时橙黄色；具2～3种子。花期5～6月；果期8～9月。

生境分布　产于红门、中天门管理区。生于山坡、沟边灌丛中。国内分布于内蒙古、河北、山西、陕西、甘肃、河南。

经济用途　根药用，有活血散瘀、消炎止痛的功效。

掌裂草葡萄（变种）Ampelopsis aconitifolia Bge. var. palmiloba（Carr.）Rehd.

本变种的主要特征是：小叶大多不分裂，边缘锯齿通常较深而粗，或混生浅裂叶，叶光滑无毛或下面微被柔毛。

产于泰山。生于山坡、沟边灌丛中。国内分布于黑龙江、吉林、辽宁、内蒙古、河北、山西、陕西、宁夏、四川。用途同原种。

白 蔹

Ampelopsis japonica (Thunb.) Makino

白蔹花枝

1.根茎　2.花枝　3.花　4.去花瓣示花盘、雄蕊及雌蕊

白蔹

科　属　葡萄科 Vitaceae　蛇葡萄属 Ampelopsis Michx.

形态特征　落叶木质藤本，有块状根。卷须与叶对生，常单一或顶端有短的分叉，相隔3节间以上与叶对生。掌状复叶，长6～10cm，互生，具小叶3～5；小叶片羽状深裂或边缘羽状缺刻，羽状分裂者裂片宽0.5～3.5cm，顶端渐尖或急尖，掌状5小叶者中央小叶深至基部并有1～3个关节，关节间有翅，侧小叶无关节或有1关节，3小叶者中央小叶有1关节或无关节，基部狭窄呈翅状，上面绿色，无毛，下面浅绿色，无毛或脉上被稀柔毛；叶柄长1～4cm，无毛。聚伞花序通常与叶对生；花序梗长1.5～5cm，常卷曲；花梗极短或近无；花小，黄绿色；花萼蝶形，5浅裂；花瓣5，卵圆形，无毛；雄蕊5；花盘发达，边缘稍分裂；雌蕊1，子房下部与花盘合生，花柱短棒状。浆果球形，径约6mm，熟时白色或蓝色，有针孔状凹点；具1～3种子。花期5～6月；果期7～9月。

生境分布　产于红门管理区罗汉崖。生于山坡、路边及林下。国内分布于辽宁、吉林、河北、山西、陕西、河南、江苏、浙江、江西、湖北、湖南、广东、广西、四川。

经济用途　全草及块根药用，有消炎止痛作用；外用可治烫伤，又可作为农药。

地　锦　爬山虎

Parthenocissus tricuspidata (Sieb. et Zucc.) Planch.

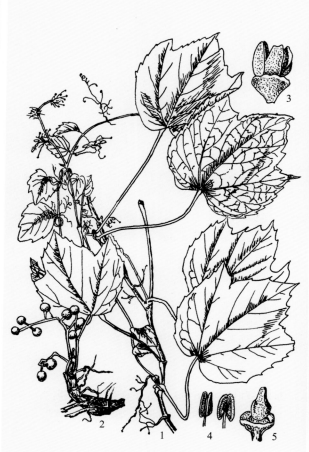

1.植株全形　2.放大的叶　3.杯状聚伞花序　4.展开的杯状花序　5.蒴果

地锦

地锦果枝

地锦枝条

地锦花枝

科　　属　葡萄科Vitaceae　地锦属（爬山虎属）Parthenocissus Planch.

形态特征　落叶木质藤本。卷须5～9分枝，顶端有吸盘。单叶，互生，短枝上叶呈簇生状；叶片通常倒卵圆形，长4.5～17cm，宽4～16cm，先端急尖，基部心形，通常3浅裂，边缘有粗锯齿，上面无毛，下面有少数毛或近无毛，基出5脉，中脉有侧脉3～5对；幼枝的叶有时3全裂；叶柄长8～20cm，无毛或有疏短毛。多歧聚伞花序通常生于短枝顶端两叶之间，主轴不明显；花序梗长1～3.5cm；花梗长2～3mm；花5基数；花萼筒蝶形，全缘；花瓣5，长椭圆形，长1.8～2.7mm；雄蕊5，较花瓣短，花药黄色；花盘不明显；雌蕊1，子房椭球形，花柱短圆柱状，基部粗。浆果球形，径1～1.5cm，蓝黑色；具1～3种子。花期6～7月；果期7～8月。

生境分布　产于各管理区。生于峭壁及岩石上；各地公园、庭院常见栽培。国内分布于吉林、辽宁、河北、河南、安徽、江苏、浙江、福建、台湾等省。

经济用途　根茎药用，有散瘀、消肿的功效；可保持水土；可供绿化观赏。

五叶地锦　五叶爬山虎

Parthenocissus quinquefolia (L.) Planch.

五叶地锦

五叶地锦果枝

五叶地锦花枝

科　　属　葡萄科Vitaceae　地锦属（爬山虎属）Parthenocissus Planch.

形态特征　落叶木质藤本。小枝圆柱形，带红色；卷须有5～9分枝，相隔2节间断与叶对生，顶端有吸盘。掌状复叶，互生，具小叶5；小叶片椭圆形至卵状椭圆形，长5～15cm，宽3～9cm，先端短尾尖，基部常楔形或宽楔形，边缘有粗锯齿，上面暗绿色，下面淡绿色，两面无毛或下面脉上疏被柔毛。圆锥状多歧聚伞花序，假顶生，主轴明显；花序梗长3～5cm；花梗长1.5～2.5mm；花萼筒蝶形，全缘；花瓣5，长圆形，无毛；雄蕊5；花盘不明显；雌蕊1，子房卵锥形，渐狭至花柱。浆果近球形，黑色，微被白粉，径1～1.2cm；具1～4种子。花期6～7月；果熟期9～10月。

生境分布　原产于北美洲。泰城机关庭院、公园有引种栽培。

经济用途　供绿化观赏。

椴树科

TILIACEAE

乔木、灌木或草本。单叶，互生，稀对生；基出3～5脉；托叶早落、宿存或不存在。聚伞花序或聚伞圆锥花序；苞片早落或有时大而宿存；花两性，或单性，辐射对称；萼片5，稀4；花瓣与萼片同数，离生，内侧常有腺体，或有花瓣状假雄蕊，与花瓣对生；雄蕊多数，稀5数，离生或基部联合成束，花药2室，纵裂或顶端孔裂；雌蕊1，子房上位，2～6室，每室1至数枚胚珠，花柱1。核果、蒴果或浆果，或翅果状，2～10室。种子无假种皮，有胚乳，胚直，子叶扁平。

约52属，500种。我国有11属，72种。山东有木本2属，6种，2变种；引种2种，1变种。泰山有2属，6种，2变种。

糠 椴 辽椴

Tilia mandshurica Rupr. et Maxim.

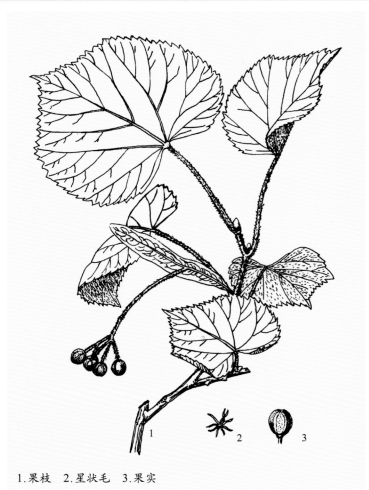

1.果枝　2.星状毛　3.果实

糠椴果枝

糠椴

糠椴花枝

科　　属　椴树科Tiliaceae　椴树属Tilia L.

形态特征　落叶乔木。树皮灰色，老时浅纵裂；一年生枝褐绿色，密被灰白色星状毛；芽卵形，密被黄褐色星状毛。单叶，互生；叶片卵形或近圆形，长8~10cm，宽7~9cm，先端短尖，基部宽心形或近截形，边缘有粗锯齿，齿尖芒状，长1.5~2mm，下面密被灰白色星状毛，侧脉5~7对；叶柄长2~8cm，密被星状毛。聚伞花序长9~13cm，有7~12花；花序轴及花序梗密被星状毛；苞片长圆形或倒披针状圆形，先端圆，基部略窄，长5~15cm，两面均有星状毛，或上面近无毛，柄长约5mm；花柄长4~6mm；花萼片5，卵状披针形，长约6mm，外面被星状毛，里面有白色长毛；花瓣5，黄色，条形，长7~8mm，无毛，先端钝尖；雄蕊多数，与萼片近等长，有花瓣状退化雄蕊；雌蕊1，子房上位，近球形，密被灰白色星状毛，花柱长4~5mm，无毛，柱头5裂。核果球形或卵状球形，具不明显5棱，长0.8~1.2cm，密被黄褐色星状毛，并有多少不等的疣状突起。花期6~9月；果熟期9月。

生境分布　产于南天门、玉泉寺、桃花源管理区。生于山坡杂木林中。国内分布于黑龙江、辽宁、吉林、内蒙古、河北、江苏等省（自治区）。

经济用途　材质轻软，可制家具、胶合板及火柴杆等；花药用，有发汗、镇静及解热之功效；为蜜源植物；可供绿化观赏。

欧椴 大叶椴

Tilia platyphylla Scop.

欧椴

欧椴果枝

欧椴花枝

科　　属　椴树科Tiliaceae　椴树属Tilia L.

形态特征　树皮灰褐色，浅纵裂；当年生枝密生柔毛。单叶，互生；叶片卵形至卵圆形，长6～12cm，宽与长略等，先端短渐尖，基部斜心形或斜截形，边缘有整齐尖锯齿，上面沿脉疏被或密被白色柔毛，下面沿脉密被黄褐色柔毛，脉腋有簇毛；叶柄长2～5cm，密被黄褐色毛。聚伞花序长8～10cm，有3～6花；花序梗及花梗上有毛；苞片倒披针形，长5～12cm，先端圆形，基部较狭，沿脉密被或疏生柔毛，无柄或近无柄，长2～15mm；花萼片5，卵状披针形，长6mm，外面沿脉、边缘有星状毛，里面有长毛；花瓣5，黄白色，倒披针形，长7～8mm，无毛；雄蕊约50，联合成5束；雌蕊1，子房上位，有白色绒毛，花柱1，柱头5浅裂。核果近球形，具明显5棱，密被灰褐色星状绒毛，长6～10mm。花期6月；果熟期8～9月。

生境分布　原产于欧洲。山东农业大学树木园有引种栽培。

经济用途　木材供制家具、胶合板；树皮纤维可代麻；可供绿化观赏。

紫椴　阿穆尔椴

Tilia amurensis Rupr.

1.花枝　2.果枝　3.花

紫椴果枝

紫椴　　　　　　　　　　　　紫椴花枝

科　　属　椴树科Tiliaceae　椴树属Tilia L.

形态特征　落叶乔木。树皮暗灰色，纵裂，呈块状剥落；一年生枝黄褐色或赤褐色，初有毛后变无毛；芽卵形，黄褐色或赤褐色，长3～6mm，无毛。单叶，互生；叶片阔卵形或卵圆形，长4～8cm，宽4～5.5cm，先端尾尖，基部心形，偏斜，边缘有粗锯齿，齿尖芒状，芒约1mm，偶有大裂片，上面无毛，下面仅脉腋有簇生褐色毛，侧脉4～5对；叶柄长3～6cm，无毛。聚伞花序长3～5cm，有3～20花；花序轴无毛；苞片倒披针形至长圆形，长3～7cm，两面无毛，柄长1～1.5cm；花梗长7～10mm；花萼片5，长5～6mm，两面有毛；花瓣5，条形，黄白色，无毛，稍长于萼片；雄蕊约20，无退化雄蕊；雌蕊1，子房上位，球形，密被白色柔毛，花柱1，长约5mm，柱头5浅裂。核果卵球形，具棱或不明显5棱，直径5～8mm，密被灰褐色星状毛。花期6～7月；果熟期9～10月。

生境分布　产于南天门、桃花源管理区。生于杂木林中。国内分布于黑龙江、辽宁、吉林。

经济用途　木材供胶合板、家具用；种子可榨油；重要蜜源植物；可供绿化观赏。

华东椴　日本椴

Tilia japonica (Miq.) Simonk.

1. 花枝　2. 花　3. 果序之一部分

华东椴果枝

华东椴　　　　　　　　　　　　　　　　　华东椴花枝

科　　属　椴树科 Tiliaceae　椴树属 Tilia L.

形态特征　落叶乔木。树皮灰色，浅纵裂；嫩枝初时疏生长柔毛，后变无毛。单叶，互生；叶片近圆形至阔卵形，长5～12cm，宽4～9cm，先端突尖或渐尖，基部正或稍偏斜，截形或阔心形，缘有不整齐锯齿，齿端有芒状刺尖，上面无毛，下面脉腋有簇毛，侧脉6～7对；叶柄长3～6cm。聚伞花序有6～16花，长5～7cm，花序轴及花梗无毛；苞片倒披针形，长4～6cm，先端钝圆，基部楔形，仅脉上散生星状毛，柄长1～2cm；花梗长5～8mm，纤细，无毛；花萼片5，卵状三角形，两面有星状毛，长约3mm；花瓣5，淡黄色，条形，长5～6mm，无毛；雄蕊30～40，有花瓣状退化雄蕊；雌蕊1，子房上位，球形，密被白色短柔毛，花柱1，长3～4mm，柱头5裂。核果近球形，无棱，密被短柔毛，径5～6mm。花期6～7月；果熟期9月。

生境分布　产于药乡林场。生于阴坡、半阴坡杂木林或形成片林。国内分布于安徽、江苏、浙江。

经济用途　木材供建筑、胶合板、家具等用；为蜜源植物；可供绿化观赏。

光叶糯米椴　糯米椴

Tilia henryana Szyszyl. var. subglabra Engl.

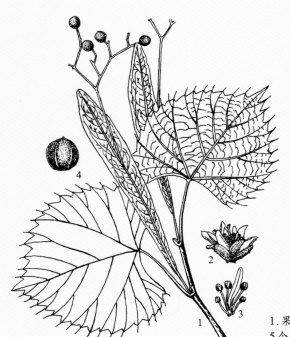

1.果枝　2.花　3.退化雄蕊1和
5个雄蕊形成束　4.坚果

光叶糯米椴

科　　属　椴树科Tiliaceae　椴树属Tilia L.

形态特征　落叶乔木。小枝和顶近无毛。单叶，互生；叶片圆形，长3.5～10cm，宽4～10cm，先端宽而圆，稍微尾状，基部宽心形或有时截形，有时偏斜，边缘有粗锯齿，齿端由侧脉延伸呈刺芒状，刺芒长达5～6mm，上面无毛，下面仅脉腋具簇毛外，其余均无毛，侧脉5～6对；叶柄长3～5cm，无毛。聚伞花序长10～12cm，有20花以上；花序梗无毛；苞片长狭倒披针形，长5.5～13cm，两面沿脉被稀疏黄色星状毛，柄长1～4cm；花梗长7～9mm，有稀疏星状毛；花萼片5，长卵形，长约5mm，外面被星状毛，内面几无毛；花瓣5，白色，长圆形，长6～7mm；雄蕊多数，较花瓣短，有花瓣状退化雄蕊5；雌蕊1，子房上位，球形，密被星状毛，花柱1，长约4mm，柱头5深裂。核果近球形，具明显5棱，径5～6mm，密被星状毛。花期6月；果熟期9月。

生境分布　山东农业大学树木园有引种。国内分布于安徽、江苏、浙江、江西等省。

经济用途　木材供建筑、桥梁、枕木、坑木等用；叶可代茶；为蜜源植物；可供绿化观赏。

光叶糯米椴花枝

蒙 椴
Tilia mongolica Maxim.

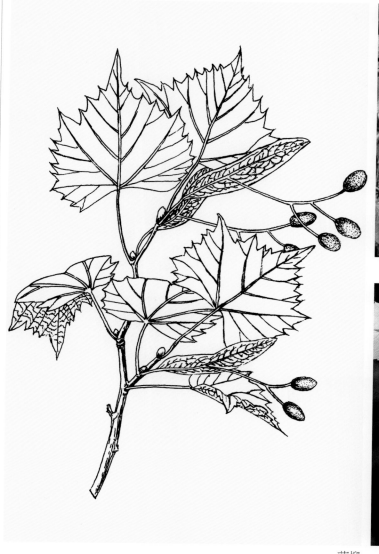

蒙椴枝条

蒙椴

蒙椴果枝

科　　属　椴树科 Tiliaceae　椴树属 Tilia L.

形态特征　落叶小乔木。树皮灰色，浅裂；小枝紫褐色或黄褐色，无毛。单叶，互生；叶片阔卵形或圆形，长 4～6cm，宽 3.5～5.5cm，先端长渐尖，基部偏斜，阔心形或截形，先端常有 3 裂，边缘有不整齐的粗大锯齿，上面无毛，下面仅脉腋有褐色簇毛，侧脉 4～5 对；叶柄长 2～3.5cm，无毛。聚伞花序，长 5～10cm，有 6～12 花；苞片狭长圆形，先端钝圆，基部楔形，长 4～6cm，两面无毛，柄长约 1cm；花萼片 5，卵状披针形，长 4～5mm，外面近无毛，里面有毛；花瓣 5，条形，黄白色，长 6～7mm；雄蕊多数，有花瓣状退化雄蕊 5，略小于花瓣；雌蕊 1，子房上位，球形，密被白色短毛，花柱长约 3mm，无毛，柱头 5 裂。核果倒卵球形，具棱或不明显，长 6～7mm，径约 5mm，密被黄褐色短柔毛。花期 6 月；果熟期 8～9 月。

生境分布　产于泰山岱顶。生于杂木林；山东农业大学树木园有栽培。国内分布于辽宁、内蒙古、河北、山西、河南等省（自治区）。

经济用途　木材供建筑、家具用；为蜜源植物；种子可榨油。

泰山椴

Tilia taishanensis S. B. Liang

泰山椴花枝

1.果枝　2.果　3.雌蕊　4.花萼　5.花瓣　6.假雄蕊

泰山椴

泰山椴

泰山椴果枝

科　　属　椴树科Tiliaceae　椴树属Tilia L.

形态特征　落叶乔木。枝、芽无毛。单叶，互生；叶片近圆形或阔卵形，长5～8cm，宽5～7cm，先端突尖，基部浅心形或斜截形，边缘有尖锯齿，上面无毛，下面脉腋有褐色簇生毛，侧脉7～8对；叶柄长3～7cm，无毛。聚伞花序长8～13cm，有50～200花，花序轴及花梗初时有星状毛；苞片长圆状倒披针形，长5～8cm，先端钝，基部楔形，无毛，无柄；花萼片5，长卵形，长4～5mm，两面有毛；花瓣5，狭椭圆形，长7～8mm；雄蕊多数，有退化雄蕊；雌蕊1，子房上位，球形，密被白绒毛。核果倒卵球形，具明显5棱，长5～8mm，径3～5mm，密被灰褐色绒毛。

生境分布　产于南天门、中天门管理区。生于山坡杂木林。山东特有树种。

经济用途　木材供建筑、家具用；可供绿化观赏。

小花扁担杆　扁担木　扁担杆子　孩儿拳头　娃娃拳

Grewia biloba G. Don var. parviflora (Bge.) Hand.-Mazz.

1.花枝　2.叶之星状毛　3.花纵切　4.子房横切　5.果实

小花扁担杆

小花扁担杆果枝

小花扁担杆花枝

科　　属　椴树科 Tiliaceae　扁担杆属 Grewia L.

形态特征　落叶灌木。树皮灰褐色,平滑;小枝灰褐色;当年生枝及叶、花序均密被灰黄色星状毛。单叶,互生;叶片菱状卵形,长3~13cm,宽1~7cm,先端渐尖,基部阔楔形至圆形,有时不明显3裂,边缘有不整齐细锯齿,上面粗糙,疏被星状毛,下面密被星状毛,基出3脉;叶柄长3~10mm,密被星状毛;托叶细条形,长5~7mm,宿存。聚伞花序近伞状,与叶对生,常有10余花或3~4花;花梗长4~7mm,密被星状毛;花萼片5,绿色,条状披针形,先端尖,长5~6mm,外面密被星状毛,里面有单毛;花瓣5,与萼片互生,细小,淡黄绿色,长约1.2mm;雄蕊多数,花丝无毛,花药黄色;雌蕊1,长度不超出雄蕊,子房上位,2室,有毛,花柱1,柱头浅裂。核果橙红色,有光泽;具2~4分核。种子淡黄色,径约7mm。花期6~7月;果期9~10月。

生境分布　产于各管理区。生于山坡、沟谷、灌丛及林下。国内分布于河北、山西、陕西、河南、安徽、江苏、浙江、江西、湖北、湖南、广东、广西、四川、云南、贵州等省(自治区)。

经济用途　茎皮可代麻;种子榨油工业用;根、枝、叶药用,有健脾、固精、祛风湿的功效。

447

锦葵科

MALVACEAE

　　草本、灌木或乔木。单叶，互生；叶片不裂或分裂，通常为掌状脉；有托叶。花腋生或顶生，单生，或为聚伞花序至圆锥花序；花两性，辐射对称；萼片3～5，离生或合生，其下面附有总苞状的副萼3至多数；花瓣5片，分离，但与雄蕊管的基部合生；雄蕊多数，花丝连合成管状，称雄蕊柱，花药1室，花粉被刺；雌蕊1，子房上位，2至多室，通常以5室较多，中轴胎座，每室有1至多数胚珠，花柱与心皮同数或为其2倍。蒴果，常分裂成为分果，稀为浆果状。种子肾形或倒卵形，有毛或光滑无毛，有胚乳。

　　约100属，1000种。我国有19属，81种。山东引种1属，2种，3变种。泰山有1属，2种，3变种。

木芙蓉 芙蓉花

Hibiscus mutabilis L.

木芙蓉花枝

科　属　锦葵科Malvaceae　木槿属Hibiscus L.

形态特征　落叶灌木或小乔木。小枝、叶柄、花梗和花萼均有密星状毛与直毛相混的细绵毛。单叶，互生；叶片宽卵形至圆卵形或心形，长10～15cm，宽与长近相等，先端渐尖，基部圆形或心形，边缘钝圆锯齿，常5～7裂，裂片三角形，上面有稀疏星状细毛和点，下面密生星状细绒毛，基出7～11脉；叶柄长5～20cm；托叶披针形，长5～8mm，常早落。花单生于枝端叶腋间；花梗长5～8cm，近端处有关节；副萼片8，基部合生，条形，长1～1.6cm，有密星状绵毛；花萼钟形，长2.5～3cm，5裂，裂片卵形，渐尖；花初开时白色或淡红色，后变深红色，直径约8cm；花瓣5，近圆形，直径4～5cm，外面有毛，基部有髯毛，栽培者多为重瓣；雄蕊多数，花丝合生成雄蕊柱，长2.5～3cm，无毛；雌蕊1，子房上位，花柱分枝5，有疏毛。蒴果扁球形，直径约2.5cm，有淡黄色刚毛和绵毛，果爿5。种子肾形，背面有长柔毛。花期8～10月。

生境分布　公园、庭院有引种栽培。国内分布于福建、台湾、湖南、广东、云南等省。

经济用途　本种花大色丽，为我国久经栽培的公园、庭院绿化观赏植物；花、叶、根药用，有清肺、凉血、散热和解毒的功效；茎皮纤维可作为缆绳和造纸的原料。

木芙蓉

木　槿

Hibiscus syriacus L. var. syriacus

1.花枝　2.花纵切　3.花萼和叶柄上的星状毛

木槿

木槿果枝

科　　属　锦葵科Malvaceae　木槿属Hibiscus L.

形态特征　落叶灌木或小乔木。小枝密生黄色星状绒毛。单叶，互生；叶片菱形至三角状卵形，长3～10cm，宽2～4cm，先端钝，基部楔形，边缘有不整齐齿缺，有深浅不同的3裂或不裂，下面沿叶脉微有毛或近无毛，基出3脉；叶柄长0.5～2.5cm，上面被星状柔毛；托叶条形，长约6mm，疏被柔毛。花单生于枝端叶腋间；花梗长0.4～1.4cm，有星状短柔毛；花钟形，淡紫色，直径5～6cm；副萼片6～8，条形，长0.6～1.5cm，密被星状柔毛；花萼钟形，长1.4～2cm，密被星状柔毛，5裂，裂片三角形；花瓣5，倒卵形，长3.5～4.5cm，外面有稀疏纤毛和星状长柔毛；雄蕊多数，花丝合生成雄蕊柱，长约3cm；雌蕊1，子房上位，花柱分枝5，无毛。蒴果卵球形，直径约1.2cm，密被黄色星状绒毛。种子肾形，背部有黄白色长柔毛。花期7～10月。

生境分布　各管理区、岱庙、山东农业大学树木园及泰城机关庭院、公园有栽培。国内分布于安徽、江苏、浙江、福建、台湾、广东、广西、四川、云南等省（自治区）。

经济用途　供绿化观赏；对二氧化硫、氯气等的抗性较强，可以在大气污染较重的地区栽种；茎皮富含纤维，作为造纸原料；树皮药用，治疗皮肤癣疮、清热利湿；花药用，有清热凉血、解毒消肿的功效。

白花重瓣木槿（变种）Hibiscus syriacus L. var. albus-plenus Loud.

本变种的主要特征是：花白色、重瓣，直径6～10cm。

公园、庭院有引种栽培。

供绿化观赏。

短苞木槿（变种）Hibiscus syriacus L. var. brevibracteatus S. Y. Hu

本变种的主要特征是：叶菱形，基部楔形，副萼极小，丝状，长3～5mm，宽0.5～1mm。花淡紫色，单瓣。

公园、庭院有引种栽培。

供绿化观赏。

粉紫重瓣木槿（变种）Hibiscus syriacus L.var. amplissimus L. F. Gagnep.

本变种的主要特征是：花粉紫色，花瓣内面基部洋红色，重瓣。

公园、庭院有引种栽培。

供绿化观赏。

木槿花枝　　　　　　　　　　　　　　　　白花重瓣木槿花枝

短苞木槿花枝　　　　　　　　　　　　　　粉紫重瓣木槿花枝

STERCULIACEAE

梧桐科

　　乔木或灌木，稀为草本或藤本；植物体上常有星状毛。单叶，稀掌状复叶，互生，稀对生；叶片全缘，或有深裂或有锯齿；有托叶，早落。顶生或腋生的各种花序，少数有茎上生花；花两性、单性或杂性；花辐射对称；花萼片5，稀3~4，镶合状排列，基部合生或完全离生；花瓣5或无花瓣，常旋转式排列；雄蕊2轮，联合成单体或离生，外轮与花萼对生，常退化为舌状、条状，内轮与花瓣对生，花药2室，纵裂或孔裂；雌蕊2~5，合生或多少分离，子房上位，4~5室，每室有胚珠2至多数。果实革质或肉质，形成开裂或不开裂的蓇葖果或蒴果，稀浆果或核果。种子有或无胚乳。

　　约68属，1100余种。我国有19属，90种。山东引种1属，1种。泰山有1属，1种。

梧　桐　青桐

Firmiana simplex (L.) W. Wight

1.蓇葖果穗　2.叶　3.小花穗　4.雄花　5.雄蕊　6.雌花

梧桐

梧桐果枝

梧桐花枝

科　　属　梧桐科Sterculiaceae　梧桐属Firmiana Mars.

形态特征　落叶乔木。树皮青绿色，光滑，老树灰色，纵裂；枝绿色，无毛或微有白粉；芽近球形，芽鳞外被赤褐色毛。单叶，互生；叶片卵圆形或圆形，径15～30cm，基部多心形，3～5缺刻状裂，裂片近三角形，先端渐尖，裂凹"V"形或"U"形，裂片边缘全缘，两面平滑或略有毛，基出掌状7脉；叶柄与叶片近等长。圆锥花序大型，长20～30cm，宽20余cm，顶生；花萼5深裂至基部，裂片条形或钝矩圆形，长约1cm，内面基部少有紫红色彩斑，外面黄白色，有柔毛，开花时常反卷；雄花的雌雄蕊柄约与花萼片等长，上粗下细，白色，花药黄色，约15枚集生呈头状，退化雌蕊甚小；雌花的雌蕊子房上位，具子房柄，5子房离生，外被毛，基部有退化雄蕊，花柱合生。蓇果为蓇葖果状，有柄，果皮膜质，开裂后匙形，长6～11cm，全缘，上有细脉纹。种子球形，径6～10mm，棕褐色，表面有皱纹。花期6～7月；果熟期9～10月。

生境分布　竹林、樱桃园、桃花源、桃花峪、红门管理区、岱庙、山东农业大学树木园及泰城机关、公园、庭院等有栽培。国内分布于山西、陕西、安徽、江苏、浙江、福建、台湾、江西、湖北、湖南、广东、广西、海南、云南、贵州等省（自治区）。

经济用途　供绿化观赏；木材质地轻软，适宜做箱盒、乐器用；花、果、根皮及叶均可药用；种子煨炒后可食用。

ACTINIDIACEAE

猕猴桃科

　　乔木、灌木或藤本，常绿或落叶。单叶；互生；无托叶。聚伞或总状花序，或1花，腋生；花两性、杂性或单性而雌雄异株；辐射对称；花萼片5，稀2～3，覆瓦状排列，稀镊合状排列；花瓣5或更多，覆瓦状排列；雄蕊10～13，2轮列或多数，不作轮列式排列，花药纵裂或顶孔开裂；雌蕊1，子房上位，多室或3室，中轴胎座，每室胚珠多数或少数，花柱离生或合生。浆果或蒴果，种子每室多数或1。种子有肉质假种皮，胚乳丰富。

　　3属，357余种。我国有3属，66种。山东有1属，3种；引种1种。泰山有1属，3种。

软枣猕猴桃

Actinidia arguta (Sieb. et Zucc.) Planch. ex Miq.

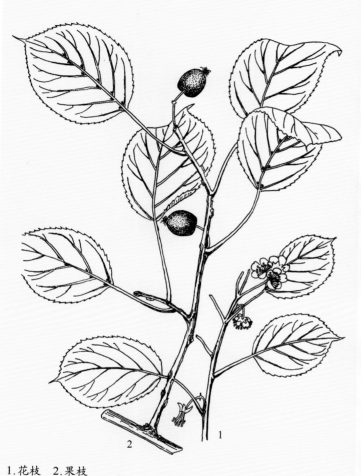

1. 花枝　2. 果枝

软枣猕猴桃

软枣猕猴桃果枝

软枣猕猴桃两性花枝

软枣猕猴桃雄花枝

科　　属　猕猴桃科Actinidiaceae　猕猴桃属Actinidia Lindl.

形态特征　落叶木质藤本。小枝无毛；髓白至淡褐色，片层状。单叶，互生；叶片膜质或纸质，卵形、长圆形、阔卵形至近圆形，长6～12cm，宽5～10cm，先端急短尖，基部圆形或浅心形，等侧或稍不等，边缘有锐锯齿，上面深绿色，无毛，下面绿色，脉腋有髯毛或沿中脉、侧脉有少量卷曲柔毛，个别叶片遍被卷曲柔毛，羽状脉，侧脉6～7对，分叉或不分叉，横脉和网状小脉细，不显著；叶柄长3～6cm，无毛。聚伞花序，1～2回分枝，1～7花，多少被短绒毛，腋生；花序梗长7～10mm；花梗长8～14mm；苞片条形，长1～4mm；花绿白色，直径1～2cm；花萼片4～6，卵圆形至长圆形，长3.5～5mm，两面被疏柔毛或近无毛；花瓣4～6，倒卵形，长7～9mm；雄蕊多数，花丝长1.5～3mm，花药黑色或暗紫色；雌蕊1，子房上位，瓶状，无毛，花柱长3.5～4mm。浆果圆球形至柱状长圆形，长2～3cm，有喙或喙不显著，无毛，无斑点，熟时绿黄色，基部无宿存花萼。花期5～6月；果期9～10月。

生境分布　产于南天门、桃花源、玉泉寺、天烛峰管理区。生于山坡杂木林中。国内分布于黑龙江、吉林、辽宁、河北、山西、河南、安徽、浙江、云南等省。

经济用途　果实可食，也可酿酒、制果酱及蜜饯等，并可药用，有解热、收敛的功效；可保持水土。

中华猕猴桃　羊桃

Actinidia chinensis Planch.

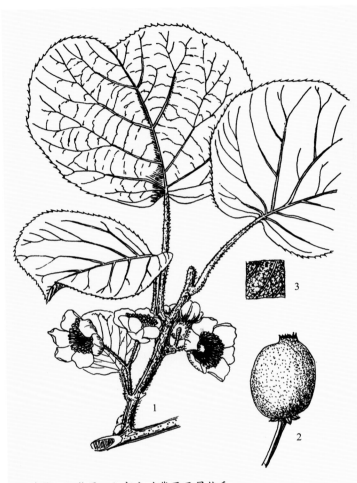

中华猕猴桃果枝

中华猕猴桃两性花枝

1.花枝　2.浆果　3.部分叶背面示星状毛

中华猕猴桃

科　　属　猕猴桃科Actinidiaceae　猕猴桃属Actinidia Lindl.

形态特征　落叶木质藤本。幼枝密被灰白色绒毛或锈色硬刺毛，老时秃净或留有断损残毛；髓白至淡褐色，片层状。单叶，互生；叶片纸质，阔倒卵形、倒卵形至近圆形，长6～17cm，宽7～15cm，先端平截并中间凹入或有突尖，基部钝圆至浅心形，边缘有小齿，上面深绿色，无毛或沿脉有毛，下面苍绿色，密被灰白色或淡褐色星状绒毛，羽状脉，侧脉5～8对，横脉发达；叶柄长3～6cm，有灰白色或黄褐色刺毛。聚伞花序有1～3花；花序梗长7～15mm；花梗长9～15mm；苞片小，卵形或钻形，长约1mm，均被柔毛；花杂性，白色，有香气，直径2～3.5cm；花萼片3～7，通常5，阔卵形，长6～10mm，两面被绒毛；花瓣5，有时3～4或6～7，阔倒卵形，有短爪，长10～20mm；雄蕊多数，花药黄色；雌蕊1，子房上位，球形，被金黄色绒毛，花柱丝状，多数。浆果近球形，黄褐色，长4～6cm，被绒毛或刺毛，熟时近无毛，有多数淡褐色斑点；宿存萼片反折。

生境分布　桃花源、大津口、山东省果科所、泰山林业科学研究院、山东农业大学树木园及果园、公园有引种栽培。国内分布于陕西、河南、安徽、江苏、浙江、福建、湖北、湖南、广东、广西等省（自治区）。

经济用途　果实为优质水果，含维生素每100g鲜样中一般为100～200mg，高可达400mg，糖类8%～14%，酸类1.4%～2.0%，氨基酸12种；可酿酒。

中华猕猴桃雄花枝

中华猕猴桃果枝

葛枣猕猴桃　木天蓼

Actinidia polygama (Sieb. et Zucc.) Maxim.

1.果枝　2～3.雌花的腹面和背面

葛枣猕猴桃果枝

葛枣猕猴桃

葛枣猕猴桃雄花枝

科　　属　猕猴桃科Actinidiaceae　猕猴桃属Actinidia Lindl.

形态特征　落叶木质藤本。枝无毛，皮孔不显著；髓白色，实心。单叶，互生；叶片薄纸质，卵形、椭圆卵形，长7～14cm，宽3～8.5cm，先端急渐尖至渐尖，基部圆形至阔楔形，边缘有细锯齿，上面绿色，散生少数小刺毛，有时前半部白色或淡黄色，下部浅绿色，沿中脉和侧脉有卷曲柔毛，中脉有时有小刺毛，叶脉比较发达，羽状脉，侧脉7对，横脉颇显著；叶柄长1.5～3.5cm，近无毛。花序有1～3花；花序梗长0.5～1.5cm，近中部处有2花的脱落痕迹，被疏绒毛；苞片小，长约1mm；花白色，直径2～3.5cm；花萼片5，卵形，长5～7mm，两面被短毛或近无毛；花瓣5，倒卵形，长8～13mm，最外2～3片背面有时略被柔毛；雄蕊多数，花丝长5～6mm，花药黄色；雌蕊1，子房上位，瓶状，无毛，花柱长3～4mm。核果卵球形或柱状卵球形，长2.5～3cm，无毛，无斑点，顶端有喙，基部有宿存萼片。花期6月；果熟期9～10月。

生境分布　产于南天门、桃花峪油篓沟、玉泉寺管理区。生于山沟、山坡较阴湿处。国内分布于黑龙江、吉林、辽宁、河北、陕西、甘肃、河南、湖北、湖南、四川、云南、贵州等省。

经济用途　果实可食及酿酒；茎皮可造纸；虫瘿可药用，治疝气及腰痛；从果实中提取新药polygamol为强心利尿的注射药；可保持水土。

THEACEAE

山茶科

　　乔木或灌木，落叶或常绿。单叶，互生；叶片通常革质；无托叶。单生、簇生，稀排成聚伞或圆锥花序；花通常两性，稀单性；辐射对称；花萼片5，稀4～9，覆瓦状排列，通常宿存；花瓣5，稀4～9或多数，离生或基部稍合生；雄蕊多数，稀5或10，离生或有时花丝基部合生成束，常与花瓣贴生；雌蕊1，子房上位，稀半下位，3～5室，稀10室，每室胚珠2至多数，稀1，中轴胎座。蒴果、浆果或核果状，具种子1至多数。种子无或有少量胚乳，胚通常弯曲。

　　约19属，600余种。我国有12属，274种。山东有1属，1种；引种1属，3种。泰山有1属，2种。

茶 茶树

Camellia sinensis (L.) Kuntze

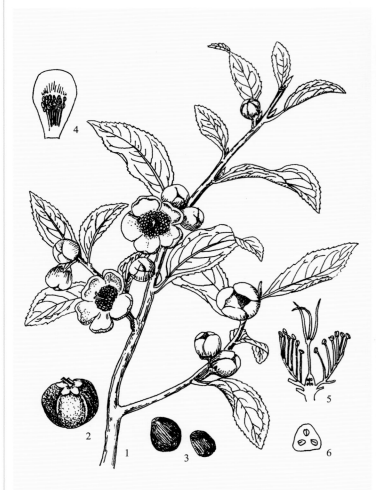

茶果枝

1.花枝　2.蒴果（未开裂）　3.种子　4.花瓣及雄蕊　5.花纵切
6.子房横切

茶　　　　　　　　　　　　　　　　　　　　　　　茶花枝

科　　属　山茶科Theaceae　山茶属Camellia L.

形态特征　常绿灌木或小乔木。幼枝、嫩叶有细柔毛。单叶，互生；叶片薄革质，卵状椭圆形或椭圆形，长4～12cm，宽2～5cm，先端短尖，基部楔形，边缘有细锯齿，上面无毛，有光泽，下面淡绿色，初有柔毛，后变无毛，羽状脉，侧脉5～7对，上面下凹；叶柄长3～6mm，无毛。花单生或2～3花成聚伞花序，腋生；花梗长4～10mm，下弯；苞片2，早落；花白色，径2～3cm；花萼片5，阔卵形或圆形，宿存；花瓣5～6，稀至8，阔卵形；雄蕊多数，长8～13mm，外轮花丝基部稍合生1～2mm；雌蕊1，子房上位，3室，密被白毛，花柱无毛，先端3裂。蒴果球形，有棱，径约2.5cm，每室具1～2种子。种子近球形，径1～1.5cm，淡褐色。花期9～11月；果期翌年秋季。

生境分布　竹林寺、樱桃园、天烛峰、桃花峪有引种栽培。国内分布于陕西、河南、安徽、江苏、浙江、福建、台湾、江西、湖北、湖南、广东、广西、海南、四川、云南、贵州、西藏等省（自治区）。

经济用途　茶叶为优良饮料，内含单宁、维生素、咖啡因、茶碱等，有益于人类健康。

山 茶 耐冬

Camellia japonica L.

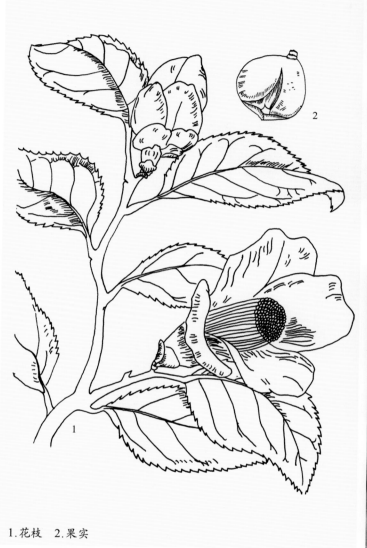

1.花枝 2.果实

山茶

山茶果枝

山茶花枝

科　　属　山茶科Theaceae　山茶属Camellia L.

形态特征　常绿灌木或小乔木。小枝淡绿色，无毛。单叶，互生；叶片倒卵形至椭圆形，长5～10cm，宽2.5～5cm，先端短渐尖，基部楔形，边缘有尖或钝锯齿，上面暗绿色，有光泽，下面淡绿色，两面无毛，羽状脉；叶柄长8～15mm，无毛。花单生、腋生或顶生；近无梗；花大，红色或白色，径6～10cm；苞片与花萼片约10，组成杯状苞被，外面有绢毛，脱落；花瓣5～7，外侧2片近圆形，长约2cm，内侧5片基部连生，倒卵圆形，长2～4.5cm；雄蕊3轮，外轮花丝下部合生成管，长约1.5cm，内轮离生；雌蕊1，子房上位，无毛，3室，花柱长2.5cm，先端3裂。蒴果球形，径2～3cm，3片裂，每室具1～2种子。种子近球形或有棱角。花期12月至翌年5月；果秋季成熟。

生境分布　岱庙、山东农业大学树木园有引种栽培。国内分布于浙江、台湾等省。

经济用途　品种繁多，为著名花木，供绿化观赏；种子榨油、食用及工业用；花为收敛止血药。

461

藤黄科

CLUSIACEAE (GUTTIFERAE)

　　乔木或灌木，有时为藤本，稀为草本；有油腺或树脂道。单叶，对生或轮生；全缘；无托叶。聚伞花序，有时单生；花两性或单性；辐射对称；花萼片2~6；花瓣2~6，在芽中呈覆瓦状、回旋状或十字状排列；雄蕊4至多数，离生或联合成3束或多束；雌蕊1，子房上位，1~5室，中轴胎座，稀为侧膜胎座，每室1至多数胚珠，花柱与心皮同数，离生或基部合生。蒴果，有时为浆果或核果。种子无胚乳，常有假种皮。

　　约40属，1200种以上。我国有8属，95种。山东引种1属，2种。泰山有1属，1种。

金丝桃　金丝海棠

Hypericum monogynum L.

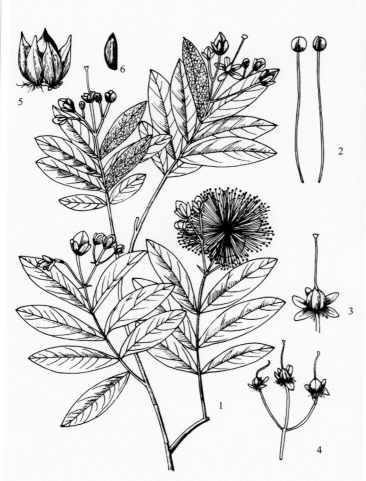

1. 植株上部　2. 雄蕊　3. 雌蕊　4. 幼果　5. 开裂的果实　6. 种子

金丝桃

金丝桃花枝

金丝桃幼果枝

科　　属　藤黄科Clusiaceae（Guttiferae）　金丝桃属Hypericum L.

形态特征　半常绿灌木。小枝幼时有2纵棱，很快变为圆柱形，红色，光滑无毛。单叶，对生；叶片倒披针形、椭圆形或长圆形，长2~11.2cm，宽1~4.1cm，先端锐尖至圆形，基部楔形至圆形，全缘，上面绿色，下面粉绿色，密生透明腺点，羽状脉，侧脉4~6对；叶无柄或具短柄。花1~15成聚伞花序，自茎端第1节或1~3节生出；花梗长0.8~2.8cm；花直径3~6.5cm；苞片线状披针形，早落；花萼片5，卵形或椭圆状卵形，全缘；花瓣5，黄色，阔倒卵形，有光泽，长2~3.4cm，长为萼片的2.5~4.5倍，全缘，无腺体；雄蕊多数，基部合生成5束，与花瓣近等长；雌蕊1，子房上位，卵球形，花柱1，长1.2~2cm，先端5裂，外弯。蒴果卵圆形。花期5~8月；果期8~9月。

生境分布　山东农业大学树木园、苗圃有引种栽培。国内分布于河北、陕西、河南、安徽、江苏、浙江、福建、台湾、江西、湖北、湖南、广东、广西、四川、贵州等省（自治区）。

经济用途　花美丽，供绿化观赏；果实及根入药，果作为连翘代用品，根能祛风湿、止咳、下乳、治腰痛。

柽柳科

TAMARICACEAE

灌木、亚灌木或小乔木，着叶的枝多纤细。单叶，互生；叶片成鳞片状或短针形；无叶柄；无托叶。花单生或集成穗状、总状或复合形成圆锥形的大花序；花两性，小型；辐射对称；花萼片宿存；花瓣4～5，覆瓦式排列；雄蕊与花瓣同数或2倍，稀多数，离生或基部合生；有花盘，下位或周位；雌蕊1，子房上位，1室，或为不完全的3～4室，侧膜胎座或基底胎座，胚珠2至多数，倒生，花柱离生或合生。蒴果，成熟时纵裂。种子顶端有毛，或有翅。

约3属，110余种。我国有3属，32种。山东有1属，2种。泰山有1属，1种。

柽 柳 红荆条 三春柳

Tamarix chinensis Lour.

柽柳花枝

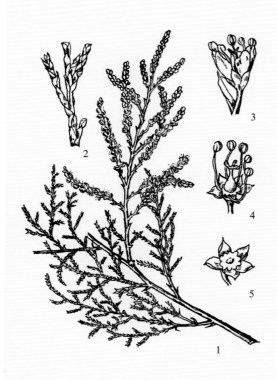

1.花枝 2.枝（一段放大） 3～5.花（放大示雄蕊、雌蕊及花盘）

柽柳

科　属　柽柳科 Tamaricaceae　柽柳属 Tamarix L.

形态特征　落叶灌木或小乔木。老枝紫褐色，条状裂；枝暗棕色至棕红色；小枝蓝绿色，细而下垂。从去年生木质化生长的营养枝的叶片长圆状披针形或长卵形，长1.5～1.8mm，稍开展，基部有龙骨状突起；上部绿色营养枝的叶片钻形或卵状披针形，长1～3mm，先端渐尖或略钝，背面有龙骨状突起，基部呈鞘状贴附枝上。每年开花2～3次，春季开花：总状花序侧生于去年生的枝侧，长3～6cm，宽5～7mm；花序梗短，或近无梗；有少数苞叶或无，苞片与花梗近等长或稍长；花梗明显，纤细；花萼片5，狭长卵形，较花瓣短；花瓣5，卵状椭圆形或椭圆状倒卵形，长约2mm，粉红色，宿存；雄蕊5，长于或略长于花瓣，花药淡红色；花盘5裂，紫红色；雌蕊1，子房上位，圆锥状瓶形，浅紫红色，花柱3，棒状，长约为子房的1/2；夏秋季花：总状花序长3～6cm，或当年生的枝顶，常组成复合的大型圆锥花序，通常下弯；苞片狭细，较花梗长；花萼片5；花瓣5，远比花萼长；雄蕊5，长等于或2倍于花瓣；花盘5裂或10裂；雌蕊的花柱棍棒状，长为子房的2/5～3/4。蒴果，圆锥形，长4～5mm，先端长尖，3瓣裂。花期5～8月，可3次开花，故名"三春柳"；果期7～10月。

生境分布　山东农业大学树木园有引种栽培。国内分布于辽宁、河北、河南、安徽、江苏等省。

经济用途　盐碱地土壤改良及绿化树种；枝条可编制筐篮；嫩枝及叶可药用，有发汗、透疹、解毒、利尿等效用；蜜源植物。

FLACOURTIACEAE

大风子科

　　乔木或灌木，稀藤本。单叶，互生；托叶早落。总状花序或圆锥花序，顶生或腋生；花两性或单性，辐射对称；花萼片4～5，分离或稍合生；花瓣4～5，稀无；雄蕊多数，常有退化雄蕊，花丝离生或稍合生；雌蕊1，子房上位、半下位，1至多室，通常1室，侧膜胎座，胚珠2至多数，倒生。蒴果、浆果或核果。种子有胚乳。

　　87属，900多种。我国有12属，39种。山东引种3属，2种，1变种。泰山有3属，3种。

毛叶山桐子

Idesia polycarpa Maxim. var. vestita Diels.

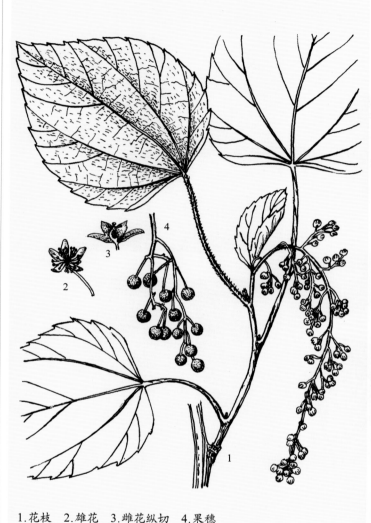

1.花枝　2.雄花　3.雌花纵切　4.果穗

毛叶山桐子

毛叶山桐子果枝

毛叶山桐子雄花花枝

科　　属　大风子科Flacourtiaceae　山桐子属Idesia Maxim.

形态特征　落叶乔木。树皮灰白色，平滑；枝条粗壮，赤褐色，被灰色柔毛。单叶，互生；叶片宽卵形至卵状心形，长8～16cm，宽6～14cm，先端渐尖或短尖，基部心形，边缘有疏锯齿，上面散生柔毛，脉上较密，下面被白粉，密生短柔毛，基出掌状5～7脉；叶柄长6～15cm，密生短柔毛，顶端有2突起腺体。圆锥花序，长12～20cm，下垂，花序轴密生短柔毛，顶生；花梗长1～1.5cm，密生柔毛；花萼片5，覆瓦状排列，长卵形，黄绿色，被柔毛；无花瓣；雄花具多数雄蕊，花丝条形，被毛，有退化雌蕊；雌花具雌蕊1，子房上位，花柱5，柱头球状，有多数退化雄蕊。浆果球形，红褐色，直径6～8mm；具多数种子；果柄长约2cm。花期6月；果期9～10月。

生境分布　山东农业大学树木园有引种栽培。国内分布于陕西、江苏、浙江、福建、江西、湖北、湖南、广西、四川、云南、贵州等省（自治区）。

经济用途　可供绿化观赏；种子油可制肥皂和润滑油，亦为桐油代用品；木材可供箱板及火柴杆等用。

柞 木 凿子树 红心刺

Xylosma congesta (Lour.) Merr.

1. 枝 2. 幼枝（示腋生刺） 3. 花 4. 果实

柞木

柞木果枝

柞木花枝

科　　属 大风子科Flacourtiaceae 柞木属Xylosma Forst.

形态特征 常绿大灌木或小乔木。树皮棕灰色，有不规则从下面向上反卷的裂片；幼时有枝刺，结果株无刺；枝条近无毛或有疏短毛。单叶，互生；叶片薄革质，雌雄株稍有区别，通常雌株的叶有变化，菱状椭圆形至卵状椭圆形，长4～8cm，先端渐尖，基部楔形或圆形，边缘有锯齿，两面无毛或在近基部中脉有污毛，羽状脉；叶柄长约2mm，有短毛。总状花序腋生，长1～2cm；花梗极短，长约3mm；花小；花萼片4～6，卵形，长2.5～3.5mm，外面有短毛；花瓣缺；雄花有多数雄蕊，花丝长约4.5mm，花药椭圆形，底着药，花盘由多数腺体组成，包围着雄蕊；雌花的萼片与雄花同，花盘圆形，边缘稍波状，雌蕊子房椭圆形，无毛，1室，有2侧膜胎座，花柱短，柱头2裂。浆果黑色，球形，顶端有宿存花柱，直径4～5mm；具2～3种子。种子卵形，长2～3mm，鲜时绿色，干后褐色，有黑色条纹。花期春季，果期冬季。

生境分布 山东农业大学树木园、庭院有引种栽培。国内分布于陕西、安徽、江苏、浙江、福建、台湾、江西、湖北、湖南、广东、广西、四川、云南、贵州、西藏。

经济用途 材质坚实，纹理细密，材色棕红，供家具农具等用；叶、刺供药用；种子含油；可供绿化观赏。

山拐枣

Poliothyrsis sinensis Oliv.

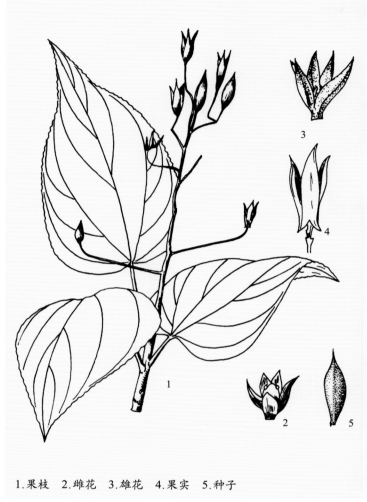

1.果枝　2.雌花　3.雄花　4.果实　5.种子

山拐枣

山拐枣花枝

山拐枣果枝

科　　属　大风子科Flacourtiaceae　山拐枣属Poliothyrsis Oliv.

形态特征　落叶乔木。小枝圆柱形，灰白色，幼时有短柔毛，老时无毛。单叶，互生；叶片厚纸质，卵形至卵状披针形，长8～18cm，宽4～10cm，先端渐尖或急尖，有的尖头长尾状，基部圆形或心形，有2～4个圆形和紫色腺体，边缘有浅钝齿，上面深绿色，有光泽，脉上有毛，下面淡绿色，有短柔毛，掌状脉，中脉在上面凹，下面突起；叶柄长2～6cm。圆锥花序，顶生，稀腋生在上面一两片叶腋；花单性，雌雄同序；花萼片5，卵形，长5～8mm，外面有浅灰色毛，内面有紫灰色毛；花瓣缺；雄花位于花序的下部，雄蕊多数，长短不一，分离，花药卵圆形，退化子房极小；雌花位于花序上端，比雄花稍大，退化雄蕊多数，短于子房，雌蕊1，子房上位，卵形，有灰色毛，1室，侧膜胎座3个，稀4个，每个胎座上有多数胚珠，花柱3，柱头2裂。蒴果长圆形，长约2cm，3片交错分裂，稀2片或4片分裂，外果皮革质，有灰色毡毛，内果皮木质。种子周围有翅，扁平。花期夏初，果期5～9月。

生境分布　山东农业大学树木园、竹林、樱桃园有引种栽培。国内分布于陕西、甘肃、河南、安徽、江苏、浙江、福建、江西、湖北、湖南、广东、云南、四川、贵州。

经济用途　木材结构细密，材质优良，供家具、器具等用；为蜜源植物。

瑞香科

THYMELAEACEAE

　　落叶或常绿灌木，稀为乔木或草本。树皮柔韧。单叶，互生，稀为对生；叶片全缘；无托叶。穗状、伞形、总状或头状花序，稀单生，顶生或腋生；花辐射对称，两性，稀单性；花萼筒圆筒形，萼裂4～5，裂片花瓣状，覆瓦状排列；花瓣缺或为鳞片状；雄蕊通常为萼片的2倍，或为同数，稀退化成1或2，花丝通常离生，着生于萼筒的中部或喉部，1轮或2轮，花药2室；下位花盘环状或为多鳞片状或缺；雌蕊1，子房上位，1室，稀2室，每室有悬垂的胚珠1枚，花柱短，常偏生。果为浆果、核果或坚果，稀为蒴果。种子有或无胚乳。

　　约48属，650种。我国有9属，115种。山东有2属，2种；引种1属，1种。泰山有2属，2种。

芫花

Daphne genkwa Sieb. et Zucc.

芫花果枝

1.茎枝 2.花枝 3.幼叶背面示绒毛 4.花展开示雄蕊 5.雌蕊

芫花

芫花花枝

科　　属　瑞香科Thymelaeaceae　瑞香属Daphne L.

形态特征　落叶灌木。幼枝密生淡黄色绢状毛，老枝无毛或几无毛。单叶，对生，稀为互生；叶片纸质，卵形、椭圆状长圆形至卵状披针形，长3～4cm，宽1～2cm，先端急尖或短渐尖，基部宽楔形或钝圆形，全缘，有缘毛，上面无毛，幼叶下面密被淡黄色绢状毛，老叶除下面叶脉微被绢状毛外其余部分无毛，羽状脉，侧脉5～7对。花3～6朵簇生于叶腋或侧生；花先叶开放，淡紫色或紫红色；花梗短，具灰黄色柔毛；花萼筒状，长6～10mm，外被丝状毛，萼裂片4，卵形，长5～6mm，顶端圆形；雄蕊8，2轮，分别着生于花萼筒中部及上部，花丝极短，花药黄色，伸出喉部；花盘杯状，不发达；雌蕊1，子房上位，长倒卵形，长约2mm，密被淡黄色柔毛，花柱短或无，柱头头状。核果白色，长圆形，包藏宿存的花萼筒下部；具1种子。花期3～5月；果期6～7月。

生境分布　产于红门、桃花峪、竹林寺等管理区。生于山坡、路旁、地堰、溪边、疏林或灌丛中。国内分布于河北、山西、陕西、甘肃、河南、安徽、江苏、浙江、福建、台湾、江西、湖北、湖南、四川、贵州等省。

经济用途　茎皮纤维为优质纸和人造棉的原料；花蕾入药，有祛痰、利尿的功效；根有活血消肿、解毒之功效；全株可作为土农药；可保持水土；可供绿化观赏。

结 香 黄瑞香

Edgeworthia chrysantha Lindl.

1.花枝　2.花　3.花展开示雌蕊　4.雌蕊

结香

结香果枝

结香花枝

科　　属　瑞香科Thymelaeaceae　结香属Edgeworthia Meisn.

形态特征　落叶灌木。枝稍粗，棕红色，有皮孔，被淡黄色或灰色绢状长柔毛，柔韧，通常3叉状分枝。单叶；互生，常簇生于枝顶；叶片椭圆形至椭圆状倒披针形，长6～20cm，宽2.5～5.5cm，先端急尖，基部楔形，全缘，上面疏生毛，下面粉白色，被长硬毛，脉及脉腋尤密；有短柄。头状花序；花序梗长1～2cm；苞片披针形，早落；花黄色，芳香；花萼筒状，长10～12mm，外被绢状长柔毛，萼4裂片，裂片平展；雄蕊8，2轮；雌蕊1，子房上位，椭圆形，顶端有毛，花柱细长。核果，卵形。花期3～4月。

生境分布　岱庙及泰城家庭有引种栽培。国内分布于河南、浙江、福建、江西、湖南、广东、广西、云南、贵州等省（自治区）。

经济用途　可供绿化观赏；全株入药，能舒筋接骨、消肿止痛，治跌打损伤、风湿痛；茎叶可作为土农药。

ELAEAGNACEAE

胡颓子科

　　灌木或乔木，落叶或常绿。植物体有银色或黄褐色的腺鳞或星状毛；枝常呈刺状。单叶，互生，稀对生；叶片全缘；无托叶。花单生、簇生或排成穗状、总状花序；花两性、单性或杂性，多雌雄异株；花辐射对称；花萼筒钟状或筒状，在雌花或两性花内子房上方通常明显收缩，萼裂片4，稀2，镊合状排列；无花瓣；雄蕊4～8，着生于萼筒喉部；有明显的花盘；雌蕊1，子房上位，由单心皮构成，1室，1胚珠，花柱1，细长，柱头棒状或偏向一边膨大。坚果或瘦果为肉质增厚的花萼筒包围，形成核果状。种皮木质化，壳状，胚直立，无或几无胚乳。

　　3属，约90种。我国有2属，74种。山东有1属，3种；引种1属，3种，1亚种。泰山有2属，3种，1亚种。

沙 枣 桂香柳

Elaeagnus angustifolia L.

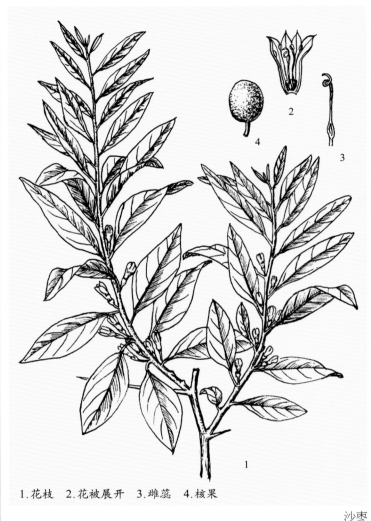

1.花枝　2.花被展开　3.雌蕊　4.核果

沙枣果枝

沙枣　　　　　　　　　　　　　　沙枣花枝

科　　属　胡颓子科Elaeagnaceae　胡颓子属Elaeagnus L.

形态特征　落叶乔木、小乔木或灌木状。树皮黑棕色，条状剥落；枝棕红色，嫩枝被银白色的腺鳞，无刺或有枝刺。单叶，互生；叶片纸质，宽披针形至条状披针形，长3～8cm，宽1～1.3cm，先端渐尖或钝，基部宽楔形，全缘，上面绿色，略有银白色片状腺鳞，下面鳞片较密，呈灰白色，有光泽，羽状脉，侧脉6～9，不明显；叶柄长5～10mm，银白色。2～3花生于枝下部的叶腋，稀单生；花梗长2～3mm；花萼筒钟形，在子房上方处骤收缩，长约5mm，萼裂片4，裂片宽卵形或卵状长圆形，长3～4mm，外面银白色，内部微黄色，疏生星状柔毛；雄蕊4，着生于萼筒的喉部，花丝极短；雌蕊1，子房上位，为圆锥形花盘包围，花柱上部扭曲，无毛。果实椭圆形或近球形，长9～12mm，径6～10mm，熟时橙红色或粉红色，密被银白色鳞片；果肉粉质。花期4～6月；果期8～9月。

生境分布　泰山林业科学研究院有引种栽培。国内分布于辽宁、内蒙古、河北、山西、陕西、甘肃、宁夏、青海、新疆、河南等省（自治区）。

经济用途　可作为固沙、保土、改良盐碱地及四旁绿化的优良树种；花可提芳香油；木材可做家具；果可供生食用或加工成沙枣面、果酱、果酒及糕点等。

牛奶子 麦粒子

Elaeagnus umbellata Thunb.

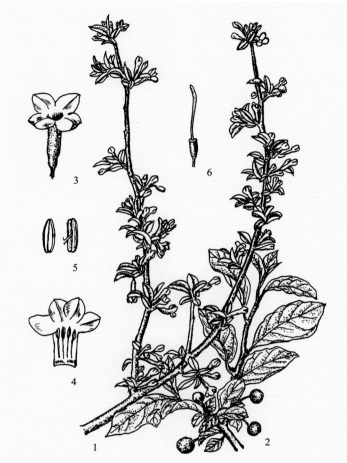

1. 花枝 2. 果枝 3. 花 4. 花被展开（示雄蕊着生） 5. 花药 6. 雌蕊

牛奶子

牛奶子-果枝

牛奶子花枝

科　　属　胡颓子科Elaeagnaceae　胡颓子属Elaeagnus L.

形态特征　落叶灌木。树皮暗灰色；老枝暗褐色至赤褐色，幼枝浅褐色至褐色，被银灰色并杂有褐色腺鳞；常有枝刺。单叶，互生；叶片纸质，椭圆形至长椭圆形或卵状长圆形、倒卵状披针形，长6～8cm，宽1～3.2cm，先端渐尖，稀圆钝，基部楔形至近圆形，全缘，边缘常皱卷，上面绿色，幼时有银灰色腺鳞，下面银灰色，杂有褐色鳞片，羽状脉，侧脉5～9对；叶柄长5～8mm，银白色。2～7花腋生，稀单生；花梗长3～6mm；花萼筒漏斗状，黄白色，长5～7mm，萼裂片4，裂片卵状三角形，长2～4mm，先端锐尖，外被褐色鳞片；雄蕊4，花丝极短，着生于萼筒基部；雌蕊1，子房上位，花柱直立，疏被星状毛和鳞片，基部无筒状花盘。果近球形或卵圆形，径5～7mm。有短尖头，初银灰色，熟时红色，杂有银灰色腺鳞，在果梗及短尖头处特密；果梗直立，长4～10 mm。花期5～6月；果期9～10月。

生境分布　产于各管理区。生于山坡、山沟的疏林、灌丛中。国内分布于辽宁、山西、陕西、甘肃、江苏、浙江、湖北、四川、云南、西藏等省（自治区）。

经济用途　果可生食及制果酱、果酒；为蜜源植物；叶、根、果可药用；可作为水土保持、防护林树种；可供绿化观赏。

胡颓子　羊母奶子　半春子　糖罐头

Elaeagnus pungens Thunb.

1.花枝　2.花　3.花被展开　4.雌蕊　5.花顶面观

胡颓子果枝

胡颓子　　　　　　　　　　　　　　　胡颓子花枝

科　　属　胡颓子科Elaeagnaceae　胡颓子属Elaeagnus L.

形态特征　常绿直立灌木。枝具刺，刺顶生或腋生，长20～40mm，有时较短，深褐色；幼枝微扁棱形，密被锈色鳞片；老枝鳞片脱落，黑色，具光泽。单叶，互生；叶片革质，椭圆形或阔椭圆形，稀矩圆形，长5～10cm，宽1.8～5cm，两端钝形或基部圆形，全缘，边缘微反卷或皱波状，上面幼时具银白色和少数褐色鳞片，成熟后脱落，具光泽，干燥后褐绿色或褐色，下面密被银白色和少数褐色鳞片，羽状脉，侧脉7～9对，近边缘分叉而互相连接，上面显著突起，下面不甚明显，网状脉在上面明显，下面不清晰；叶柄长5～8mm，深褐色。1～3花生于叶腋；花梗长3～5mm；花白色或淡白色，下垂，密被鳞片；花萼筒圆筒形或漏斗状圆筒形，长5～7mm，在子房上骤收缩，萼裂片4，三角形或矩圆状三角形，长3mm，顶端渐尖，内面疏生白色星状短柔毛；雄蕊4，花丝极短，花药矩圆形，长1.5mm；雌蕊1，子房上位，花柱直立，无毛，上端微弯曲，高于雄蕊。果实椭圆形，长12～14mm，幼时被褐色鳞片，成熟时红色；果核内面具白色丝状绵毛；果梗长4～6mm。花期9～12月；果期翌年4～6月。

生境分布　山东农业大学树木园有引种栽培。国内分布于安徽、江苏、浙江、福建、江西、湖北、湖南、广东、广西、贵州等省（自治区）。

经济用途　种子、叶和根可入药；种子可止泻，叶治肺虚短气，根治吐血及煎汤洗疮疥有一定疗效；果实味甜，可食，也可酿酒和熬糖；茎皮纤维可造纸和人造纤维板；可供绿化观赏。

中国沙棘　醋柳　酸刺

Hippophae rhamnoides L. subsp. sinensis Rousi

中国沙棘果枝

科　属　胡颓子科 Elaeagnaceae　沙棘属 Hippophae L.

形态特征　落叶小乔木或灌木。分枝密，棘刺较多而粗；小枝灰色至灰褐色，嫩枝褐绿色，密生银白色杂有褐色的盾状鳞片，稀有白色星状毛。单叶，通常近对生；叶片条形至条状披针形，长2～8cm，宽0.4～1.3cm，两端钝，基部圆形或近楔形，上面绿色，初有银白色盾状鳞片或星状毛，后脱落，老叶下面密生鳞片，银白色或杂有少量锈色，羽状脉；近无叶柄或仅长1～1.5mm。花淡黄色，先叶开放，雄花比雌花略早。果实卵圆形或近球形，长5～9mm，直径4～8mm，熟时橙黄色或橘红色，多浆液。种子卵形或稍扁平，长2.8～4.2mm，黑色或紫黑色，有光泽。花期3～4月；果期9～10月。

生境分布　泰山林业科学研究院、公园、庭院、苗圃有引种栽培。国内分布于内蒙古、河北、山西、陕西、甘肃、青海、四川等省（自治区）。

经济用途　优良的保土固沙植物及薪炭林树种；果实含有大量维生素和脂肪，可加工成果酱、果汁等各种沙棘制品，供食用或药用；种子可榨油；叶和嫩枝梢可作为饲料；树皮、叶、果含单宁酸，可分别用于染料及栲胶原料。

1.花枝　2.果　3.雄花　4.雌花

中国沙棘

477

千屈菜科

LYTHRACEAE

　　草木、灌木或乔木。枝常呈四棱形。单叶，对生，稀轮生或互生；叶片全缘，羽状脉，叶片下面有时有黑色腺体；叶柄极短；托叶小或缺。花单生或簇生，或组成顶生或腋生的穗状、总状、圆锥花序；花两性，通常辐射对称，稀两侧对称；花萼筒钟状或筒状，与子房分离而包围子房，萼裂片3～6，镊合状排列，萼裂片间常有附属物；花瓣与萼裂片同数或无花瓣，在蕾中呈皱褶状，着生于萼筒边缘；雄蕊少数至多数，着生于萼筒上；雌蕊1，子房上位，2～6室，每室具多数胚珠，花柱1，柱头头状，稀2裂。蒴果，横裂、瓣裂或不规则开裂，稀不裂，具多数种子。种子有翅或无翅，无胚乳。

　　约31属，625～650种。我国有10属，43种。山东引种1属，3种。泰山有1属，3种，1变型。

紫 薇 百日红 痒痒树

Lagerstroemia indica L.

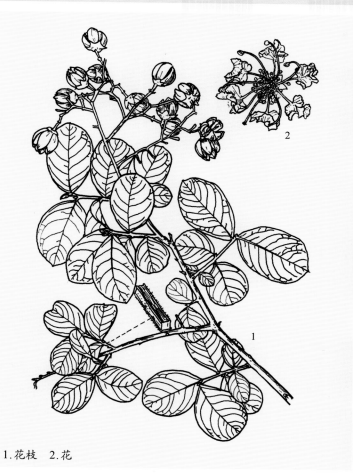

1.花枝 2.花

紫薇花枝

紫薇果枝

紫薇

银薇

科　属　千屈菜科Lythraceae　紫薇属Lagerstroemia L.

形态特征　落叶灌木或小乔木。树皮灰褐色，平滑；嫩枝有4棱，略呈翅状。单叶，互生或有时对生；叶片椭圆形、倒卵形或倒卵圆形，长2.5～5cm，宽1.5～4cm，先端短尖或钝形，有时微凹，基部阔楔形或近圆形，全缘，无毛或下面沿中脉有微柔毛，羽状脉，侧脉3～7对；无柄或近无柄。圆锥花序，长8～18cm，顶生；花梗及花序轴均被柔毛；花萼红色、淡红色或浅绿色，无毛、无棱或鲜时萼筒有微突起的矮棱，萼裂片6，三角形，萼裂片间无附属物；花瓣6，紫红色、红色、淡红色或白色，檐部皱缩，有长爪；雄蕊多数，外面6枚着生于花萼上，比其余的长得多；雌蕊1，子房上位，3～6室，花柱黄棕色至红色。蒴果椭圆状球形或阔椭圆形，长1～1.3cm，成熟干燥时呈紫黑色，3～6瓣裂。种子有翅。花期6～9月；果期9～10月。

生境分布　泰城街道及机关、公园、庭院有引种栽培。国内分布于吉林、河北、陕西、河南、安徽、浙江、福建、台湾、江西、湖北、湖南、广东、广西、海南、四川、云南、贵州等省（自治区）。

经济用途　花色鲜艳美丽，花期长，寿命长，已广泛栽培为公园、庭院观赏植物；木材坚硬、耐腐，可做农具、家具、建材等；树皮、叶及花药用，为强泻剂，根和树皮有治咯血、吐血、便血的功效。

银薇（变型）Lagerstroemia indica L. f. alba（Nichols.）Rehd.

本变型的主要特征是：萼裂片内侧微红色，花瓣檐部白色，爪部淡红色至红色。

公园、庭院有引种栽培。

供绿化观赏。

南紫薇　马铃花

Lagerstroemia subcostata Koehne

1.花枝　2.果枝　3.叶下面的一部分　4.花　5.果实

南紫薇

南紫薇果枝

南紫薇花枝

科　　属　千屈菜科Lythraceae　紫薇属Lagerstroemia L.

形态特征　落叶乔木或灌木。树皮薄，灰白色或茶褐色。单叶，互生或近对生；叶片膜质，矩圆形、矩圆状披针形，稀卵形，长2～11cm，宽1～5cm，先端渐尖，基部阔楔形，上面通常无毛或有时散生小柔毛，下面无毛或微被柔毛或沿中脉被短柔毛，有时脉腋间有丛毛，羽状脉，中脉在上面略下陷，在下面突起，侧脉顶端联结；叶柄长2～4mm。圆锥花序，长5～15cm，具灰褐色微柔毛，花密生，顶生；花白色或玫瑰色，直径约1cm；花萼筒有棱10～12条，长3.5～4.5mm，萼裂片5，三角形，直立，无毛；花瓣6，长2～6mm，皱缩，有爪；雄蕊15～30，5～6枚较长，12～14枚较短，着生于萼裂片或花瓣上，花丝细长；雌蕊1，子房上位，无毛，5～6室。蒴果椭圆形，长6～8mm，3～6瓣裂。种子有翅。花期6～8月；果期7～10月。

生境分布　山东农业大学树木园、苗圃有引种栽培。国内分布于青海、安徽、江苏、浙江、福建、台湾、江西、湖北、湖南、广东、广西、四川等省（自治区）。

经济用途　材质坚密，可作家具、细工及建筑用，也可做轻便枕木；花供药用，有去毒消瘀之效；供绿化观赏。

福建紫薇

Lagerstroemia limii Merr.

1.花枝　2.果枝　3.花　4.花萼　5.花萼纵切及雌蕊

福建紫薇

福建紫薇果枝

福建紫薇花枝

科　　属　千屈菜科Lythraceae　紫薇属 Lagerstroemia L.

形态特征　落叶灌木或小乔木。小枝圆柱形，密被灰黄色柔毛，以后脱落而呈褐色，光滑。单叶，互生至近对生；叶片革质至近革质，长卵形或卵状长椭圆形，长8～15cm，宽3～6cm，先端短渐尖或急尖，全缘，基部阔楔形或近圆形，上面近无毛，下面沿脉密被柔毛，羽状脉，侧脉10～17对，其间有明显的横行小脉；叶柄长2～5mm，密被柔毛。圆锥花序，顶生；花梗及花序轴密被柔毛；苞片条形；花萼筒杯状，有12条明显的棱，外面密被柔毛，萼裂片5～6，长圆状披针形或三角形，附属物生于萼筒之外，与萼裂片同数，互生；花瓣粉红色至紫色，檐部皱缩，爪长4～6mm；雄蕊着生于花萼上，外轮雄蕊与花瓣、萼片同数，较其余的为长；雌蕊1，子房上位，椭圆形，花柱长13～18mm。蒴果卵圆形，褐色，有浅槽纹，约1/4包藏于宿存萼内，4～5瓣裂。花期6～8月；果期9～10月。

生境分布　山东农业大学树木园、苗圃有引种栽培。国内分布于浙江、福建、湖北等省。

经济用途　供绿化观赏。

PUNICACEAE

石榴科

　　落叶灌木或小乔木。小枝常为刺状。单叶，对生、近对生或簇生；叶片全缘；无托叶。花单生，或1～5朵生于枝顶或叶腋；花两性或杂性；花辐射对称；花萼筒钟状或筒状，萼裂片5～7，革质，肥厚，宿存；花瓣5～7片或更多，覆瓦状排列，边缘多有皱褶；雄蕊多数，生于萼筒喉部周围；雌蕊多心皮构成，子房下位或半下位，多室，分上下两层排列，胚珠多数，上层各室为侧膜胎座，下层各室中轴胎座。果实浆果状，外皮厚，熟时开裂或不裂，中间有室间隔膜，顶部有宿存萼片，内有多数种子。种子有角棱，外种皮肉质多汁，内种皮骨质，种仁有胚乳，子叶旋转状。

　　1属，2种。我国引种1种。山东引种1种。泰山有1属，1种，8变种。

石　榴　安石榴

Punica granatum L.

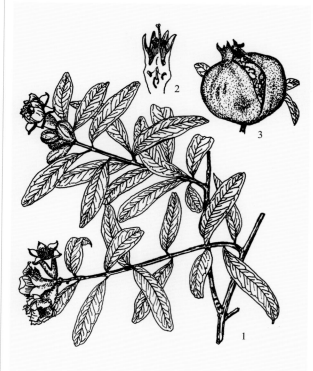

1.花枝　2.花去花瓣纵切　3.果实

石榴

石榴果枝

科　属　石榴科Punicaceae　石榴属Punica L.

形态特征　落叶灌木或小乔木。树皮灰黑色，不规则剥落；小枝四棱形，顶部常为刺状。单叶，对生或簇生；叶片倒卵形或长椭圆状披针形，长2～8cm，宽1～3cm，先端尖或钝，基部阔楔形、全缘，两面光滑无毛，羽状脉，中脉在下面突起；叶柄极短。1至数花顶生或腋生；花有短梗；花萼筒钟形，亮红色或紫褐色，长2～3cm，直径1.5cm，萼裂片5～8，三角形，先端尖，长约1.5cm；花瓣与萼裂片同数或更多，生于萼筒内，倒卵形，先端圆，基部有爪，常高出于花萼裂片之外，红色、橙红色、黄色或白色；雄蕊多数，花丝细弱弯曲，生于萼筒的喉部内壁上，花药黄色；雌蕊子房下位，8～13室，分成2或3层，上面的为侧膜胎座，下面的为中轴胎座，花柱1。浆果近球形，果皮厚、直径3～18cm不等，萼裂片宿存。种子外种皮浆汁，红色、粉红或白色，晶莹透明；内种皮骨质。花期5～6月；果期8～9月。

生境分布　原产于巴尔干半岛至伊朗及其邻近地区。各管理区普遍栽培，多见于庭院或果园。此种引种历史悠久。

经济用途　花供观赏；果实可食；茎皮及外果皮药用，有驱虫、止痢、收敛的作用。

由于长期栽培，栽培变种很多，常见有：

白石榴（栽培变种）Punica granatum 'Albescens'
本栽培变种的主要特征是：花白色，单瓣；果黄白色。
供观赏。

黄石榴（栽培变种）Punica granatum 'Flavescens'
本栽培变种的主要特征是：花黄色，单瓣。
供观赏。

重瓣白石榴（栽培变种）Punica granatum 'Multiplex'
本栽培变种的主要特征是：花白色，重瓣。
供观赏。

玛瑙石榴（栽培变种）Punica granatum 'Lagrellei'
本变种的主要特征是：花大型，重瓣，花瓣有红色或黄色条纹。
供观赏。

重瓣红石榴（栽培变种）Punica granatum 'Planiflora'
本栽培变种的主要特征是：花大型，重瓣，红色。
供观赏。

月季石榴　火石榴（栽培变种）Punica granatum 'Nana'
本栽培变种的主要特征是：矮生种，枝条密而上伸；叶形小（长1～2cm）；花小单瓣；果形小，熟时果皮粉红色。
供观赏。

重瓣火石榴（栽培变种）Punica granatum 'Plena'
本栽培变种的主要特征是：矮生种，是月季石榴的重瓣类型；叶细小；花红色，重瓣；通常不结实。
供观赏。

墨石榴　铁皮石榴（栽培变种）Punica granatum 'Nigra'
本栽培变种的主要特征是：矮生种，枝条细软，开张；叶狭长；花小，果小，果熟时，果皮呈黑紫色。
供观赏。

石榴花枝

墨石榴

NYSSACEAE

蓝果树科

　　落叶乔木，稀灌木。单叶，互生；无托叶。花序头状、总状或伞形；花单性或杂性，同株或异株；雄花花萼边缘齿裂，花瓣5，稀更多，覆瓦状排列，雄蕊为花瓣的2倍或较少，常排成2轮，花药内向，花盘肉质，垫状；雌花花萼管状部分常与子房合生，上部5齿裂，花瓣小，5或10，覆瓦状，花盘垫状，雌蕊子房下位，1室或6～10室，每室有1下垂倒生胚珠。核果或翅果，有宿存花萼及花盘，1室或3～5室，每室具1种子。

　　5属，约30种。我国有3属，10种。山东引种3属，3种。泰山有1属，1种。

喜　树　旱莲木

Camptotheca acuminata Decne.

1. 花枝　2. 果枝　3. 雄花　4. 雌蕊　5. 翅果

喜树果枝

喜树　　　　　　　　　　喜树花枝

科　　属　蓝果树科Nyssaceae　喜树属Camptotheca Decne.

形态特征　落叶乔木。树皮灰色，纵裂；小枝紫绿色，无毛。单叶，互生；叶片纸质，长圆状卵形或长圆状椭圆形，长12～28cm，宽6～12cm，先端短锐尖，基部近圆形或阔楔形，全缘，上面无毛，下面疏生短柔毛，脉上较密，羽状脉，中脉在上面凹下，在下面突起，侧脉10～15对，在下面稍突起；叶柄长2～3cm，无毛。常由2～9个头状花序组成圆锥花序，顶生或腋生；头状花序球形，径1.5～2cm，通常上部为雌花，下部为雄花；花序梗长4～6cm；花单性，同株；花无梗；苞片3，三角状卵形，长2～3mm，两面有毛；花萼筒杯状，5浅裂，边缘睫毛状；花瓣5，淡绿色，长圆形，先端锐尖，长约2mm，外面密被柔毛，早落；花盘显著；雄蕊10，外轮5枚较长，长于花瓣，花药4室；花瓣5；雌蕊子房下位，花柱顶端2裂。果序头状；翅果长圆形，长2～2.5cm，顶端有宿存花盘，两侧有窄翅，干时黄褐色，无果梗。花期5～7月；果期9月。

生境分布　山东农业大学树木园、庭院有引种栽培。国内分布于江苏、浙江、福建、江西、湖北、湖南、广东、广西、四川、云南、贵州等省（自治区）。

经济用途　木材松软，可供家具及造纸原料；枝、根、叶、皮及果实药用，含有抗癌作用的生物碱；可供绿化观赏。

八角枫科

　　落叶乔木或灌木。冬芽包被于叶柄基部。单叶，互生；无托叶。聚伞状花序，极少伞形花序或单生，腋生；花梗有关节；苞片线形，早落；花两性；花萼筒与子房贴生，边缘4～10齿裂或截形；花瓣4～10，条形至舌状，初时成管状，后分离而反卷；雄蕊与花瓣同数而互生或为其2～4倍，分离或基部与花瓣微黏合，内侧常有毛，花药条形，2室，纵裂；花盘肉质；雌蕊子房下位，1室，稀2室，胚珠单生。核果，顶端有宿存萼齿及花盘；具1种子。种子卵形成近球形，有胚乳。

　　1属，21种。我国有8种。山东有1属，1种，1变种。泰山有1属，2种。

八角枫 华瓜木

Alangium chinense (Lour.) Harms.

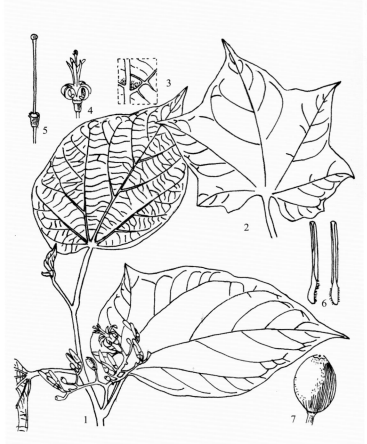

1.花枝 2.嫩枝的叶 3.叶下面一部分（放大） 4.花 5.雌蕊 6.雄蕊 7.果实

八角枫果枝

八角枫 八角枫花枝

科　　属　八角枫科Alangiaceae　八角枫属Alangium Lam.

形态特征　落叶灌木或小乔木。小枝略呈"之"字形，幼时无毛或有疏毛。单叶，互生；叶片纸质，近圆形、椭圆形或卵形，长12～20cm，宽8～16cm，先端短锐尖或钝尖，基部截形或近心形，两侧偏斜，不分裂或3～7裂，裂片短锐尖或钝尖，下面脉腋有丛状毛，基出3～5脉；叶柄长2～3.5cm，幼时有毛，后无毛。聚伞花序，腋生，长3～4cm，被疏柔毛，有7～30（～50）花；花序梗长1～1.5cm；花梗长5～15mm；小苞片条形，长约3mm，早落；花萼筒长2～3mm，与子房合生，6～8萼齿；花瓣6～8，条形，长1～1.5cm，基部黏合，上部反卷，外面有微柔毛，初白色，后变黄色；雄蕊和花瓣同数而等长，有短柔毛，花药长6～8mm，药隔无毛；花盘近球形；雌蕊子房下位，2室，花柱无毛，柱头头状，2～4裂。核果卵圆形，长5～7mm，熟时黑色，顶端有宿存萼齿及花盘；具1种子。花期6～8月；果期8～11月。

生境分布　山东农业大学树木园、苗圃有引种栽培。国内分布于山西、甘肃、河南、安徽、江苏、浙江、福建、台湾、江西、湖北、湖南、广东、广西、海南、四川、云南、贵州、西藏等省（自治区）。

经济用途　皮含鞣质，可提取栲胶；纤维可作为人造棉；根、叶药用，治风湿及跌打损伤等病；可保持水土。

三裂瓜木　瓜木

Alangium platanifolium (Sieb. & Zucc.) Harms var. trilobum (Miq.) Ohwi

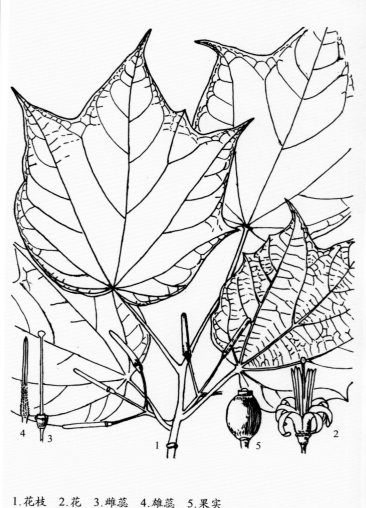

三裂瓜木果枝

1.花枝　2.花　3.雌蕊　4.雄蕊　5.果实

三裂瓜木

三裂瓜木花枝

科　　属　八角枫科Alangiaceae　八角枫属Alangium Lam.

形态特征　落叶灌木。小枝灰褐色，幼时被稀疏毛。单叶，互生；叶片薄纸质，心状圆形，长7～20cm，宽7～20cm，先端长渐尖，基部心形，3～5（～7）浅裂，裂片三角形，两面沿脉有疏毛，上面绿色，下面灰白色，基出3～5脉，下面脉通常隆起；叶柄长3～10cm，被稀短柔毛。聚伞花序腋生，通常有3～5花；花序梗长1.2～2cm；花梗长1.5～2cm，无毛；小苞片1，条形，长约5mm，早落；花萼筒近钟形，与子房合生，萼齿5，长约1mm；花瓣6～7，条形，长3～3.5cm，白色，外面有短柔毛，基部黏合，上部反卷；雄蕊12，较花瓣短，花丝基部背面微有柔毛，花药无毛；花盘肥厚，无毛；雌蕊子房下位，1室，花柱粗壮，长2.5～3.5cm，柱头扁平。核果蓝色，椭圆形，长7～8mm，无毛，顶端有宿存萼齿；具1种子。花期7～8月；果期8～10月。

生境分布　产于玉泉寺管理区粗滩沟，山东农业大学树木园有引种栽培。国内分布于吉林、辽宁、河北、山西、陕西、甘肃、河南、浙江、台湾、江西、湖北、四川、云南、贵州等省。

经济用途　皮含鞣质，可提取栲胶；纤维可作为人造棉；根、叶药用，治风湿及跌打损伤等病；可保持水土。

ARALIACEAE

五加科

　　乔木、灌木或木质藤本，稀多年生草本。枝有刺或无刺。单叶、掌状复叶或羽状复叶，互生；托叶常呈鞘状。伞形、头状、总状或穗状花序；两性或杂性，稀单性异株；花辐射对称；有苞片，小苞片不显著；花萼筒与子房合生，边缘波状或有萼齿；花瓣5～10；雄蕊与花瓣同数而互生，有时为花瓣的2倍或无定数，着生于花盘边缘，花药丁字式着生；有花盘；雌蕊1，子房下位，2～15室，稀1或多室，具倒生胚珠，花柱离生或下部合生或全部合生成柱状。浆果或核果，外果皮通常肉质，内果皮骨质、膜质或肉质而与外果皮不易区别。种子有胚乳。

　　约50属，1350种。我国有23属，180种。山东有4属，3种，2变种；引种2属，6种。泰山有3属，6种，1变种。

刺 楸

Kalopanax septemlobus (Thunb.) Koidz.

刺楸果枝

1.果枝　2.花　3.去花瓣及花药后示雄蕊着生　4.果实　5.果实横切

刺楸

刺楸花枝

科　　属　五加科 Araliaceae　刺楸属 Kalopanax Miq.

形态特征　落叶乔木。树皮暗灰色，纵裂；小枝散生粗刺，刺基部宽而扁。单叶，在长枝上互生，在短枝上簇生；叶片近圆形，径8～25cm，先端渐尖，基部心形，掌状5～7裂，裂片三角状卵形，壮枝上分裂较深，裂片长超过全叶片的1/2，边缘有细锯齿，两面几无毛，基出5～7脉；叶柄细长，长8～50cm，无毛。伞形花序再聚成圆锥花序，长15～25cm，直径20～30cm，顶生；伞形花序直径1～2.5cm，有多数花；总花梗长2～3.5cm，无毛；花梗无关节；花白色或淡绿色；花萼齿5，无毛；花瓣5，三角状卵形，长约1.5mm；雄蕊5，花丝长3～4mm；花盘隆起；雌蕊1，子房下位，2室，花柱1，柱头2。浆果状核果，球形，直径约5mm，蓝黑色，宿存花柱长约2mm。种子扁平。花期7～8月；果熟期11月。

生境分布　产于中天门、南天门、桃花源、玉泉寺等管理区。生于阳坡、山沟、灌丛及林缘。国内分布于辽宁、河北、山西、陕西、河南、安徽、江苏、浙江、福建、江西、湖北、湖南、广东、广西、四川、云南、贵州等省（自治区）。

经济用途　木材供建筑、家具、乐器、雕刻等用；根药用有清热祛痰、收敛镇痛的功效；嫩叶可食。树皮及叶含鞣质，提制栲胶；种子榨油，供工业用。

洋常春藤

Hedera helix L.

洋常春藤果枝

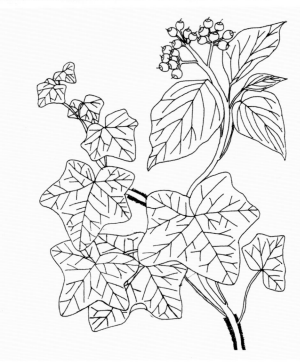

洋常春藤

科　　属　五加科 Araliaceae

形态特征　常绿攀缘藤本。有气生根。花梗和嫩枝上被灰白色星状毛。单叶，互生；叶片革质，二型，营养枝上叶片每边有3～5裂片或牙齿，花枝上的叶片狭卵形，长5～10cm，先端渐尖，基部楔形至截形，通常全缘，上面深绿色，具光泽，下面淡绿色；叶柄长10～20mm。伞形花序通常数个排列成总状花序，花小，淡绿白色。核果圆球形，熟时黑色。花期9～10月；果期翌年4～5月。

生境分布　原产于欧洲。公园、庭院有引种栽培。

经济用途　供绿化观赏。

菱叶常春藤

Hedera rhombea (Miq.) Bean.

1.花枝　2.果枝　3.不育枝的叶

菱叶常春藤

菱叶常春藤果枝

菱叶常春藤花枝

科　　属　五加科Araliaceae　常春藤属Hedera L.

形态特征　常绿攀缘藤本。枝有气生根；一年生枝疏生灰白色星状毛。单叶，互生；叶片革质，不育枝的叶3～5浅裂或五角形，花枝上的叶菱状卵形或菱状披针形，长4～7cm，宽2～7cm，先端渐尖，基部圆形或阔楔形，全缘，无毛，上面绿色，下面色略淡，上面沿脉色较淡，掌状脉；叶柄圆筒形，长1～5cm，几无毛。伞形花序；花序梗长2～5cm，密生星状毛；花梗长1cm左右，有星状毛；花萼片5，三角形，长约1mm；花瓣5，卵状三角形，有星状毛；雄蕊5，花丝长2～3mm；雌蕊子房下位，球形，花柱1，柱头5裂。核果球形，黑色，直径5～6mm，有宿存花柱。花期7～8月；果期11月。

生境分布　原产于日本。桃花峪、桃花源等有引种栽培。

经济用途　为棚架及垂直绿化材料。

细柱五加　五加　五加皮
Eleutherococcus nodiflorus (Dunn) S. Y. Hu

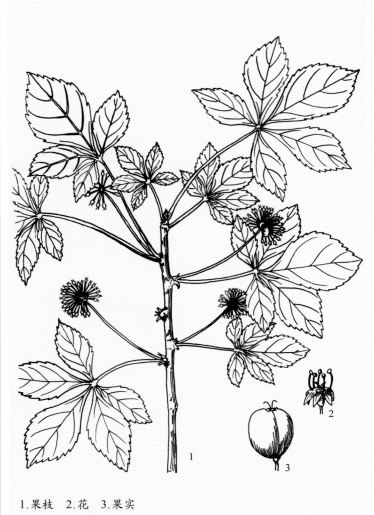

1.果枝　2.花　3.果实

细柱五加

细柱五加果枝

细柱五加花枝

科　　属　五加科Araliaceae　五加属Eleutherococcus Maxim.

形态特征　灌木。枝拱形下垂，呈蔓生状，无毛；节上常疏生反曲扁刺。掌状复叶，在长枝上互生，在短枝上簇生，通常具5小叶；小叶片纸质，倒卵形或倒披针形，长3～8cm，宽1～3.5cm，先端短渐尖，基部楔形，边缘有细钝齿，上面无毛或沿脉有疏刚毛，下面仅脉腋间有淡棕色簇毛，羽状脉，侧脉4～5对，两面明显；叶柄长3～8cm，无毛，常有细刺；小叶几无柄。伞形花序单个，稀2个，腋生，或顶生在短枝上，有多数花，径约2cm；花序梗长1～2cm，结实后延长，无毛；花梗长6～10mm，无毛；花黄绿色；花萼筒与子房合生，近全缘或具5小齿；花瓣5，长圆状卵形，先端尖，长约2mm；雄蕊5，花丝长2mm；雌蕊子房下位，2室，花柱2，细长，离生或基部合生。浆果扁球形，长约6mm，黑色，宿存花柱长2mm，反曲。花期5～8月；果期7～10月。

生境分布　山东农业大学树木园有引种栽培。国内分布于山西、陕西、甘肃、河南、安徽、江苏、浙江、福建、台湾、江西、湖北、湖南、广东、广西、四川、云南、贵州等省（自治区）。

经济用途　根皮药用，称为"五加皮"，有祛风化湿的功效。

刺五加　坎拐棒子

Eleutherococcus senticosus (Rupr. & Maxim.) Maxim.

刺五加　　　　　　　　　　　　　　　　　　刺五加花枝

科　　属　五加科Araliaceae　五加属Eleutherococcus Maxim.

形态特征　落叶灌木。分枝多，一、二年生的枝通常密生刺，稀仅节上生刺或无刺；刺直而细长，针状，下向，基部不膨大，脱落后遗留圆形刺痕。掌状复叶，具小叶5，稀3；小叶片纸质，椭圆状倒卵形或长圆形，长5～13cm，宽3～7cm，先端渐尖，基部阔楔形，上面粗糙，深绿色，脉上有粗毛，下面淡绿色，脉上有短柔毛，边缘有锐利重锯齿，侧脉6～7对，两面明显，网脉不明显；叶柄常疏生细刺，长3～10cm；小叶柄长0.5～2.5cm，有棕色短柔毛，有时有细刺。伞形花序单个顶生，或2～6个组成稀疏的圆锥花序，直径2～4cm，有花多数；花序梗长5～7cm，无毛；花梗长1～2cm，无毛或基部略有毛；花紫黄色；花萼无毛，边缘近全缘或有不明显的5小齿；花瓣5，卵形，长2mm；雄蕊5，长1.5～2mm；雌蕊1，子房下位，5室，花柱合生呈柱状。浆果球形或卵球形，有5棱，黑色，直径7～8mm，宿存花柱长1.5～1.8mm。花期6～7月；果期8～10月。

生境分布　山东农业大学树木园、药圃有引种栽培。国内分布于黑龙江、吉林、辽宁、河北、山西。

经济用途　本种根皮亦可代"五加皮"，供药用；种子可榨油，制肥皂用。

楤　木

Aralia elata (Miqu.) Seem. var. elata

楤木

楤木果枝

楤木花枝

科　属　五加科Araliaceae　楤木属Aralia L.

形态特征　落叶灌木或小乔木。树皮灰色；小枝疏生细刺，刺长1～3mm，基部膨大。2回或3回羽状复叶，长40～80cm，互生，叶轴和羽片轴基部通常有短刺，羽片有小叶5～11，基部另有小叶1对；小叶片膜质、纸质或近革质，阔卵形、卵形至椭圆状卵形，长5～15cm，宽2.5～8cm，先端渐尖，基部圆形至心形，上面绿色，下面淡绿色，无毛或脉上有稀疏短柔毛和细刺，边缘疏生锯齿，有时为粗齿牙，羽状脉，侧脉6～10对；叶柄长约50cm，无毛或被短柔毛，具皮刺；小叶柄长3～5mm，稀至1.2cm，顶生小叶柄长达3cm；托叶与叶柄基部合生，先端离生部分条形，长约3mm，边缘有纤毛。伞房状圆锥花序，长30～45cm，主轴短，长1～5cm，密生黄棕色或灰色短柔毛；二级分枝轴长20～35cm；伞形花序直径1～1.5cm，有6～15花，花序梗长0.8～4cm，花梗长1～10mm，均密生短柔毛；苞片和小苞片披针形，膜质，边缘有纤毛，前者长5mm，后者长2mm；花黄白色；花萼筒无毛，与子房合生，长1.5mm，边缘有5小萼齿；花瓣5，长1.5mm，卵状三角形，开花时反曲；雌蕊子房下位，5室，花柱5，离生或中部以下合生。浆果球形，黑色，有5棱，径3～4mm。花期6～7月；果期8～10月。

生境分布　产于桃花源管理区及南天门管理区后石坞。生于阴坡、半阴坡、灌丛及林缘。国内分布于河北、山西、陕西、甘肃、河南、安徽、江苏、浙江、福建、江西、湖北、湖南、广东、广西、四川、云南、贵州。

经济用途　木材可做小器具。根皮药用，有消炎、活血、散瘀、健胃、利尿的功效。嫩叶可食。

辽东楤木（变种）Aralia elata（Miqu.）Seem. var. glabrescens（Franch. & Sav.）Pojark.

本变种的主要特征是：小叶片膜质或纸质，背面无毛或疏生短柔毛，在脉上具小刺；花梗长5～10mm。

产于桃花源管理区及南天门管理区后石坞。生于阴坡、半阴坡、灌丛及林缘。国内分布于黑龙江、吉林、辽宁、河北等省。

木材可做小器具。根皮药用，有消炎、活血、散瘀、健胃、利尿的功效。嫩叶可食。

CORNACEAE

山茱萸科

落叶乔木或灌木，稀常绿。幼枝圆形或4棱形，老枝圆形。单叶，对生，稀互生或轮生；叶片通常全缘，羽状脉，稀平行脉；多无托叶；稀无叶柄。聚伞、伞形、头状或圆锥花序，顶生，稀腋生；有时有大型叶状总苞片；花小，辐射对称，两性；花萼筒与子房合生，具萼齿4；花瓣4，镊合状排列；雄蕊与花瓣同数而互生，花药2室，纵裂；具有花盘；雌蕊1，子房下位，2室，稀3或4室，每室有1倒生胚珠，花柱通常1，柱头头状或分裂。核果或浆果状核果。种子有胚乳。

1属，约55种。我国有1属，25种。山东有1属，3种；引种3种，1亚种。泰山有1属，4种，1亚种。

红瑞木
Cornus alba L.

红瑞木花、果枝

1.果枝　2.花

红瑞木

科　属　山茱萸科Cornaceae　山茱萸属Cornus L.

形态特征　落叶灌木。树皮暗红色，平滑；枝鲜红色，无毛。单叶，对生；叶片卵圆形或椭圆形，长4～10cm，宽3～6cm，先端突尖，基部圆楔形或阔楔形，全缘，上面暗绿色，下面粉绿色，散生白色平伏毛，羽状脉，侧脉5～6对，弓形内弯，上面凹下，下面突起；叶柄长1～2.5cm。伞房状聚伞花序，径3～5cm，顶生；花序梗长1.1～2.2cm，被毛；花白色；花萼筒与子房合生，倒卵形，疏生平伏毛，萼齿4，三角形；花瓣4，卵状长圆形；雄蕊4，花丝细，花药长圆形；花盘垫状；雌蕊1，子房下位，花柱圆柱形，柱头头状。核果长圆形，长6～7mm，两端尖，乳白色或蓝白色；核侧扁，两端稍尖呈喙状，长5mm，宽3mm，每侧有脉纹3条。花期5～6月；果期8～9月。

生境分布　岱庙、山东农业大学树木园，各公园、庭院常见引种栽培。国内分布于黑龙江、吉林、辽宁、内蒙古、河北、陕西、甘肃、青海、江苏、江西等省（自治区）。

经济用途　供绿化观赏；种子可榨油供工业用。

毛　梾　车梁木

Cornus walteri Wanger.

1.果枝　2.花　3.叶之一部分示毛被

毛梾

毛梾果枝

毛梾花枝

科　　属　山茱萸科Cornaceae　山茱萸属Cornus L.

形态特征　落叶乔木。树皮黑褐色，纵裂；小枝暗红色，幼时有平伏毛，后脱落。单叶，对生；叶片椭圆形或长椭圆形，长4～12cm，宽3～5cm，先端渐尖，基部楔形，上面疏被平伏毛，下面密被灰白色平伏毛，羽状脉，侧脉4～5对，弧形弯曲，上面凹下，下面突起；叶柄长1～3cm。伞房状聚伞花序，有灰白色平伏毛，顶生；花序梗长1.5～2cm；花梗长2～3mm；花白色，径约1cm；花萼筒与子房合生，倒卵形，密生灰白色柔毛，萼齿4，三角形，外被柔毛；花瓣4，长圆状披针形，长4.5～5mm，外面疏生柔毛；雄蕊4，无毛，花丝稍短于花瓣；花盘垫状或腺体状；雌蕊1，子房下位，花柱棍棒状，柱头头状。核果球形，径6～8mm，黑色；核扁球形，径约5mm。花期5～6月；果期8～10月。

生境分布　产于红门、中天门、桃花源等管理区。生于山谷杂木林中；各地公园常有栽培。国内分布于辽宁、河北、山西、陕西、宁夏、河南、安徽、江苏、浙江、福建、江西、湖北、湖南、广东、广西、海南、四川、云南、贵州等省（自治区）。

经济用途　木材供建筑、家具用材；种子含油率27%～38%，供食用及工业用；树皮药用，有祛风止痛、通经络的功效。

灯台树　瑞木

Cornus controversa Hemsl.

1.果枝　2.花　3.种子

灯台树

灯台树果枝

灯台树花枝

科　　属　山茱萸科Cornaceae　山茱萸属Cornus L.

形态特征　落叶乔木，高6～15m。树皮暗灰色，纵裂，小枝暗紫红色，无毛。单叶，互生，常簇生于枝梢；叶片阔卵形或阔椭圆形，长5～13cm，宽3～9cm，先端突尖或短尾状尖，基部阔楔形或近圆形，全缘，上面绿色，无毛，下面灰绿色，密被淡白色平贴短柔毛，羽状脉，侧脉6～7对，弧状弯曲，上面凹下，下面突起；叶柄长2～6.5cm。伞房状聚伞花序，花序径7～13cm，有平伏短柔毛，顶生；花序梗长1.5～3cm；花梗长3～6mm；花白色，径约8mm；花萼筒与子房合生，椭圆形，密生平伏短柔毛，萼齿4，三角形，外被短柔毛；花瓣4，长椭圆形；雄蕊4，稍伸出；雌蕊1，子房下位，花柱细长，柱头头状。核果球形，紫红至蓝黑色，径6～7mm；核顶端有近方形小孔。花期5～6月；果期7～8月。

生境分布　山东农业大学树木园、苗圃有栽培。国内分布于辽宁、河北、山西、陕西、甘肃、河南、安徽、江苏、浙江、福建、台湾、江西、湖北、湖南、广东、广西、海南、四川、云南、贵州、西藏等省（自治区）。

经济用途　木材供建筑、雕刻、文具等用；种子油可制肥皂及润滑油；木材供建筑用；亦可作为庭荫树及行道树。

山茱萸　萸肉

Cornus officinalis Sieb. et Zucc.

1.果枝　2.花枝　3.花

山茱萸

山茱萸果枝

山茱萸花枝

科　　属　山茱萸科Cornaceae　山茱萸属Cornus L.

形态特征　落叶小乔木。树皮灰褐色，剥落；枝条暗褐色，无毛。单叶，对生；叶片卵形至卵状椭圆形，稀卵状披针形，长5～12cm，宽2.5～5cm，先端渐尖，基部阔楔形或近圆形，全缘，上面绿色，无毛，下面淡绿色，疏被白色贴生短柔毛，脉腋有黄褐色髯毛，羽状脉，侧脉6～8对，叶脉在上面凹下，在下面隆起；叶柄长6～10mm。伞形花序，先叶开花，腋生；花序梗长1.5～2cm；总苞片4，卵圆形，淡褐色，长6～8mm，先端锐尖；花梗长约1cm，有白色柔毛；花黄色，径4～5mm；花萼筒与子房合生，萼齿4，阔三角形；花瓣4，舌状披针形；雄蕊4，短于花瓣；花盘垫状；雌蕊1，子房下位，花柱长1～1.5mm，柱头膨大。核果椭圆形，红色，长约1.5cm；核两侧扁。花期4～5月；果期8～9月。

生境分布　红门管理区、泰佛路苗圃及公园有引种栽培。国内分布于山西、陕西、甘肃、河南、安徽、江苏、浙江、江西、湖南等省。

经济用途　果实药用，可健胃补肾、治腰痛等症；种子油可制肥皂；可供绿化观赏。

四照花

Cornus kousa Bge. ex Hance subsp. chinensis (Osborn) Q. Y. Xiang

四照花

四照花果枝

四照花花枝

科　　属　山茱萸科Cornaceae　山茱萸属Cornus L.

形态特征　落叶小乔木或灌木状。小枝绿色，有白色柔毛，后脱落，二年生枝灰褐色，无毛。单叶，对生；叶片纸质或厚纸质，卵形或卵状椭圆形，长6～12cm，宽3.5～7cm，先端渐尖，基部圆形或阔楔形，全缘或有细齿，上面疏生白色柔毛，下面粉绿色，有白色短柔毛，脉腋簇生白色绢状毛，羽状脉，侧脉3～4对，稀5对，弧状弯曲；叶柄长5～10mm，有柔毛。头状花序，有40～50花，顶生；花序梗长5～6cm；总苞片4，花瓣状，卵形或卵状披针形，白色，长5～6cm，有弧状脉纹；花萼筒与子房合生，萼齿4，内面有1圈褐色细毛；花瓣4，黄色，长椭圆形；雄蕊4；花盘垫状；雌蕊子房下位，2室，花柱圆柱形。核果聚成球形果序，橙红色或紫红色，直径2～3cm。花期5月；果期8月。

生境分布　山东农业大学树木园及公园有引种栽培。国内分布于内蒙古、山西、陕西、甘肃、河南、安徽、江苏、浙江、福建、台湾、江西、湖北、湖南、四川、云南、贵州等省（自治区）。

经济用途　美丽的公园及庭院绿化观赏树种；果实味甜可食及酿酒。

桃叶珊瑚科

常绿乔木或灌木。枝圆柱形，对生，绿色。单叶，对生；无托叶；叶片厚革质至厚纸质，下面亮绿色，上面暗绿色，当干时黑褐色，羽状脉，叶缘具有锯齿，稀全缘；具叶柄。圆锥花序或总状圆锥花序，顶生；花单性，雌雄异株；花小，有1～2小苞片；花萼筒与子房合生，萼齿4；花瓣4，镊合状排列；雄花有4雄蕊，与花瓣互生，花药背着；花盘肉质；雌花中雌蕊1，子房下位，1室，1胚珠，花柱短粗，柱头头状，稍有2～4裂。浆果状核果，红色，干时黑色，有宿存花萼齿和花柱；有1种子。

1属，10种。我国有1属，10种。山东引种1属，2种，1变种。泰山有1属，1种。

青 木　东瀛珊瑚

Aucuba japonica Thunb.

青木雌花枝

1.雌花枝　2.雄花枝　3.雌花　4.雄花　5.果实

青木　　　　　　　　　　　　　　　　　　　青木雄花枝

科　　属　桃叶珊瑚科Aucubaceae　桃叶珊瑚属Aucuba Thunb.

形态特征　常绿灌木。小枝无毛。单叶，对生；叶片革质，长椭圆形、卵状长椭圆形，稀阔披针形，长8～20cm，宽5～12cm，先端渐尖，基部近圆形至阔楔形，边缘有2～4对疏齿或近全缘，上面亮绿色，下面淡绿色，羽状脉；叶柄粗壮，长1～4cm。圆锥花序，顶生；花序梗及花梗被毛；花单性，雌雄异株；雄花序长7～10cm，雄花下有1小苞片，花梗3～5mm，花紫红色；雌花序较短，长2～3cm，雌花下有2小苞片，花梗2～3mm，花瓣紫红色或暗紫色，雌蕊1，子房下位，被疏柔毛，花柱粗短，柱头偏斜。果卵圆形，暗紫、黑色，长约2cm，径5～7mm；种子1粒。花期3～4月；果期翌年4月。

生境分布　岱庙有引种栽培。国内分布于浙江、台湾。

经济用途　供绿化观赏。

ERICACEAE

杜鹃花科

　　常绿或落叶，小乔木、灌木或半灌木，稀草本或腐生草本；有的具根状茎。单叶，互生，稀对生及轮生，无托叶。花单生叶腋或簇生于枝顶或枝侧，有的集成总状花序、圆锥花序、伞房花序或伞形花序；花有苞片，辐射对称或稍两侧对称；花两性；花萼裂片4～5；花瓣稀离生，合生为漏斗状、钟状、高脚碟状的花冠，4～5裂，裂片近覆瓦状排列；有肉质花盘或无；雄蕊与花冠裂片同数或2倍，花药顶孔开裂；雌蕊1，子房上位或下位，5～10室，每室胚珠1至多数，倒生，中轴胎座或侧膜胎座，花柱1，头柱不裂或浅裂。蒴果，稀浆果或核果，种子多数。种子形小，有丰富胚乳。

　　约125属，4000种。我国有22属，826种。山东有3属，5种；引种5种。泰山有2属，3种。

迎红杜鹃　尖叶杜鹃

Rhododendron mucronulatum Turcz.

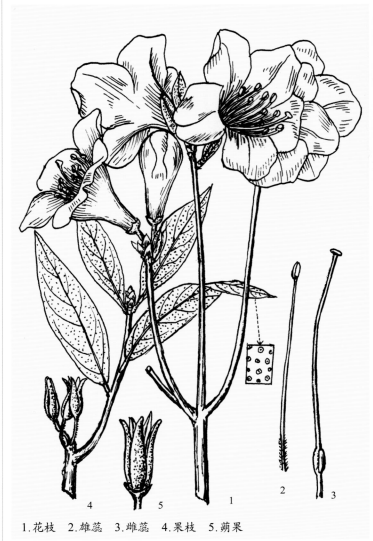

1.花枝　2.雄蕊　3.雌蕊　4.果枝　5.蒴果

迎红杜鹃

迎红杜鹃果枝

迎红杜鹃花枝

科　　属　杜鹃花科Ericaceae　杜鹃花属Rhododendron L.

形态特征　落叶灌木。树皮暗灰色，剥裂；小枝细长，有散生腺鳞；芽鳞具缘毛及腺鳞。单叶，互生；叶片纸质，长圆形或卵状披针形，长3～7cm，宽1.5～3.5cm，先端锐尖，基部楔形，近全缘，有时叶缘基部疏生粗毛，上面无毛，散生白色腺鳞，下面稍淡，具较疏的腺鳞，羽状脉；有短叶柄，长3～5mm。单花或1～3朵生于去年生枝的顶端；早春先叶开花，深红色或淡紫红色；花梗长5～10mm，有白色腺鳞；花萼裂片5，三角形，被腺鳞；花冠宽漏斗状，5深裂，达花冠中部以下；雄蕊10，长短不等，稍短于花冠，花药紫色；雌蕊1，子房上位，5室，花柱长于雄蕊，伸出花冠，柱头头状。蒴果长柱状，长1～1.5cm，暗褐色，有密腺鳞，室间开裂。花期4～5月；果期9～10月。

生境分布　产于南天门、桃花源、玉泉寺、樱桃园、竹林管理区。生于山坡、林下及灌木丛中，垂直分布可达海拔1000m以上。国内分布于辽宁、内蒙古、河北、江苏等省（自治区）。

经济用途　可供绿化观赏；叶药用，能止咳、祛痰、治慢性支气管炎。

照山白　小花杜鹃

Rhododendron micranthum Turcz.

1.花枝　2.花　3.雄蕊　4.雌蕊　5.蒴果　6.叶背面（放大）

照山白

照山白果枝

照山白花枝

照山白果枝

科　　属　杜鹃花科Ericaceae　杜鹃花属Rhododendron L.

形态特征　常绿或半常绿灌木。树皮黑灰色；枝条细，灰褐色，有散生腺鳞和疏柔毛；芽鳞先端尖锐或钝，缘有长纤毛。单叶，互生，多集生于枝端；叶片厚革质，长椭圆形，稀倒披针形，长2～4cm，宽0.8～1.5cm，先端钝尖或急尖，基部狭楔形，叶缘疏生浅齿或近全缘，稍反卷，上面绿色，光滑无毛，散生少数腺鳞，下面色淡，密生棕色腺鳞，羽状脉；叶柄长3～5mm。总状花序，生于去年生枝顶，有多数小花；花梗细，长约1.5cm，密生腺鳞及锈色短柔毛；花萼裂片5，狭三角形，外被腺鳞和长柔毛；花冠钟形，长约1cm，裂片5，长圆形，外被腺鳞；雄蕊10，花丝无毛，伸出花冠之外；雌蕊1，子房上位，5室，有腺鳞，花柱较雄蕊短，无腺鳞，柱头平截，微5裂。蒴果长圆形，长5～8mm，熟时褐色，外被较密腺鳞，花柱宿存。种子长约2mm，锈色，两端撕裂状。花期6～7月；果期8～10月。

生境分布　产于南天门、桃花源、天烛峰、玉泉寺、中天门等管理区。生于海拔800m以上山坡灌丛或林下。国内分布于东北、华北地区及河南、湖北、湖南、四川等省。

经济用途　枝、叶药用，有祛风、通络、止血、镇痛的作用；可供绿化观赏；可保持水土；花、叶有毒，牛羊食之能致命。

蓝 莓

Vaccinium corymbosum L.

蓝莓花枝

蓝莓

蓝莓果枝

科　　属　杜鹃花科Ericaceae　越橘属 Vaccinium L.

形态特征　落叶灌木。小枝绿色，具棱或圆柱形，通常具成行的柔毛。单叶，对生；叶片近革质，卵形至椭圆形，长1.5～7cm，宽1～2.5cm，先端急尖，基部楔形至近圆形，边缘具锯齿至全缘，暗绿色，上面无毛，下面有毛。总状花序，生于去年生枝上：花萼绿色，无毛；花冠白色到粉红色，近圆筒形，长5～12mm；花丝通常具柔毛。浆果圆球形，径4～12mm，暗蓝色，无毛，被白粉，具种子10～20（～25）。

生境分布　泰安有引种栽培。栽培的品种类型比较多。

经济用途　栽培作为水果。

EBENACEAE

柿树科

　　乔木或灌木，落叶或常绿。单叶，互生，稀对生及轮生；叶片全缘；无托叶。花常单生或排成小形的聚伞花序，稀总状花序或圆锥花序；花通常单性，雌雄异株或杂性，稀两性花；花辐射对称；花萼裂片3～7，宿存，在花后随果实发育增大；花冠合生，钟状或盆状，3～7裂，裂片旋转式排列；雄蕊与花冠裂片同数或为其2～4倍，花丝短，分离或成对合生，位于花冠筒的基部，花药2室，内向纵裂；雌花中雌蕊1，子房上位，2～16室，中轴胎座，每室1～2胚珠，花柱2～8，分离或基部连合，常有退化雄蕊。浆果肉质，有种子1至数枚。种皮薄，胚小，胚乳丰富，

　　3属，500余种。我国有1属，6种。山东有1属，2种，1变种；引种1种。泰山有1属，3种。

君迁子　软枣　黑枣

Diospyros lotus L.

1.果枝　2.雄花　3.花冠展开　4.雄蕊

君迁子果枝

君迁子　　　　　　　　　　　　　　　　　　　　君迁子花枝

科　　属　柿科Ebenaceae　柿属Diospyros L.

形态特征　落叶乔木。树皮暗灰色，长方形小块状裂；幼枝灰色至灰褐色，初有灰色细毛；芽先端尖，芽鳞黑褐色，边缘有毛。单叶，互生；叶片薄革质，椭圆状卵形或长圆形，长5～12cm，宽2.5～6cm，先端渐尖或微突尖，基部圆形或宽楔形，全缘，上面初有毛，后无毛，浓绿色，下面灰绿色，脉上被灰色毛，羽状脉，上面凹陷，下面微凸；叶柄长1cm左右，有毛。花单性或两性，雌雄异株或杂性；雄花2～3朵簇生；雌花单生；花萼裂片4，三角形或半圆形，长约6mm，外被疏毛，里面下部被密毛；花冠壶形，4裂，裂片倒卵形，长约3mm，淡绿色或粉红色；雄蕊在雄花中16，在两性花中8或6，在雌花中退化雄蕊8；花盘圆形，周围有密毛；雌蕊1，子房上位，长4～5mm，花柱短，柱头4裂。浆果球形或长椭圆形，径1.2～2cm，熟前黄褐色，后变紫黑色，外被蜡粉，有宿存花萼。花期4～5月；果期9～10月。

生境分布　产于各管理区。生于山坡、沟谷、村旁或为栽培。国内分布于辽宁、河北、山西、陕西、甘肃、河南、安徽、江苏、浙江、江西、湖北、湖南、四川、云南、贵州、西藏等省（自治区）。

经济用途　果实可食；木材可做家具；是嫁接柿树的良好砧木。

柿 柿树 柿子树

Diospyros kaki Thunb.

柿树果枝

柿树花枝

柿树

1.花枝 2.雄花 3.雄蕊 4.花冠展开 5.雌花 6.去花冠部分
示雌蕊 7.果实

科　　属　柿科Ebenaceae　柿属Diospyros L.

形态特征　落叶乔木。树皮暗灰色，呈粗方块状深裂；枝略粗壮，被淡褐色短绒毛；冬芽三角状卵形，先端钝。单叶，互生；叶片近革质，卵状椭圆形、宽椭圆形或倒卵状椭圆形，长6～13.5cm，宽2.8～9cm，先端渐尖或突尖，基部圆形或宽楔形，全缘，上面光绿色，下面淡绿色，幼时或沿叶脉有黄色绒毛，羽状脉，叶脉上面微凹，下面突起；叶柄长1.5～1.7cm，粗短，有毛。雌雄异株或同株；雄花序由1～3花组成；雌花单生；花萼裂片4，三角形，长1.3～1.6cm，随果实增大，宿存；花冠黄白色，钟形，花冠筒高约1cm，先端4裂，向外卷；雄花具雄蕊16～24；雌花具1雌蕊，子房上位，花柱4，柱头2～3裂，有退化雄蕊8。浆果形大，扁球形至卵圆形，罕四方形，直径3.5～15cm，熟时橙黄色或橘红色；宿存花萼大型，厚革质，近半圆形。花期5～6月；果期10～11月。

生境分布　除南天门管理区外其他各管理区内有栽培。国内分布于山西、甘肃、河南、安徽、江苏、浙江、福建、台湾、江西、湖北、广东、广西、海南、四川、云南、贵州等省（自治区）。

经济用途　果实生食或制成柿饼；柿蒂（宿存萼）、柿霜药用，有祛痰、镇咳、降气止呃的功效；木材可做家具。

老鸦柿

Diospyros rhombifolia Hemsl.

老鸦柿花枝

1.果枝　2.雄花　3.雄蕊　4.雌花

老鸦柿

科　　属　柿科Ebenaceae　柿属Diospyros L.

形态特征　落叶灌木。枝多折曲，有柔毛，具枝刺；芽长约2mm，芽鳞有毛。单叶，互生；叶片纸质，菱状倒卵形，长4～8.5cm，宽1.8～3.8cm，先端钝尖，基部楔形，全缘，边缘有细柔毛，上面绿色，初沿脉有黄褐色毛，下面浅绿色，疏生黄褐色毛，在脉上较多，羽状脉，侧脉每边5～6，上面凹陷，下面明显突起，小脉纤细，结成不规则网状；叶柄短，长2～4mm，有毛。雌雄异株；花梗纤细，有柔毛；雄花生于当年生枝下部，花萼4深裂，裂片三角形，花冠壶形，长约4mm，上部5裂片，雄蕊16，每2枚连生，花丝有柔毛；雌花散生于当年生枝下部，花萼4深裂，裂片披针形，长约1cm，先端急尖，内面有纤细而凹陷的纵脉，花冠壶形，上部4裂，裂片长圆形，约与冠筒等长，向外反曲，内外两面有柔毛，雌蕊1，子房上位，卵形，密被长柔毛，4室，花柱2，被长柔毛。浆果卵状球形，径1.5～2.5cm，先端有小突尖，熟时橙黄色至橘红色，有蜡质光泽；宿存花萼革质，萼裂片长圆状披针形；果梗纤细，长1.5～2.5cm；具2～4种子。花期5月；果期10月。

生境分布　山东农业大学树木园、果园有引种栽培。国内分布于安徽、江苏、浙江、福建、江西等省。

经济用途　可供绿化观赏。

SYMPLOCACEAE

山矾科

灌木或乔木，落叶或常绿。单叶，互生；叶片通常全缘或有腺质锯齿；无托叶。穗状、总状或圆锥花序，稀单生；每花常有1～2苞片；花两性，稀杂性，辐射对称；花萼筒与子房合生，萼裂片3～5，覆瓦状排列，稀镊合状；花冠合生，3～11裂，通常5裂，裂至基部或中部；雄蕊多数，稀4～5，花丝连合或分离，着生于花冠筒基部；雌蕊子房下位或半下位，顶端常有花盘或腺点，2～5室，每室胚珠2～4，花柱1，纤细，柱头头状或2～5裂。核果，顶端有宿存萼片；核光滑或有棱，1～5室，每室有1种子。种子胚乳丰实，胚直或弯。

1属，约200种。我国有42种。山东有2种。泰山有1属，1种。

白檀 锦织木

Symplocos paniculata (Thunb.) Miq.

1.花枝　2.花　3.去花冠雄蕊示花萼、花盘、雌蕊　4.果穗　5.果实横切

白檀花枝

白檀　　　　　　　　　　　　　　　　　　　　白檀果枝

科　　属　山矾科Symplocaceae　山矾属Symplocos Jacq.

形态特征　落叶灌木或小乔木。树皮灰褐色，条裂或片状剥落；小枝绿色，被灰白色柔毛，老枝无毛。单叶，互生；叶片卵圆形、倒卵形或椭圆状倒卵形，长3～11cm，宽2～4cm，先端尖、钝或微凹，基部圆形或宽楔形，边缘有内曲的细尖锯齿，叶上面黄绿色，无毛，下面淡绿色，幼时或仅在脉上存有白柔毛，羽状脉，侧脉每边4～8；叶柄长3～5mm。圆锥花序，长5～8cm，顶生或腋生；花序梗通常有柔毛；花全部有梗，被疏柔毛；花萼筒褐色，与子房合生，萼裂片半圆形或卵形，淡黄色，有纵脉纹；花冠白色，干后变黄，长4～5mm，5深裂几达基部；雄蕊40～60；花盘有5突起的腺点；雌蕊子房下位，2室。核果卵状球形，长5～8mm，稍偏斜，熟时蓝色；宿存萼片直立。花期5月；果期10月。

生境分布　产于南天门、桃花源、天烛峰管理区。生于海拔500m以上的山坡、沟谷或杂木林下，呈灌丛状。国内分布于黑龙江、吉林、辽宁、内蒙古、河北、山西、陕西、宁夏、河南、安徽、江苏、浙江、福建、台湾、江西、湖北、湖南、广东、广西、海南、四川、云南、贵州、西藏等省（自治区）。

经济用途　种子可榨油，供制漆、肥皂及机械滑润用；可保持水土；树形优美、白花、蓝黑果，可供绿化观赏。

安息香科

（野茉莉科）

STYRACACEAE

　　乔木或灌木，常有星状毛或鳞片状毛，稀无毛或仅有柔毛。单叶，互生；无托叶。总状、聚伞或圆锥花序，稀单生或数花簇生；有小苞片或无，常早落；花两性，稀杂性；辐射对称；花萼杯状、倒圆锥状或钟形，4～5齿裂，稀2或6齿或近全缘；花冠合生，稀离瓣，4～5裂，稀6～8；雄蕊常为花冠裂片数的2倍，稀4倍或为同数，花药2室，纵裂，花丝大部分或部分合生成筒，极少离生；雌蕊1，子房上位、半下位或下位，3～5室或有时基部3～5室而上部1室，每室1至数枚倒生胚珠，花柱丝状或钻状，柱头头状或不明显3～5裂。核果、蒴果，稀浆果；有宿存花萼。种子有翅或无翅，胚乳丰富，胚直伸或稍弯。

　　11属，约180种。我国有10属，54种。山东有1属，3种，1变种；引种2属，3种。泰山有1属，1种。

秤锤树

Sinojackia xylocarpa Hu

1.花枝　2.花　3.雄蕊　4.雌蕊　5.果枝

秤锤树

秤锤树花枝

秤锤树果枝

科　　属　安息香科（野茉莉科）　秤锤树属Sinojackia Hu

形态特征　落叶乔木。树皮红褐色，表皮常呈纤维状脱落；嫩枝常密被星状短柔毛。单叶，互生；叶片倒卵形、椭圆形或椭圆状卵形，长3～7cm，先端急尖，基部楔形或近圆形，边缘有硬质锯尖，两面无毛或仅在叶脉上疏被短柔毛，侧脉每边5～7；叶柄长3～5mm。总状聚伞花序由3～5花组成，生于侧枝；花梗细弱下垂，长约3cm；花萼筒倒圆锥形，下部几全部与子房合生，外面密被星状短柔毛，萼齿5，披针形；花冠白色，5裂，裂片先端钝，长圆状椭圆形，长0.8～1.2cm，两面密被星状柔毛；雄蕊10～14，花丝下部联合成短筒，疏被星状毛，花药内向纵裂；雌蕊子房下位，花柱长条形，柱头3裂，不明显。核果卵形，长2～2.5cm，顶端有圆锥状的钝喙尖，红褐色，无毛。种子长圆状条形，长1cm，栗褐色。花期4～5月；果期7～10月。

生境分布　山东农业大学树木园及校园有引种栽培。国内分布于江苏。

经济用途　可供绿化观赏。

木犀科

OLEACEAE

　　乔木、灌木或为木质藤本，落叶或常绿。单叶或羽状复叶，对生，稀互生或轮生；无托叶。圆锥花序或聚伞花序或有时簇生，稀花单生；花两性，稀单性、杂性或雌雄异株；花萼通常4裂，有时5～16裂，稀无花萼；花冠合生，漏斗状或高脚碟状，通常4裂，稀6～12裂，有时深裂达基部，稀无花冠；雄蕊2，稀4，花药2室，纵裂；雌蕊1，子房上位，2室，中轴胎座，每室2胚珠，稀1或4～8，花柱1，柱头2裂。浆果、核果、翅果或蒴果。种子有胚乳或无，胚直立。

　　约28属，400余种。我国有10属，160种。山东有6属，6种，4亚种；引种2属，28种，2亚种，1变种。泰山有8属，21种，3亚种，6变种。

白蜡树　栲蜡条

Fraxinus chinensis Rxob. subsp. chinensis

1.果枝　2.花

白蜡树

花曲柳果枝

科　　属　木犀科Oleaceae　梣属Fraxinus L.

形态特征　落叶乔木。小枝黄褐色，无毛；冬芽卵球形，芽黑褐色，鳞片被棕色柔毛或腺毛。一回奇数羽状复叶，对生，长13～20cm，具小叶5～9，通常7；小叶片硬纸质，卵形、倒卵状长圆形至披针形，长3～10cm，宽2～4cm，先端渐尖或钝，基部钝圆或楔形，边缘有整齐锯齿，上面绿色，无毛，下面无毛或沿脉有短柔毛，中脉在上面平坦，下面突起，羽状脉，侧脉8～10对；小叶柄短或近无。圆锥花序顶生或侧生于当年生枝上，长8～10cm，疏松；花序梗长2～4cm，无毛或被细柔毛；花梗纤细，长约5mm；花单性，雌雄异株；雄花花萼筒钟状，萼裂片4，大小不等，无花冠，雄蕊2，花药卵形或长椭圆形，与花丝近等长；雌花花萼筒状，萼裂片4，革质，无花冠，雌蕊1，子房上位，花柱细长，柱头2裂。翅果倒披针形，长3～4.5cm，先端锐尖、钝或微凹，基部渐狭；具1种子。花期4～5月；果期7～9月。

生境分布　山东农业大学树木园及南天门管理区岱顶有栽培。国内分布于各省份。

经济用途　木材坚硬有弹性，可制造车辆、农具；可作为行道树及护堤树种；树条为优良的编织用材；枝、叶可放养白蜡虫。

花曲柳　大叶白蜡树（亚种）Fraxinus chinensis Roxb. subsp. rhynchophylla（Hance）E. Murray

本亚种的主要特征是：具小叶3～7，通常5；小叶下面沿脉两侧有黄褐色柔毛，近基部较密，顶生小叶宽（2.5～）3.5～5（～7）cm，宽卵形到椭圆形，有时披针形，先端尾状渐尖或渐尖，边缘有浅而粗的钝锯齿；总花梗无毛或在花梗节上被黄褐色柔毛。花期4～5月；果期9～10月。

产于各管理区及药乡林场。国内分布于黑龙江、吉林、辽宁、河北、山西、陕西、甘肃、河南等省。

木材坚硬而有弹性，可供车辆、农具用材，枝条供编织；干、枝可药用，为健胃收敛药；种子含油15.8%，可制肥皂及工业用油；可作为行道树及护堤树种。

白蜡树果枝

花曲柳雄花枝

湖北梣 对节白蜡 湖北白蜡

Fraxinus hupehensis Ch'u & Shang & Su

湖北梣果枝

科 属 木犀科Oleaceae 梣属Fraxinus L.

形态特征 落叶乔木。树皮深灰色，老时纵裂；营养枝常呈棘刺状，小枝挺直，被细绒毛或无毛。一回奇数羽状复叶，对生，长7~15cm，具小叶7~11枚，叶轴具狭翅；小叶片革质，披针形至卵状披针形，长1.7~5cm，宽0.6~1.8cm，先端渐尖，基部楔形，叶缘具锐锯齿，上面无毛，下面沿中脉基部被短柔毛，羽状脉，侧脉6~7对；小叶柄长3~4mm，被细柔毛；叶柄长3cm。花密集簇生于去年生枝上，呈其短的聚伞圆锥花序，长约1.5cm；花杂性；两性花花萼钟状，无花冠，雄蕊2，花药长1.5~2mm，花丝较长，长5.5~6mm，雌蕊1，子房上位，具长花柱，柱头2裂。翅果匙形，长4~5cm，宽5~8mm，中上部最宽，先端急尖。花期2~3月；果期9月。

生境分布 山东农业大学校园有引种栽培。国内分布于湖北。

经济用途 供绿化观赏；材质优良，是很好的材用树种。

1.果枝 2.叶轴 3.两性花（去雄蕊）

湖北梣

美国红梣 毛白蜡 洋白蜡 红梣

Fraxinus pennsylvanica Marsh.

美国红梣果枝

1.枝一段（冬态示芽） 2.雄花序 3.雄花 4.雌花
序 5.雌花 6.复叶 7.翅果
美国红梣

科　　属　木犀科Oleaceae　梣属Fraxinus L.

形态特征　落叶乔木。树皮纵裂，灰褐色至暗灰色；小枝圆柱形，红棕色，被黄色柔毛或有时无毛；顶芽圆锥形，先端尖。一回奇数羽状复叶，对生，连叶柄长15～30cm，具小叶5～9，通常7，叶轴及叶柄无毛；小叶片薄革质，长卵形或长圆状披针形，长4～13cm，宽2～8cm，先端渐尖或急尖，基部宽楔形，边缘具钝齿或近全缘，上面无毛，下面仅沿脉有短柔毛，羽状脉，侧脉7～9对，脉在上面凹下，下面突起；小叶无柄或近无柄。圆锥花序侧生于去年生枝上，长5～20cm，有绒毛或无毛；雄花与两性花异株，无花冠；雄花花萼小，萼齿4～5，长约2mm，雄蕊2，花丝极短；两性花花萼较宽，雄蕊2，雌蕊1，子房上位，2室，柱头2裂。翅果狭倒披针形，长2.5～5.5cm，扁平，顶端钝圆或稍尖，果翅下延至果体中部，翅比果体长，果体圆柱形；宿存花萼长1～2mm。花期4月；果期9～10月。

生境分布　原产于美国东南部及加拿大东南边境。山东农业大学树木园、南天门管理区岱顶及公园、庭院有引种栽培。

经济用途　供绿化观赏及行道树种；木材可供建筑、造船、体育器材、农具、家具及工艺等用。

绒毛白蜡　毡毛梣

Fraxinus velutina Torr.

绒毛白蜡果枝

绒毛白蜡树　　　　　　　　　　　　　　绒毛白蜡雄花枝

科　　属　木犀科Oleaceae　梣属Fraxinus L.

形态特征　落叶乔木。树皮灰色，纵裂；小枝及芽密被短柔毛。一回奇数羽状复叶，对生，长10～20cm；具小叶3～9，常5，叶轴连同叶柄密被短柔毛；小叶片椭圆形至椭圆状披针形，长3～7cm，宽2～4cm，先端急尖，基部阔楔形，全缘，两面均有短柔毛，下面尤密，有时叶两面无毛，羽状脉，网脉明显；小叶具短柄或近无柄，密被短柔毛。圆锥花序侧生于去年枝上；花萼齿4～5；无花冠；雄花有雄蕊2～3，花丝极短，花药长圆形，黄色；雌花中雌蕊1，子房上位，柱头2裂，红色。翅果长1～3cm，果翅长椭圆形，果翅略下延，稀下延至果体中部，果翅等于或短于果体，花萼宿存。花期4月；果期9～10月。

生境分布　原产于美国西南部各州。山东农业大学树木园有引种栽培。

经济用途　能耐盐碱及低湿，可作为内陆及滨海盐碱地造林树种；木材可供车辆、农具、体育器材等用。

水曲柳 东北梣

Fraxinus mandschurica Rupr.

水曲柳果枝

1.果枝 2.复叶

水曲柳

科　　属　木犀科Oleaceae　梣属Fraxinus L.

形态特征　落叶大乔木。树皮灰褐色，纵裂；小枝稍呈四棱形，绿灰色，无毛，有褐色皮孔；冬芽黑褐色，外被2~3鳞片，鳞片边缘和内侧有黄褐色柔毛。一回奇数羽状复叶，对生，具小叶7~11，叶轴有狭翅；小叶片卵状长圆形或椭圆状披针形，长5~20cm，宽2~5cm，先端长渐尖或尾尖，基部楔形或阔楔形，不对称，边缘有锐锯齿，上面无毛，下面沿中脉和小叶基部密被黄褐色柔毛，羽状脉；小叶基部渐窄成短柄或近无柄。圆锥花序，侧生于去年生枝上；花序梗与分枝有狭翅，无毛；雄花与两性花异株，均无花萼与花冠；雄花序紧密，花梗纤细，长3~5mm，无毛，雄蕊2；两性花序稍松散，花梗细长，雄蕊2，雌蕊1，子房上位，扁宽，柱头2裂。翅果长圆形至倒卵状披针形，扁平，扭曲，长3~4cm，顶端钝圆或微凹，果翅下延。花期4~5月；果期9~10月。

生境分布　南天门管理区岱顶有引种栽培。国内分布于黑龙江、吉林、辽宁、河北、山西、陕西、甘肃、河南、湖北等省。

经济用途　木材可供建筑、造船、家具、枕木、胶合板等用材。

523

雪　柳　过街柳

Fontanesia philliraeoides Labill. subsp. fortunei (Carr.) Yaltirik

1.花枝　2.果枝　3.花　4.翅果

雪柳果枝

雪柳　　　　　　　　　　　　　　　雪柳花枝

科　　属　木犀科Oleaceae　雪柳属Fontanesia Labill.

形态特征　落叶灌木。树皮灰黄色，剥裂；小枝细长直立，四棱形，淡灰黄色。单叶，对生；叶片披针形或卵状披针形，长3～7cm，宽0.8～2.6cm，先端渐尖，基部楔形，全缘，无毛；叶柄长1～3mm。总状花序，腋生或圆锥花序，顶生；花两性或杂性同株；花淡白绿色，有短梗；花萼4裂；花冠4深裂，裂片卵状披针形，长2～3mm，花冠筒短；雄蕊2，花丝长于花冠；雌蕊1，子房上位，2室，稀3室，柱头2裂。翅果扁平，卵形或倒卵形，长6～8mm，先端凹陷，周围有翅，花柱宿存。花期5～6月；果期9～10月。

生境分布　灵岩、桃花源管理区有分布。生于山沟溪边；山东农业大学树木园有栽培。国内分布于河北、陕西、河南、安徽、江苏、浙江、湖北等省。

经济用途　枝条可编筐；茎皮可制人造棉，嫩叶代茶；可供绿化观赏。

连 翘 挂拉鞭

Forsythia suspensa (Thunb.) Vahl

1.叶枝 2.花枝 3.花冠展开 4.花纵剖 5.蒴果

连翘果枝

连翘　　　　连翘花枝

科　　属　木犀科Oleaceae　连翘属Forsythia Vahl

形态特征　落叶灌木。枝拱形开展，略呈四棱形，节间中空；冬芽褐色，无毛。单叶，对生；叶片卵形、宽卵形或椭圆状卵形，长2~10cm，宽1.5~5cm，无毛，先端锐尖，基部圆形至宽楔形，边缘基部以上有粗锯齿，有时形成羽状三出复叶，顶端小叶大，无毛，稀有柔毛，羽状脉，中脉在上面凹陷，下面突起；叶柄长1~2cm。单生或2至数花生于叶腋；花两性，黄色，先叶开放；花萼4裂，裂片长圆形，有缘毛，长6~7mm，长于花萼筒约2倍；花冠4深裂，裂片倒卵状椭圆形，长达2cm，长于花冠筒；雄蕊2，着生于花冠筒基部，花丝长约1mm；雌蕊1，子房上位，2室，花柱较雄蕊短或高于雄蕊，柱头2裂。蒴果卵形，长约2cm，顶端有长喙，表面散生瘤点，2室开裂；果梗长7~15mm。种子狭长圆形，有翅。花期3~4月；果期5~6月。

生境分布　产于各管理区。生于山坡、山沟灌丛；公园、庭院常见栽培。国内分布于河北、山西、陕西、甘肃、河南、安徽、湖北、四川、云南等省。

经济用途　果实药用，有清热、解毒、消炎的功效；可供绿化观赏及水土保持树种。

金钟花　单叶连翘

Forsythia viridissima Lindl.

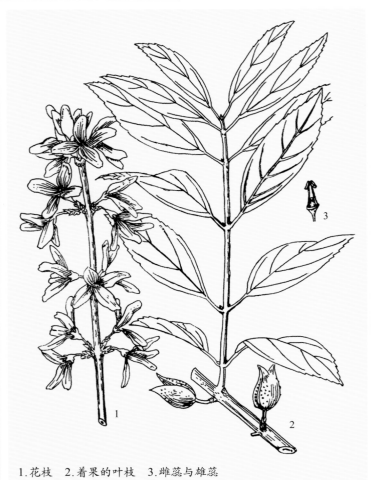

1.花枝　2.着果的叶枝　3.雌蕊与雄蕊

金钟花　　　　　　　　　　　　　　　　　　金钟花花枝

科　　属　木犀科Oleaceae　连翘属Forsythia Vahl

形态特征　落叶灌木。小枝淡黄褐色，四棱形，节间有片状髓。单叶，对生；叶片长椭圆状或长圆状披针形，长3.5～15cm，宽1～4cm，先端锐尖，基部楔形，中部以上有粗齿，稀近全缘，两面无毛，羽状脉，中脉在上面凹下，下面突起；叶柄长6～12mm。1～4花簇生于叶腋；花两性，深黄色，先叶开放；花梗长5～8mm；花萼4裂，裂片卵形或椭圆形，有缘毛，长约3mm；花冠4深裂，裂片狭长圆形，长1～1.5cm，长为冠筒的2倍；雄蕊2，着生于花冠筒基部，与筒部近等长；雌蕊1，子房上位，2室，柱头2裂。蒴果卵形，长1～1.5cm，先端有长喙，2室开裂；果梗长3～7mm。种子长约5mm，有翅。花期3～4月；果期8～11月。

生境分布　山东农业大学树木园、竹林管理区、公园、庭院常见有引种栽培。国内分布于安徽、江苏、浙江、福建、江西、湖北、湖南、云南。

经济用途　供绿化观赏。

金钟连翘　杂种连翘Forsythia×intermedia
是连翘和金钟花的杂交种，形态介于二者之间，枝条节间常有片状髓，有时部分中空。
公园、庭院有引种栽培。
供绿化观赏。

金钟花果枝

金钟连翘花枝

金钟连翘果枝

紫丁香　华北紫丁香

Syringa oblata Lindl.

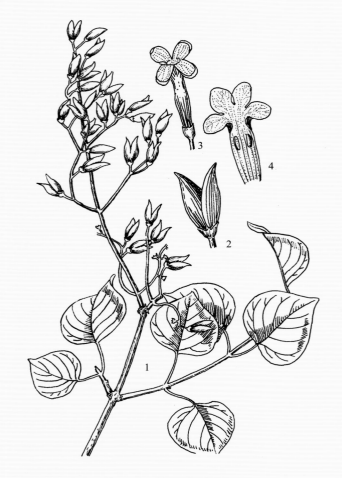

1.果枝　2.蒴果　3.花　4.花冠展开示雄蕊着生

紫丁香花、果枝

紫丁香　　　　　　　　　　　　　白丁香花枝

科　　属　木犀科Oleaceae　丁香属Syringa L.

形态特征　落叶灌木或小乔木。树皮灰褐色，平滑；小枝、花序轴、花梗、苞片、花萼、幼叶两面以及叶柄密被腺毛。单叶，对生；叶片革质或厚纸质，卵圆形或肾形，长2～14cm，通常宽大于长，先端短突尖至长渐尖或锐尖，基部心形、截形至近圆形或楔形，全缘，两面无毛或幼叶下面被微柔毛，羽状脉；叶柄长1～3cm。圆锥花序，由侧芽生出，长4～16cm；花萼小，钟形，长约3mm，萼4裂，裂片三角形；花冠漏斗状，紫色或白色，冠筒长0.8～1.7cm，檐部4裂，裂片卵形；雄蕊2，内藏，着生于冠筒中部或稍上，花药黄色，花丝极短；雌蕊1，子房上位，2室，花柱棍棒状，柱头2裂。蒴果，倒卵状椭圆形、卵形至长圆形，长1～2cm，顶端尖，光滑。种子扁平，长圆形，周围有翅。花期4～5月；果期6～10月。

生境分布　岱庙、山东农业大学树木园及泰城机关、公园、庭院常见栽培。国内分布于吉林、辽宁、内蒙古、河北、山西、陕西、甘肃、宁夏、青海、河南、四川等省（自治区）。

经济用途　供绿化观赏。嫩叶代茶，木材可制农具。

白丁香（变种）Syringa oblata Lindl. var. alba Hort. ex Rehd.

本变种的主要特征是：叶片较小，幼叶下面有微柔毛；花白色。全省各地公园、庭院普遍栽培。

巧玲花 毛叶丁香

Syringa pubescens Turcz

1. 花枝 2. 花冠展开示雄蕊 3. 去掉花冠筒示雄蕊 4. 果穗

巧玲花

巧玲花果枝

巧玲花花枝

巧玲花

科　属　木犀科Oleaceae　丁香属Syringa L.

形态特征　落叶小灌木。树皮灰褐色；小枝有4棱，无毛；冬芽被短柔毛。单叶，对生；叶片卵圆形、卵状椭圆形或近菱形，长1.5~8cm，宽1~5cm，先端锐尖至渐尖或钝，基部宽楔形或近圆形，全缘，有缘毛，上面绿色，无毛，下面灰绿色，被短柔毛至无毛，脉上尤密，羽状脉；叶柄长0.5~2cm，被柔毛或无毛。圆锥花序，通常由侧芽生出，稀顶生，长5~16cm；花序轴四棱形，无毛；花梗短，无毛；花淡紫色或紫红色；花萼小，钟形，长1.5~2mm，无毛，4裂；花冠筒细长，长0.7~1.7cm，檐部4裂；雄蕊2，着生于冠筒中部稍上，花药紫色；雌蕊1，子房上位，2室。蒴果圆柱形，长0.7~2cm，先端钝或具小尖，有疣状突起。花期5~6月；果期6~8月。

生境分布　产于南天门、桃花源、桃花峪、天烛峰、玉泉寺等管理区。生于海拔较高的山坡、灌丛。国内分布于河北、山西、陕西、河南等省。

经济用途　可供绿化观赏；茎药用；花可制作香料。

北京丁香

Syringa reticulata (Bl.) Hara subsp. pekinensis (Rupr.) P. S. Green & M. C. Chang

1.花枝　2.花　3.蒴果

北京丁香果枝

北京丁香　　　　　　　　　　　　　　　　　　北京丁香花枝

科　　属　木犀科Oleaceae　丁香属Syringa L.

形态特征　落叶灌木或小乔木。树皮灰褐色，纵裂；小枝细长而开展。单叶，对生；叶片纸质，卵形至卵状披针形，长2.5～10cm，宽2～6cm，先端长渐尖、短渐尖至锐尖，基部宽楔形或圆形、截形至近心形，全缘，两面无毛，羽状脉，侧脉在下面不或微隆起；叶柄长1.5～3cm，纤细，无毛。圆锥花序，由侧芽生出，长5～20cm，无毛；花萼钟形，长约1mm，无毛，萼裂片4；花冠白色或乳黄色，长3～4mm，冠筒短，与花萼近等长；雄蕊2，与花冠裂片等长或稍外露；雌蕊1，子房上位，2室，柱头2裂。蒴果长椭圆形至披针形，顶端尖至长渐尖，长1.5～2.5cm，平滑或有疣状突起。花期5～8月；果期8～10月。

生境分布　山东农业大学树木园、苗圃有引种栽培。国内分布于内蒙古、河北、山西、陕西、甘肃、宁夏、河南、四川。

经济用途　可供绿化观赏；木材供细木工用；花可提取芳香油；嫩叶可代茶。

木 犀 桂花

Osmanthus fragrans (Thunb.) Lour.

1.花枝　2.果枝　3.花冠展开　4.雄蕊　5.雌蕊

木犀

木犀花枝

木犀果枝

科　　属　木犀科 Oleaceae　木犀属 Osmanthus Lour.

形态特征　常绿灌木或小乔木。树皮灰褐色；小枝黄褐色，无毛；冬芽有芽鳞。单叶，对生；叶片革质，椭圆形或椭圆状披针形，长4～14.5cm，宽2.6～4.5cm，先端急尖或渐尖，基部楔形或宽楔形，全缘或幼树及萌枝叶上半部疏生锯齿，两面无毛，羽状脉，侧脉6～10对，在叶上面凹陷，下面突起；叶柄长1～2cm，无毛。3～5花簇生于叶腋，聚伞状；花梗长3～12mm；花白色或淡黄色或橘黄色，极芳香，基部有苞片；花萼筒杯状，长约1mm，稍不整齐的4裂；花冠长3～4mm，4深裂，几达基部，裂片长圆形；雄蕊2，花丝极短，着生于花冠筒近顶部；雌蕊1，子房上位，卵圆形，花柱短，柱头头状。核果椭圆形，长1～1.5cm，熟时紫黑色。花期9～10月；果期翌年4～5月。

生境分布　岱庙、斗母宫、山东农业大学树木园及公园、庭院有引种栽培。国内分布于四川、云南、贵州等省。

经济用途　著名绿化观赏花木；花提取芳香油，配制高级香料，用于各种香脂及食品，可熏茶和制桂花糖、桂花酒等，可药用，有散寒破结、化痰生津、明目的功效；果榨油可食用。

在栽培上根据花的颜色，常见有下列品种：
丹桂（栽培变种）Osmanthus fragrans 'Aurantiacus'
本栽培变种的主要特征是：花橘红色，有强烈香气。
岱庙、公园、庭院有引种栽培。
用途同原种。
银桂（栽培变种）Osmanthus fragrans 'Semperflorens'
本栽培变种的主要特征是：花黄白或浅黄色。
岱庙、公园、庭院有引种栽培。
用途同原种。
金桂（栽培变种）Osmanthus fragrans 'Latifolius'
本栽培变种的主要特征是：花黄色。
岱庙、公园、庭院有引种栽培。
用途同原种。
四季桂（栽培变种）Osmanthus fragrans 'Thunbergii'
本栽培变种的主要特征是：植株较矮，分蘖较多；一年多次或不断开花，花乳黄色，香味较上述品种淡。
岱庙、公园、庭院有引种栽培。
用途同原种。

柊 树 刺叶桂

Osmanthus heterophyllus (G. Don) P. S. Green

1.花枝 2～3.花（2.雌蕊不发育的花） 4.果实

柊树

柊树花枝

柊树果枝

科　　属　木犀科 Oleaceae　木犀属 Osmanthus Lour.

形态特征　常绿灌木或小乔木。幼枝有短柔毛。单叶，对生；叶片厚革质，长卵形或椭圆形，稀倒卵形，长3～6cm，宽1.5～3cm，先端针刺状，基部楔形至阔楔形，边缘有1～4对针刺状大牙齿，老树上的叶常全缘，上面暗绿色，有光泽，中脉基部有短柔毛，下面黄绿色，无毛，羽状脉，侧脉4～7对，网脉明显；叶柄长5～12mm，被短柔毛或近无毛。花簇生于叶腋；苞片长2～3mm；花梗长6～10mm；花萼杯形，4裂，裂片三角形；花冠白色，径4～5mm，檐部4裂，深裂至近基部，裂片长圆形；雄蕊2，着生于花冠筒中部或下部；雌蕊1，子房上位；雄花内有不育雌蕊。核果卵圆形，长约1.5cm，蓝黑色。花期10～11月；果期翌年5～6月。

生境分布　岱庙、山东农业大学树木园、公园有引种栽培。国内分布于台湾。

经济用途　供绿化观赏；枝、叶、树皮药用，有补肝肾、健腰的功效，并治百日咳、痈疔及肿毒。

齿叶木犀

Osmanthus×fortunei Carr.

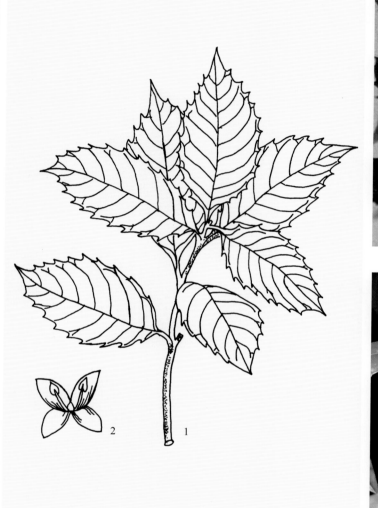

1.枝条　2.花

齿叶木犀

齿叶木犀花枝

齿叶木犀枝条

科　　属　木犀科Oleaceae　木犀属Osmanthus Lour.

形态特征　常绿灌木或乔木。树皮灰色；小枝灰白色，幼枝灰黄色，被柔毛。单叶，对生；叶片厚革质，宽椭圆形，稀椭圆形或卵形，长6～8cm，宽3～5cm，先端渐尖，呈短尾状，具针尖头，基部宽楔形或稍呈圆形，叶缘具8～9对锐尖锯齿，或部分叶全缘，两面具针尖状突起的小腺点，被柔毛，近叶柄处尤密，羽状脉，中脉在上面凹陷，下面突起，侧脉7～9对在两面均突起，上面尤为明显；叶柄长5～10mm，多少被柔毛。花序簇生于叶腋，每腋内有花6～12朵；苞片长2～3mm，具短尖头，被柔毛；花梗长5～10mm，无毛；花萼长约1mm，具大小不等裂片；花冠白色，花冠筒短，长1.5～2mm，裂片长4～5mm；雄蕊2，着生于花冠筒上部，长2.5～3mm，花药与花丝几等长，药隔延伸成一明显的小尖头；雄花中具不育雌蕊。

生境分布　山东农业大学树木园有引种栽培。国内分布于台湾。

经济用途　可供绿化观赏。

流苏树　牛筋子

Chionanthus retusus Lindl. & Paxt.

流苏树果枝

流苏树花枝

1.果枝　2.花枝　3.花　4.雌花去花冠示雌蕊　5.种子

流苏树

科　　属　木犀科Oleaceae　流苏属Chionanthus L.

形态特征　落叶乔木。树皮灰褐色，纵裂；小枝灰褐色，嫩时有短柔毛。单叶，对生；叶片近革质，椭圆形、长椭圆形或椭圆状倒卵形，长4～12cm，宽2～6.5cm，先端钝圆、急尖或微凹，基部宽楔形或圆形，全缘或幼树及萌枝的叶有细锐锯齿，上面无毛，下面沿脉及叶柄处密生黄褐色短柔毛，或后近无毛，羽状脉，中脉在上面凹陷，下面突起，侧脉3～5对；叶柄长1～2cm，有短柔毛。圆锥花序，生于侧枝顶端，长6～12cm；有花梗；花单性，雌雄异株；花萼4深裂，裂片披针形，长约1mm；花冠白色，4深裂近达基部，裂片条状倒披针形，长1～2cm，冠筒长2～3mm；雄花有雄蕊2，花丝极短；雌花有雌蕊1，子房上位，2室，每室有胚珠2，花柱短，柱头2裂。核果椭圆形，长10～15mm，熟时蓝黑色。花期4～5月；果期9～10月。

生境分布　竹林管理区三阳观、五贤祠，红门管理区、岱庙、山东农业大学树木园及公园常见栽培。国内分布于河北、山西、陕西、甘肃、河南、福建、台湾、江西、广东、云南、四川等省。

经济用途　木材质硬，纹理细致，可供器具及细木工用材；初夏白花满枝，味芳香，为优良绿化观赏树种；嫩叶可代茶；幼树为嫁接桂花的砧木。

女 贞

Ligustrum lucidum Ait.

1.果枝 2.花 3.果实

女贞

女贞花枝

女贞果枝

科　　属　　木犀科Oleaceae　　女贞属Ligustrum L.

形态特征　　常绿乔木或小乔木。树皮灰褐色，光滑不裂；小枝无毛。单叶，对生；叶片革质，卵形、长卵形、椭圆形或宽椭圆形，长6～17cm，宽3～8cm，先端锐尖至渐尖，基部宽楔形或圆形，边缘全缘，略向外反卷，上面深绿色，有光泽，下面淡绿色，无毛，羽状脉，侧脉6～8对，两面明显；叶柄长1.5～2cm。圆锥花序，顶生，长10～20cm，无毛；苞片叶状，小苞片披针形或条形；花白色，近无梗；花萼长1.5～2mm，与花冠筒近等长，4浅裂；花冠4裂，裂片长圆形，冠筒与裂片近等长，反折；雄蕊2，与花冠裂片略等长；雌蕊1，子房上位，2室，花柱长1.5～2mm，柱头2裂。核果肾形或近肾形，蓝黑色，长7～10mm；具1种子。花期5～7月；果期7月至翌年5月。

生境分布　　岱庙、山东农业大学树木园和校园及公园、庭院常见有引种栽培。国内分布于陕西、甘肃、河南、安徽、江苏、浙江、福建、江西、湖北、湖南、广东、广西、海南、四川、云南、贵州、西藏等省（自治区）。

经济用途　　供绿化观赏；木材质细，供细木工用；果药用，名"女贞子"，有滋肾益肝、乌发明目的功效；叶可治口腔炎、咽喉炎；树皮研末可治烫伤、痈肿等；根、茎泡酒，治风湿；种子榨油，供工业用。

日本女贞

Ligustrum japonicum Thunb.

1.花枝　2.花序一部分　3.花展开　4.果实

日本女贞花枝

日本女贞　　　　　　　　　　　　　　　日本女贞果枝

科　　属　木犀科Oleaceae　女贞属Ligustrum L.

形态特征　常绿灌木或小乔木。小枝无毛。单叶，对生；叶片革质，椭圆形或宽卵状椭圆形，稀卵形，长4～8cm，宽2.5～5cm，先端短渐尖，基部楔形、宽楔形至圆形，全缘，两面无毛，羽状脉，侧脉4～7对，两面突起；叶柄长6～12mm。圆锥花序，顶生，长8～15cm；花梗极短；花萼钟形，先端截形或不规则齿裂，长约为花冠筒的1/2；花冠白色，冠筒长3～3.5mm，檐部4裂，裂片长圆形，较冠筒略短或近等长；雄蕊2，稍长于花冠裂片，伸出花冠筒外；雌蕊1，子房上位，2室，花柱长3～5mm。核果椭圆形或长圆形，蓝黑色，长7～10mm；具1种子。花期6月；果期11月。

生境分布　原产于日本。泰安林业科学院有引种栽培。

经济用途　供绿化观赏。

金森女贞（栽培变种）Ligustrum japonicum 'Howardii'
本变型的主要特点是：叶片黄色，部分也有云翳状绿色斑块。
公园有引种栽培。
供绿化观赏。

小蜡树

Ligustrum sinense Lour.

1.花枝　2.花

小蜡树果枝

小蜡树

小蜡树花枝

科　　属　木犀科Oleaceae　女贞属Ligustrum L.

形态特征　落叶或半常绿灌木。小枝密生短柔毛。单叶，对生；叶片薄革质或纸质，椭圆形、卵形、卵状椭圆形至披针形，长2～7cm，宽1～3cm，先端急尖或钝，基部圆形或阔楔形，全缘，上面无毛，下面仅脉上有短柔毛，羽状脉，侧脉4～8对，侧脉近叶缘处联结；叶柄长2～8mm，有短柔毛。圆锥花序，顶生或腋生，长6～10cm；花序轴有短柔毛；花梗长1～3mm；花萼钟形，无毛，长1～1.5mm，先端截形或呈浅波状齿；花冠白色，长3.5～5.5mm，檐部4裂，裂片长圆形，等于或略长于花冠筒；雄蕊2，着生于冠筒上，外露；雌蕊1，子房上位。核果近球形，黑色，径5～8mm。花期3～6月；果期9～12月。

生境分布　岱庙、山东农业大学树木园及公园、庭院有引种栽培。国内分布于安徽、江苏、浙江、福建、台湾、江西、湖北、湖南、广东、广西、海南、四川、云南、贵州等省（自治区）。

经济用途　供绿化观赏；嫩叶代茶；茎皮可制人造棉；果可酿酒；树皮和叶药用，有清热降火等功效。

小叶女贞　小白蜡树

Ligustrum quihoui Carr.

1.花枝　2.花序一部分放大　3.花　4.果穗

小叶女贞果枝

小叶女贞

小叶女贞花枝

科　　属　木犀科Oleaceae　女贞属Ligustrum L.

形态特征　落叶或半常绿灌木。小枝疏生短柔毛，后脱落。单叶，对生；叶片薄革质，椭圆形至长椭圆形或倒卵状长圆形，形状变化较大，长1～5.5cm，宽0.5～3cm，先端锐尖、钝或略呈凹头，基部狭楔形至楔形，全缘，边缘略向外反卷，两面无毛，羽状脉，侧脉2～6对，近叶缘处网结不明显；叶柄长2～4mm，有短柔毛或无毛。圆锥花序，顶生，长4～20cm，有短柔毛；苞片叶状，向上渐小；花梗极短或无梗；花白色；花萼钟形，长约1.5mm，4裂，无毛；花冠长4～5mm，4裂，裂片与花冠筒近等长；雄蕊2，外露；雌蕊1，子房上位。核果近球形或倒卵形、宽椭圆形，紫黑色，长5～9mm，径4～7mm。花期5～7月；果期8～11月。

生境分布　山东农业大学树木园及公园、庭院有引种栽培。国内分布于陕西、河南、安徽、江苏、浙江、湖北、四川、云南、贵州、西藏等省（自治区）。

经济用途　供绿化观赏；叶及树皮药用，治烫伤，并有清热解毒的功效；抗二氧化硫性能较强，可作为工矿区绿化树种。

辽东水蜡树　钝叶水蜡树

Ligustrum obtusifolium Sieb. et Zucc. subsp. suave (Kitag.) Kitag.

辽东水蜡树果枝

1. 果枝　2. 花　3. 花纵切

辽东水蜡树

辽东水蜡树花枝

科　　属　木犀科Oleaceae　女贞属Ligustrum L.

形态特征　落叶灌木，高0.5～3m。多分枝，小枝被短柔毛。单叶，对生；叶片纸质，椭圆形、长椭圆状披针形、长椭圆形或长椭圆状倒卵形，长0.8～6cm，宽0.5～2.2cm，先端尖或钝，或有时微凹而具微尖头，基部楔形或阔楔形，全缘，两面无毛或疏被柔毛，或下面中脉有柔毛，羽状脉，侧脉3～7对；叶柄长1～2mm，有短柔毛或无毛。圆锥花序，顶生，长1.5～4cm；花序轴有短柔毛；苞片披针形，长5～7mm，有短柔毛；花梗长0～2mm，有短柔毛；花白色，芳香；花萼钟形，长1.5～2mm，截形或有浅三角形萼齿，有短柔毛；花冠4裂，裂片狭卵形至披针形，长2～4mm，花冠筒长3.5～6mm，长于裂片；雄蕊2，短于花冠裂片或达裂片的1/2，花药长2～3mm；雌蕊1，子房上位。核果近球形或宽椭圆形，长5～8mm，径4～6mm，紫黑色。花期5～6月；果期9～10月。

生境分布　山东农业大学树木园有栽培。国内分布于黑龙江、江苏、辽宁、浙江。

经济用途　可供绿化观赏；嫩叶可代茶。

卵叶女贞

Ligustrum ovalifolium Hassk.

1.花枝　2.花解剖

卵叶女贞

卵叶女贞花枝

卵叶女贞果枝

金叶女贞花枝

科　　属　木犀科Oleaceae　女贞属Ligustrum L.

形态特征　半常绿灌木。小枝棕色，无毛或被微柔毛。叶片近革质，倒卵形、卵形或近圆形，长2~10cm，宽1~5cm，先端锐尖或钝，基部楔形、宽楔形或近圆形，全缘，两面无毛或下面沿中脉略被短柔毛，羽状脉，侧脉3~6对，在下面略突起，近叶缘处网结；叶柄长2~5mm。圆锥花序塔形，长5~10cm，宽3~6cm；花序轴具棱，无毛或被微柔毛；花梗长0~2mm；花萼无毛，长1.5~2mm，截形或具浅齿；花冠4裂，裂片卵状披针形，长2~3mm，花冠筒长4~5mm，长于裂片；雄蕊与花冠裂片近等长，花丝短于裂片；雌蕊1，子房上位。核果近球形或宽椭圆形，长6~8mm，径5~8mm，紫黑色。花期6~7月；果期11~12月。

生境分布　原产于日本。庭院、街道及路边花坛有引种栽培。

经济用途　供绿化观赏。

金叶女贞 Ligustrum × vicaryi Rehd.

该植物是金色卵叶女贞（Ligustrum ovalifolium 'Aureum'）与欧洲女贞（Ligustrum vulgare L.）杂交选育出的栽培种，其主要特征是：半常绿灌木；叶片卵形或卵状椭圆形，全部为金黄色。

各公园、庭院、绿化带普遍有引种栽培。

供绿化观赏。

探春花　迎夏

Jasminum floridum Bge.

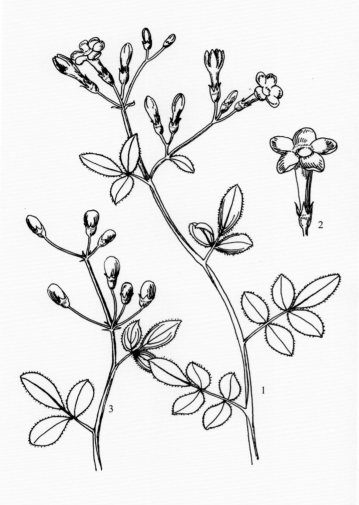

1.花枝　2.花　3.果枝

探春花

探春花果枝

探春花花枝

科　　属　木犀科Oleaceae　茉莉属（素馨属）Jasminum L.

形态特征　半常绿灌木，直立或攀缘。幼枝绿色，有4棱，无毛。复叶，互生，具小叶3，稀5，小枝基部常有单叶；小叶片椭圆状卵形或卵形，长0.7～3.5cm，宽0.5～2cm，先端急尖，基部楔形或圆形，边缘全缘，反卷，两面无毛，羽状脉；顶生小叶有短柄，侧生小叶近无柄；叶柄长2～10mm。聚伞花序，顶生；花叶后开花；花梗长0～2cm；花萼钟形，具5条突起的肋，裂片钻形或针形，长约2mm，与萼筒等长或稍长；花冠黄色，近漏斗状，檐部裂片卵形，长4～8mm，先端锐尖，花冠筒长0.9～1.5cm；雄蕊2，花丝短，内藏；雌蕊1，子房上位，2室，花柱先端弯曲。浆果椭圆形或近球形，长5～10mm，熟时黄褐色至黑色。花期5月；果期9月。

生境分布　岱庙、山东农业大学树木园、普照寺及公园、庭院常见有引种栽培。国内分布于河北、陕西、河南、湖北、四川、贵州等省。

经济用途　供绿化观赏。

迎春花

Jasminum nudiflorum Lindl.

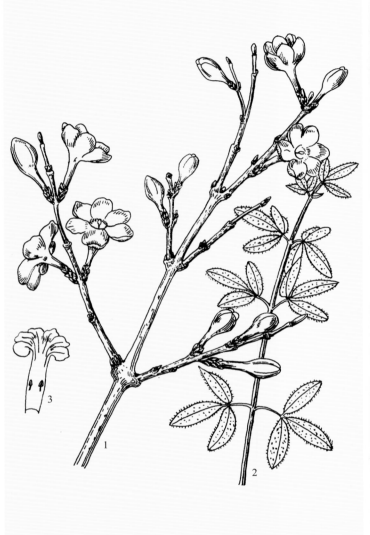

1.花枝　2.叶枝　3.花冠展开

迎春花花枝

迎春花　　　　　　　　　　　　　迎春花果枝

科　　属　木犀科Oleaceae　茉莉属（素馨属）Jasminum L.

形态特征　落叶灌木。小枝细长，弯垂，绿色，有4棱，无毛。复叶，对生，具小叶3；小叶片卵形至长椭圆状卵形，顶生小叶长1～3cm，侧生小叶长0.6～2.3cm，宽0.2～1.1cm，先端锐尖或钝，基部楔形，全缘，有缘毛，下面无毛；顶生小叶有柄或无柄，侧生小叶近无柄；叶柄长3～10mm。花单生于去年生小枝的叶腋；花梗长2～3mm；花先叶开放，黄色；苞片小，叶状；花萼5～6裂，狭披针形，长4～6mm；花冠5～6裂，裂片长圆形或椭圆形，长约为冠筒之半，花冠筒长0.8～2cm；雄蕊2，内藏；雌蕊1，子房上位，2室，花柱丝状。浆果椭圆形。花期2～3月；果期4～5月，但很少结实。

生境分布　岱庙、泰城机关庭院及各管理区景点、公园、庭院常见有引种栽培。国内分布于陕西、甘肃、四川、云南、西藏等省（自治区）。

经济用途　供绿化观赏。

LOGANIACEAE

马钱科

乔木、灌木、藤本或草本。单叶，对生或轮生，稀互生；有托叶或无。花单生或2～3歧聚伞花序，再组成圆锥花序、伞形花序或伞房花序；花两性，辐射对称；花萼4～5裂；花冠合生，4～5裂，稀8～16裂；雄蕊与裂片同数而互生，花药基生，2室，纵裂；无花盘或有盾状花盘；雌蕊1，子房上位，稀半下位，2室，稀1室或3～5室，中轴胎座（1室者为侧膜胎座），胚珠每室1至多数。蒴果、浆果或核果。种子有时有翅，有胚乳。

约29属，500种。我国有8属，45种。山东引种1属，3种。泰山有1属，2种。

大叶醉鱼草

Buddleja davidii Franch.

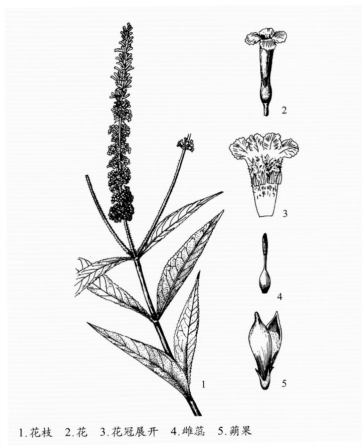

1.花枝　2.花　3.花冠展开　4.雌蕊　5.蒴果

大叶醉鱼草

大叶醉鱼草果枝

大叶醉鱼草花枝

科　　属　马钱科Loganiaceae　醉鱼草属Buddleja L.

形态特征　落叶灌木。小枝外展而下弯，略呈四棱形；幼枝密被灰白色星状短绒毛。单叶，对生；叶片膜质至薄纸质，狭卵形、狭椭圆形至卵状披针形，稀宽卵形，长1～20cm，宽0.3～7.5cm，顶端渐尖，基部宽楔形至钝，有时下延至叶柄基部，边缘具细锯齿，上面深绿色，被疏星状短柔毛，后变无毛，下面密被灰白色星状短绒毛，羽状脉，侧脉每边9～14条；叶柄长1～5mm，密被灰白色星状短绒毛；托叶卵形或半圆形，有时托叶早落。总状或圆锥状聚伞花序，顶生，长4～30cm；花序轴密被灰白色星状短绒毛；花梗长0.5～5mm；小苞片线状披针形；花萼钟状，长2～3mm，外面被星状短绒毛，后变无毛，内面无毛，4裂，裂片披针形，长1～2mm，膜质；花冠淡紫色，至白色，喉部橙黄色，长7.5～14mm，外面被疏星状毛及鳞片，后变光滑无毛，4裂，裂片近圆形，内面无毛，边缘全缘或具不整齐的齿，花冠筒细长，直立，长6～11mm，内面被星状短柔毛；雄蕊4，着生于花冠筒中部，花丝短，花药长圆形，基部心形；雌蕊1，子房上位，卵形，无毛，花柱长0.5～1.5mm，柱头棍棒状。蒴果狭椭圆形或狭卵形，长5～9mm，2瓣裂，淡褐色，无毛，基部有宿存花萼。种子长椭圆形，长2～4mm，两端具尖翅。花期5～10月；果期9～12月。

生境分布　山东农业大学树木园有引种栽培。国内分布于陕西、甘肃、江苏、浙江、江西、湖北、湖南、广东、广西、四川、云南、贵州、西藏等省（自治区）。

经济用途　全株供药用，有祛风散寒、止咳、消积止痛之效；花可提制芳香油；花美丽而芳香，是优良的绿化观赏植物。

醉鱼草 雉尾花

Buddleja lindleyana Fort.

醉鱼草花枝

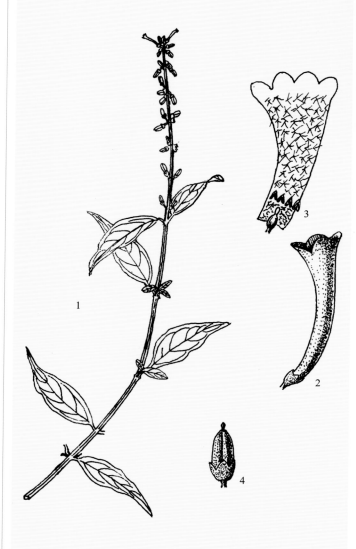

1.花枝 2.花 3.花冠展开 4.果实

醉鱼草

科　　属　马钱科Loganiaceae　醉鱼草属Buddleja L.

形态特征　落叶直立灌木。小枝四棱形，灰棕色，有窄翅，无毛；被棕黄色星状毛。单叶，对生，萌芽枝条上的叶为互生或近轮生；叶片卵形、椭圆形至长圆状披针形，长3～11cm，宽1～5cm，先端渐尖至尾尖，基部宽楔形至圆形，全缘或有波状齿，上面幼时被星状柔毛，后变无毛，下面黄绿色，被棕黄色星状毛，羽状脉，侧脉6～8对；叶柄长2～15mm，被星状毛。总状聚伞花序，顶生，直立，长4～40cm；花序轴被星状毛及黄色腺点；花紫红色；花梗长1～2mm，基部有短小钻形苞片；花萼钟状，长约4mm，外面密被星状毛和小鳞片，4裂，裂片三角形；花冠筒弯曲，早落，长1.3～2cm，花冠外面被星状毛或小鳞片，4裂，裂片近圆形，有细柔毛；雄蕊4，着生于花冠筒下部或近基部，花药卵形，顶端有尖头，基部耳状；雌蕊1，子房上位，卵形，无毛，有金黄色腺点，花柱极短，柱头卵圆形。蒴果长圆形，长约5mm。花期5～6月；果期9～10月。

生境分布　山东农业大学树木园有引种栽培。国内分布于安徽、江苏、浙江、福建、江西、湖北、湖南、广东、广西、四川、云南、贵州等省（自治区）。

经济用途　花、叶及根药用，有活血、止咳作用，亦可治急性肠炎、风湿关节炎、支气管炎、腮腺炎及痈肿等；花美丽，供绿化观赏。

545

夹竹桃科

APOCYNACEAE

　　乔木、灌木或木质藤本，或草本；植物体有乳汁或水液。单叶，对生、轮生，稀互生；叶片全缘，稀有细齿；羽状脉；通常无托叶。花单生或多集生成聚伞花序，顶生或腋生；花两性，辐射对称；花萼裂片5，稀4，裂片通常在芽内旋转状排列；花冠合生，高脚碟状、漏斗状、坛状、钟状、盆状，稀幅状，裂片5，稀4，覆瓦状排列，其基部边缘向左或向右覆瓦，稀镊合状排列，花冠喉部通常有副花冠或鳞片或膜质或毛状附属体；雄蕊5，着生在花冠筒上或花冠喉部，内藏或伸出；花盘环状、杯状或成舌状，稀无花盘；雌蕊子房上位，稀半下位，1～2室，或为2离生或合生心皮所组成，花柱1枚，基部合生或离生，柱头通常环状、头状或棍棒状，顶端通常2裂，胚珠1至多数，着生于腹面的侧膜胎座上。果为浆果、核果、蒴果或蓇葖果。种子通常一端有毛，稀两端有毛或仅有膜翅。

　　约155属，2000余种。我国有44属，145种。山东有1属，1种；引种2属，2种。泰山有2属，2种，1变种。

络 石　万字茉莉

Trachelospermum jasminoides (Lindl.) Lem.

络石果枝

络石花枝

1.花枝　2.花蕾　3.花　4.花萼展开和雌蕊　5.花冠展开示雄蕊　6.蓇葖果　7.种子

络石

科　属　夹竹桃科Apocynaceae　络石属Trachelospermum Lem.

形态特征　常绿木质藤本；植物体具乳汁。茎赤褐色，圆柱形，有皮孔，有时生有气生根；小枝被黄色柔毛，老时渐无毛。单叶，对生；叶片革质或近革质，椭圆形至卵状椭圆形或宽倒卵形，长2～10cm，宽1～4.5cm，先端锐尖至渐尖或钝，全缘，上面无毛，下面被疏短柔毛，老渐无毛，羽状脉，侧脉6～12对，上面中脉微凹，侧脉扁平，下面中脉突起；叶柄短，有短柔毛，老渐无毛；叶柄内和叶腋外腺体钻形，长约1mm。二歧聚伞花序腋生或顶生，花多朵组成圆锥形，与叶等长或较长；花白色；总花梗长2～5cm；苞片及小苞片狭披针形；花萼5深裂，裂片条状披针形，顶部反卷，长2～5mm，外面有长柔毛及缘毛，内面无毛，基部有10鳞片状腺体；花冠筒圆筒形，中部膨大，外面无毛，内面在喉部及雄蕊着生处被短柔毛，长5～10mm，5裂，裂片长5～10mm，无毛，向右覆盖；雄蕊5，着生在花冠筒中部，腹部黏生在柱头上，花药箭头状，基部有耳，隐藏在花喉内；花盘环状5裂，与子房等长；雌蕊由2心皮组成，子房离生，无毛，花柱合生，圆柱状，柱头卵圆形，顶端全缘，每心皮有胚珠多数。蓇葖果双生，叉开，无毛，条状披针形，向顶端渐尖，长10～20cm；具多数种子。种子褐色，条形，长1.5～2cm，顶端有白色绢质种毛，种毛长1.5～3cm。花期3～7月；果期7～12月。

生境分布　产于各管理区。国内分布于河北、陕西、安徽、江苏、浙江、福建、台湾、江西、湖北、湖南、广东、广西、四川、云南、贵州等省（自治区）。

经济用途　供绿化观赏；根、茎、叶、果实供药用，有祛风、活络、利关节、止血、解热的功效；茎皮纤维拉力强，可制绳索、造纸及人造棉；花芳香，可提"络石浸膏"。

夹竹桃
Nerium oleander L.

1.花枝　2.花冠展开示雄蕊和副花冠　3.蓇葖果

夹竹桃

夹竹桃花枝

科　　属　夹竹桃科Apocynaceae　夹竹桃属Nerium L.

形态特征　常绿灌木，高达5m。枝条灰绿色，含水液，嫩枝条有棱，被微毛，老时毛脱落。单叶，通常3片轮生，枝下部叶为对生；叶片窄披针形，长11～15cm，宽2～2.5cm，先端急尖，基部楔形，叶缘反卷，叶上面深绿色，无毛，叶下面浅绿，有洼点，幼时有疏微毛，老时毛渐脱落，中脉在叶上面凹入，在叶下面突出，侧脉两面扁平，纤细，密生而平行，每边多达120，直达叶缘；叶柄扁平，长5～8mm，幼时被微毛，老时毛脱落，叶柄内有腺体。聚伞花序顶生，有数朵花；总花梗长约3cm，被微毛；花梗长7～10mm；苞片披针形，长7mm；花萼5深裂，红色，披针形，长3～4mm，外面无毛，内面基部有腺体；花冠深红色或粉红色，栽培演变有白色或黄色，有单瓣和重瓣，花冠为单瓣呈5裂时，其花冠为漏斗状，长约3cm，花冠筒长1.6～2cm，花冠筒内面被长柔毛，花冠喉部有宽鳞片状副花冠，每片其先端撕裂，并伸出花冠喉部之外，花冠裂片倒卵形，长1.5cm，花冠为重瓣呈15～18时，裂片组成3轮，内轮为漏斗状，外面2轮为辐状，分裂至基部或每2～3片基部连合，裂片长2～3.5cm，宽1～2cm，每花冠裂片基部有长圆形而先端撕裂的鳞片；雄蕊着生在花冠筒中部以上，花丝短，有长柔毛；无花盘；雌蕊具2心皮合成，子房离生，被柔毛，每心皮有胚珠多数，花柱合生，丝状，长7～8mm，柱头近圆球形，顶端突尖。蓇葖果2，离生，平行或并连，长圆形，两端较窄，长10～23cm，直径6～10mm，绿色，无毛，有细纵条纹。种子长圆形，褐色，种皮被锈色短柔毛，顶端具黄褐色绢质种毛，种毛长约1cm。花期几乎全年，夏、秋为最盛；果期一般在冬春季，栽培很少结果。

生境分布　原产于印度、尼泊尔、伊朗。岱庙、山东农业大学树木园及公园、机关、庭院有栽培。

经济用途　供绿化观赏；茎皮纤维为优良混纺原料；种子可榨油。叶、树皮、根、花、种子均有毒；叶、树皮药用，有强心利尿、发汗、祛痰、催吐的功效。

白花夹竹桃（栽培变种）Nerium oleander 'Baihua'
本栽培变种的主要特征是：花为白色。
岱庙、山东农业大学树木园及公园、机关、庭院有栽培。
供绿化观赏。

萝藦科

ASCLEPIADACEAE

多年生草本、藤本或灌木，直立或攀缘。植物体有乳汁。单叶，对生或轮生；叶片全缘；叶柄顶端通常有丛生腺体。聚伞花序通常伞形、伞房状或总状，腋生或顶生；花两性，整齐；花萼筒短，5裂；花冠合生，辐状、坛状等，5裂，裂片旋转、覆瓦状或镊合状排列，通常有副花冠；雄蕊5，与雌蕊粘生成合蕊柱，花丝合生成合蕊冠，或离生，花粉粒联合成花粉块，通常通过花粉块柄连于着粉腺上，每花药有花粉块2~4个，或成四合花粉，生于匙形的载粉器上，下面有1载粉器柄，基部有1粘盘；雌蕊由2枚离生心皮或合生心皮组成，子房离生，上位，花柱2，合生。蓇葖果双生或单生；具多数种子。种子顶端有白绢质种毛。

约250属，2000余种。我国有44属，270种。山东有1属，1种。泰山有1属，1种。

杠 柳

Periploca sepium Bge.

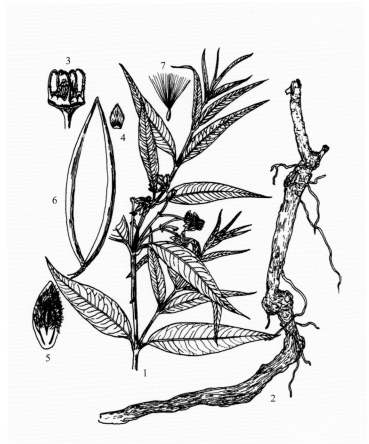

1.花枝　2.根　3.除去花冠的花，示副花冠和花药　4.花萼裂
片　5.花冠裂片内面观　6.蓇葖果　7.种子

杠柳

杠柳花枝

杠柳果枝

科　　属　萝藦科Asclepiadaceae　杠柳属Periploca L.

形态特征　落叶蔓性灌木；植物体有白色乳汁。茎皮灰褐色；小枝灰黄色，有细条纹，有多数圆形皮孔。单叶，对生；叶片披针形、长圆状披针形或卵状长圆形，长5～9cm，宽1.5～2.5cm，先端渐尖，基部楔形，全缘，两面无毛，羽状脉，侧脉20～25对，中脉在叶背面微突起；叶柄长2.5～4mm。聚伞花序，腋生或顶生；花梗柔弱，长6～10mm；花萼5深裂，裂片卵圆形，内面基部有腺体；花冠5裂，裂片矩圆形，中间加厚呈纺锤形，向外反卷，长6～8mm，外面绿色，里面紫褐色或紫红色，中心纺锤形呈黄色，周边密被长柔毛，花冠筒长约3mm，副花冠环状，10裂，其中5裂片延伸成丝状，顶端向内弯，被短柔毛；雄蕊5，着生于副花冠内面，花丝短，花药卵圆形，彼此粘连并包围柱头，花药背面被长柔毛；雌蕊由2离生心皮组成，子房离生，上位，花柱合生，柱头盘状突起。蓇葖果2，长角状圆柱形，先端渐尖，长6～14.5cm，直径4～6mm；具多数种子。种子矩圆形，黑褐色，顶端具有白色绢质种毛。花期6～7月；果期7～9月。

生境分布　产于各管理区。生于向阳山坡、沟谷、路边。国内分布于辽宁、吉林、内蒙古、河北、北京、山西、陕西、甘肃、河南、江苏、江西、四川、贵州等省（自治区、直辖市）。

经济用途　根皮供药用，称为"北五加皮"，有祛风湿、健筋骨、强腰膝、消水肿的功效；韧皮纤维可造纸或代麻；杠柳深根性，萌蘖力强，为良好的水土保持林灌木。

紫草科

BORAGINACEAE

草本、灌木或乔木；植物体通常有糙毛。单叶，互生，稀对生或轮生；叶片全缘或有细锯齿；无托叶。二歧或单歧聚伞花序，或为镰状聚伞花序，或其他花序，通常顶生；花通常两性，辐射对称；花萼筒状或钟状，5裂，裂片覆瓦状排列，多宿存；花冠合生，辐状、筒状、钟状或漏斗状，5裂，裂片覆瓦状排列或旋转状排列，花冠喉部有5个鳞片状的附属物，或有皱褶、毛，或平滑；雄蕊5，着生于花冠筒上，与花冠裂片互生，花药2室，内向，纵裂；花盘存在或不存在；雌蕊1，子房上位，2室或具假隔膜成4室，每室2胚珠，稀1，花柱1，顶生或生在子房裂片之间。果实为核果或2至4个分离的小坚果。种子通常无胚乳。

约100属，2500种。我国有47属，294种。山东有1属，1种；引种1种。泰山有1属，2种。

厚壳树

Ehretia acuminata R. Brown

厚壳树花枝

科　属　紫草科 Boraginaceae　厚壳树属 Ehretia P. Browne

形态特征　落叶乔木。树皮灰白色或灰褐色；枝黄褐色或赤褐色，有明显的长圆形或圆形的皮孔，小枝无毛。单叶，互生；叶片纸质，椭圆形，倒卵形或长椭圆形，长 5～13cm，宽 4～6cm，先端渐尖或急尖，基部楔形至圆形，边缘有向上内弯的锯齿，上面无毛或沿脉散生白色短伏毛，下面近无毛或疏生黄褐色毛，羽状脉；叶柄长 1.5～2.5cm，有纵沟。聚伞花序圆锥状，顶生或腋生，长 8～20cm；花序轴疏生短毛；花无梗；花萼钟状，绿色，长 1.5～2mm，5 浅裂，裂片卵形，边缘有白色毛；花冠钟状，白色，5 裂，裂片长圆形，长 2～3mm，先端圆，花冠筒长 1～1.5mm；雄蕊 5，着生在花冠筒上，伸出花冠外；雌蕊 1，子房上位，2 室，花柱长 1.5～2.5mm，上部 2 裂，柱头 2。核果近球形，熟时黄色或橘黄色，直径 3～4mm；核有皱折，成熟时分裂为 2 个分核，每个有 2 种子。花、果期 4～9 月。

生境分布　山东农业大学树木园有栽培。国内分布于河南、江苏、浙江、台湾、江西、湖南、广东、广西、四川、云南、贵州等省（自治区）。

经济用途　可作为绿化观赏树种；叶及果可制农药，防治棉蚜、红蜘蛛等；木材可作为建筑及家具用材；树皮可作染料；嫩芽可当蔬菜；叶片可代茶叶。

1.果枝　2.花　3.花冠展开

厚壳树

粗糠树　糙毛厚壳树

Ehretia dicksonii Hance

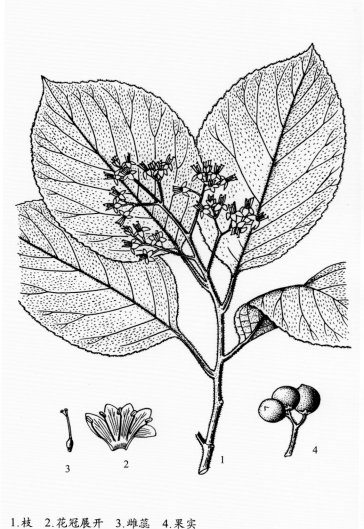

1.枝　2.花冠展开　3.雌蕊　4.果实

粗糠树

粗糠树果枝

粗糠树花枝

科　　属　紫草科 Boraginaceae　厚壳树属 Ehretia P. Browne

形态特征　落叶乔木。树皮灰褐色，纵裂；枝条褐色；小枝淡褐色，被柔毛。单叶，互生；叶片厚纸质，阔椭圆形或倒卵形，长8～25cm，宽5～15cm，先端尖，基部阔楔形或圆形，边缘有开展的锯齿，上面粗糙，密生有基盘的短硬毛，下面密生短柔毛，羽状脉；叶柄长1～4cm，被柔毛。聚伞花序，呈伞房状或圆锥状，顶生；苞片条形，被柔毛；花萼长约4mm，5裂近中部，有柔毛；花冠筒状钟形，白色至淡黄色，5裂，裂片长圆形，长3～4mm，花冠筒长约6.5mm；雄蕊5，伸出花冠外；雌蕊1，子房上位，花柱长6～9mm，上部2裂，柱头2。核果黄色，近球形，直径10～15mm，内果皮成熟时分裂为2个分核，每个有2种子。花期3～5月；果期6～7月。

生境分布　山东农业大学树木园及校园有引种栽培。国内分布于陕西、甘肃、青海、河南、江苏、浙江、福建、台湾、江西、湖南、广东、广西、海南、四川、云南、贵州等省（自治区）。

经济用途　可供绿化观赏。

VERBENACEAE

马鞭草科

灌木或乔木，稀为草本。单叶或复叶，对生，稀轮生或互生；无托叶。花腋生或顶生的穗状花序或聚伞花序，再由聚伞花序组成圆锥状、头状或伞房状；花两性，两侧对称，稀辐射对称；花萼杯状、钟状或筒状，4～5裂，少有2～3或6～8齿或无齿，宿存；花冠合生，通常4～5裂，很少多裂，裂片覆瓦状排列；雄蕊4，稀5～6或2，着生于花冠筒的上部或基部；花盘小而不显著；雌蕊1，子房上位，通常由2心皮组成，稀4或5，全缘或4裂，通常2～4室，有时被假隔膜分为4～10室，每室有1～2胚珠，花柱顶生，柱头2裂或不裂。果实为核果、蒴果或浆果状核果。种子无胚乳。

约91属，2000余种。我国有20属，182种。山东有3属，7种，1变种；引种1属，4种，1变种。泰山有3属，7种，1变种。

荆　条　黄荆条

Vitex negundo L. var. heterophylla (Franch.) Rehd

1.植株　2.花　3.果枝　4.带宿存花萼的雌蕊

荆条

荆条果枝

荆条花枝

科　　属　马鞭草科 Verbenaceae　牡荆属 Vitex L.

形态特征　落叶灌木或小乔木。枝四棱形，灰白色，密被细绒毛。掌状复叶，对生，具小叶5，间有3片；中间小叶长4～13cm，两侧小叶依次递小；小叶片披针形或椭圆状卵形，先端渐尖，基部楔形，边缘有缺刻状锯齿、深锯齿以至深裂，下面密被灰白色绒毛，羽状脉。聚伞圆锥花序，顶生，长可达30cm；花萼钟状，外被白色细绒毛，5齿裂；花冠淡紫色，5裂，二唇形，外面密生绒毛；雄蕊4，2强，内藏；雌蕊1，子房上位，球形，柱头2裂。核果坚果状，球形，褐色，顶端平；外面包有宿存的花萼。花期5～9月；果期10～11月。

生境分布　产于各管理区。生于山坡灌丛。国内分布于陕西、青海、河南、安徽、江苏、浙江、福建、台湾、江西、湖北、湖南、广东、广西、海南、四川、云南、贵州、西藏等省（自治区）。

经济用途　为良好的水土保持灌木；枝条可编筐等；茎皮可造纸及制人造棉。叶、果实及根均可药用；花和枝叶可提取芳香油；重要的蜜源植物。

单叶蔓荆

Vitex rotundifolia L. f.

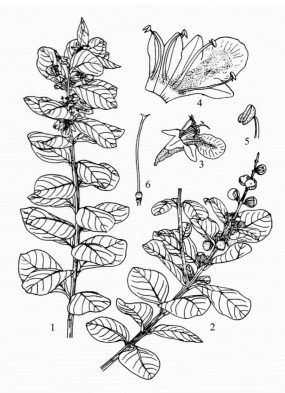

1.花枝　2.果枝　3.花　4.展开的花冠示雄蕊　5.雄蕊　6.雌蕊

单叶蔓荆

单叶蔓荆花、果枝

科　　属　马鞭草科Verbenaceae　牡荆属Vitex L.

形态特征　落叶灌木。茎匍匐，基部节处常生不定根；枝四棱形，有细柔毛。单叶，对生；叶片倒卵形或近圆形，长2.5～5cm，宽1.5～3cm，先端钝圆或有短尖头，基部楔形，全缘，上面灰绿色，下面灰白色，两面密生白色柔毛，羽状脉。圆锥花序，顶生，花序梗密被灰白色绒毛；花萼钟状，外面有灰白色绒毛，5浅裂；花冠二唇形，淡紫色或蓝紫色，长1～1.5cm；雄蕊4，伸出花冠外；雌蕊1，子房上位，球形，密生腺点，花柱1，无毛，柱头2裂。核果球形，熟时黑褐色；外面包有宿存的花萼。花、果期7～11月。

生境分布　产于泰安等地。生于内陆河流两岸沙地。国内分布于辽宁、河北、河南、安徽、江苏、浙江、福建、台湾、江西、广东等省。

经济用途　果实药用，有镇静及解热的作用；茎叶可提取芳香油；良好的固沙植物；可供绿化观赏。

单叶黄荆

Vitex simplicifolia B. N. Lin et S. W. Wang

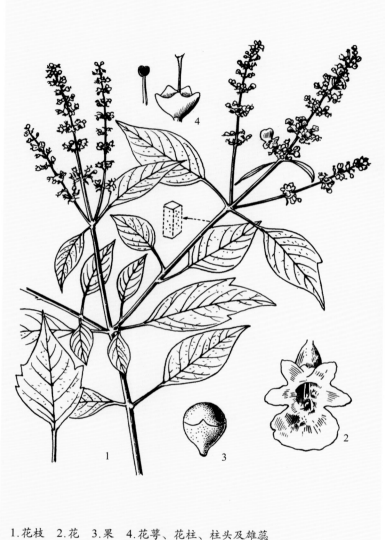

1.花枝　2.花　3.果　4.花萼、花柱、柱头及雄蕊

单叶黄荆

单叶黄荆花枝

单叶黄荆果枝

科　　属　马鞭草科 Verbenaceae　牡荆属 Vitex L.

形态特征　落叶灌木。小枝四棱形，密生灰白色绒毛。单叶，对生；叶片卵形或卵状披针形，长2～3.5cm，宽1～2cm，先端渐尖或尾状，基部圆或宽楔形，全缘，有时上部粗锯齿状，上面绿色，无毛，下面密生灰白色绒毛，羽状脉；叶柄长1～1.5cm，密生短绒毛。聚伞花序排列成圆锥花序，顶生，长4～8cm；花序梗密生灰白色绒毛；萼钟状，5齿裂，外面密生灰白色绒毛；花冠淡紫色，长6～8mm，5裂，二唇形，下唇中裂片较大，呈勺形，通常歪斜，外面密生短绒毛，花冠筒内下侧密生弯曲长柔毛；雄蕊1～2个，伸出花冠筒外，花药呈紫黑色；雌蕊1，子房上位，无毛。核果近球形，径约2mm；外面包有宿存花萼。花期7～9月；果期8～10月。

生境分布　产于灵岩寺。生于山坡灌丛。山东特有树种。

经济用途　用途同黄荆。

白棠子树

Callicarpa dichotoma (Lour.) K. Koch

1.花枝　2.花　3.果实

白棠子树果枝

白棠子树　　　　　　　　　　　　　　白棠子树花枝

科　　属　马鞭草科Verbenaceae　紫珠属Callicarpa L.

形态特征　落叶灌木。小枝圆柱形，纤细，幼嫩部分有星状毛。单叶，对生；叶片倒卵形或披针形，长2～6cm，宽1～3cm，先端急尖或尾状尖，基部楔形，边缘仅上半部有疏粗锯齿，上面稍粗糙，下面无毛，密生细小黄色腺点，羽状脉，侧脉5～6对；叶柄长不足5mm。聚伞花序，着生在叶腋的上方，细弱，宽1～2.5cm，2～3次分枝；花序梗长约1cm，长于叶柄，略有星状毛，果期无毛；苞片条形；花萼杯状，无毛，顶端有不明显的4齿或近截头状；花冠紫色，长1.5～2mm，无毛，4裂；雄蕊4，花丝长约为花冠的2倍，花药卵形、细小，药室纵裂；雌蕊1，子房上位，无毛，有黄色腺点。核果球形，紫色，径2～3mm。花期6～7月；果期10～11月。

生境分布　产于竹林寺、桃花源、南天门、天烛峰、玉泉寺管理区。生于低山沟谷灌丛中。国内分布于河北、河南、安徽、江苏、浙江、福建、台湾、江西、湖北、湖南、广东、广西、贵州。

经济用途　根、叶药用，根治关节酸痛，叶止血、散瘀；叶片可提取芳香油；可供绿化观赏。

日本紫珠　紫珠

Callicarpa japonica Thunb.

1.植株　2.花　3.展开的花瓣和雄蕊　4.雌蕊

日本紫珠

日本紫珠果枝

日本紫珠花枝

科　　属　马鞭草科Verbenaceae　紫珠属Callicarpa L.

形态特征　落叶灌木。小枝圆柱形，无毛。单叶，对生；叶片卵形、倒卵形或椭圆形，长7～12cm，宽4～6cm，先端急尖或长尾尖，基部楔形，边缘上半部有锯齿，两面通常无毛，羽状脉，侧脉约6对；叶柄长约6mm。聚伞花序，腋生，细弱而短小，宽约2cm，2～3次分枝；花序梗长6～10mm，与叶柄等长或稍长；花萼杯状，无毛，萼齿钝三角形；花冠白色或淡紫色，长约3mm，无毛，4裂；雄蕊4，花丝与花冠等长或稍长，花药长约1.8mm，伸出花冠外，药室孔裂；雌蕊1，子房上位，花柱伸出花冠外。核果球形，紫色，径约4mm。花期6～7月；果期10～11月。

生境分布　产于红门管理区马蹄峪。生于山坡和谷地溪旁的丛林中。国内分布于辽宁、河北、安徽、江苏、浙江、台湾、江西、湖北、湖南、四川、贵州等省。

经济用途　可供绿化观赏。

海州常山 臭梧桐

Clerodendrum trichotomum Thunb.

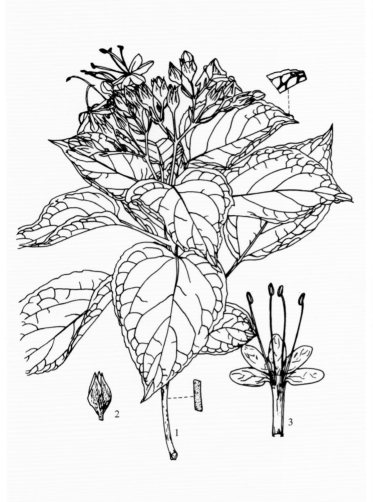

1.花枝 2.花萼 3.展开的花冠

海州常山果枝

海州常山 海州常山花枝

科　　属　马鞭草科Verbenaceae　大青属Clerodendrum L.

形态特征　落叶灌木。嫩枝和叶柄多少有黄褐色短柔毛，枝髓有淡黄色薄片横隔。单叶，对生；叶片宽卵形、卵形、三角状卵形或卵状椭圆形，长5～16cm，宽2～13cm，先端渐尖，基部截形或宽楔形，很少近心形，全缘或有波状齿，两面疏生短柔毛或近无毛，羽状脉，侧脉3～5对；叶柄长2～8cm。伞房状聚伞花序，顶生或腋生；花序梗长3～6cm，疏被黄褐色柔毛或无毛；苞片叶状，早落；花萼蕾期绿白色，后紫红色，有5棱脊，5深裂，裂片卵状椭圆形；花冠白色或带粉红色，花冠筒细，长约2cm，5裂，裂片长圆形，长5～10mm；雄蕊4，伸出冠外；雌蕊1，子房上位，花柱短于雄蕊，柱头2裂。核果近球形，成熟时深蓝紫色；具宿存花萼。

生境分布　产于各管理区。生于山坡、路旁或村边。国内分布于除内蒙古、新疆、西藏外的其他各省份。

经济用途　根、茎、叶、花药用，有祛风除湿、降血压、截疟的功效；可供绿化观赏。

臭牡丹

Clerodendrum bungei Steud.

1.植株　2.花　3.果实

臭牡丹

臭牡丹果枝

臭牡丹花枝

科　　属　马鞭草科Verbenaceae　大青属Clerodendrum L.

形态特征　落叶小灌木。嫩枝稍有柔毛，枝内白色髓坚实。单叶，对生；叶有强烈臭味，叶片宽卵形或卵形，长10～20cm，宽5～15cm，先端尖或渐尖，基部心形或近截形，边缘有大或小的锯齿，两面多少有糙毛或近无毛，下面有小腺点，羽状脉，侧脉4～6对。聚伞花序密集呈头状，顶生；苞片叶状，早落；小苞片披针形；花有臭味；花萼钟状，紫红色、红色或紫色，长2～6mm，萼齿三角形，长1～3mm；花冠高脚碟状，淡红色、红色或紫色，花冠筒长2～3cm，5裂，裂片倒卵形，长5～8mm；雄蕊4，伸出花冠外；雌蕊1，子房上位，花柱短于、等于或稍长于雄蕊，伸出花冠外。核果倒卵形或球形，直径0.8～1.2cm，成熟后深蓝紫色；具宿存花萼。花期7～8月；果期9～10月。

生境分布　山东农业大学树木园、苗圃有引种栽培。国内分布于河北、山西、陕西、甘肃、宁夏、青海、河南、安徽、江苏、浙江、福建、台湾、江西、湖北、湖南、广东、广西、海南、四川、云南、贵州等省（自治区）。

经济用途　供绿化观赏；根、茎、叶药用，能活血散瘀、消肿解毒、降血压、止咳、祛风湿。

唇形科

LAMIACEAE (LABIATAE)

　　一年生、多年生草本，半灌木或灌木。茎多呈四棱形。单叶或复叶，对生，稀为轮生或互生；无托叶。花序通常由轮伞花序组成的各种花序；花两性，两侧对称，稀辐射对称；花萼通常有5齿，有时唇形；花冠合生，二唇形，稀单唇形、假单唇形、辐射对称；雄蕊4，着生在花冠上，二强或等长，或2雄蕊；花盘常存在；雌蕊1，由2心皮组成，子房上位，不裂至4浅裂、4深裂、4全裂。果实通常为4枚小坚果，稀果皮肉质。

　　约220属，3500种。我国有96属，807种。山东有1属，1种；引种3属，4种。泰山有1属，1种。

地　椒

Thymus quinquecostatus Celak.

1.植株全形　2.叶片　3.花　4.花萼展开　5.花冠展
开　6.雌蕊　7.小坚果

地椒

地椒花枝

科　　属　唇形科Lamiaceae（Labiatae）　百里香属Thymus L.

形态特征　落叶矮小半灌木。茎匍匐或斜升，疏被向下弯曲的柔毛；不育枝从茎基部或直接从根状茎上发出，通常比花枝少；花枝多数，高3～15cm，从茎上或茎的基部发出，直立或上升，有多数节间，节间通常短于叶，在花序以下密被向下弯曲的柔毛。单叶，对生；叶片近革质，长圆状椭圆形或长圆状披针形，稀有卵圆形或卵状披针形，长7～13mm，宽1.5～4.5mm，先端钝或锐尖，基部渐狭成短柄，全缘，边外卷，边缘下1/2处或仅基部有长缘毛，两面无毛，下面有密的小腺点，羽状脉，侧脉2～3对。轮伞花序紧密组成头状花序或长圆状的头状花序；苞叶与叶同形；花梗长达4mm，密被向下弯曲的柔毛；花萼筒状钟形，长5～6mm，上面无毛，下面有疏柔毛，二唇形，上唇3齿，披针形，近等于全唇的1/2，有缘毛或近无缘毛，下唇2齿；花冠粉红色，二唇形，长6.5～7mm，花冠筒短于萼；雄蕊4，前对较长，伸出花冠；雌蕊1，子房上位，4裂，花柱伸出冠外，柱头2裂。小坚果黑褐色。花期7～9月；果期9～10月。

生境分布　产于桃花源、南天门、玉泉寺等管理区及药乡。生于向阳山坡草地。国内分布于辽宁、河北、山西、河南等省。

经济用途　全草药用，有祛风解表、通气止痛、止咳、降压的功效；可提挥发油，制作香料。

SOLANACEAE

茄科

草本、亚灌木、灌木或小乔木；直立、匍匐或攀缘。单叶或羽状复叶，通常互生；叶片全缘、分裂或不分裂，有时在花枝上有大小不等的2叶双生；无托叶。花单生、簇生或为蝎尾式花序、聚伞花序等，顶生、腋生或腋外生；花两性，辐射对称，通常5基数，稀4基数；花萼通常5裂，稀不裂、截形，宿存，几乎不增大或极度增大；花冠合生，辐状、漏斗状、高脚碟状、钟状，檐部5裂，裂片大小相等或不相等；雄蕊与花冠裂片同数，互生，伸出或不伸出花冠，同型或异型，插生于花冠筒上，花药2室，纵裂或顶孔开裂；雌蕊1，子房上位，2室，有时1室或有不完全的假隔膜分隔成4室，2心皮不位于正中线上而偏斜，花柱1，柱头头状。果为浆果或蒴果。

约95属，2300种。我国有20属，101种。山东有2属，2种；引种2种。泰山有2属，2种。

枸　杞

Lycium chinense Mill.

1. 花枝　2. 根　3. 展开的花冠示雄蕊　4. 雌蕊　5. 浆果

枸杞

枸杞果枝

枸杞花枝

科　　属　茄科Solanaceae　枸杞属Lycium L.

形态特征　落叶蔓性灌木。枝条弯曲或匍匐，无毛，有短刺或无。单叶，互生或簇生；叶片卵形至卵状披针形，长1.5～5cm，宽0.5～2.5cm，先端尖或钝，基部楔形或宽楔形并下延，全缘，无毛，羽状脉，不明显；叶柄长0.4～1cm。花在长枝上单生或双生于叶腋，在短枝上与叶簇生；花梗长1～2cm，向顶渐增粗；花萼钟形，3中裂，或4～5齿裂，裂片有缘毛；花冠漏斗状，淡紫色，长9～12mm，筒部向上骤然扩大，5深裂，裂片稍长或近等于花冠筒，先端圆钝，平展或稍向外反曲，边缘有缘毛；雄蕊5，伸出花冠外，花丝基部及花冠筒内壁密生1圈绒毛；雌蕊1，子房上位，2室，花柱细长，稍长于雄蕊，柱头球形。浆果卵形或长卵形，长5～18mm，红色；具宿存花萼。

生境分布　产于各管理区。生于田边、路旁、庭院前后及墙边。国内分布于黑龙江、吉林、辽宁、河北、山西、陕西、甘肃、河南、安徽、江苏、浙江、福建、台湾、江西、湖北、湖南、广东、广西、海南、四川、云南、贵州等省（自治区）。

经济用途　根皮药用，清热凉血；果实药用，滋补肝肾、强壮筋骨、益精明目。

海桐叶白英

Solanum pittosporifolium Hemsl.

海桐叶白英果枝

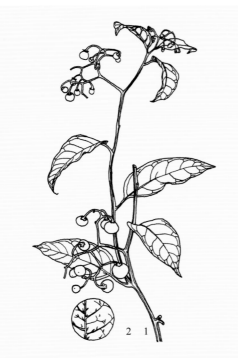

1.花果枝　2.叶背面一部分放大示毛被

海桐叶白英

科　　属　茄科Solanaceae　茄属Solanum L.

形态特征　落叶蔓生小灌木；全株有疏柔毛。单叶，互生；叶片披针形或卵状披针形，长2~8cm，宽1~3cm，先端渐尖，基部截形，全缘，两面无毛，羽状脉，侧脉6~7对；叶柄长0.5~2cm。聚伞花序，腋外生；花序梗长1~5.5cm；花梗长约1cm；花萼浅杯状，5浅裂，裂片钝圆；花冠白色，少为紫色，径7~9mm，5深裂，裂片长圆状披针形，长4~5mm，中具1脉，边缘有缘毛，反折，冠檐基部具斑点，花冠筒长约1mm，短于花萼；雄蕊5，花药长圆柱形，长约3mm，长于花丝，顶孔开裂；雌蕊1，子房上位，卵形，2室，花柱1，纤细，长约7mm，柱头头状。浆果球状，红色，直径0.8~1.2cm；具宿存花萼。花期6~8月；果期8~10月。

生境分布　产于灵岩管理区。生于山坡、林下或林边、山沟灌丛中。国内分布于河北、安徽、浙江、江西、湖南、广东、广西、四川、云南、贵州等省（自治区）。

经济用途　全株药用，能散瘀、消肿、祛风湿。

玄参科

SCROPHULARIACEAE

　　一年生或多年生草本，稀为灌木或乔木。单叶，对生、互生、轮生或下部对生而上部互生；无托叶。总状、穗状或聚伞状花序，常组成圆锥花序；花两性，多为两侧对称，稀为辐射对称；花萼4～5裂，宿存；花冠合生，4～5裂，常呈二唇形；雄蕊4，有1退化雄蕊，稀有2雄蕊；花盘常存在，环状、杯状或小似腺；雌蕊1，子房上位，2室，中轴胎座，极少1室，形成侧膜胎座，每室有多数胚珠，稀少数，柱头头状或2裂。蒴果。种子细小。

　　约220属，4500种。我国有61属，681种。山东有1属，2种；引种2种，1变种。泰山有1属，3种。

毛泡桐　绒毛泡桐
Paulownia tomentosa (Thunb.) Steud.

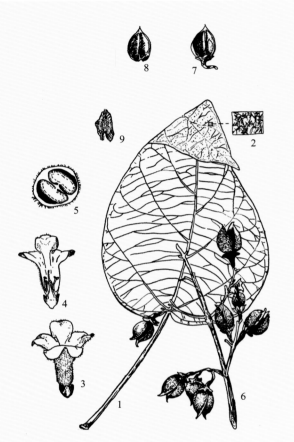

1.叶　2.叶下面放大示毛　3.花　4.花纵切　5.子房横切面　6.果序及果实　7~8.果瓣　9.种子

毛泡桐

毛泡桐果枝

毛泡桐花枝

科　属　玄参科Scrophulariaceae　泡桐属Paulownia Sieb. et Zucc.

形态特征　落叶乔木。树皮灰褐色，幼时平滑，老时开裂；幼枝绿褐色，有黏质腺毛及分枝毛。单叶，对生；叶片阔卵形或卵形，长20~30cm，宽15~28cm，先端渐尖或锐尖，基部心形，全缘或3~5浅裂，上面有长柔毛、腺毛及分枝毛，下面密生灰白色树枝状毛或腺毛；叶柄长10~25cm，密被腺毛及分枝毛。圆锥花序，长在50cm以下，侧生分枝长约为中央主枝之半或稍短，小聚伞花序具3~5花，其小花序梗长1~2m，且与花梗近等长；花蕾近球形，密生黄色毛，在秋季形成，径7~10mm；花萼浅钟形，长10~15mm，5深裂，裂深达1/2以上，裂片卵状长圆形，外面密被黄褐色毛，宿存；花冠钟状漏斗形，5裂，二唇形，长5~7cm，冠幅3~4cm，紫色至蓝紫色，外面有腺毛，内面几无毛，有紫色斑点、条纹及黄色条带；雄蕊4，2强；雌蕊1，子房上位，卵圆形，2室，花柱1，细长，与雄蕊花药略等长。蒴果卵球形，长3~4.5cm，顶端急尖，尖长3~4mm，基部圆形，表面有黏质腺毛；果皮薄而脆，厚约1mm；具宿存花萼。种子连翅长约3.5mm。花期4~5月；果期8~9月。

生境分布　除南天门、中天门、桃花源管理区外各管理区有引种栽培。国内分布于辽宁、河北、河南、安徽、江苏、湖北、江西等省。

经济用途　材质优良，可供做家具、乐器、箱板及胶合板等；可作为"四旁"绿化树种。

兰考泡桐　河南桐

Paulownia elongata S. Y. Hu

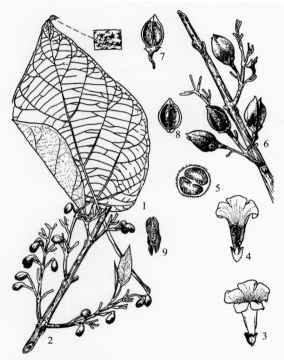

1.叶　2.花序及花蕾　3.花　4.花纵切　5.子房横切　6.果序及果实　7～8.果瓣　9.种子

兰考泡桐

兰考泡桐花枝

科　　属　玄参科 Scrophulariaceae　泡桐属 Paulownia Sieb. et Zucc.

形态特征　落叶乔木。树皮灰褐色，浅纵裂。单叶，对生；叶片卵形或阔卵形，长 15～25cm，宽 10～20cm，先端短尖或渐尖，基部心形，全缘或 3～5 浅裂，上面初有分枝毛，后脱落，下面有灰白色无柄或几无柄树枝状毛；叶柄长 10～18cm。圆锥花序狭窄，长约 30cm，小聚伞花序具花 3～5，其小花序梗与花梗近等长；花蕾倒卵形，长约 1cm，密被黄褐色毛；花萼倒圆锥状钟形，长 1.5～2cm，基部尖，5 浅裂约至 1/3，裂片卵状三角形，外面毛易脱落，宿存；花冠钟状漏斗形，淡紫色，未开前深紫色，在萼上部骤然扩大，长 7～8cm，冠幅 4.5～5.5cm，外被细毛及分枝毛，内面无毛而有黄斑及紫色斑点和条纹，腹部有 2 条明显纵沟；雄蕊 4，2 强；雌蕊 1，子房上位，卵状圆锥形，柱头白色略膨大。蒴果长卵形或椭圆状卵形，长 3～5cm，被细绒毛或仅先端有黏腺；果皮厚 1～2.5mm；具宿存花萼。种子连翅长 4～5mm。花期 4 月上旬至 5 月上旬；果熟期 10～11 月。

生境分布　产于红门、竹林、桃花源、中天门管理区。砂壤土生长较好。国内分布于河北、山西、陕西、河南、安徽、江苏、湖北等省。

经济用途　材质优良，为箱板、胶合板、家具等用材；可作为"四旁"绿化树种。

兰考泡桐果枝

楸叶泡桐　胶东桐

Paulownia catalpifolia T. Gong ex D. Y. Hong

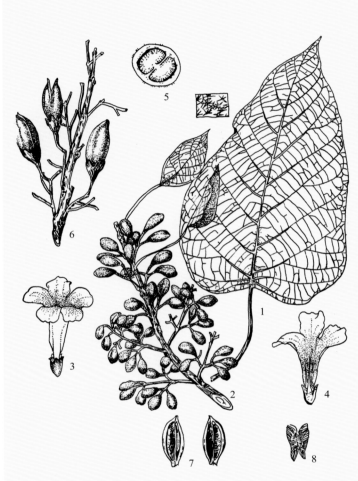

楸叶泡桐

楸叶泡桐果枝

楸叶泡桐花枝

1.叶　2.花序及花蕾　3.花　4.花纵切　5.子房横切　6.果序及果实　7.果瓣　8.种子

科　　属　玄参科Scrophulariaceae　泡桐属Paulownia Sieb. et Zucc.

形态特征　落叶乔木。分枝密，侧枝斜升，顶端两侧枝1弱1强，近合轴分枝。单叶，对生；叶片长卵形至狭长卵形，长12～28cm，长为宽的2倍，先端长渐尖，基部心形，全缘或3浅裂，上面无毛，下面密生白色无柄分枝毛；叶柄长10～18cm。花序狭圆锥形，长10～30cm，小聚伞花序花序梗与花梗近等长；花蕾倒卵形，1.4～1.8cm，密生黄色毛；花萼倒圆锥状钟形，长1.4～2.3cm，5浅裂达1/3～2/5，裂片三角形或卵圆形，外部毛易脱落；花冠筒状漏斗形，长7～9cm，微弯，腹部皱折明显，顶端直径不超过3.5cm，淡紫色，外被短柔毛，里面白色，密生紫色条纹及小紫斑，腹部有黄色条带；雄蕊4，2强；雌蕊1，子房上位，近圆柱形，2室，花柱1，细长。蒴果椭圆形，长4～6cm，被细绒毛；果皮厚1.5～3mm；具宿存花萼。种子连翅长5～7mm。花期4月；果期7～8月。

生境分布　红门管理区有栽培。

经济用途　材质较好，干性强，枝叶茂密，为"四旁"绿化的优良树种。

BIGNONIACEAE

紫葳科

　　乔木、灌木或藤本，稀为草本。常有卷须或气生根。单叶或一至三回羽状复叶，对生，稀互生，或有时轮生；顶生小叶有时成卷须状；无托叶。总状或圆锥状花序，顶生或腋生；有苞片及小苞片；花两性；花萼2～5裂；花冠合生，钟状、漏斗状或筒状，5裂，常二唇形；雄蕊5或4，发育雄蕊4或2，生于花冠筒上，与花冠裂片互生，花药2室；花盘下位，杯状或环状；雌蕊1，子房上位，1～2室，常2室，中轴胎座，或侧膜胎座，胚珠多数；花柱丝状，柱头2裂。蒴果细长圆柱形或扁平阔椭圆形，下垂，通常2裂，室间或室背开裂，稀肉质不开裂。种子扁平，多数，有膜质翅或束毛，无胚乳。

　　116～120属，650～750种。我国有12属，35种。山东有1属，2种；引种1属，4种。泰山有2属，6种。

梓 树　河楸

Catalpa ovata G. Don

梓树果枝

梓树　　　　　　　　　　　　　　　　　梓树花枝

1.叶　2.花枝　3.蒴果　4.花冠展开示雄蕊　5.发育雄蕊　6.花萼展开示雌蕊　7.种子　8.叶下面部分放大

科　　属　紫葳科Bignoniaceae　梓树属Catalpa Scop.

形态特征　落叶乔木，高达15m。单叶，对生；叶片卵形、阔卵形或近圆形，长宽近相等，径10～25cm，先端渐尖，基部微心形，叶两面有疏毛或近无毛，全缘或3～5浅裂，两面粗糙，基出5～7脉，基部脉腋有紫色腺斑；叶柄长5～18cm。圆锥花序，长10～25cm，顶生；花萼2唇裂，裂片宽卵形，长6～8mm；花冠钟状，淡黄白色，长约2.5cm，径约2cm，5裂，二唇形，上唇2裂，下唇3裂，内有2黄色条纹及紫色斑点；雄蕊5，发育雄蕊2，退化雄蕊3；雌蕊1，子房上位，棒状，2室，花柱1，长约1cm，柱头2裂。蒴果圆柱状线形，细长，下垂，长20～30cm。种子长椭圆形，长6～8mm，两端有平展的长毛。花期5～6月；果期7～8月。

生境分布　产于各管理区。生于山沟、溪边杂木林。国内分布于河北、山西、陕西、甘肃、河南、江苏、浙江、湖南等省。

经济用途　木材白色稍软，适于家具、乐器用；叶、根内白皮药用，有利尿作用；速生树种，可作为行道树。

黄金树　美国楸树

Catalpa speciosa (Warder ex Berney) Engelm.

1.花枝　2.叶　3.花冠展开示雄蕊　4.花萼展开示雌蕊　5.花药背、腹面　6.蒴果　7.种子

黄金树

黄金树花枝

黄金树果枝

科　　属　紫葳科Bignoniaceae　梓树属Catalpa Scop.

形态特征　落叶乔木。单叶，对生；叶片卵形或长卵形，长8～30cm，宽6～20cm，先端长尖，基部圆形、截形至心形，全缘，上面绿色，下面淡绿色，密被短柔毛，后渐减少，基出3脉，脉腋有绿色腺斑；叶柄长10～15cm，初密被星状毛，后脱落。聚伞圆锥花序，顶生，长约15cm，有柔毛，有10余花；花萼2唇裂，裂片舟状，无毛；花冠白色，长4～5cm，口部直径4～6cm，5裂，二唇形，上唇2裂，下唇3裂，内有2条黄色宽纹及紫色斑点；雄蕊5，发育雄蕊2，退化雄蕊3；雌蕊1，子房上位，圆锥形，2室，花柱1，长约2cm，柱头2裂。蒴果圆柱状线形，较粗，长30～55cm，径1～1.5cm，果皮厚。种子连毛长约6cm。花期5～6月；果期8～9月。

生境分布　原产于美国中北部。山东农业大学树木园有引种栽培。

经济用途　木材供建筑及家具用材；可作为行道树及绿化观赏树种。

楸　树

Catalpa bungei C. A. Mey.

楸树花枝

1.花枝　2.果枝　3.花冠展开示雄蕊　4.种子

楸树

科　属　紫葳科Bignoniaceae　梓树属Catalpa Scop.

形态特征　落叶乔木。树皮灰褐色，纵裂；小枝紫褐色，光滑。单叶，对生或3叶轮生；叶片三角状卵形或长卵形，长6～13cm，宽5～11cm，先端长渐尖，基部截形或宽楔形，全缘或下部边缘有1～2对尖齿或裂片，上面深绿色，下面淡绿色，两面无毛，基出3脉，脉腋有2紫色腺斑；叶柄长2～8cm，无毛。总状伞房花序，顶生，有3～12花；花萼、花梗、花序轴均无毛；花两性；花萼2裂，裂片卵圆形，先端有2尖齿，紫绿色；花冠白色至淡红色，长约4cm，冠幅3～4cm，5裂，二唇形，上唇2裂，下唇3裂，内有2黄色条纹及紫色斑点；雄蕊5，与花冠裂片互生，发育雄蕊2，退化雄蕊3；雌蕊1，子房上位，圆柱形，2室，花柱1，长约1.5cm，柱头2裂。蒴果细圆柱状线形，长20～50cm，径5～6mm；具多数种子。种子两端有白色长毛。花期5～6月；果期6～10月。

生境分布　红门管理区罗汉崖、竹林寺、桃花峪管理区有引种栽培。国内分布于河北、山西、陕西、甘肃、河南、江苏、浙江、湖南等省。

经济用途　材质优良，纹理美观，为高级家具用材；可供绿化观赏。

灰 楸

Catalpa fargesii Bur.

1.花枝　2.果实　3.种子

灰楸花枝

灰楸　　　　　　　　　　　　　　　　　　　灰楸果枝

科　　属　紫葳科Bignoniaceae　梓树属Catalpa Scop.

形态特征　落叶乔木。幼枝有星状毛，后渐脱落。单叶，对生；叶片卵形或三角状卵形，长10～20cm，宽8～13cm，先端渐尖，基部截形至微心形，幼叶上面微有星状毛，下面较密，后渐脱落，全缘，基出3脉，基部脉腋有紫色腺斑；叶柄长3～10cm，有毛。总状伞房花序，顶生，有7～15花；花萼、花梗、花序轴均被星状毛，有时后渐脱落；花萼2深裂，裂片卵圆形，有时3～4裂，长约1cm，绿色；花冠钟状，淡红色至淡紫色，长3～3.5cm，冠幅约3cm，5裂，二唇形，内有紫色斑点及条纹，下唇腹部有黄斑；雄蕊5，发育雄蕊2，退化雄蕊3；雌蕊1，子房上位，2室，花柱1，长约2.5cm，柱头2裂。蒴果细圆柱形，长55～80cm，径约5.5mm。种子两端有白色长毛。花期5月，果期6～10月。

生境分布　山东农业大学树木园、苗圃有栽培。国内分布于河北、陕西、甘肃、河南、湖北、湖南、广东、广西、四川、云南、贵州等省（自治区）。

经济用途　材质较楸树稍差，适于家具、船舶等用材；可供绿化观赏。

凌 霄

Campsis grandiflora (Thunb.) Schum.

凌霄花枝

科　属　紫葳科Bignoniaceae　凌霄属Campsis Lour.

形态特征　落叶木质藤本，借气根攀缘他物。奇数羽状复叶，对生，具小叶7～9；小叶片卵形至卵状披针形，长3～7cm，宽1.5～3cm，先端尾状渐尖，基部阔楔形或近圆形，边缘有疏锯齿，两面无毛，羽状脉。圆锥花序，顶生；花萼钟状，长约3cm，5裂至萼筒中部，裂片披针形，质地较薄；花冠漏斗状钟形，外面橙黄色，里面橙红色，长5～7cm，径约7cm，5裂，裂片半圆形；雄蕊4，2强，退化雄蕊1，花丝着生于冠筒基部，花药黄色；雌蕊1，生于花盘中央，子房上位，2室，花柱1，长约3cm，柱头2裂。蒴果，长10～20cm，径约1.5cm，基部狭缩呈柄状，顶端钝，沿缝线有龙骨状突起。种子扁平，略为心形，棕色，长约6mm，宽约7mm，有膜质翅。花期6～9月；果期10月。

生境分布　岱庙、红门、普照寺、山东农业大学树木园及公园、庭院有引种栽培。国内分布于河北、山西、福建、广东、广西等省（自治区）。

经济用途　花大而色艳，花期长，为优良绿化观赏树种；花、根、茎药用，有活血通经、利尿、祛风作用。

1.花枝　2.花萼及雄蕊　3.花冠展开示雄蕊

凌霄

厚萼凌霄　美国凌霄

Campsis radicans (L.) Seem.

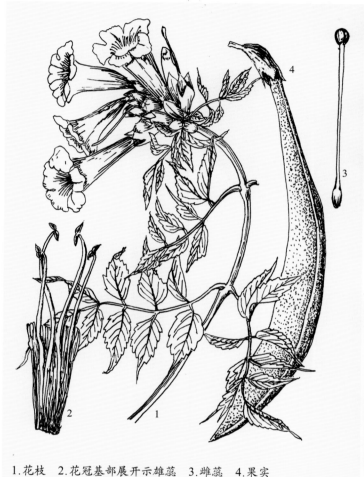

1.花枝　2.花冠基部展开示雄蕊　3.雌蕊　4.果实

厚萼凌霄

厚萼凌霄花、果枝

红黄萼凌霄花枝

科　　属　紫葳科Bignoniaceae　凌霄属Campsis Lour.

形态特征　落叶木质藤本，借气根攀缘他物。小枝紫绿色，被柔毛。奇数羽状复叶，对生，具小叶9～11；小叶片卵状长圆形或椭圆状披针形，长3～6cm，宽1.5～3cm，先端尾状尖，基部宽楔形至圆形，边缘有不整齐的疏锯齿，上面无毛，下面沿脉密生白毛，羽状脉。圆锥花序，顶生；花萼钟形，长约2cm，棕红色，5裂，裂片卵状三角形，长为萼筒的1/3，质地较厚；花冠漏斗形，长6～9cm，径4～5cm，暗红色，外面黄红色，5裂，裂片半圆形；雄蕊4，2强，退化雄蕊1；花盘杯状；雌蕊1，生于花盘中央，子房上位，2室，花柱1，柱头2裂。蒴果长圆柱形，直或稍弯，长8～12cm，径约1.5cm，顶端喙状，沿缝线有龙骨状突起。种子扁平，宽心形，长约5mm，顶端钝，基部心形，褐色，翅黄褐色。花期7～9月，果期10月。

生境分布　原产于北美。岱庙、山东农业大学树木园及公园、庭院有引种栽培。

经济用途　优良绿化观赏树种。

红黄萼凌霄　杂种凌霄　Campsis × tagliabuana
是凌霄Campsis grandiflora与厚萼凌霄Campsis radicans的杂交种，其形态介于二者之间；花萼橙黄色，萼裂较深，但不达1/2；叶下面有毛或无毛。
各公园、庭院有栽培。
供绿化观赏。

RUBIACEAE

茜草科

　　乔木、灌木或草本。直立、匍匐或攀缘状；枝有时有刺。单叶，对生或轮生；叶片通常全缘；托叶变异很大，宿存或早落。花单生或组成各种花序；花两性，稀单性，通常辐射对称，稀两侧对称；花萼筒与子房合生，檐部杯形或筒形，先端全缘或5裂，有时其1片扩大成叶状；花冠合生，筒状、漏斗状、高脚碟状或辐状，通常4～6裂；雄蕊数与花冠裂片同数，稀为2，着生于花冠筒内；雌蕊1，子房下位，1～10室，以2室为多，每室具1至多数胚珠，柱头单一或2至多裂。果为蒴果、浆果或核果。

　　约600属，11150多种。我国有97属，701种。山东有1属，1种；引种3属，4种。泰山有3属，3种。

栀 子

Gardenia jasminoides Ellis

1.花枝 2.果枝 3.花的纵切

栀子

栀子果枝

栀子花枝

科　　属　茜草科Rubiaceae　栀子属Gardenia Ellis

形态特征　常绿灌木。单叶，对生，稀轮生；叶片革质，形态多样，长圆状披针形、倒卵状椭圆形、倒卵形或椭圆形，长3～25cm，宽1.5～8cm，先端尖或钝，基部阔楔形，全缘，两面无毛，羽状脉，侧脉8～15对；叶柄短；托叶膜质。花通常单生于枝顶；花大，白色，芳香；花萼筒倒圆锥形或卵形，与子房合生，有纵棱，萼片5～8，披针形或线形，长10～30mm，宿存；花冠高脚碟状，花冠筒长3～5cm，檐部5～8裂，裂片倒卵形或倒卵状长圆形，长1.5～4cm；雄蕊6，着生于花冠喉部，花丝极短，花药条形，长1.5～2.2cm，伸出；雌蕊1，子房下位，花柱粗厚，长约4.5cm，柱头纺锤形，伸出。浆果黄色或橙红色，卵形至长椭圆形，长1.5～7cm，有5～9条翅状纵棱；具宿存花萼片；具多数种子。花期7月；果期9～11月。

生境分布　公园、庭院有露天引种栽培。国内分布于安徽、江苏、浙江、福建、台湾、江西、湖北、湖南、广东、广西、海南、四川、云南、贵州等省（自治区）。

经济用途　供绿化观赏；果实药用，有消炎、解毒、止血的功效。

六月雪
Serissa japonica (Thunb.) Thunb.

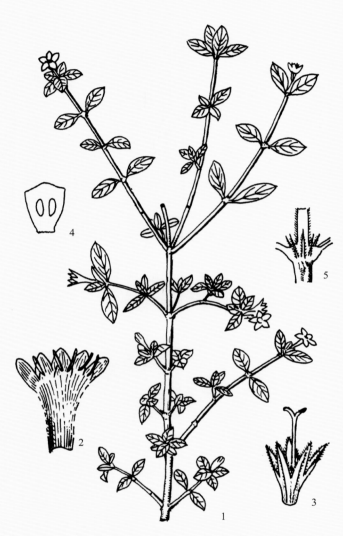

1.花枝　2.花冠剖开　3.花萼和雌蕊　4.子房纵切　5.托叶、叶柄和茎的一段

六月雪

六月雪花枝

六月雪花枝

科　　属　茜草科Rubiaceae　白马骨属Serissa Comm. ex Juss.

形态特征　常绿小灌木。小枝微扁或圆柱状，被微柔毛；叶革质，卵形至倒披针形、椭圆形、椭圆状长圆形、披针形，长6～22mm，宽3～6mm，顶端短尖至长尖，基部钝或尖，全缘，两面无毛或仅脉上有柔毛，上面通常亮绿色，羽状脉，侧脉2～4对；叶柄短或近无；托叶长0.5～2mm，被微柔毛或近无毛。花单生或数朵丛生于小枝顶部或腋生；苞片长1～6mm，边缘浅波状，有毛；花萼筒倒圆锥形，与子房合生，萼片4～6，细小，锥形，有毛；花冠漏斗状，淡红色或白色，长6～12mm，4～6裂，裂片开展，花冠筒长于萼片；雄蕊凸出于冠管喉部外；花柱长凸出，柱头2，直，略分开。花期5～7月。

生境分布　公园有引种栽培。国内分布于安徽、江苏、浙江、福建、台湾、江西、广东、广西、四川、云南。

经济用途　供绿化观赏。

鸡矢藤

Paederia foetida L.

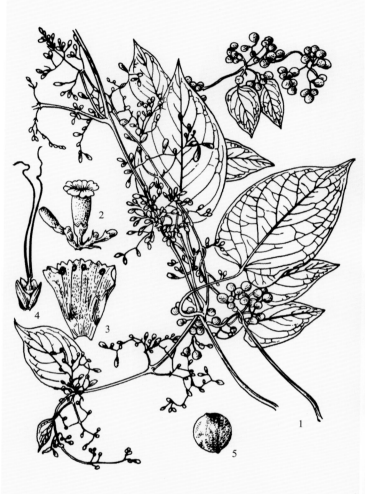

1.植株的一部分　2.花　3.花冠展开　4.雌蕊　5.果实

鸡矢藤

鸡矢藤果枝

鸡矢藤花枝

科　属　茜草科 Rubiaceae　鸡矢藤属 Paederia L.

形态特征　缠绕性藤本，揉碎有臭味。茎无毛或稍有微毛。单叶，对生；叶片形状变化很大，通常为卵形、卵状长圆形至披针形，长5～9cm，宽1～4cm，先端急尖或渐尖，基部楔形、圆形至心形，全缘，两面无毛或仅下面稍有短柔毛，羽状脉，侧脉4～6对；叶柄长1.5～7cm；托叶三角形，长3～5mm，有缘毛，早落。聚伞花序排成顶生的大型圆锥花序或腋生而疏散少花，末回分枝常延长，一侧生花；花梗短或无；小苞片披针形；花萼筒倒圆锥形，长1～1.2mm，与子房合生，萼片5，三角形，长0.8～1mm；花冠外面灰白色，内面紫红色，有绒毛，筒长约1cm，5裂，裂片长1～2mm；雄蕊5，花丝长短不齐，与花冠筒贴生；雌蕊子房下位，2室，花柱2，基部合生。核果球形，淡黄色，径约6mm，分裂为2个小坚果。花期8月；果期10月。

生境分布　产于红门、桃花峪管理区。生于山坡、山谷、路边灌草丛。国内分布于山西、甘肃、河南、安徽、江苏、浙江、福建、台湾、江西、湖北、广东、广西、海南、四川、云南、贵州等省（自治区）。

经济用途　根可药用，有行血舒筋活络的功效；可供绿化观赏。

五福花科

ADOXACEAE

    灌木、小乔木，或多年生草本。单叶或三出复叶、二回三出复叶、三出羽状复叶、二回三出羽状复叶、奇数羽状复叶，对生。圆锥花序、伞形花序、穗状花序、头状聚伞花序，顶生；花两性；花萼筒与子房合生，萼片3～5；花冠合生，3～5裂；雄蕊5或4或3，与花冠裂片互生，着生在花冠筒上，花药1室；雌蕊1，子房半下位或下位，1室或3～5室，花柱5、4或3，合生或离生，或缺，柱头头状或2裂、3裂。核果或浆果状核果，具1或3～5种子。

    4属，约220种。我国有4属，81种。山东有2属，5种，1亚种，1变种，1变型；引种9种，1变种，2变型。泰山有2属，10种，2变种，2变型。

接骨木　接骨丹

Sambucus williamsii Hance

1.花枝　2.花　3.花冠展开　4.花萼与雌蕊　5.小果穗

接骨木果枝

接骨木　　　　　　　　　　　　　接骨木花枝

科　　属　五福花科Adoxaceae　接骨木属Sambucus L.

形态特征　落叶灌木或小乔木。枝髓心淡黄褐色。奇数羽状复叶，对生，具小叶3～7，揉碎有臭味；小叶椭圆形或长圆状披针形，长5～15cm，宽2～5cm，先端尖、渐尖或尾尖，基部楔形或圆形，常不对称，缘有不整齐锯齿，上面绿色，初被疏短毛，后渐无毛，下面浅绿色，无毛，羽状脉；基部1对小叶有短柄，顶生小叶柄长约2cm；托叶线形，或退化成蓝色突起。聚伞圆锥花序，顶生，无毛；花小，白色；花萼筒杯状，与子房合生，长约1mm，萼片5，三角状披针形，稍短于筒部；花冠辐状，径约3mm，5裂，裂片长约2mm，花冠筒短；雄蕊5，与花冠裂片互生且近等长，花药黄色；雌蕊1，子房下位，3室，花柱短，柱头3裂。浆果状核果，近球形，直径3～5mm，红色，稀蓝紫色；具2～3分核，每核具1种子。花期4～5月；果期6～9月。

生境分布　产于泰山。生于山坡阴湿之处；山东农业大学树木园和校园有栽培。国内分布于黑龙江、吉林、辽宁、河北、山西、陕西、甘肃、河南、安徽、江苏、浙江、福建、湖北、湖南、广东、广西、四川、云南、贵州等省（自治区）。

经济用途　茎、根皮及叶供药用，有舒筋活血、镇痛止血、清热解毒的功效，主治骨折、跌打损伤、烫火伤等；可供绿化观赏。

西洋接骨木
Sambucus nigra L.

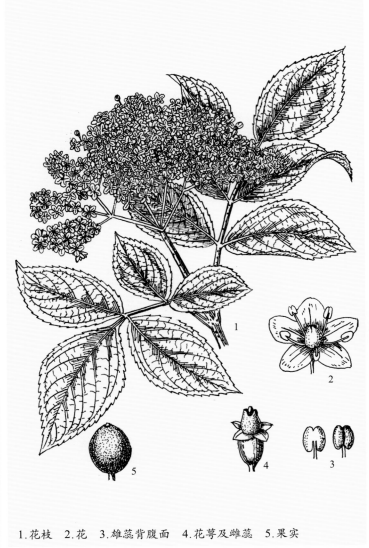

1.花枝　2.花　3.雄蕊背腹面　4.花萼及雌蕊　5.果实

西洋接骨木

西洋接骨木果枝

西洋接骨木花枝

科　　属　五福花科Adoxaceae　接骨木属Sambucus L.

形态特征　落叶灌木或小乔木。小枝浅棕褐色，有突起的大皮孔及纵条纹，髓白色。奇数羽状复叶，对生，具小叶3~7，常5，叶揉碎后有臭味；小叶椭圆形至椭圆状卵形，长4~10cm，宽2~4cm，上面中脉及叶柄疏生短糙毛，下面疏生短糙毛，先端尖或渐尖，基部楔形或近圆形，偏斜，边缘有锐锯齿，羽状脉；小叶有短柄；在中脉基部、小叶柄基部及叶轴均被短柔毛；托叶叶状，或退化呈腺形。聚伞花序，5分枝，呈伞房状，平散，顶生；花小，黄白色；花萼筒杯状，与子房合生，萼片5，短于萼筒；花冠辐状，径约4mm，5裂，裂片长圆形；雄蕊5，与花冠裂片互生且近等长；雌蕊子房下位，3室，花柱短，柱头3裂。浆果状核果，黑色，球形，径6~8mm；具2~3分核，每核1种子；具宿存花萼。花期5~6月；果期10月。

生境分布　原产于南欧、北非和亚洲西部。山东农业大学树木园、苗圃有引种栽培。

经济用途　花可药用，有舒筋活血、镇痛、止血的功效。可供绿化观赏。

珊瑚树　早禾树　法国冬青

Viburnum odoratissimum Ker-Gawl. var. odoratissimum

1.果枝　2.叶下面一部分示脉腋小孔　3.花　4.花冠展开　5.花萼及雌蕊　6.果实

珊瑚树

珊瑚树花枝

科　　属　五福花科Adoxaceae　荚蒾属Viburnum L.

形态特征　常绿灌木或小乔木。枝灰褐色，有小瘤状皮孔，无毛或有时稍被褐色簇状毛。鳞芽，鳞片1～2对，卵状披针形。单叶，对生；叶片革质，椭圆形至矩圆形或矩圆状倒卵形至倒卵形，有时近圆形，长7～20cm，顶端短尖至渐尖而钝头，有时钝形至近圆形，基部宽楔形，稀圆形，边缘上部有不规则浅波状锯齿或近全缘，上面深绿色有光泽，两面无毛或脉上散生簇状微毛，下面有时散生暗红色微腺点，脉腋常有集聚簇状毛和趾蹼状小孔，侧脉5～6对，弧形，近缘前互相网结，连同中脉下面突起而显著；叶柄长1～3cm，无毛或被簇状微毛。圆锥花序顶生或生于侧生短枝上，宽尖塔形，长（3.5～）6～13.5cm，宽（3～）4.5～6cm，无毛或散生簇状毛，花序梗长可达10cm，扁，有淡黄色小瘤状突起；苞片长不足1cm，宽不及2mm；花通常生于序轴的第2至第3级分枝上，无梗或有短梗；萼筒筒状钟形，长2～2.5mm，无毛，与子房合生，萼檐碟状，萼片5，齿状，宽三角形；花冠白色，辐状，径约7mm，筒长约2mm，5裂，裂片圆卵形，长2～3mm，反折；雄蕊5，略超出花冠裂片，花药黄色；雌蕊子房下位，1室，1胚珠，柱头头状，不高出萼片。核果先红色后变黑色，卵圆形或卵状椭圆形，长约8mm；核卵状椭圆形，长约7mm，有1条深腹沟。花期4～5月（有时不定期开花），果熟期7～9月。

生境分布　岱庙、山东农业大学树木园有引种栽培。国内分布于福建、湖南、广东、广西、海南。

经济用途　供绿化观赏；木材坚硬、细致，供细木工用；根、叶药用。

日本珊瑚树（变种）Viburnum odoratissimum Ker-Gawl. var. awabuki（K. Koch）Zabel ex Rumpl.

本变种的主要特点：叶柄带红色，叶片倒卵形，先端钝或急狭而钝头，厚革质，侧脉6～8对。圆锥花序轴无毛；花冠筒长3～4mm，裂片长2～3mm；柱头常高出萼片。果核通常倒卵圆形至倒卵状椭圆形，长6～7mm。

泰安公园及庭院有引种栽培。国内分布于福建、台湾。

供绿化观赏；木材坚硬、细致，供细木工用；根、叶药用。对煤烟和有毒气体具有较强的抗性和吸收能力，是一种理想的园林绿化树种。

珊瑚树果枝

日本珊瑚树果枝

日本珊瑚树花枝

绣球荚蒾 木绣球

Viburnum macrocephalum Fort. f. macrocephalum

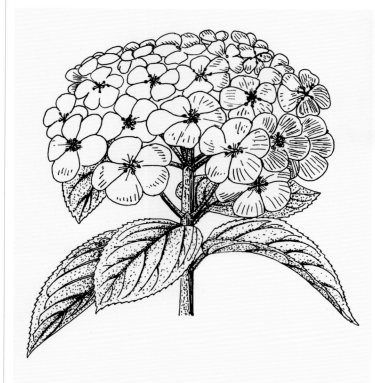

绣球荚蒾

绣球荚蒾花枝

琼花果枝

琼花花枝

科　属　五福花科 Adoxaceae　荚蒾属 Viburnum L.

形态特征　落叶灌木。当年生枝密被星状毛；芽裸露，被灰白色星状毛。单叶，对生；叶片卵形、卵状长圆形至椭圆形，长3～8cm，宽2～4cm，先端钝或微尖，基部近圆形，缘有细锯齿，上面绿色，疏生星状毛，脉上较密，下面密生星状毛，羽状脉，侧脉5～6对，近叶缘网结，连同中脉上面略凹陷，下面隆起；叶柄长1～2cm，密生星状毛。复伞形聚伞花序，头状，直径10～12cm，密生星状毛，全部由白色大型不孕花组成；花序梗长1～4cm；第1级辐射枝4～5条，花生于3级辐射枝上；花萼筒筒状，无毛，长约2mm，萼片5，齿状，与萼筒近等长；花冠白色，辐状，径1.5～4cm，5裂，裂片倒卵圆形，大小不等，花冠筒甚短；雄蕊5，长约3mm；雌蕊不育。花期4～5月。

生境分布　岱庙、红门及公园、庭院常见有引种栽培。国内分布于河南、安徽、江苏、浙江、江西、湖北、湖南等省。

经济用途　供绿化观赏。

琼花　八仙花　蝴蝶花（变型）Viburnum macrocephalum Fort. f. keteleeri（Carr.）Rehd.
本变型的主要特点是：复伞形花序，5～7辐射枝，每辐射枝上有1～2不孕花，其余为两性结实花；整个花序的中间为可育花，周围为大型不孕花；花小，直径6～7mm；雌蕊子房下位，1室，花柱短，柱头头状。核果长椭圆形，长约8mm，先红后黑；核扁，背面2条浅沟，腹面3条浅沟。
山东农业大学树木园、苗圃有引种栽培。国内分布于安徽、江苏、浙江、江西、湖北、湖南等省。供绿化观赏。

陕西荚蒾　土蓝条

Viburnum schensianum Maxim.

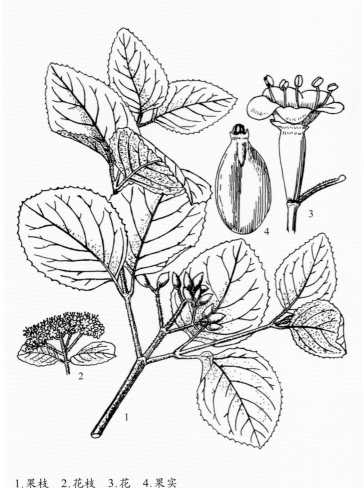

1.果枝　2.花枝　3.花　4.果实

陕西荚蒾

陕西荚蒾果枝

陕西荚蒾花枝

科　　属　五福花科Adoxaceae　荚蒾属Viburnum L.

形态特征　落叶灌木。幼枝、叶下面，叶柄及花序均被白色星状毛；芽裸露，被锈褐色星状毛。单叶，对生；叶片卵状椭圆形、阔卵形或近圆形，长3～6cm，宽2～4cm，先端钝圆，稀稍尖，基部近圆形，缘有浅齿，上面疏生星状短毛，下面星状毛较密，羽状脉，侧脉5～7对，近缘处网结或部分直达齿端，连同中脉上面略凹陷，下面隆起，网脉两面稍突起；叶柄长7～15mm。复伞形聚伞花序，顶生，径4～8cm；花序梗长1～1.5cm或很短；第1级辐射枝3～5条，花大部生在第3级辐射枝上；花萼筒筒状，长3～4mm，无毛，与子房合生，萼片5，齿状卵形，长约1mm，先端钝；花冠白色，辐状，径约6mm，5裂，裂片卵圆形，长约2mm，花冠筒长约1mm；雄蕊5，着生于冠筒近基部，与花冠等长或稍长；雌蕊子房下位，1室，花柱短。核果椭圆形，长约8mm，先红后黑；核卵形，背部隆起，无沟或有2不明显的沟，腹面有3沟。种子1。花期4～5月；果期7～8月。

生境分布　产于灵岩、南天门管理区。生于山坡灌丛。国内分布于河北、山西、陕西、甘肃、河南、四川等省。

经济用途　水土保持树种；可供绿化观赏。

皱叶荚蒾 山枇杷

Viburnum rhytidophyllum Hemsl.

1.花枝 2.花 3.果实及其横切面

皱叶荚蒾

皱叶荚蒾果枝

皱叶荚蒾花枝

科　　属　五福花科Adoxaceae　荚蒾属Viburnum L.

形态特征　常绿灌木或小乔木。幼枝、芽、叶下面、叶柄及花序均被由黄白色、黄褐色或褐色星状毛组成的厚绒毛；当年生小枝粗壮，稍有棱角，二年生枝红褐色或灰黑色，无毛，散生圆形小皮孔，老枝黑褐色；裸芽。单叶，对生；叶片革质，卵状矩圆形或卵状披针形，长8～25cm，顶端稍尖或略钝，基部圆形或微心形，全缘或有不明显小齿，上面深绿色有光泽，幼时疏被簇状柔毛，后变无毛，羽状脉，侧脉6～12对，近缘处互相网结，很少直达齿端，各脉深凹陷而呈极度皱纹状，下面有突起网纹；叶柄粗壮，长1.5～4cm。复伞形聚伞花序稠密，径7～12cm；花序梗粗壮，长1.5～7cm，第1级辐射枝通常7条，粗壮，花生于第3级辐射枝上，无梗；花萼筒筒状钟形，长2～3mm，被黄白色星状绒毛，与子房合生，萼片5，微小，宽三角状卵形；花冠白色，辐状，径5～7mm，几无毛，5裂，裂片圆卵形，长2～3mm，略长于花冠筒；雄蕊5，高出花冠，花药宽椭圆形，长约1mm。核果红色，后变黑色，宽椭圆形，长6～8mm，无毛；核宽椭圆形，两端近截形，扁，长6～7mm，有2条背沟和3条腹沟。花期4～5月；果期9～10月。

生境分布　山东农业大学树木园、苗圃有引种栽培。国内分布于陕西、湖北、四川、贵州等省。

经济用途　可供绿化观赏；茎皮纤维可作麻及制绳索。

粉 团 雪球荚蒾

Viburnum plicatum Thunb.

粉团花枝

科　属　五福花科 Adoxaceae　荚蒾属 Viburnum L.

形态特征　落叶灌木。当年生枝浅黄褐色，4棱，被黄褐色星状毛；鳞芽，被黄褐色星状毛。单叶，对生；叶片阔卵形、长圆状倒卵形或近圆形，长4～10cm，先端急尖，基部近圆形，边缘有不整齐三角状锯齿，上面疏生短毛，下面有星状毛或仅沿脉有毛，羽状脉，侧脉10～12对，直达齿端，叶脉在上面凹，下面突起，网脉平行，呈明显长方形格纹；叶柄长1～2cm，疏生星状毛。复伞形聚伞花序，球形，径4～8cm，全部由大型不孕花组成，常生于具1对叶的短枝上；花序梗长1.5～4cm，密生黄褐色星状毛；第1级辐射枝6～8条，花生于第4级辐射枝上；花萼筒倒圆锥形，无毛或有簇状毛，萼片5，齿状卵形；花冠白色，辐状，径1.5～3cm，5裂，有时4裂，裂片倒卵或近圆形，不等大；雌、雄蕊均不发育。花期4～5月。

生境分布　岱庙有引种栽培。国内分布于湖北、贵州。

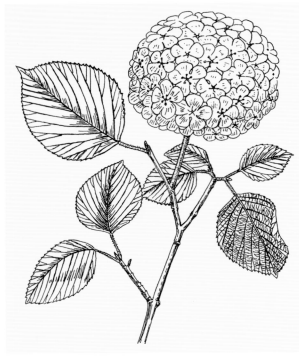

粉团 **经济用途**　供绿化观赏树种。

宜昌荚蒾　小叶荚蒾

Viburnum erosum Thunb.

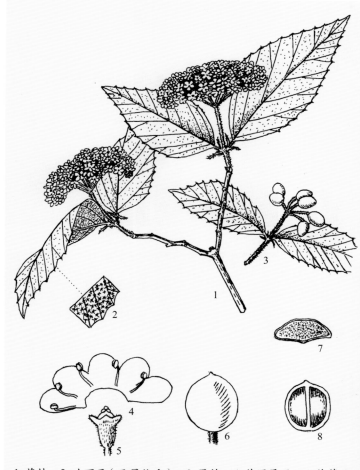

1.花枝　2.叶下面（示星状毛）　3.果枝　4.花冠展开　5.花萼及
雌蕊　6.果实　7.种核横切　8.果实纵切

宜昌荚蒾

宜昌荚蒾果枝

宜昌荚蒾花枝

科　　属　五福花科 Adoxaceae　荚蒾属 Viburnum L.

形态特征　落叶灌木。当年生枝有星状毛和柔毛，二年生枝灰紫褐色，无毛；鳞芽，有毛。单叶，对生；叶片卵形或卵状披针形，长4～7cm，先端短渐尖，基部近圆形至浅心形，缘有三角状浅齿，上面疏生星状毛，毛基有疣，或近无毛，下面密生星状毛，或仅沿脉和脉腋有长伏毛，近基部两侧有少数腺体，羽状脉，侧脉7～12对，稀14对，直达齿端；叶柄长3～5mm，被粗短毛；托叶钻形，宿存。复伞形聚伞花序，径3～4cm，密生星状毛，顶生于具1对叶的侧生短枝上；花序梗长1.5～2cm；第1级辐射枝通常5条，花着生于第2至第3级辐射枝上；花萼筒筒状，长约1.5mm，与子房合生，萼片5，卵状三角形，被星状毛；花冠白色，辐状，径约6mm，5裂，裂片卵圆形，稍长于花冠筒；雄蕊5，花药黄白色；雌蕊子房下位，1室，花柱较雄蕊短，柱头头状。核果卵形，红色，长6～8mm；核1，形扁，有2条浅背沟和3条浅腹沟。种子有胚乳。花期4～5月；果期9～10月。

生境分布　山东农业大学树木园、苗圃有栽培。国内分布于陕西、河南、安徽、江苏、浙江、福建、台湾、江西、湖北、湖南、广东、广西、四川、贵州等省（自治区）。

经济用途　种子榨油可制肥皂及润滑油；叶、根药用；可供绿化观赏。

荚 蒾

Viburnum dilatatum Thunb.

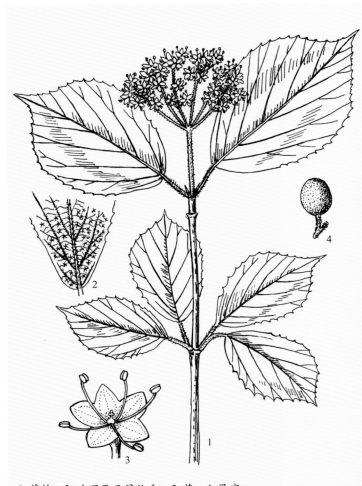

荚蒾花枝

1.花枝　2.叶下面示星状毛　3.花　4.果实

荚蒾

荚蒾果枝

科　　属　五福花科 Adoxaceae　荚蒾属 Viburnum L.

形态特征　落叶灌木。植物体常被淡黄色星状毛；鳞芽，被疏毛。单叶，对生；叶片阔倒卵形、倒卵形或宽卵形，长3～10cm，先端急尖，基部圆形或有时近心形，边缘有牙齿状锯齿，齿端有小尖头，上面疏生柔毛，下面有黄色柔毛和星状毛，脉上较密，基部两侧有少数腺体和多数细小腺点，羽状脉，侧脉6～8对，直达齿端，上面凹下，下面明显突起；叶柄长1～1.5cm；无托叶。复伞形聚伞花序生于有1对叶的短枝顶端；花序梗长1～3cm，第1级辐射枝通常6～7条，花生于3～4级辐射枝上；萼筒筒状，长约1mm，与子房合生，萼片5，齿状卵形，与萼筒均被粗毛及腺点；花冠白色，外被密或疏短毛，辐状，裂片5，卵圆形，长约2.5mm；雄蕊伸出花冠；雌蕊子房下位，1室，花柱粗短，高于萼片。核果椭圆形，长6～7mm，红色；核扁，有3条浅腹沟和2条浅背沟。花期5～6月；果期8～10月。

生境分布　山东农业大学树木园、苗圃有引种栽培。国内分布于河北、陕西、河南、安徽、江苏、浙江、福建、台湾、江西、湖北、湖南、广东、广西、四川、云南、贵州等省（自治区）。

经济用途　枝、叶治感冒、疔疮疖肿；果治月经不调及肠炎腹泻；皮可制绳和人造棉；种子含油可制肥皂和润滑油；果可食和酿酒；可供绿化观赏。

鸡树条 天目琼花

Viburnum opulus L. subsp. calvescens (Rehd.) Sugimoto

鸡树条花枝

鸡树条果枝

科　　属　　五福花科Adoxaceae　荚蒾属Viburnum L.

形态特征　　落叶灌木。树皮暗灰色，厚，木栓质；小枝有明显突起的皮孔，近无毛；二年生枝淡黄色或红褐色，圆柱形，无毛；鳞芽，卵形，具2鳞片，无毛。单叶，对生；叶片卵圆形、宽卵形或倒卵形，长6～12cm，纸质，通常3裂，基部圆形、平截或浅心形，裂片先端渐尖，边缘有不整齐的粗齿，上面无毛，下面被黄褐色柔毛，沿脉和脉腋较密，3出掌状网脉，脉伸达齿端，上面脉下陷，下面脉隆起；叶柄长1～5cm，无毛，先端有2～4腺体；托叶钻形，2，长1～5mm；分枝上部的叶通常狭不裂。复伞形聚伞花序，顶生，第1级辐射枝6～8条，花生于2～3级辐射枝上；花序周围有大型不孕花10～12朵，或全部为不孕花，不孕花直径2～3cm；花序梗无毛；可孕花花梗极短，花萼筒倒圆锥形，长约1mm，与子房合生，萼片5，齿状三角形，先端钝，无毛；花冠白色，辐状，径4～5mm，5裂，裂片近圆形，长约1mm，不等大，内面有长柔毛；雄蕊5，伸出花冠外，花药紫红色；雌蕊子房下位，1室，无花柱，柱头2裂；不孕花花梗长，花冠径1.3～2.5cm。浆果状核果，近球形，红色，径8～10mm；核扁，背腹沟不明显。花期5～6月；果期9～10月。

生境分布　　产于南天门、玉泉寺等管理区。生于较湿润的山沟、山坡及灌丛中；公园有引种栽培。国内分布于黑龙江、吉林、辽宁、河北、山西、陕西、甘肃、河南、安徽、江苏、浙江、江西、湖北、四川等省。

经济用途　　嫩枝、叶和果实供药用，有消肿、止痛止咳的功效；种子含油可制肥皂和润滑油；皮纤维可制绳；可供绿化观赏。

泰山琼花荚蒾（变型）Viburnum opulus L. subsp. calvescens（Rehd.）Sugimoto f. bracteatum（Y. Q. Zhu）F. Z. Li
本变型的主要特征是：复伞形聚伞花序的苞片宿存，苞片披针形或条形，长1～5cm，宽0.2～1cm。
产于泰山。生于海拔300m山坡灌丛。

锦带花科

DIERVILLACEAE

　　落叶灌木。幼枝呈四棱形；冬芽具多个鳞片。单叶，对生；叶片边缘具齿；无托叶。花单生或聚伞花序具2～6花，顶生、腋生或生在侧生短枝上；花萼筒筒状，与子房合生，萼片5，分离或合生至中部；花冠合生，钟状或漏斗状，5裂，两侧对称或近辐射对称，花冠筒长于萼片；雄蕊5，短于花冠；雌蕊1，子房下位，2室，胚珠多数，花柱1，柱头头状。蒴果，2瓣裂。种子小而多。

　　2属，15种。我国有1属，2种。山东有1属，1种；引种1种。泰山有1属，2种，2变种。

半边月　杨栌　日本锦带花

Weigela japonica Thunb.

1. 花枝　2. 花萼展开

半边月果枝

半边月　　　　　　　　　　　　　　　　　半边月花枝

科　　属　锦带花科 Diervillaceae　锦带花属 Weigela Thunb.

形态特征　落叶灌木。幼枝有2列柔毛；鳞芽。单叶，对生；叶片卵形至椭圆形，长5～15cm，宽3～8cm，先端渐尖至长渐尖，基部楔形或近圆形，边缘有锯齿，上面中脉疏生短柔毛，下面中脉及侧脉疏生长柔毛，羽状脉；叶柄长0.5～1.2cm，有长柔毛。聚伞花序1～3花，生于短枝叶腋；有花序梗；花具短梗或近无梗；花萼筒筒状，长5～15mm，与子房合生，花萼片5，完全分离或仅基部合生，裂片条形；花冠漏斗形，先淡粉色后转红色，长2.5～3.5cm，外面有柔毛或近无毛，花冠筒中部以上突然扩大，5裂；雄蕊5，着生于花冠筒上；雌蕊子房下位，2室，花柱1，细长，稍伸出花冠外或不伸出。蒴果长圆柱形，长约2cm，无毛，先端具短喙；具数枚种子。种子有窄翅。花期5～6月，或连续数月；果期9～10月。

生境分布　山东农业大学树木园、公园及庭院有引种栽培。国内分布于安徽、浙江、福建、江西、湖北、湖南、广东、广西、海南、四川、贵州等省（自治区）。

经济用途　供绿化观赏。

锦带花
Weigela florida (Bge.) DC.

1.花枝　2.花萼展开　3.花冠展开示雄蕊　4.雌蕊　5.果枝上的蒴果（已开裂）

锦带花

锦带花花枝

锦带花果枝

科　　属　锦带花科Diervillaceae　锦带花属Weigela Thunb.

形态特征　落叶灌木。幼枝有2列短柔毛；芽先端尖，有3～4对鳞片，无毛。单叶，对生；叶片椭圆形至倒卵状椭圆形，长5～10cm，宽3～7cm，先端渐尖，基部阔楔形或近圆形，边缘有锯齿，上面疏被短柔毛，脉上较密，下面密生短柔毛，羽状脉，侧脉4～6对，上面略凹陷，下面隆起；叶柄长约3mm或近无。花单生或呈聚伞花序状，生于侧生短枝叶腋或顶端；花萼筒长筒形，长12～15mm，疏生柔毛，与子房合生，花萼片5，合生可达至中部，裂片披针形，不等长；花冠漏斗状钟形，长3～4cm，径约2cm，玫瑰色或粉红色，内面浅红色，外面疏生短柔毛，檐部5裂，裂片不整齐；雄蕊与花冠裂片同数，互生，着生于冠筒中部以上，短于花冠，花药黄色；雌蕊子房下位，2室，花柱1，细长，柱头2裂。蒴果长1.5～2.5cm；种子小而多。种子无翅。花期4～6月；果期7～10月。

生境分布　产于巴山管理区。生于山上部山坡、沟谷灌丛中。岱庙、山东农业大学树木园、市区公园有栽培。国内分布于黑龙江、吉林、辽宁、内蒙古、河北、山西、陕西、河南、江苏省（自治区）。

经济用途　供绿化观赏；对氯化氢有毒气体抵抗性强，可作为工矿区绿化树种；可保持水土。

花叶锦带花（栽培变种）Weigela florida 'Variegata'
本栽培变种主要特点是：叶片有黄色斑点。
山东农业大学树木园、泰安市区公园有栽培。
供绿化观赏。
红王子锦带花（栽培变种）Weigela florida 'Red Prince'
本栽培变种主要特点是：花深红色。
各公园、庭院有栽培。
供绿化观赏。

花叶锦带花花枝

红王子锦带花花枝

忍冬科

CAPRIFOLIACEAE

灌木或木质藤本，稀小乔木和草本。单叶或羽状复叶，对生，稀轮生；无托叶或稀有托叶。聚伞圆锥花序，顶生或腋生，密集或稀疏的聚伞花序具1或2或3花，或两花并生，有时子房下部联合；聚伞花序每对花的下方有2苞片和4小苞片；花两性，辐射对称至两侧对称；花萼筒与子房合生，萼片4～5，齿状；花冠合生，4～5裂，有时二唇形，覆瓦状排列，稀镊合状排列；雄蕊5或4，2强，着生于冠筒上与花冠裂片互生，有时伸出，花药2室；无花盘，或为1环状或1侧生腺体；雌蕊1，子房下位，2～8室，每室具1至多数胚珠，花柱1，柱头头状或有裂。浆果或核果，或瘦果；具1至多数种子。

5属，207种。我国有5属，66种。山东1属，6种，1变种；引种1属，7种，3变种。泰山有1属，5种，3变种。

忍 冬 金银花 双花

Lonicera japonica Thunb. var. japonica

忍冬花枝

忍冬果枝

1.花枝 2.花冠展开示雄蕊及雌蕊 3.花药背腹面 4.果实

忍冬　　　　　　　　　　　　　　红白忍冬花枝

科　　属 忍冬科Caprifoliaceae 忍冬属Lonicera L.

形态特征 半常绿攀缘藤本。幼枝密生黄褐色柔毛和腺毛。单叶，对生；叶片卵形、长圆状卵形或卵状披针形，长3～8cm，宽2～4cm，先端急尖或渐尖，基部圆形或近心形，全缘，边缘有缘毛，上面深绿色，下面淡绿色，小枝上部的叶两面密生短糙毛，下部叶近无毛，羽状脉，侧脉6～7对；叶柄长4～8mm，密生短柔毛。两花并生于花序梗上，生于小枝上部叶腋；花序梗与叶柄等长或稍短，下部的花序梗较长，长2～4cm，密被短柔毛及腺毛；苞片大，叶状，卵形或椭圆形，长2～3cm，两面均被短柔毛或有时近无毛；小苞片先端圆形或平截，长约1mm，有短糙毛和腺毛；花萼筒长约2mm，无毛，与子房合生，萼片5，齿状，三角形，外面和边缘有密毛；花冠先白后黄，长2～5cm，二唇形，上唇4裂，下唇1裂，下唇裂片条状而反曲，裂片与花冠筒近等长，外面被疏毛和腺毛；雄蕊和花柱均伸出花冠外。浆果球形，蓝黑色，离生，径5～7mm。种子褐色，长约3mm，中部有1突起的脊，两面有浅横沟纹。花期5～6月；果期9～10月。

生境分布 产于各管理区。生于山坡、沟边灌丛。国内除黑龙江、内蒙古、宁夏、青海、新疆、海南、西藏外，分布于其余各省份。

经济用途 花药用，称为"金银花"或"双花"，有清热解毒的功效；水土保持树种；可供绿化观赏。

红白忍冬 红金银花（变种）Lonicera japonica Thunb. var. chinensis（Wats.）Bak.

本变种的主要特征是：当年生枝、叶下面、叶柄、叶脉均为红色；花红色而微有紫晕。

公园有引种栽培。国内分布于安徽。

供绿化观赏。花药用同忍冬。

金花忍冬　黄花忍冬

Lonicera chrysantha Turcz. var. *chrysantha*

1.花枝　2.示并生的两花　3.果实　4.冬芽

金花忍冬果枝

金花忍冬　　　　　　　　　　　　　金花忍冬花枝

科　　属　忍冬科Caprifoliaceae　忍冬属Lonicera L.

形态特征　落叶灌木。幼枝有糙毛和腺，枝髓黑褐色，后变中空；芽鳞5～6对，有白色长缘毛，背部有柔毛。单叶，对生；叶片菱状卵形、菱状披针形、倒卵形或卵状披针形，长4～10cm，宽2～5cm，先端渐尖或尾尖，基部楔形或圆形，全缘，有缘毛，两面有糙伏毛和腺体，中脉毛较密，羽状脉，脉在上面稍凹下，下面稍突起；叶柄长3～7m，有毛。花成对生于叶腋；花序梗长1.5～4cm，有糙毛；苞片2，条形或条状披针形，长3～8mm；小苞片分离，长约1mm，卵状长圆形、宽卵形或近圆形，有腺体；相邻2花萼筒分离，长2～2.5mm，无毛，有腺体，与子房合生，萼片5，齿状，卵圆形，先端圆；花冠黄白色，后变黄色，长1～2cm，二唇形，上唇4裂，下唇1裂，唇瓣较花冠筒长2～3倍，外面疏生短糙毛，内面有短柔毛，基部有1深囊或有时不明显；雄蕊和花柱不伸出花冠，花丝中部以下有密毛；雌蕊子房有腺毛，花柱有短柔毛。浆果球形，红色，径约5mm。种子褐色，扁压状，粗糙。花期5～6月；果期8～9月。

生境分布　产于南天门管理区岱顶。生于沟谷、林下及灌丛中。泰山海拔1500m的阴坡亦有生长。国内分布于黑龙江、吉林、辽宁、内蒙古、河北、山西、陕西、宁夏、甘肃、青海、河南、江西、湖北、四川等省（自治区）。

经济用途　供绿化观赏；良好的水土保持树种。

须蕊忍冬（变种）*Lonicera chrysantha* Turcz. var. *koehneana* (Rehd.) Q. E. Yang
本变种的主要特征是：叶下面有柔毛，子房有长毛和腺毛混生。
产于泰山。生于阴坡及阳坡灌丛及林下。国内分布于山西、陕西、甘肃、河南、安徽、江苏、浙江、湖北、四川、云南、贵州、西藏等省（自治区）。

长白忍冬 辽吉金银花

Lonicera ruprechtiana Regel

长白忍冬花枝

科　属　忍冬科Caprifoliaceae　忍冬属Lonicera L.

形态特征　落叶灌木。幼枝被绒状短柔毛，枝疏被短柔毛或无毛；小枝、叶柄、叶两面、总花梗和苞片均疏生黄褐色微腺毛；冬芽约有6对鳞片。单叶，对生；叶片纸质，矩圆状倒卵形、卵状矩圆形至矩圆状披针形，长3～10cm，顶渐尖或急渐尖，基部圆至楔形或近截形，有时两侧不等，边缘略波状起伏或有时具不规则浅波状大牙齿，有缘毛，上面初时疏被微毛或无毛，下面密被短柔毛，羽状脉；叶柄长3～8mm，被绒状短柔毛。花成对生于叶腋；花序梗长6～12mm；苞片条形，长5～6mm，长超过花萼，被微柔毛；小苞片卵圆形；相邻两花萼筒分离，长约2mm，与子房合生，萼片5，齿状，三角形，长约1mm，干膜质；花冠白色，后变黄色，外面无毛，二唇形，唇瓣长8～11mm，上唇两侧裂深达1/2～1/3处，下唇长约1cm，反曲，花冠筒粗短，长4～5mm，内密生短柔毛，基部有1深囊；雄蕊短于花冠，花丝着生于药隔的近基部，基部有短柔毛；花柱略短于雄蕊，全被短柔毛。浆果圆形，橘红色，直径5～7mm。种子椭圆形，棕色，长3mm左右，有细凹点。花期5～6月；果熟期7～8月。

生境分布　山东农业大学树木园有引种栽培。国内分布于黑龙江、吉林、辽宁省。

经济用途　可供绿化观赏。

1.果枝　2.叶

长白忍冬

金银忍冬　金银木

Lonicera maackii (Rupr.) Maxim. var. maackii

1.花枝　2.花　3.果实

金银忍冬果枝

金银忍冬　　　　　　　　　　　　　　金银忍冬花枝

科　　属　忍冬科Caprifoliaceae　忍冬属Lonicera L.

形态特征　落叶灌木。树皮灰白色或暗灰色，细纵裂；幼枝有短柔毛，小枝中空；冬芽有5～6对或更多鳞片，芽鳞有疏柔毛。单叶，对生；叶形变化较大，通常卵状椭圆形或卵状披针形，长5～8cm，宽2～6cm，先端渐尖或长渐尖，基部阔楔形或近圆形，全缘，两面脉上有短柔毛或近无毛，羽状脉；叶柄长3～5mm，有短柔毛；无托叶。花成对生于叶腋；花序梗长1～2mm，短于叶柄，有短柔毛；苞片条形，长3～6mm；小苞片多少连合成对，长为萼筒的1/2或几相等，先端平截；相邻两花萼筒分离，长约2mm，无毛或疏生腺毛，与子房合生，萼片5，齿状，不等大，长2～3mm，有长缘毛；花冠先白后变黄色，二唇形，花冠筒长约为唇瓣的1/2，外面疏生柔毛或无毛，内面被柔毛；雄蕊5，与花柱均长约为花冠的2/3，花丝中部以下和花柱均有柔毛。浆果球形，径5～6mm，红色或暗红色。种子有小浅凹点。花期5～6月；果期8～10月。

生境分布　产于南天门管理区后石坞、桃花源沐龟沟、天烛峰风魔涧、新泰沟。生于山坡石缝及湿润处的杂木林中；公园及庭院常见栽培。国内分布于黑龙江、吉林、辽宁、内蒙古、河北、山西、陕西、甘肃、河南、安徽、江苏、浙江、湖北、湖南、四川、云南、贵州、西藏等省（自治区）。

经济用途　供绿化观赏；茎皮可制人造棉；种子油制肥皂；可保持水土。

红花金银忍冬（变种）Lonicera maackii（Rupr.）Maxim. var. erubescens（Rehd.）Q. E. Yang
本变种的主要特征是：花冠、小苞片及幼叶淡红紫色。
公园有少量引种栽培。国内分布于甘肃、河南、安徽、江苏。
供绿化观赏。

郁香忍冬　苦糖果　樱桃忍冬

Lonicera fragrantissima Lindl. et Paxt.

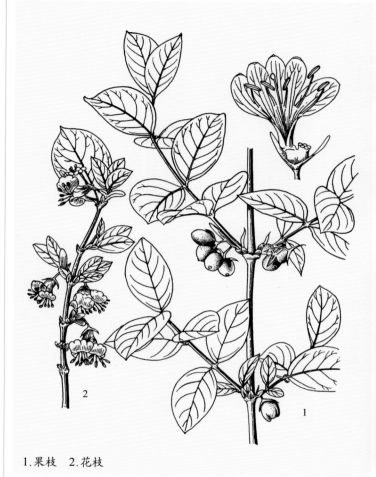

1.果枝　2.花枝

郁香忍冬果枝

郁香忍冬

郁香忍冬花枝

科　　属　忍冬科Caprifoliaceae　忍冬属Lonicera L.

形态特征　落叶灌木。小枝无毛或被倒生刚毛；芽有一对顶端尖的外鳞片。单叶，对生；叶片倒卵状椭圆形、卵状椭圆形、椭圆形、卵状披针形，长3～8cm，宽3～6cm，先端圆形到渐尖，基部近心形或阔楔形、楔形，全缘，边缘疏生硬睫毛或无毛，两面无毛或下面有短柔毛或长硬毛，有时上面或中脉有刚伏毛，羽状脉，侧脉明显；叶柄长2～5mm，具长硬毛或无毛。花成对生于幼枝基部苞腋；花序梗长1～15mm；苞片披针形或条形，长7～10mm；无小苞片；花先叶或同时开放；相邻两花的花萼筒连合至中部，长1～3mm，与子房合生，萼片5，微小，使萼檐呈浅波状或平截；花冠白色或淡红色，长1～1.5cm，外面无毛或疏生长硬毛，二唇形，花冠筒长4～5mm，内面密生柔毛，基部有浅囊；雄蕊5，花丝不等长；雌蕊花柱无毛，雄蕊与花柱不伸出或稍伸出花冠。浆果红色，椭圆形，长约1cm，相邻2果下部连合。种子稍扁，长约3.5mm，棕色，有细凹点。花期3～4；果期4～5月。

生境分布　产于桃花源、玉泉寺、南天门、竹林管理区傲徕峰等。生于山沟、林下、路旁；山东农业大学树木园栽培。国内分布于河北、山西、陕西、甘肃、河南、安徽、江苏、浙江、江西、湖北、湖南、四川、贵州等省。

经济用途　可供绿化观赏。

北极花科

LINNAEACEAE

灌木，直立或匍匐。单叶，对生，有时轮生；无托叶；叶柄间具一连线。聚伞花序具3花或成对或单生，顶生或腋生；苞片叶状或退化，位于子房基部；花两性，辐射对称或稍两侧对称；花萼筒与子房合生，萼片4～5；花冠合生，4～5裂，裂片在芽内覆瓦状排列；雄蕊4，与花冠裂片互生，着生在花冠筒上；雌蕊1，子房下位，3～4室，中轴胎座，1或2室具1发育胚珠，或2室具多数不育胚珠，花柱细长，柱头头状。瘦果，有宿存花萼；具1或2种子。

7属，19种。我国有6属，15种。山东引种2属，2种。泰山有2属，2种。

糯米条　华六条木

Abelia chinensis R. Br.

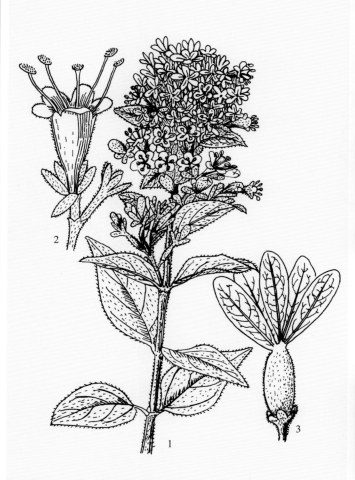

1.花枝　2.花　3.果实及宿存花萼

糯米条

糯米条花枝

糯米条果枝

科　　属　北极花科Linnaeaceae　糯米条属Abelia R. Br.

形态特征　落叶灌木。幼枝红褐色，有短柔毛。单叶，对生；叶片卵形或菱状卵形，长2～2.5cm，宽1～1.5cm，先端渐尖，基部圆形或阔楔形，缘有浅锯齿，近基部全缘，上面无毛或有短柔毛，下面中脉基部密生白色柔毛，羽状脉；叶柄长3～5mm。由多数聚伞花序集成圆锥状花序；花序梗长3～5mm，初有短柔毛，后脱落；小苞片长椭圆形，有缘毛；花萼筒圆柱形，与子房合生，萼片5，倒卵状长椭圆形，被毛，淡红色，长5～7mm，宿存；花冠漏斗状，白色至粉红色，长10～12mm，外被短柔毛，5裂，裂片三角状卵形，长约3mm；雄蕊4，2强，花丝细长，伸出花冠外；雌蕊子房下位，3室，花柱1，细长，伸出冠外。瘦果，长约5mm，外被短柔毛；具1种子；有增大的宿存萼片。花期7～9月；果期10～11月。

生境分布　山东农业大学树木园及公园有引种栽培。国内分布于河南、江苏、浙江、福建、台湾、湖北、湖南、广东、广西、四川、云南、贵州等省（自治区）。

经济用途　全株药用，可清热、解毒、止血；叶捣烂敷患处治腮腺炎；秋季开花，花期长，萼片变红，似红花盛开，为良好的绿化观赏植物。

蝟 实

Kolkwitzia amabilis Graebn.

1.花枝　2.花冠展开　3.果实

蝟实

蝟实果枝

蝟实花枝

科　　属　北极花科Linnaeaceae　蝟实属Kolkwitzia Graebn.

形态特征　落叶灌木。幼枝被柔毛及糙毛,红褐色;老枝光滑,茎皮脱落。单叶,对生;叶片椭圆形至卵状长圆形,长3～8cm,宽1.5～3.5cm,先端渐尖,基部钝圆或宽楔形,全缘或有疏浅齿,上面疏生短柔毛,下面脉上有柔毛,羽状脉。伞房状的圆锥聚伞花序生于侧枝顶端,每1聚伞花序有2花;2花的萼筒下部合生;苞片2,披针形,紧贴子房基部;花萼筒外面密被长柔毛,在子房以上缢缩似颈,与子房合生,萼片5,钻状披针形,长3～4mm;花冠钟状,粉红色至紫色,长1.5～2.5cm,基部甚狭,中部以上扩大,外面被短柔毛,5裂,其中2裂片稍宽而短;雄蕊4,2长2短,内藏;雌蕊1,子房下位,3室,花柱1,有毛,不伸出冠外。瘦果,2枚合生,有时其中1枚不发育,外面密被刺状刚毛;具宿存花萼片。花期6月;果期7～10月。

生境分布　山东农业大学校园、树木园及公园有引种栽培。国内分布于山西、陕西、甘肃、湖北等省。

经济用途　供绿化观赏。

BERBERIDACEAE 小檗科

灌木或多年生草本。枝有刺或无刺。单叶或羽状复叶，互生或簇生，基生，稀对生；通常无托叶。花单生或总状、聚伞及圆锥花序；花两性；花萼、花冠常区分不明显，辐射对称；花萼片2～3轮，每轮3片，覆瓦状排列；花瓣6，或为距状，有蜜腺或无；雄蕊与花被同数而对生，稀为其2倍，花药2室，基底着生，瓣裂；雌蕊1，子房上位，1室，胚珠少数或多数，基生或侧膜胎座，花柱较短或无。浆果或蒴果，稀蓇葖果。种子富含胚乳，胚形小。

17属，约650种。我国有11属，303种。山东有1属，5种；引种2属，8种。泰山有3属，6种，1变种。

黄芦木　大叶小檗　三颗针　阿穆尔小檗

Berberis amurensis Rupr.

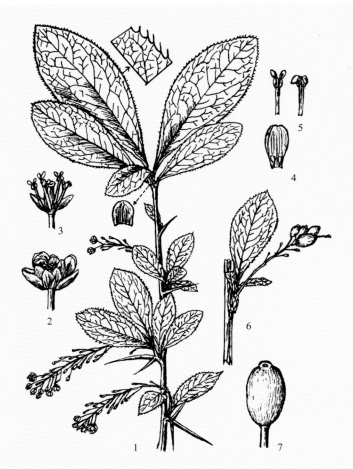

黄芦木果枝

黄芦木花枝

1.花枝　2.花　3.去花被的花　4.花瓣腹面带退化雄蕊　5.雄蕊
6.果枝　7.果实

黄芦木

科　　属　小檗科Berberidaceae　小檗属Berberis L.

形态特征　落叶灌木。枝灰色，有纵沟槽，新枝灰黄色；茎刺3叉状，稀单1，长1～2cm。单叶，互生或在短枝上簇生；叶片纸质，卵形、椭圆形或长圆形，长3～8cm，宽2.5～5cm，先端钝圆或尖，基部渐狭为柄状，边缘细锯齿为刺尖状，上面绿色，下面淡绿色，有时被白粉，两面无毛，羽状脉，中脉和侧脉上面凹陷，下面微隆起；叶柄长5～10mm。总状花序，长4～10cm，由10花以上组成，下垂；花序梗长1～3cm；花梗长5～10mm；每花有2小苞片，三角形；花萼片6，2轮，倒卵形，内萼片长于外萼片，长5.5～6mm；花瓣淡黄色，椭圆形，略短于萼片，先端微凹，基部有爪，并有1对腺体；雄蕊6，药隔先端不延伸；雌蕊1，子房上位，宽卵形，1室，胚珠2，柱头扁平。浆果椭圆形，长6～10mm，红色，有光泽或稍被薄粉；无宿存花柱。花期4～5月；果期8～9月。

生境分布　产于南天门管理区岱顶、桃花源、天烛峰等。生于海拔800m以上的山沟、山坡灌丛或林缘。国内分布于黑龙江、吉林、辽宁、内蒙古、河北、山西、陕西、甘肃、河南等省（自治区）。

经济用途　根、茎的皮部含小檗碱、小檗胺，可提取黄连素，供药用，为清凉、消炎、健胃剂，可代中药黄连、黄柏；种子可榨油，工业用；可保持水土；可供绿化观赏。

庐山小檗

Berberis virgetorum Schneid.

庐山小檗果枝

庐山小檗　　　　　　　　　　　　　　　　　　　庐山小檗花枝

科　　属　小檗科Berberidaceae　小檗属Berberis L.

形态特征　落叶灌木。幼枝紫褐色，老枝灰黄色，具条棱，无疣点；茎刺单1，偶有3分叉，长1～4cm。叶薄纸质，长圆状菱形，长3.5～8cm，宽1.5～4cm，先端急尖，短渐尖或微钝，基部楔形，渐狭下延，上面暗黄绿色，中脉稍隆起，侧脉显著，下面灰白色，中脉和侧脉明显隆起，叶缘平展，全缘，有时稍呈波状；叶柄长1～2cm。总状花序具3～15花，长1～4cm，花序梗长1～2cm；花梗细弱，长4～8mm，无毛；苞片披针形，先端渐尖，长1～1.5mm；花黄色；萼片6，2轮，外萼片长圆状卵形，长1.5～2mm，宽1～1.2mm，先端急尖，内萼片长圆状倒卵形，长约4mm，宽1～1.8mm，先端钝；花瓣椭圆状倒卵形，长3～3.5mm，宽1～1.8（～2.5）mm，先端钝，全缘，基部缢缩呈爪，具2分离长圆形腺体；雄蕊长约3mm，药隔先端不延伸，钝形；胚珠单生，无柄。浆果长圆状椭圆形，红色，不被白粉，长8～12mm，径3～4.5mm；无宿存花柱。花期4～5月；果期6～10月。

生境分布　山东农业大学校园有引种栽培。国内分布于陕西、安徽、浙江、福建、江西、湖北、湖南、广西、广东、贵州。

经济用途　可供绿化观赏；根皮、茎含小檗碱较高，民间多代黄连、黄檗使用。作为清热泻火、抗菌消炎药。

日本小檗 小檗

Berberis thunbergii DC.

1.花枝 2.花 3.果枝

日本小檗

日本小檗花枝

科　　属　小檗科Berberidaceae　小檗属Berberis L.

形态特征　落叶灌木。老枝暗紫色，有条棱；小枝淡红褐色，光滑无毛；刺多不分叉，长0.5～1.8cm，与小枝同色。单叶，互生或在短枝上簇生；叶片近革质，倒卵形、匙形或近菱形，长0.5～2cm，宽0.2～1.6cm，先端钝圆，常有小刺尖，基部下延呈短柄状，全缘，上面暗绿色，下面灰绿色，两面无毛，羽状脉，中脉下面微隆起，两面网脉不明显；叶柄长3～8mm。花单生、2～3花簇生或形成伞形花序；花梗长0.5～1.5cm；每花有小苞片3，卵形，淡红色；花萼片6，2轮，外轮比内轮稍短；花瓣黄白色，长圆状倒卵形，先端平截，比内轮萼片稍长，长5.5～6mm；雄蕊6；雌蕊1，子房上位，长圆形，1室，胚珠1～2。浆果长椭圆形，长约1cm，亮红色；具1～2种子；无宿存花柱。花期4～6月；果期7～9月。

生境分布　原产日本。公园、机关、庭院有引种栽培。

经济用途　供绿化观赏或作绿篱。

紫叶小檗（栽培变种）Berberis thunbergii 'atropurpurea'
本变种的主要特点是：叶深紫红色。
各公园、庭院有引种栽培。
供绿化观赏或作绿篱。

日本小檗果枝

紫叶小檗果枝

紫叶小檗花枝

十大功劳　狭叶十大功劳

Mahonia fortunei (Lindl.) Fedde

十大功劳果枝

1.果枝　2.花　3.花瓣带雄蕊　4.雌蕊

十大功劳　　　　　　　　　　　　　十大功劳花枝

科　　属　小檗科Berberidaceae　十大功劳属Mahonia Nutt.

形态特征　常绿灌木；全株无毛。奇数羽状复叶，互生，长10～28cm，具小叶2～5对，小叶对生；小叶片革质，两侧小叶向上依次渐大，顶生的小叶最大，狭披针形至狭椭圆形，长4.5～14cm，宽0.9～2.5cm，先端急尖或渐尖，基部楔形，边缘每侧有5～10刺状齿，上面暗绿色，叶脉不显，下面灰黄绿色，叶脉隆起；小叶无柄或近无柄。总状花序，直立，长4～7cm，多4～10个簇生，基部有芽鳞；花梗长2～2.5mm；苞片1，卵形，长1.5～3mm；花萼片9，3轮；花瓣6，黄色，长圆形，长3.5～4mm，较内轮萼片短，基部具腺体；雄蕊6，长2～2.5mm，药隔不延伸；雌蕊1，子房上位，1室，具2胚珠，无花柱。浆果，圆形或长圆形，径4～6mm，紫黑色，被白粉。花期7～8月。

生境分布　岱庙、山东农业大学树木园、公园及庭院有引种栽培。国内分布于浙江、江西、湖北、广西、四川、贵州等省（自治区）。

经济用途　供绿化观赏；根、茎可药用，能清热、解毒。

阔叶十大功劳　刺黄檗

Mahonia bealei (Fort.) Carr.

1.花枝　2.花　3.去花被的花　4.雌蕊

阔叶十大功劳

阔叶十大功劳果枝

阔叶十大功劳花枝

科　　属　小檗科Berberidaceae　十大功劳属Mahonia Nutt.

形态特征　常绿灌木；全株无毛。奇数羽状复叶，互生，长27～51cm，具小叶4～10对，小叶对生；小叶片厚革质，顶生小叶较大，最下1对小叶卵形，长1.2～3.5cm，宽1～2cm，具1～2粗齿，向上各对小叶近圆形至卵形或长圆形，长2～10.5cm，宽2～6cm，先端具硬尖，基部阔楔形或近圆形，偏斜，有时心形，两侧各有2～6粗刺齿，边缘多反卷，上面暗绿色，下面黄绿色或苍白色，有白粉，两面叶脉均不显；顶生小叶具柄，侧生小叶无柄。总状花序直立，长5～10cm，3～9个簇生，基部具芽鳞；花梗长4～6cm；花萼片9,3轮，花瓣状；花瓣6，黄色，倒卵状椭圆形，长6～7mm，与内轮萼片近等长；雄蕊6，长3.2～4.5mm，药隔不延伸；雌蕊1，子房上位，长圆状卵形，1室，3～4胚珠，花柱短。浆果，卵形，长8～15mm，蓝黑色，被白粉。花期9月至翌年3月；果期4月。

生境分布　岱庙、山东农业大学树木园、公园及庭院有引种栽培。国内分布于陕西、河南、安徽、浙江、福建、江西、湖北、湖南、广东、广西、四川等省（自治区）。

经济用途　观赏及药用价值同前种。

南天竹

Nandina domestica Thunb.

2

3

1

1.果枝　2.花序　3.花

南天竹

南天竹果枝

南天竹花枝

科　　属　小檗科Berberidaceae　南天竹属Nandina Thunb.

形态特征　常绿直立灌木。分枝红色，光滑无毛。三回羽状复叶，互生，长30～50cm，二至三回羽片对生；小叶片薄革质，椭圆形或椭圆状披针形，长2～10cm，宽0.5～2cm，先端渐尖，基部楔形，全缘，深绿色，冬季常渐变红色，两面无毛，羽状脉，中脉上面凹陷，下面隆起；叶柄的基部常有膨大的抱茎叶鞘；小叶柄极短或无。圆锥花序，直立，长20～30cm，顶生；花小，白色，直径约6mm；花萼片卵状三角至卵圆形，多轮，每轮3；花瓣6，长圆形，长约4mm，与内轮萼片近等长或稍长；雄蕊6，花丝短，花药纵裂，药隔延伸；雌蕊1，子房上位，球形，1室，胚珠1～3，花柱短。浆果，圆球形，直径8mm，红色或黄白色；具1～3种子。花期5～7月；果期9～10月。

生境分布　岱庙、公园及庭院有引种栽培。国内分布于陕西、河南、安徽、江苏、浙江、福建、江西、湖北、湖南、广东、广西、四川、贵州等省（自治区）。

经济用途　供绿化观赏；根、叶、果均可药用，分别有消炎解毒、通络、镇咳的作用。

菊科

ASTERACEAE (COMPOSITAE)

草本、亚灌木或灌木，稀为乔木。有时有乳汁管或树脂道。单叶或复叶，通常互生，稀对生或轮生，全缘或有齿或分裂；无托叶，或有时叶柄基部扩大成托叶状。头状花序单生或少数至多数排成总状、聚伞状、伞房状或圆锥状；花少数或多数密集成头状花序，为1层或多层总苞片组成的总苞所围绕；花序托平或凸起，有窝孔或无窝孔，无毛或有毛，有托片或无托片；花两性或单性，极少有单性异株，辐射对称或两侧对称，5基数；花萼片不发育，通常形成鳞片状、刚毛状或毛状的冠毛；花冠常辐射对称，管状，或两侧对称，二唇形，或舌状，头状花序盘状或辐射状，有同型的小花，全部为管状花或舌状花，或有异型的小花，即外围为雌花，舌状，中央为两性的管状花；雄蕊4～5，着生于花冠筒上，花丝离生，花药合生成筒状，基部钝、锐尖、戟形或有尾；雌蕊1，子房下位，由2心皮合生，1室，有1直立的胚珠，花柱上端2裂，花柱分枝上端有附器或无附器。瘦果。种子无胚乳，子叶2片，稀1片。

1600～1700属，24000种。我国有248属，2336种。山东有1属，1种。泰山有1属，1种。

白莲蒿

Artemisia sacrorum Ledeb.

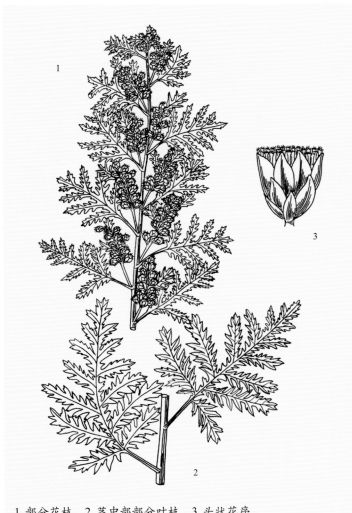

1.部分花枝　2.茎中部部分叶枝　3.头状花序

白莲蒿

白莲蒿枝条

科　　属　菊科Asteraceae（Compositae）　蒿属Artemisia L.

形态特征　落叶直立半灌木。茎有分枝，初被微柔毛，后渐脱落，或上部宿存。单叶，互生；下部叶有长柄，基部抱茎，叶片近卵形或长卵形，长8～12cm，宽4～6cm，二回羽状深裂，裂片近长椭圆形或长圆形，边缘深裂或齿裂，上面初被少量白色短柔毛，后无毛，下面除主脉外密被灰白色平贴的短柔毛，后无毛，叶轴有栉齿状小裂片；中部叶与下部叶形状相似，叶柄较短，叶片长4～7cm，有假托叶；上部叶渐小，边缘深裂或齿裂。头状花序于枝端排列成圆锥状，有梗；总苞近球形，长宽均2.5～3mm，3层，外层总苞片初密被灰白色短柔毛，后脱落无毛，中、内层无毛；花序托近半球形；边缘雌花10～12，花冠筒管状，长约1mm；中央两性花10～20，花冠筒柱形，长约1.5mm，花冠黄色，外被腺毛，雄蕊花药合生，雌蕊子房下位，近长圆形或倒卵形，1室，胚珠1。瘦果近倒卵形或长卵形，长约1.5mm，有纵纹，棕色。花期9～10个月；果期10～11月。

生境分布　产于各管理区。生于山坡、林缘、路边。国内除高寒地区外，几遍布全国。

经济用途　可保持水土。

616

禾本科

POACEAE（GRAMINEAE）

一年生、二年生或多年生草本植物，少数为木本植物（竹类）；地下茎有或无。地上茎称为竿，竿中空而有明显的节，稀为实心竿（如甘蔗、玉米、高粱）。单叶，互生；叶通常由叶片和叶鞘组成，竹类尚有叶柄；叶鞘包着秆（在竹类中包着主竿的叶鞘称箨鞘），除少数种类闭合外，都向一侧纵向开口；叶片扁平，条形、披针形或狭披针形，在竹类箨鞘先端的叶片称为箨片；叶脉平行，中脉明显或不明显；叶片与叶鞘交接处的内侧常有膜质或纤毛状的叶舌，稀无叶舌，在竹类称为箨舌；叶鞘顶端两侧各有1叶耳，在竹类称箨耳，有的两侧无叶耳而有毛，称为肩毛（繸毛）。花序由小穗构成，有穗状、总状及圆锥花序等；小穗有花1至多数，成两行排列于小穗轴上，基部有1～2片不含花的苞片，称为颖，在下的1片称第一颖，在上的1片称第二颖；小穗成熟脱落后，颖仍宿存于花序上，称为脱节于颖之上，小穗脱落时连颖一同脱落，称为脱节于颖之下；花两性、单性或中性，通常小，外面由外稃与内稃包被着，颖与外稃基部质地坚厚处称为基盘；花被退化成透明鳞片，称为浆片；雄蕊通常为3，稀为6或1、2、4枚，花丝细，花药丁字着生；雌蕊1，子房上位，1室，1胚珠，花柱2，稀1或3，柱头羽毛状或刷帚状。果实多为颖果，稀为囊果，极少为浆果或坚果。种子胚小，胚乳丰富。

约700属，11000种以上。我国有226属，约1795种。山东有1属，1种；引种5属，20种，1变种。泰山有5属，13种，4变种。

淡　竹　绿粉竹

Phyllostachys glauca McClure

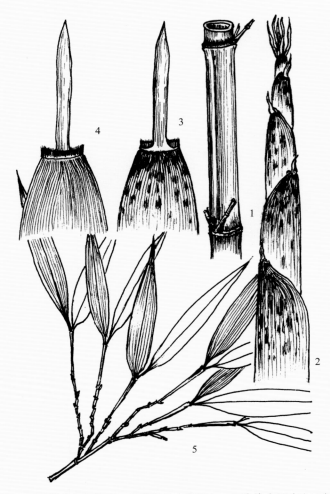

1.秆　2.笋（上部）　3.竿箨先端（背面）　4.竿箨先端（腹面）
5.叶枝

淡竹

淡竹竿和竿箨

淡竹花序

科　　属　禾本科Poaceae（Gramineae）　刚竹属Phyllostachys Sieb. et Zucc.

形态特征　竿高5～12m，径2～5cm；新竿绿色至蓝绿色，密被白粉，无毛；老竿绿色或灰黄绿色，在箨环下方常留有粉圈或黑污垢；中部节间长可达40cm；竿节的两环均稍隆起，同高，节内距离甚近，不超过3mm。笋淡红褐色至淡绿褐毛；箨鞘背面淡紫褐至淡紫绿色，常有深浅相同的纵条纹，具紫色脉纹及稀疏的斑点或斑块，后脱落，多无色斑，无白粉及毛；无箨耳及肩毛；箨舌暗紫色或紫褐色，高2～3mm，先端平截，微有波状缺齿及短纤毛；箨片线状披针形或带状，绿紫色，有少数紫色脉纹，有时有淡黄色的窄边带，平直或有时皱曲，开展或外翻。末级小枝有2～3叶；叶片带状披针形或披针形，长7～16cm，宽1.2～2.5cm；叶鞘初有叶耳及鞘口有毛，后脱落；叶舌紫褐色。笋期4月中旬至5月。

生境分布　产于红门管理区罗汉崖、竹林寺管理区。生于有水源条件的山谷、山坡、河滩；公园、庭院多有栽培。国内分布于山西、陕西、河南、安徽、江苏、浙江、湖南、云南等省。

经济用途　供绿化观赏；竿材质地柔韧、篾性好，适于编织；整株可做农具柄、帐竿及支架材；笋可供食用。

早园竹　早竹

Phyllostachys propinqua McClure

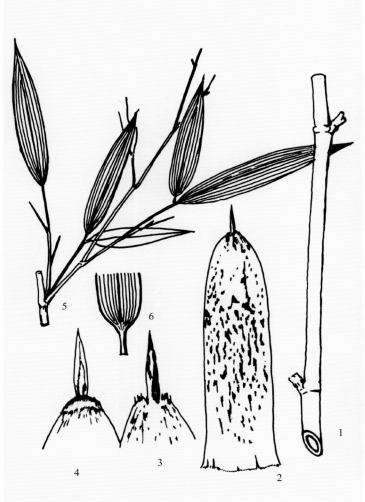

1.竿　2.箨　3.箨上部背面　4.箨上部腹面示箨舌　5.分枝　6.叶片下部

早园竹　　　　　　　　　　　　　　　　　　早园竹竿和竿箨

科　属　禾本科Poaceae（Gramineae）　刚竹属Phyllostachys Sieb. et Zucc.

形态特征　竿高6m，径3～4cm；幼竿绿色密被白粉，无毛；中部节间长约20cm；竿环微隆起与箨环同高。箨鞘背面淡红褐色或黄褐色，有颜色深浅不同的纵条纹，无毛，无粉，被紫褐色小斑点和斑块；无箨耳及肩毛；箨舌淡褐色，先端拱呈弧形，具短纤毛；箨片披针形或线状披针形，上面绿色，下面带紫褐色，平直、外翻。末级小枝有叶2～3片；叶片带状披针形或披针形，长7～16cm，宽1～2cm；叶鞘常无叶耳或具小叶耳及短毛，叶舌强烈隆起，先端拱呈弧形。笋期4月上旬。

生境分布　公园有引种栽培。国内分布于河南、安徽、江苏、浙江、福建、湖北、广西、云南、贵州等省（自治区）。

经济用途　供绿化观赏。

黄古竹
Phyllostachys angusta McClure

1.秆　2～3.秆箨先端（背面）　4.秆箨先端（腹面）　5.叶枝

黄古竹

黄古竹竿和竿箨

科　　属　禾本科Poaceae（Gramineae）　刚竹属Phyllostachys Sieb. et Zucc.

形态特征　竿高5～8m，径3～4cm；主竿多劲直，分枝夹角小；新竿绿色，微有白粉，节下尤明显；老竿黄绿色至灰绿色，粉渐脱落；竿节两环微隆起，竿环与箨环同高。笋淡紫色至黄白色；箨鞘背面乳白色或带黄绿色，有宽窄不等的紫色脉纹及稀疏褐色小斑点，无毛，无粉，边缘具纤毛；无箨耳及肩毛；箨舌黄绿色，狭而高，先端平截或微隆起，撕裂状，有白色长纤毛；箨片带状，绿色，有黄白色或淡黄色边带，平直、开展或外翻。末级小枝有2～3叶，稀1片；叶片带状披针形或披针形，长5～17cm，宽1～2cm；叶鞘无叶耳，鞘口边缘初有白色长毛，叶舌甚突出。笋期4月至5月。

生境分布　泰安林科院苗圃有引种栽培。国内分布于河南、安徽、江苏、浙江、福建。

经济用途　可供绿化观赏；竹材篾性好，竿壁坚韧，是编织竹器的优质原材料；笋可食用。

乌哺鸡竹 雅竹

Phyllostachys vivax McClure

1.竿（示节倾斜状） 2.竿箨先端（背面） 3.竿箨先端（腹面）
4.叶枝

乌哺鸡竹

乌哺鸡竹竿

乌哺鸡竹笋

科　　属　禾本科Poaceae（Gramineae）　刚竹属Phyllostachys Sieb. et Zucc.

形态特征　竿高5～15m，径4～8cm；新竿绿色，有白粉，无毛；老竿灰绿色或黄绿色，节下常有白粉环，有显著的纵棱脊；中部节间25～35cm；竿节两环隆起，竿环高于箨环并常在一侧突出，呈偏斜状。笋黄褐色至黑褐色；箨鞘背面淡黄绿色带紫至淡黄褐色，密被黑褐色的块斑和斑点，无毛，下部略有白粉；无箨耳及肩毛；箨舌弓形隆起，两侧明显下延，缘有纤毛；箨片带状披针形，背面绿色，里面紫褐色，强烈皱曲，外翻。末级小枝有2～3叶；叶片带状披针形或披针形，长9～18cm，宽1.2～2cm，上面绿色，下面在中脉两侧的基部有簇毛，微下垂；叶鞘有叶耳，鞘口具毛，叶舌发达，高达3mm。偶见开花结实，小穗丛生，排成短圆锥花序，每小穗有2～3花；小穗苞叶状，略带紫色，长4～5cm。笋期4～5月。

生境分布　山东农业大学树木园、竹林管理区有引种栽培。国内分布于河南、江苏、浙江、福建、云南。

经济用途　供绿化观赏；竿可作柄材、支架、撑篙等用；竹材壁薄，篾性较差，可用于编织；笋是原分布区内的著名笋用竹种。

人面竹　罗汉竹

Phyllostachys aurea Carr. ex A. Riv. & C. Riv.

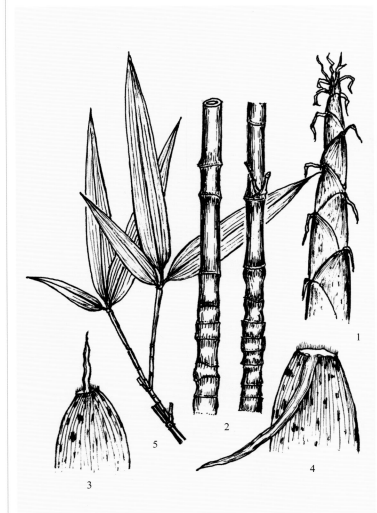

1.笋（上部）　2.秆　3.上部竿箨（背面）　4.中部竿箨（背面）
5.叶枝

人面竹

人面竹

人面竹

人面竹

科　　属　禾本科Poaceae（Gramineae）　刚竹属Phyllostachys Sieb. et Zucc.

形态特征　竿高5～12m，径2～4cm；新竿有白粉，无毛或在箨环上有细白毛；节间略短，在基部至中部有数节间常出现短缩、肿胀或缢缩等畸形现象；竿环和箨环明显，均隆起，同高或竿环略高。笋黄绿色至黄褐色；箨鞘背部有褐色的细斑点或斑块，无毛或在箨的下部和边缘处有短毛；无箨耳及肩毛；箨舌短，先端平截或微凸，有淡绿色长纤毛；箨片三角形至带状披针形，绿色，有具黄色的窄边带，初微皱，后平直，开张或外翻下垂。小枝有2～3叶；叶片带状披针形，或披针形，长6～12cm，宽1～1.8cm，下面基部有毛或完全无毛；叶鞘无毛，有叶耳，鞘口有毛，后脱落或无，叶舌极短。笋期4～5月。

生境分布　竹林管理区、公园有引种栽培。国内分布于江苏、浙江、福建等省。

经济用途　供绿化观赏；竿可做手杖等工艺品。

刚 竹

Phyllostachys sulphurea (Carr.) A. Riv. & C. Riv. var. viridis R. A. Young

1.秆 2.笋（上部） 3.竿箨先端（背面） 4.竿箨先端（腹面）
5.叶枝

刚竹

科　属　禾本科Poaceae（Gramineae）　刚竹属Phyllostachys Sieb. et Zucc.

形态特征　竿高6～15m，径4～10cm；新竿绿色，微有白粉，在10倍的扩大镜下见竹壁上有晶状的粒点或猪皮状小洼点，无毛；节间圆筒形，上部与中下部近等长，长20～45cm；分枝以下的竿节仅箨环微隆起，竿环不明显。笋黄绿色至淡褐色；箨鞘背部常有淡褐色或褐色的斑点及斑块，无毛，微有白粉，有绿色条纹；无箨耳和肩毛；箨舌绿黄色，平截或微弧形，有细纤毛；箨片狭三角形至带状披针形，绿色，常有橘黄色的边带，平直或反折。末级小枝有2～5叶；叶片披针形或长圆状披针形，长6～13cm，宽1～2.2cm，下面近基部有疏毛；叶鞘有叶耳，鞘口具长毛，宿存或部分脱落。笋期5月。

生境分布　竹林管理区、公园有引种栽培。国内分布于陕西、河南、安徽、江苏、浙江、福建、江西、湖南。

经济用途　竿高大，节间长，材质坚韧类似毛竹，是重要材用竹种之一，但篾性较差，笋味略苦，利用价值不如毛竹广泛；也可供绿化观赏。

黄皮绿筋竹（栽培变种）Phyllostachys sulphurea 'Robert'
本栽培变种的主要特征是：竿的下部节间为绿黄色，并具有绿色纵条纹。
供绿化观赏。

绿皮黄筋竹（栽培变种）Phyllostachys sulphurea 'Houzeau'
本栽培变种的主要特征是：竿的节间在沟槽中为绿黄色，其余部分为绿色，不具异色纵条纹。
供绿化观赏。

刚竹竿和竿箨

金镶玉竹

Phyllostachys aureosulcata 'Spectabilis'

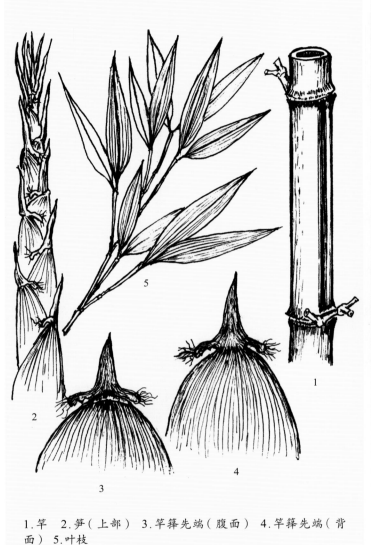

1.竿　2.笋（上部）　3.竿箨先端（腹面）　4.竿箨先端（背面）　5.叶枝

金镶玉竹

金镶玉竿和竿箨

科　　属　禾本科Poaceae（Gramineae）　刚竹属Phyllostachys Sieb. et Zucc.

形态特征　竿高可达9m，径达4cm；新竿绿色，被白粉及稀疏的灰色短毛；老竿黄色，分枝一侧的节间沟槽为绿色。在分枝的一侧沟槽出现黄的纵条纹，或金黄色及金黄色带有绿色的纵条纹；中部最长节间达40cm；竿节两环均隆起，竿环高于箨环。笋淡黄色；箨鞘背部有绿色常有淡黄色的纵条纹及稀疏的褐色细斑点或无，被薄白粉；箨耳宽大、镰刀形，有深色的长肩毛；箨舌宽，拱形或截形，紫色，有波状齿及细短的白纤毛；箨片三角形或三角状披针形，基部两角下延与箨耳相连，边缘有皱褶，直立或开展，在竿下部的外翻。末级小枝有2～3叶；叶片披针形，长约12 cm，宽约1.4cm，基部沿中脉处微有毛并收缩成3～4mm的柄；叶鞘无叶耳或不明显，鞘口有毛，叶舌隆起。笋期4月下旬至5月。

生境分布　公园、庭院有引种栽培。国内分布于北京、江苏等地。

经济用途　供绿化观赏。

紫 竹

Phyllostachys nigra (Lodd. ex Lindl.) Munro

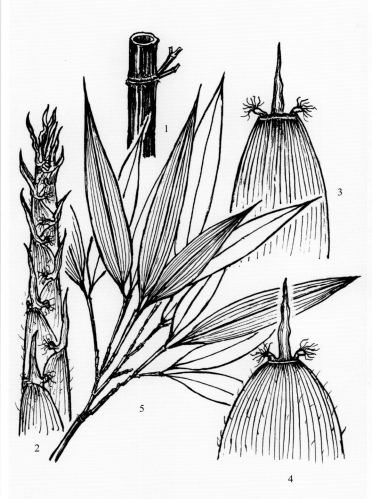

1.秆　2.笋（上部）　3.竿箨先端（腹面）　4.竿箨先端（背面）
5.叶枝

紫竹　　　　　　　　　　　　　　　　　　　　　紫竹竿

科　　属　禾本科Poaceae（Gramineae）　刚竹属Phyllostachys Sieb. et Zucc.

形态特征　竿高4～8m，径可达5cm；新竿绿色，有白粉及细柔毛，一年后逐渐显出紫斑，后全变紫黑色，毛及粉脱落；中部节间长25～30cm；竿环和箨环均隆起，竿环高于箨环或等高，竿环有一圈纤毛。箨鞘略短于节间，背面红褐色或更带绿色，密生淡褐色刺毛，被微量白粉，无斑点或常具极微小的深褐色斑点，在上端聚集成片；箨耳长圆形至镰形，常裂成2瓣，紫黑色，上有弯曲的紫黑色肩毛；箨舌紫色，拱形至尖拱形，与竿箨顶部等宽，有波状缺齿，具纤毛；箨片三角状或三角状披针形，绿色，脉为紫色，有皱褶，直立或稍开展。末级小枝有2～3叶；叶片披针形，长7～10cm，宽1.2cm，质较薄，在下面基部有细毛；叶鞘具不明显的叶耳，鞘口常有脱落性毛，叶舌隆起。笋期5月。

生境分布　山东农业大学树木园、庭院有引种栽培。国内分布于湖南；长江、黄河流域多见栽培。

经济用途　著名的绿化观赏竹种，珍贵的盆景材料，耐寒性强；竿节长，竿壁薄，较坚韧，是小型竹制家具及手杖、伞柄、乐器等工艺品的制作用材。

桂 竹

Phyllostachys reticulata (Rupr.) K. Koch

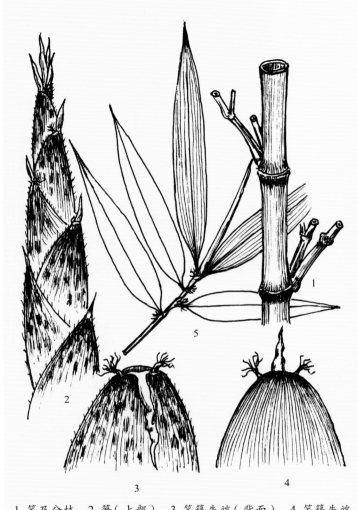

1.竿及分枝 2.笋（上部） 3.竿箨先端（背面） 4.竿箨先端（腹面） 5.叶枝

桂竹

桂竹竿和竿箨

科　属　禾本科Poaceae（Gramineae）　刚竹属Phyllostachys Sieb. et Zucc.

形态特征　竿高可达20m，径可达15cm；新竿绿色或深绿色，通常无白粉及毛，偶可在节下方具白粉环；节间可达40m；竿节两环隆起，竿环高于箨环。笋黄绿色至黄褐色；箨鞘背面黄褐色，有时带绿色或紫色，密生紫褐色的斑块和斑点及脉纹，并疏生脱落性刺毛；箨耳较小，或大形呈镰刀形，紫褐色，有弯曲的长肩毛，两侧都有或仅一侧有，在近基部的竿箨中常缺；箨舌微隆起，拱形，淡褐色或带绿色，有纤毛；箨片三角形至长带状，中间绿色，两侧紫色，边缘黄色，有皱褶，外翻。末级小枝有2～4叶；叶片带状披针形，长5.5～15cm，宽1.5～2.5cm，次脉4～5对；叶鞘有叶耳，鞘口具长毛，叶舌明显伸出，拱形或截形。笋期5月下旬至6月。

生境分布　红门管理区普照寺、罗汉崖及竹林寺管理区有引种栽培。国内主要分布于陕西、河南、江苏、浙江、福建、江西、台湾、湖北、湖南、广东、广西、四川、云南、贵州等省（自治区）。

经济用途　竿较粗大，材质坚硬，篾性好，为优良的材用竹种。笋味苦，浸泡后可食；可供绿化观赏。

毛 竹

Phyllostachys edulis (Carr.) J. Houzeau

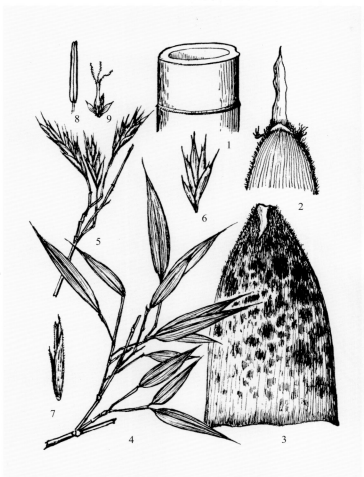

毛竹竿

1.秆　2.竿箨先端（腹面）　3.竿箨的背面　4.叶枝　5.花枝　6.小穗　7.小花及小穗轴延伸部分　8.雄蕊　9.雌蕊

毛竹　　　　　　　　　　毛竹竿箨

科　属　禾本科Poaceae（Gramineae）　刚竹属Phyllostachys Sieb. et Zucc.

形态特征　竿高可达20m，径10～20cm或更粗；新竿绿色，有白粉，及细毛；老竿由绿色渐变为绿黄色，仅在节下面有白粉或变为黑色的粉垢；基部节间短向上变长，中部节间长达40cm；分枝以下的竿节仅箨环隆起（实生的毛竹或小毛竹竿环箨环均隆起），竿环不明显。笋棕黄色；箨鞘背面密生黑褐斑点及深棕色的刺毛；箨耳微小，但肩毛发达；箨舌短宽，两侧下延呈尖拱形，边缘有褐色粗毛；箨片三角形至披针形，绿色，初直立，后外翻。末级小枝有叶2～4（实生苗及萌枝叶可达14片）；叶片披针形，长4～11cm，宽0.5～1.2cm，质地薄，次脉3～6对，小横脉明显；叶鞘淡紫褐色，初有毛，叶耳不明显，鞘口有脱落性毛，叶舌隆起。笋期4月中下旬。

生境分布　竹林寺管理区有引种栽培。国内分布于陕西、河南、安徽、江苏、浙江、福建、江西、台湾、湖北、湖南、广东、广西、四川、云南、贵州等省（自治区）。

经济用途　重要经济竹种，主竿粗大，可供建筑、桥梁、打井支架等用；篾材适宜编织家具及器皿；枝稍适于作扫帚；嫩竹及竹箨供造纸原料及包装材；笋供食用。

阔叶箬竹　箬竹

Indocalamus latifolius (Keng) McClure

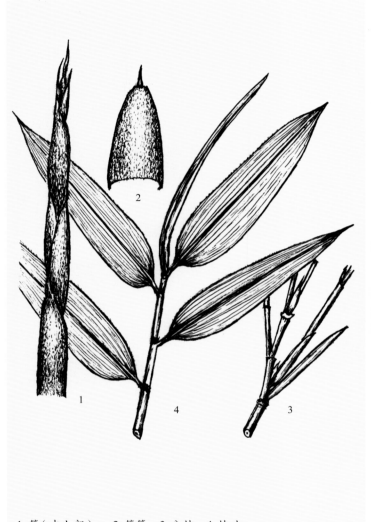

1.笋（中上部）　2.竿箨　3.分枝　4.枝叶

阔叶箬竹

阔叶箬竹

科　　属　禾本科Poaceae（Gramineae）　箬竹属Indocalamus Nakai

形态特征　灌丛状。竿高达2m左右，径5～15mm；新竿灰绿色，有细毛，在节下部较密；最长节间在20cm左右；每节具1分枝，上部可分2～3枝；竿环略高，箨环平。箨鞘宿存，常包裹大部分节间，箨鞘质坚而硬，背面生有棕紫色的密刺毛或柔毛，边缘具棕色纤毛；无箨耳，有时有长肩毛；箨舌平截，高0.5～2mm，无毛；箨片线形或狭披针形。小枝直立向上，每枝梢有叶1～3片；叶片长圆状披针形，长10～45cm，宽2～9cm，次脉6～13对，表面小横脉明显，上面翠绿，下面灰绿，微有毛；叶鞘无毛，无叶耳或不明显，叶舌截形，高1～3mm。总状花序有4～5小穗，紫色；每小穗有花5～9。颖果长6～8mm，粒大饱满，熟时红棕色。笋期5月。花果期1～8月（长江中下游）。

生境分布　公园、庭院有引种栽培。国内分布于安徽、江苏、浙江、福建、江西、湖北、湖南、广东、四川等省。

经济用途　供绿化观赏；竿径小，但通直，近实心，适宜作鞭杆、毛笔杆及筷子等用；叶宽大，隔水湿，可供防雨斗笠的衬垫物及包粽子的材料；颖果可食及药用。

矢 竹　箭竹

Pseudosasa japonica (Sieb. et Zucc. ex Steud.) Makino ex Nakai

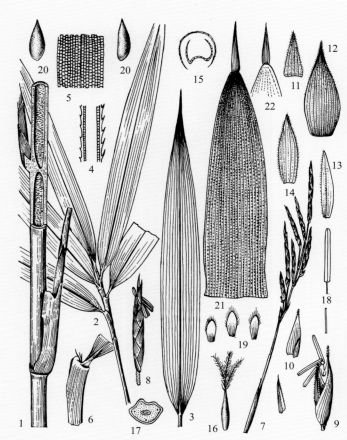

1. 竿之一部分，示分枝　2. 叶枝　3. 叶片　4. 叶片部分边缘放大　5. 叶片下表面部分放大　6. 部分叶鞘顶端和叶片基部　7. 部分花枝　8. 小穗　9. 小花　10～11. 颖片　12. 外稃　13～14. 内稃的正面及侧面观　15. 内稃和外稃的横切面　16. 雌蕊　17. 子房横切面　18. 雄蕊　19. 鳞被　20. 果实　21. 竿箨（背面）　22. 竿箨先端（腹面）

矢竹　　　　　　　　　　　　　　　　　　　　　　矢竹

科　　属　禾本科Poaceae（Gramineae）　矢竹属Pseudosasa Makino ex Nakai

形态特征　竿高2～5m，粗0.5～1.5cm；节间圆筒形，长15～30cm，绿色，无毛；竿环较平坦；箨环有箨鞘基部宿存的附属物；竿的中部以上才开始分枝，每节具1分枝，近顶部可分3枝，枝先贴竿然后展开，越向竿顶端则分枝越紧贴竿，二级枝每节为1枝，通常无三级分枝。箨鞘宿存，背面常密生向下的刺毛；箨耳小或不明显，具少数短刺毛；箨舌圆拱形；箨片线状披针形，无毛，全缘。末级小枝具5～9叶；叶片狭长披针形，长4～30cm，宽7～46mm，无毛，边缘之一边有锯齿状的小刺，上表面有光泽，下表面淡白色，次脉3～7对；叶鞘在近枝顶部的无毛，枝下部的具密毛，叶耳不明显，鞘口具数条毛，叶舌高1～3mm，革质，全缘。圆锥花序位于叶枝的顶端；小穗线形，含5～10朵小花；颖2；外稃卵形，先端具芒状小尖头；内稃长7～8mm；雄蕊3或4枚；子房无毛，花柱短，柱头3。笋期6月。

生境分布　公园有引种栽培。我国分布于长江流域到广东、台湾。

经济用途　供绿化观赏；枝叶可代大熊猫饲料。

苦 竹 伞柄竹

Pleioblastus amarus (Keng) Keng f.

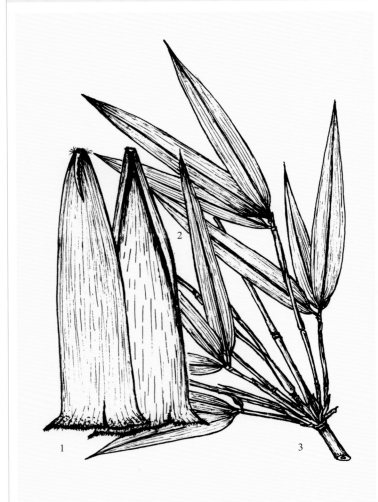

1. 竿箨（背面） 2. 竿箨（腹面） 3. 分枝及叶

苦竹

苦竹

科　属　禾本科Poaceae（Gramineae）　苦竹属（大明竹属）Pleioblastus Nakai

形态特征　竿散生状。竿高3～5m，径1.5～2cm；幼竿淡绿色，被白粉，节下明显；节间圆筒形，在分枝一侧的下部具浅沟槽，最长节长27～29cm；竿环隆起，高于箨环；箨环留有箨鞘的残迹；竿每节具3～7分枝。箨鞘革质，绿色，背面被粉，无毛或中下部常有小刺毛；箨耳不明显，无毛或疏生少数肩毛；箨舌平截，高1～2mm，边缘有细毛；箨片条状披针形，常反折下垂，上面无毛，下面有微绒毛。分枝多而斜展；末级小枝有3～4叶；叶片椭圆状披针形，长4～20cm，宽1.2～2.9cm，上面深绿，下面淡绿，有白色绒毛；有短叶柄；叶鞘无叶耳，鞘口无毛，叶舌紫色，高约2mm。总状或圆锥花序，小穗多呈绿色，长4～5cm；每小穗有花8～12朵；颖3～5片；内稃与外稃近等长或略长，上部有纤毛。笋期5～6月。

生境分布　山东农业大学校园有引种栽培。国内分布于安徽、江苏、浙江、福建、江西、湖北、湖南、云南、贵州等省。

经济用途　供绿化观赏；竿壁厚，通直有弹性，宜作伞柄、帐竿、旗杆、钓竿等用；小枝材可做筷子、毛笔杆及编织器物；笋味苦，不宜食用。

菲白竹　翠竹

Pleioblastus fortunei (Van Houtte) Nakai

菲白竹

菲白竹

科　　属　禾本科 Poaceae（Gramineae）　苦竹属（大明竹属）Pleioblastus Nakai

形态特征　地下茎复轴型。竿直立，高10～30cm，节间细而短小，圆筒形，径1～2mm，光滑无毛；竿环较平坦或稍隆起；竿不分枝或每节具1分枝。箨鞘宿存，无毛。小枝具4～7叶；叶片披针形，长6～15cm，宽8～14mm，两面具白色柔毛，先端渐尖，基部宽楔形或近圆形，叶上面常有黄色或浅黄色乃至白色的纵条纹；叶柄长约4mm；叶鞘无毛，无叶耳，鞘口具柔毛，另一边膜质无毛。

生境分布　原产于日本。山东农业大学校园、竹林管理区有引种栽培。

经济用途　地被竹类，供绿化观赏。

菲白竹

鹅毛竹

Shibataea chinensis Nakai

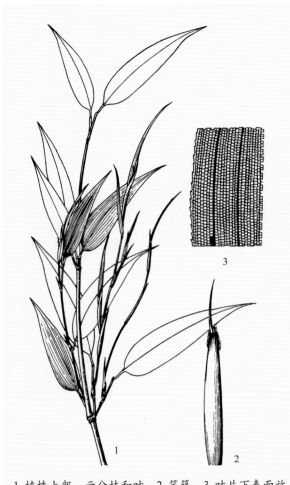

1.植株上部，示分枝和叶　2.竿箨　3.叶片下表面放
大，示次脉和小横脉

鹅毛竹

鹅毛竹

科　　属　禾本科 Poaceae（Gramineae）　鹅毛竹属（倭竹属）Shibataea Makino ex Nakai

形态特征　地下茎呈棕黄色或淡黄色，节间长仅 1～2cm，粗 5～8mm，中空极小或几为实心。竿直立，高 1m，直径 2～3mm，中空，光滑无毛；竿下部不分枝的节间为圆筒形，竿上部具分枝的节间在接近分枝的一侧具沟槽，因此略呈三棱形；竿中部节间长 7～15cm，径 2～3mm；竿环甚隆起；竿每节 3～5分枝，枝淡绿色并略带紫色，全长 0.5～5cm，3～5节，顶芽萎缩；分枝基部留有枝箨。箨鞘早落，背部无毛，无斑点，边缘生短纤毛；无箨耳及肩毛；箨舌高约 4mm；箨片小，锥状。末级小枝仅具 1叶，偶有 2叶；叶片纸质，幼时质薄，鲜绿色，老熟后变为厚纸质乃至稍呈革质，卵状披针形，长 6～10cm，宽 1～2.5cm，基部较宽且两侧不对称，先端渐尖，两面无毛，缘有小锯齿；叶鞘光滑无毛，无叶耳，鞘口无毛，叶舌膜质，高 4～6mm，披针形或三角形，一侧较厚并席卷为锥状，被短毛，若每枝具 2叶时，下方的叶舌则短矮而不席卷。笋期 5～6月。

生境分布　山东农业大学基地、苗圃有引种栽培。国内分布于安徽、江苏、福建、江西等省。

经济用途　供绿化观赏，亦可用以制作盆景材料。

百合科

多年生草本，稀为亚灌木、灌木；通常有根状茎、块茎或鳞茎。茎直立或攀缘，有的枝条变成绿色的叶状枝。叶基生或茎生，多为互生，较少为对生或轮生；通常有弧形平行脉，极少为网状脉；有柄或无柄。花单生或排成总状、穗状、伞形花序，稀为聚伞花序；花两性，稀为单性异株或杂性；花被片6，稀为4或多数，2轮，离生或不同程度的合生；雄蕊通常与花被片同数，花丝离生或贴生于花被筒上，花药2室，基生或丁字状着生，纵裂；雌蕊1，子房上位，稀半下位，通常3室，中轴胎座，稀为1室而为侧膜胎座，每室胚珠1至多数，花柱单1或3裂，柱头不裂或3裂。蒴果或浆果，较少为坚果；种子多数，有丰富的胚乳，胚小。

约250属，3500种。我国有57属，726种。山东有1属，3种；引种1属，2种。泰山有2属，4种。

华东菝葜 鲇鱼须 鲶鱼须 粘鱼须

Smilax sieboldii Miq.

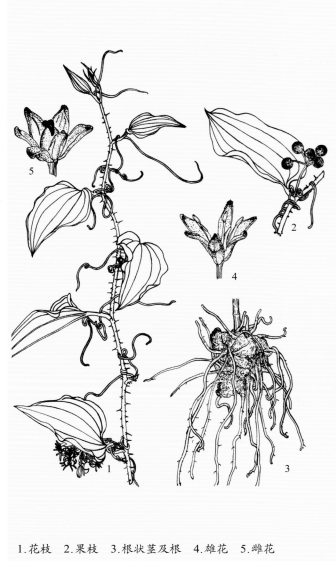

1.花枝 2.果枝 3.根状茎及根 4.雄花 5.雌花

华东菝葜

华东菝葜果枝

华东菝葜花枝

科　　属　百合科Liliaceae　菝葜属Smilax L.

形态特征　落叶攀缘灌木或半灌木。根状茎粗短，不规则块状，坚硬，丛生多数细长的根，质坚韧；茎枝通常绿色，有细刺，平展。单叶，互生；叶片草质，卵形，长3～8cm，宽2～6cm，先端尖或渐尖，基部浅心形、截形或钝圆，全缘或略波状，叶脉5，稍弧形，支脉网状；叶柄长1～1.5cm，中部以下渐宽成狭鞘；有卷须；脱落点位于上部。伞形花序有花数朵至十几朵；花序梗纤细，长1～2cm；花序托几不膨大；花绿色或黄绿色；花被片6，长卵形或长椭圆形；雄花稍大，雄蕊6；雌花有6枚退化雄蕊，雌蕊1，子房上位，卵圆形，3室，柱头3裂。浆果球形，直径6～7mm，成熟时黑色。花期5月；果期8～10月。

生境分布　产于各管理区。生于山沟、路边、灌木丛中、林缘及山坡石缝。国内分布于辽宁、安徽、江苏、浙江、福建、台湾等省。

经济用途　根供药用，有祛风湿、通经络的功效；根含鞣质，可提栲胶。

鞘柄菝葜

Smilax stans Maxim.

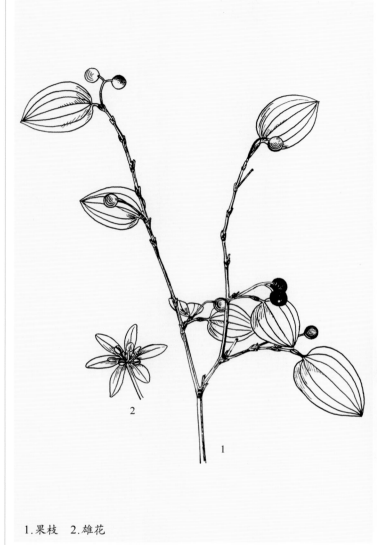

1.果枝　2.雄花

鞘柄菝葜

鞘柄菝葜花枝

鞘柄菝葜果枝

科　　属　百合科Liliaceae　菝葜属Smilax L.

形态特征　落叶直立灌木或半灌木。根状茎细长，节明显，粗3～5mm，质坚韧；茎枝绿色，有纵棱，无刺。单叶，互生；叶片纸质，卵圆形或卵状披针形，长2.5～5.5cm，宽2.5～4.5cm，先端尖，基部钝圆或浅心形，全缘，上面绿色，下面略苍白色，有时呈粉尘状，叶脉3～5，稍弧形，支脉网状；叶柄长5～10mm，向基部渐宽呈鞘状；无卷须；脱落点位于近顶端；叶脱落时几不带叶柄或带极短的柄。花1～3朵或数朵排成伞形花序；花序梗纤细，长1～2cm；花序托几不膨大；花淡绿色或黄绿色，花被片6，长椭圆形或条形；雄花稍大，雄蕊6；雌花略小，有6退化雄蕊，雌蕊1，子房上位，卵圆形，3室，柱头3裂。浆果球形，直径6～10mm，熟时黑色。花期5～6月；果期9～10月。

生境分布　产于各管理区。生于山坡路边、林边及山沟灌丛中。国内分布于河北、山西、陕西、甘肃、河南、安徽、浙江、台湾、湖北、四川等省。

经济用途　干燥根及根茎入药，具有祛风除湿、散瘀、解毒等功效，主要用于风湿腰腿痛、疮疖等症。

软叶丝兰　丝兰

Yucca flaccida Haw.

1. 植株　2. 叶片

软叶丝兰　　　　　　　　　　　　　　　　　　　　软叶丝兰

科　　属　百合科 Liliaceae　丝兰属 Yucca L.

形态特征　常绿灌木。茎极短或不明显。单叶，近莲座状簇生；叶片质地较软，剑形或条状披针形，长 25～65cm，宽 2.5～4.5cm，先端锐尖，有 1 硬刺，边缘有白色丝状纤维，上面绿色，有白粉，下面淡绿色，叶脉平行，常反曲。圆锥花序；花序轴有乳突状毛；花葶粗大，高约 1m；花大，下垂，白色，有时带绿色或黄白色；花被片 6，椭圆形或长椭圆状卵形，长 3～4cm；雄蕊 6，花丝较扁平，肉质，有疏柔毛，花药箭头形；雌蕊 1，子房上位，柱头 3 裂。蒴果长约 5cm，开裂。花期 6～9 月。

生境分布　原产于北美。公园、庭院有少量引种栽培。

经济用途　供绿化观赏；根可供药用，有凉血解毒、利尿通淋的功效。

凤尾丝兰

Yucca gloriosa L.

3

2

1

1.植株 2.花序 3.叶片的一部分

凤尾丝兰

凤尾丝兰

科　　属　百合科Liliaceae　丝兰属Yucca L.

形态特征　常绿乔木状灌木。茎有主干，有时分枝。单叶，密集螺旋状排列；叶片质坚硬，剑形，长40～80cm，宽4～6cm，先端锐尖，坚硬如刺，全缘，通常边缘无白色丝状纤维，上面绿色，有白粉，下面淡绿色，叶脉平行；无柄。圆锥花序；花葶通常高1～1.5m；花大，下垂，乳白色或顶端带紫红头；花被片6，宽卵形，长4～5cm；雄蕊6，花丝肉质，先端约1/3向外反曲；雌蕊1，子房上位，柱头3裂。果实倒卵状长圆形，长5～6cm，肉质，不开裂。花果期6～9月。

生境分布　原产北美东南部。岱庙、泰城各机关、各管理区景点、公园、庭院常见引种栽培。

经济用途　供绿化观赏；根可供药用，有凉血解毒、利尿通淋的功效。

参考文献

［1］CFH-植物、动物、微生物名称查询http://www.nature-museum.net/(X(1) S(kartjm55axbgaaqo4l. sucl55))/Spdb/spsearch.aspx?AspxAutoDetectCookieSup port=1.

［2］Flora of China编委会. 1994～2011. Flora of China Vol. 4～24科学出版社、密 苏里植物园出版社联合出版.

［3］Flora of North America @ efloras.org.http://www.efloras.org/flora_page. aspx?flora_id=1.

［4］WANG Wen-Tsai(王文采), XIE Lei(谢磊). 2007. A revision of Clematis sect. Tubulosae(Ranunculaceae). 植物分类学报, 45(4):425-457.

［5］WANG Wen-Tsai(王文采)2003. A revision of Clematis sect. Clematis (Ranunculaceae). 植物分类学报, 41(1):1-62.

［6］WANG Wen-Tsai(王文采). 2006. Notes on the genus Clematis (Ranunculaceae) (VI). 植物分类学报, 44(3):327-339.

［7］陈汉斌,郑亦津,李法曾. 1990. 山东植物志(上卷). 青岛:青岛出版社.

［8］陈汉斌,郑亦津,李法曾. 1997.山东植物志(下卷). 青岛:青岛出版社.

［9］樊守金,胡泽绪. 2003.崂山植物志(上、下卷). 北京:科学出版社.

［10］傅立国,陈潭清,郎楷永,洪涛,林祁,李勇. 1999～2009. 中国高等植物3～13卷. 青岛:青岛出版社.

［11］华北树木志编写组. 1984.华北树木志. 北京:中国林业出版社.

［12］李法曾,张卫东,张学杰. 2012.泰山植物志(上、下卷). 济南:山东科学技术出版社.

［13］李法曾,李文清,樊守金. 2017.山东木本植物志(上、下卷). 北京:科学出版社.

［14］李法曾. 2004.山东植物精要. 北京:科学出版社.

［15］李兴文,孙居文.1993.山东苹果属一新变种.植物研究,13(4):336-337.

［16］李兴文,朱英群.1993.山东新植物.植物研究,13(1):57-61.

［17］钱关泽,邵文豪,刘莲芬,汤庚国.2007.山东湖北海棠(Malus hupehensis(Pamp.)Rehd.)两新变种.植物研究,25(5):521-524.

［18］山东树木志编写组.1984.山东树木志.济南:山东科学技术出版社.

［19］王文采.2000.铁线莲属研究随记(Ⅱ).植物分类学报,38(5):401-429.

［20］吴征镒.1991.中国种子植物属的分布类型［J］.云南植物研究.增刊Ⅳ:1-139.

［21］臧得奎,黄鹏成.1992.山东蔷薇科新分类群.植物研究,12(4):321-323.

［22］臧得奎,朱英群,王京刚,李宾.1997.山东卫矛属植物的研究.植物研究,15(2):189-191.

［23］臧德奎,李文清,解孝满.2011.山东省木本植物营养器官检索表.济南:山东教育出版社.

［24］郑万钧.1983～2004.中国树木志1～4卷.北京:中国林业出版社.

［25］中国科学院植物研究所.1987.中国高等植物科属检索表.北京:科学出版社.

［26］中国科学院植物研究所.1972～1976.中国高等植物彩照鉴1～5册.北京:科学出版社.

［27］中国科学院植物研究所.1987.中国高等植物彩照鉴补编1～2册.北京:科学出版社.

［28］中国科学院中国植物志编委会.1959～2000.中国植物志7～81卷.北京:科学出版社.

［29］朱英群,李兴文.1995.山东绣线菊属一新变种.植物研究,15(4):437-438.

［30］朱英群,臧得奎,杜明芸,孙玉刚,闫大成.1998.山东植物两新变种.植物研究,18(1):57-61.

［31］朱英群,臧得奎,李宾,戴宪德.1996.山东蔷薇科植物分布新纪录.植物研究,16(2)171-172.

［32］朱英群.2002.山东新植物.植物研究,20(1):7-8.

中文名索引

拉丁名索引